# Gestaltung von Kooperationen zwischen Technologiekonzernen und Start-ups

# Design of Collaborations between Technology Companies and Start-ups

Von der Fakultät für Maschinenwesen
der Rheinisch-Westfälischen Technischen Hochschule Aachen
zur Erlangung des akademischen Grades eines
Doktors der Ingenieurwissenschaften
genehmigte Dissertation

vorgelegt von

Bastian Studerus

**Berichter/in:**

Univ.-Prof. Dr.-Ing. Dipl.-Wirt. Ing. Günther Schuh
apl. Prof. Dr.-Ing. Wolfgang Boos

Tag der mündlichen Prüfung: 13. Oktober 2023

Diese Dissertation ist auf den Internetseiten der Universitätsbibliothek online verfügbar.

ERGEBNISSE AUS DER PRODUKTIONSTECHNIK

**Bastian Studerus**

# Gestaltung von Kooperationen zwischen Technologiekonzernen und Start-ups

**Herausgeber:**
Prof. Dr.-Ing. T. Bergs
Prof. Dr.-Ing. Dipl.-Wirt. Ing. G. Schuh
Prof. Dr.-Ing. C. Brecher
Prof. Dr.-Ing. R. H. Schmitt

Band 30/2023

WZL | RWTH AACHEN UNIVERSITY

Fraunhofer
IPT

**Bibliografische Information der Deutschen Nationalbibliothek**
Die Deutsche Nationalbibliothek verzeichnet diese Publikation in der Deutschen Nationalbibliografie; detaillierte bibliografische Daten sind im Internet über https://portal.dnb.de abrufbar.

Bastian Studerus:

Gestaltung von Kooperationen zwischen Technologiekonzernen und Start-ups

1. Auflage, 2023

Gedruckt auf holz- und säurefreiem Papier, 100% chlorfrei gebleicht.


Wissenschaftsverlag des Instituts für Industriekommunikation und Fachmedien
an der RWTH Aachen
Steinbachstr. 25, 52074 Aachen
Internet: www.apprimus-verlag.de, E-Mail: info@apprimus-verlag.de



Druck: CPI Druckdienstleistungen GmbH
Ferdinand-Jühlke-Straße 7 | 99095 Erfurt

ISBN 978-3-98555-186-6

D 82 (Diss. RWTH Aachen University, 2023)

*"Im Gebirge der Wahrheit kletterst du nie umsonst: entweder du kommst schon heute weiter hinauf, oder du übst deine Kräfte, um morgen höher steigen zu können."*

FRIEDRICH NIETZSCHE[1]

[1] Nietzsche (1988), Menschliches, Allzumenschliches, S. 522

# Vorwort

*„Es ist ein Marathon und kein Sprint"* – dieser Satz hat den Erstellungsprozess der vorliegenden Dissertation geprägt wie kein Zweiter. Die idealen Rahmenbedingungen für den Marathon habe ich während meiner Tätigkeit als wissenschaftlicher Mitarbeiter in der Abteilung Strategisches Technologiemanagement am Fraunhofer IPT in Aachen vorgefunden. Ich danke meinem Doktorvater, Herrn Professor Günther Schuh, für die Schaffung dieser Rahmenbedingungen sowie für die stets inspirierenden Diskussionen. Daneben danke ich Herrn Professor Wolfgang Boos für die Übernahme des Koreferats und Herrn Professor Jakob Andert für die Übernahme des Prüfungsvorsitzes.

Ein herzlicher Dank gilt auch meinen beiden ehemaligen Abteilungsleitern Dr. Ramon Kreutzer und Dr. Marc Patzwald. Das in mich gesetzte Vertrauen, die offene Kommunikation und die wertvollen Impulse haben insbesondere die Start- und Endphase dieser Dissertation maßgeblich geprägt.

„Freunde sind Menschen, die dir nicht den Weg zeigen, sondern ihn einfach mit dir gehen" – aus diesem Grund danke ich meinem Studienfreund Dr. Thomas Scheuer für die gemeinsame Zeit am IPT: Dein „Savoir-vivre" hat mir stets den nötigen Ausgleich sowie Ablenkung verschafft und mich oft davor bewahrt, mich in Details zu verlieren. Ebenso danke ich Dr. Tim Wetterney dafür, dass er meine Begeisterung für eine Promotion geweckt hat und mir in Zeiten des Zweifels immer als Freund zur Seite stand. Für die unvergesslichen gemeinsamen Erlebnisse während der Arbeit und vor allem in der Freizeit gebührt auch Leonie Budweiser, Dr. Thomas Schwarberg, Dr. Paul Scholz, Dr. Patrick Scholz und Max Spangenberg ein herzlicher Dank.

Meinen ehemaligen Kollegen Dr. Stephan Schröder, Dr. Florian Vogt, Dr. Paul Zeller, Carolin Hamm, Tim Latz, Leonard Cassel, Leonard Schenk, Frederik Bennemann, Johanna Jacobi, Marc Schauss, Bastian Bürklin, Julia Brennert und Matthias Freitag danke ich für ein Arbeitsumfeld, das mich zu Höchstleistungen angetrieben hat und von freundschaftlicher Zusammenarbeit geprägt war. Ich danke auch meinen ehemaligen Abschlussarbeitern und studentischen Hilfskräften für die tatkräftige und wissbegierige Unterstützung. Stellvertretend möchte ich Juliane Winkler, Svenja Menge,

Jana Lorenz und Karlotta Dicke nennen, die durch ihren unermüdlichen und engagierten Einsatz wesentlich zur Lösung für mich relevanten Probleme beigetragen haben.

Der abschließende Dank gilt meiner Familie. Meinem Vater Johann Studerus danke ich für den Impetus, eine akademische Ausbildung anzustreben und dafür, dass er mich darin stets bestärkt sowie unterstützt hat. Meinen Geschwistern Clarissa, Merit und Ruben danke ich für ihren Rückhalt und ihr Verständnis in schwierigen Phasen. Es erfüllt mich mit großer Freude zu sehen, wie begeistert ihr mich auf diesem Weg begleitet habt. Der größte Dank gebührt jedoch meiner Partnerin Marie Geuting – ihr liebevoller und nachsichtiger Beistand hat mich das Ziel nie aus den Augen verlieren lassen. Ich danke dir von ganzem Herzen, dass du mich in Momenten der Verzweiflung aufgebaut, in Momenten der Ratlosigkeit abgelenkt, in Momenten der Motivation mit Freiräumen ausgestattet und in Momenten der Beharrlichkeit entbehrt hast. Ohne deine bedingungslose Liebe und Unterstützung wäre mir diese Dissertation ungleich schwerer gefallen.

Euch widme ich diese Arbeit.

Düsseldorf, im Oktober 2023
Bastian Studerus

Im Zuge des Forschungs- und Erstellungsprozesses der vorliegenden Dissertationsschrift wurden Teile dieser Arbeit unter Mitwirkung des Autors in Auszügen auf Fachkonferenzen und in Wissenschaftsjournalen vorveröffentlicht[2]. Die wesentlichen Inhalte wurden durch Angabe der Quellen im Text kenntlich gemacht.

---

[2] Vgl. Schuh, Studerus (2022), Design of Cooperation; Schuh, Studerus (2022), Requirements for Target Systems; Schuh et al. (2022), Life Cycle Model; Schuh et al. (2022), Transfer of Competencies and Resources; Schuh et al. (2022), Collaboration Types

# Zusammenfassung

Etablierte Technologiekonzerne sehen sich in ihrer Wettbewerbsfähigkeit fundamental bedroht: Einerseits erfordert die vierte industrielle Revolution Innovationen außerhalb des Kerngeschäfts, während andererseits Start-ups bestehende Absatzmärkte von Technologiekonzernen durch „Deep Tech“ Innovationen unter Druck setzen. Aufstrebende, technologiebasierte Start-ups verfügen jedoch häufig nicht über die für eine Etablierung als Technologiekonzern notwendigen Ressourcen und Fähigkeiten. Zur Überwindung dieser Herausforderungen mittels komplementärer Ergänzungen durch den Partner gehen sowohl Technologiekonzerne als auch Start-ups vermehrt Kooperationen ein. Die asymmetrische Beziehung sowie die Zielsetzungen der Partner werden in der Kooperationsgestaltung allerdings nur unzureichend berücksichtigt, was im Ergebnis die Nichterfüllung der stark divergierenden Erwartungen und damit häufig ein Scheitern der Kooperation zur Folge hat.

Das Ziel der vorliegenden Arbeit besteht daher in der Entwicklung einer Methodik zur Gestaltung von Kooperationen zwischen Technologiekonzernen und Start-ups. Dabei dient die Methodik der kontextbasierten Ausgestaltung eines Kooperationstyps gemäß den partnerspezifischen Zielsetzungen. Mithilfe charakteristischer Kooperationsziele und eines adäquaten Unterstützungsfokus vor dem Hintergrund des Start-up Lebenszyklus werden die Anwender schließlich zur Kooperationsgestaltung befähigt.

Die Entwicklung der Methodik gliedert sich in fünf Partialmodelle und erfolgt schrittweise: Zunächst zielt das erste Partialmodell auf die Bestimmung der Erfolgspotenziale sowie die Beschreibung gestaltungsrelevanter Kontextfaktoren der Kooperation für Technologiekonzerne und Start-ups ab. Das zweite Partialmodell umfasst die Charakterisierung von Kooperationszielen für Start-ups. Im dritten Partialmodell wird die Bestimmung von Unterstützungsmöglichkeiten der Kooperation verfolgt, während das vierte Partialmodell auf die Bestimmung spezifischer Kooperationstypen zwischen Technologiekonzernen und Start-ups abzielt. Schließlich verfolgt das fünfte Partialmodell das Ziel, durch die Bestimmung und Ausgestaltung eines Kooperationstyps, die Ermittlung des Kooperationsunterstützungsfokus sowie die Beschreibung einer Vorgehensweise die anwendergerechte Gestaltung der Kooperation zu ermöglichen.

# Summary

Established technology companies see their competitiveness fundamentally threatened: On the one hand, the fourth industrial revolution requires innovations outside the core business, while on the other hand, start-ups are putting pressure on existing sales markets of technology companies through "deep tech" innovations. However, emerging technology-based start-ups often lack the resources and capabilities necessary to establish themselves as technology company. With the aim of overcoming these challenges by means of complementary additions by the partner, both technology companies and start-ups are increasingly entering into collaborations. The asymmetrical relationship and the objectives of the partners are, however, insufficiently considered in the design of the collaboration, which results in the non-fulfillment of the strongly divergent expectations and thus often in the failure of the collaboration.

Therefore, the aim of this dissertation is to develop a methodology for the design of collaborations between technology companies and start-ups. The methodology serves the context-based design of a collaboration type according to the partner-specific objectives. Users are enabled to design collaborations by means of characteristic collaboration goals and an appropriate focus of support in the context of the start-up life cycle.

The development of the methodology is divided into five sub-models and is carried out step by step: Initially, the first sub-model aims at determining the success potentials as well as the description of design-relevant contextual factors of the collaboration for technology companies and start-ups. The second sub-model includes and characterization of collaboration goals for start-ups. The third sub-model pursues the determination of support options in the context of collaboration, while the fourth sub-model aims to determine specific types of collaboration between technology companies and start-ups. Finally, the fifth sub-model pursues the goal of enabling the user-oriented design of the collaboration through the determination and design of a collaboration type, the determination of the collaboration support focus, and the concluding description of an appropriate procedure.

# Inhaltsverzeichnis

# Verzeichnis der Abbildungen

# Verzeichnis der Tabellen

# Verzeichnis der Formelzeichen und Abkürzungen

| | |
|---|---|
| $A_i$ | Handlungsalternative i |
| $A_{i,j}$ | Ausprägung j bei Anforderung i |
| Abb. | Abbildung |
| AHP | Analytical Hierarchy Process |
| AG | Aktiengesellschaft |
| ca. | circa |
| $C_i$ | Kooperationsziel i des Start-ups |
| CVC | Corporate Venture Capital |
| DIN | Deutsches Institut für Normung e.V. |
| et al. | et alii |
| etc. | et cetera |
| F&E | Forschung und Entwicklung |
| FuE | Forschung und Entwicklung |
| f. | folgende |
| ff. | fortfolgende |
| $g_{KFi}$ | Relative Gewichtung des Kontextfaktors i |
| ggü. | gegenüber |
| $GA_{k,erm}$ | Ermittelte, ideale Ausprägung l des Gestaltungsmerkmals k |
| hrsg. v. | herausgegeben von |

| | |
|---|---|
| i | Laufzahl |
| i. S. | im Sinne |
| i. S. e. | im Sinne einer |
| i. e. S. | im engeren Sinne |
| IPT | Fraunhofer-Institut für Produktionstechnologie |
| j | Laufzahl |
| k | Laufzahl der Gestaltungsmerkmale k |
| Kap. | Kapitel |
| $KF_i$ | Kontextfaktor i |
| KI | Künstliche Intelligenz |
| l | Laufzahl der Ausprägungen l |
| MRL | Manufacturing Readiness Level |
| n | Anzahl der Kooperationsziele |
| NASA | National Space Agency |
| NWA | Nutzwertanalyse |
| o. V. | ohne Verfasserangabe |
| OCED | Organisation for Co-operation and Economic Development |
| PAT | Principal-Agent-Theorie |
| PE | Private Equity |
| p. a. | Per annum (pro Jahr) |
| QFD | Quality Function Deployment |
| ROI | Return on Investment |
| RWTH | Rheinisch-Westfälische Technische Hochschule |
| $S_{ges}$ | Gesamtsumme der Zeilen zur Kontextgewichtung |
| $S_{KFi}$ | Zeilensumme des Kontextfaktors i |

| | |
|---|---|
| $S^{C}_{GM_{k.l}}$ | Gewichtete Summe des Corporate-Kontexts für Ausprägung l von Gestaltungsmerkmal k |
| $S^{SK}_{GM_{k.l}}$ | Gewichtete Summe des Start-up-Kontexts für Ausprägung l von Gestaltungsmerkmal k |
| $S^{Ges}_{k.l}$ | Gesamtsumme der Ausprägung l von Gestaltungsmerkmal k |
| strat. | strategisch |
| Tab. | Tabelle |
| TAK | Transaktionskostentheorie |
| TRL | Technology Readiness Level |
| UA | Unterstützungsalternative |
| u. U. | unter Umständen |
| $UP_C$ | Unterstützungspräferenz des Corporates |
| $UP_S$ | Unterstützungspräferenz des Start-ups |
| VC | Venture Capital |
| Verl. | Verlag |
| vgl. | vergleiche |
| z. T. | zum Teil |
| $w_i$ | Gewichtung der Kooperationsziele des Start-ups |
| $w_{KF_{i.j},GM_{k.l}}$ | Bewertung des Gestaltungszusammenhangs zwischen Ausprägung j des Kontextfaktors i und der Ausprägung l des Gestaltungsmerkmals k |
| $w_{KF_{i.j},GM_{k.l}}$ | Bewertung des Gestaltungszusammenhangs zwischen Ausprägung j des Kontextfaktors i und der Ausprägung l des Gestaltungsmerkmals k |
| WSM | Weighted Sum Method |
| $x_{ij}$ | Zielwert ij für Start-up/Corporate |

# 1 Einleitung

Die vierte industrielle Revolution verändert die Wertschöpfung und damit die Innovationspotenziale produzierender Technologiekonzerne fundamental[3]. Zugleich setzen sog. „Deep Tech"-Innovationen, getrieben durch die Nachhaltigkeitswende, die Ressourcenknappheit und den gesellschaftlichen Wandel, bestehende Absatzmärkte zunehmend unter Druck[4]. Um ihre Wettbewerbsfähigkeit aufrecht zu erhalten, bedarf es für Technologiekonzerne (sog. Corporates) oftmals technologischer Innovationen abseits ihres Kerngeschäfts[5]. Vermehrt hinterfragen Technologiekonzerne in diesem Zuge ihr Geschäftsmodell und legen den Fokus dabei auf die Identifizierung neuer, aufstrebender Geschäftsfelder, die mit innovativen Technologieentwicklungen langfristig Wettbewerbspositionen sichern[6]. Vor dem Hintergrund der Innovationspotenziale eröffnen sich neue Möglichkeiten des Markteintritts für junge, innovative und technologiebasierte Unternehmen (sog. Start-ups)[7]. Start-ups mit disruptivem Technologiepotenzial erhöhen damit zusätzlich den Druck auf Technologiekonzerne, ihre etablierte Wettbewerbsposition auf globalisierten Märkten zu verteidigen[8]. Eine schnelle sowie zielgerichtete Etablierung auf Absatzmärkten, in denen bisher keine Technologiekonzerne aktiv sind, stellt für Start-ups mit physischen Produkten ebenfalls eine große Herausforderung dar und gelingt nur, wenn sie über die dafür notwendigen Fähigkeiten und Ressourcen verfügen[9].

---

3 Vgl. Schuh et al. (2020), Industrie 4.0, S. 11; Huber (2018), Industrie 4.0, S. 8; Voigt et al. (2018), Industrie 4.0, S. 332; Bauernhansl et al. (2014), Industrie 4.0, S. 33

4 Vgl. Siegel, Krishnan (2020), Deep Technology, S. 10; Graf et al. (2020), Deep Tech Solutions, S. 2ff.

5 Vgl. Brigl et al. (2019), Honeymoon, S. 5; Pérez et al. (2012), Dancing with Elephants, S. 142

6 Vgl. Abegglen, Bleicher (2021), Management, S. 241ff.; Berman (2012), Digital Transformation, S. 17ff.; Engels, Röhl (2019), Start-ups und Mittelstand, S. 16; Huber (2018), Industrie 4.0, S. 99f.

7 Vgl. Engels, Röhl (2019), Start-ups und Mittelstand, S. 15; Prashantham, Birkinshaw (2008), Dancing with Gorillas, S. 6

8 Vgl. Kohler (2016), Corporate Accelerators, S. 1; Jung (2018), Cooperating with Start-ups, S. 283; Gutmann, Lang (2022), Startup Collaboration, S. 20; Siegel, Krishnan (2020), Deep Technology, S. 10

9 Vgl. Criscuolo et al. (2012), Start-ups and Firms, S. 319; Grochowski et al. (2016), Impact of Collaboration, S. 410; Schuh (2021), Unmögliches wagen, S. 314

Demzufolge stellt eine Kooperation sowohl für Technologiekonzerne als auch für Start-ups eine attraktive Möglichkeit dar, um den beschriebenen Herausforderungen zu begegnen[10]. Dabei haben Technologiekonzerne in der Kooperation mit Start-ups die Aussicht auf eine effektive Exploration, eine hohe Entwicklungsgeschwindigkeit sowie das Potenzial, Produkte und Geschäftsmodelle zu revolutionieren[11]. Mithin trägt die Kooperation durch Verteidigung der Wettbewerbsposition zur Manifestierung als Technologiekonzern bei[12]. Start-ups wiederum sehen in der Kooperation die Möglichkeit, sich Voraussetzungen für eine Etablierung im Markt zu erarbeiten[13]. Kooperationen zwischen Technologiekonzernen und Start-ups schaffen somit Zugang zu jeweils komplementären Fähigkeiten und Ressourcen, weshalb vor dem Hintergrund der multiplen Transformationen ein bedeutender Fokus auf dieser strategischen Option liegt[14]. Basierend auf dieser Ausgangssituation wird im ersten Kapitel zunächst die Motivation und der Handlungsbedarf aufgezeigt (vgl. Teilkapitel 1.1) bevor dann die Zielsetzung der Arbeit formuliert (vgl. Teilkapitel 1.2), die Forschungskonzeption begründet (vgl. Teilkapitel 1.3) und abschließend der Aufbau der Arbeit skizziert wird (vgl. Teilkapitel 1.4).

## 1.1 Motivation und Handlungsbedarfe

In der Praxis zeigt sich, dass mindestens so viele Kooperationen scheitern, wie neue eingegangen werden[15]. Während das Scheitern einer Kooperation für Technologiekonzerne mit ihren diversifizierten Geschäftsbereichen nicht mehr als finanziellen Verlust bedeutet, sind Start-ups in ihrer Existenz bedroht[16]. Dies begründet sich vor allem darin, dass Start-ups über eine limitierte Ausstattung an Fähigkeiten und Ressourcen verfügen, die nicht selten gänzlich in die Kooperation eingebracht wird[17]. Die Ausstattung von Start-ups umfasst insbesondere wertvolle explorative Ressourcen, weist jedoch einen Mangel an Ressourcen auf, die aufgrund ihrer Kapitalintensität oder notwendiger

[10] Vgl. Weiblen, Chesbrough (2015), Corporate Innovation, S. 68; Etemad et al. (2001), Collaboration, S. 482

[11] Vgl. Hogenhuis et al. (2016), Collaborate with Ventures, S. 39; Faria et al. (2010), Cooperation, S. 1082

[12] Vgl. Löher (2022), Zusammenarbeit, S. 15

[13] Vgl. Engels, Röhl (2019), Start-ups und Mittelstand, S. 15; Groote, Backmann (2020), Incumbents and Startups, S. 2; Pérez et al. (2012), Dancing with Elephants, S. 142; Minshall et al. (2008), Start-ups and Large Firms, S. 392; Hilse, Susemihl (2018), Kooperationen, S. 19

[14] Vgl. Weiblen, Chesbrough (2015), Corporate Innovation, S. 66; Becker et al. (2018), Kooperationen, S. 1; Hora et al. (2018), David and Goliath, S. 416

[15] Vgl. Brigl et al. (2019), Honeymoon, S. 5; Grochowski et al. (2016), Impact of Collaboration, S. 410; Dörner et al. (2020), You Can't Buy Love, S. 8

[16] Vgl. Hora et al. (2018), David and Goliath, S. 416; Das, He (2006), Established Partners, S. 124; Wrobel et al. (2017), Kooperationen, S. 32; Minshall et al. (2010), Partnerships, S. 55

[17] Vgl. Hogenhuis et al. (2017), Innovation Potential, S. 21; Hora et al. (2018), David and Goliath, S. 413

Erfahrungswerte nur von Technologiekonzernen gehalten werden können[18]. Daraus folgend manifestiert sich ein asymmetrisches Verhältnis der Kooperationspartner, in dem der Technologiekonzern durch seine umfassende Ressourcenausstattung nicht nur in der Gestaltung der Kooperation, sondern vor allem in der operativen Umsetzung der Kooperation maßgeblichen Einfluss ausübt[19]. Das Start-up sieht sich bedingt durch seine Limitationen in einer Abhängigkeit ggü. dem Technologiekonzern und nimmt den Einfluss vor dem Hintergrund einer verbesserten Überlebensfähigkeit im Wettbewerb hin[20].

Das Scheitern der Kooperationen zwischen Technologiekonzernen und Start-ups lässt sich jedoch nicht nur in der organisationalen Asymmetrie der Kooperationspartner erklären. Begründet durch die transformationsinduzierten Herausforderungen, sehen Technologiekonzerne Kooperationen vor allem aus einer strategischen Perspektive zum langfristigen Aufbau der Wettbewerbsfähigkeit[21]. Darüber hinaus wird die Zusammenarbeit mit Start-ups von Seiten des Technologiekonzerns mit zusätzlichen Erwartungen aufgeladen – dazu gehören u. a. eine Investmentmöglichkeit, Branding, ein Kulturwandel sowie der Zugang zu Talenten[22]. Die Erwartungshaltung wird dabei oftmals unzureichend expliziert bzw. fokussiert[23]. Das Start-up hat an die Kooperation vor allem die Erwartung, auf Ressourcen, Prozesse sowie das (Kunden-)Netzwerk des Technologiekonzerns zugreifen zu können und durch Kapitalbereitstellung seine Entwicklung zu beschleunigen[24]. Da Technologiekonzerne jedoch insbesondere auf inkrementelle Optimierung von Effizienz, Kosten sowie Qualität zur Sicherung des Status quo ausgerichtet sind, überschätzen sie sich in Bezug auf ihre Explorationsfähigkeit und schüren beim Start-up Erwartungen, die sie nicht erfüllen können[25].

Dies hat zur Folge, dass die Kooperationen zwischen Technologiekonzernen und Start-ups selten einen gemeinsam explizierten Planungshorizont aufweisen. Während Technologiekonzerne die Kooperation vor allem als strategische Option sehen, planen Start-

[18] Vgl. Hogenhuis et al. (2016), Collaborate with Ventures, S. 39; Usman, Vanhaverbeke (2017), Open Innovation, S. 173; Allmendinger, Berger (2020), Collaborative Innovation, S. 5

[19] Vgl. Katila et al. (2008), Swimming with Sharks, S. 296; Hogenhuis et al. (2017), Innovation Potential, S. 2

[20] Vgl. Simon et al. (2019), Corporate-Startup Relationships, S. 167f.; Katila et al. (2008), Swimming with Sharks, S. 297; Hora et al. (2018), David and Goliath, S. 413

[21] Vgl. Wrobel et al. (2017), Kooperationen, S. 20; Euchner (2016), Corporate Innovation, S. 58

[22] Vgl. Jung (2018), Cooperating with Start-ups, S. 292; Wrobel et al. (2017), Kooperationen, S. 20

[23] Vgl. Allmendinger, Berger (2020), Collaborative Innovation, S. 5; Hilse, Susemihl (2018), Kooperationen, S. 19; Brunner (2022), Partnerships, S. 53

[24] Vgl. Becker et al. (2018), Kooperationen, S. 2; Park, Steensma (2012), Corporate Venture Capital, S. 7; Hogenhuis et al. (2016), Collaborate with Ventures, S. 39

[25] Vgl. Mercandetti et al. (2017), Innovation, S. 24f.; Hilse, Susemihl (2018), Kooperationen, S. 21

ups mit kurzfristig operativer Unterstützung.[26] Ferner wird in diesem Zuge vernachlässigt, dem Planungshorizont angemessene Ziele in Bezug auf die Wettbewerbspositionierung zu definieren[27]. Da Start-ups von der Notwendigkeit, das Überleben zu sichern und den dafür notwendigen Kapitalbedarfen getrieben sind, werden Kooperationsziele nicht angemessen expliziert, und bedingt durch die Asymmetrie zu Gunsten des Technologiekonzerns formuliert[28]. Dieser Umstand wird durch die überschätzte Unterstützungsmöglichkeit des Technologiekonzerns verstärkt und führt im Ergebnis dazu, dass in der Kooperation Ziele verfolgt werden, die der Entwicklung des Start-ups keinen Vorschub leisten[29]. Vor diesem Hintergrund erfolgt die Wahl einer Kooperationsform zumeist unsystematisch. Als maßgebliches Kriterium wird aus Perspektive des Technologiekonzerns vor allem die Möglichkeit zur Kapitalbeteiligung und damit der strategische sowie operative Einfluss auf das Start-up herangezogen[30]. Dies begünstigt die Wahl einer unpassenden, da opportunistischen Kooperationsform und offenbart bereits in der Gestaltung der Kooperation die Asymmetrie der Partner zum Nachteil des Start-ups[31]. Im Verlauf der Kooperation wird deutlich, dass der Technologiekonzern nicht über die Ressourcen sowie organisationalen Fähigkeiten verfügt, um auf die volatilen Unterstützungsbedarfe des Start-ups zu reagieren[32]. Letztlich führt diese Ausgangssituation dazu, dass die gegenseitigen Erwartungshaltungen nicht erfüllt werden und die Kooperationen häufig scheitern[33]. Aufbauend auf den dargelegten Handlungsbedarfen wird für diese Arbeit die folgende grundlegende Hypothese formuliert:

> Die Voraussetzungen zur erfolgreichen Gestaltung einer Kooperation zwischen Technologiekonzernen und Start-ups stellen der Zugang zu komplementären Fähigkeiten und Ressourcen, ein gemeinsamer Planungshorizont sowie eine explizierte, dem Start-up förderliche Zielsetzung dar. Hierauf aufbauend bedarf es der systematischen Gestaltung einer Kooperationsform ausgehend von den relevanten Unterstützungsmöglichkeiten des Technologiekonzerns.

[26] Vgl. Minshall et al. (2010), Partnerships, S. 59; Groote, Backmann (2020), Incumbents and Startups, S. 2f.; Das, He (2006), Established Partners, S. 125

[27] Vgl. Dörner et al. (2020), You Can't Buy Love, S. 18; Gutmann, Lang (2022), Startup Collaboration, S. 20; Kuckertz (2017), Corporate Entrepreneurship, S. 75; Jung (2018), Cooperating with Start-ups, S. 292

[28] Vgl. Hora et al. (2018), David and Goliath, S. 416; Katila et al. (2008), Swimming with Sharks, S. 299

[29] Vgl. Hogenhuis et al. (2017), Innovation Potential, S. 4; Katila et al. (2008), Swimming with Sharks, S. 295

[30] Vgl. Weiblen, Chesbrough (2015), Corporate Innovation, S. 70

[31] Vgl. George (2018), New Venture Performance, S. 39; Hora et al. (2018), David and Goliath, S. 416

[32] Vgl. Weiblen, Chesbrough (2015), Corporate Innovation, S. 67; Simon et al. (2019), Corporate-Startup Relationships, S. 168; Hogenhuis et al. (2016), Collaborate with Ventures, S. 40

[33] Vgl. Brigl et al. (2019), Honeymoon, S. 11ff.; Weiblen, Chesbrough (2015), Corporate Innovation, S. 66; Allmendinger, Berger (2020), Collaborative Innovation, S. 5

## 1.2 Zielsetzung der Arbeit

Infolge der beschriebenen Handlungsbedarfe besteht das übergeordnete Ziel dieser Dissertation darin, die Gestaltung von Kooperationen zwischen Technologiekonzernen und Start-ups methodisch zu unterstützen. Die Arbeit richtet sich an mittelständische Unternehmen und Konzerne sowie Start-ups der produzierenden Industrie und zeichnet sich durch eine branchenübergreifende Sichtweise aus. Dabei soll die erfolgreiche Gestaltung von Kooperationen fokussiert und dem individuellen Anwender aus Konzern oder Start-up ermöglicht werden, ein kooperatives Arrangement entsprechend den Bedürfnissen sowie Randbedingungen auszulegen. Die Sicherung eines Wettbewerbsvorteils für beide Kooperationspartner sowie die Fokussierung von Start-ups mit hohem Unterstützungsbedarf hat daher signifikanten Einfluss auf den theoretischen Lösungsraum. So erfolgt die Gestaltung von Kooperationen zwischen Technologiekonzernen und Start-ups unter Berücksichtigung der Randbedingungen asymmetrischer Kooperationspartner. Die *Zielsetzung* der Arbeit wird wie folgt formuliert:

Zielsetzung dieser Dissertation ist die Entwicklung einer Methodik, welche die Aufnahme sowie die Gestaltung einer Kooperation zwischen Technologiekonzernen und Start-ups unter Berücksichtigung einer sinnvollen, gemeinsamen Ko-Evolution ermöglicht. Hierbei sollen partnerspezifische Randbedingungen integriert und zielunterstützende Kooperationsformen berücksichtigt werden.

Dabei lassen sich aus der übergeordneten Zielsetzung weitere Teilziele ableiten, welche die Erarbeitung einer Methodik im Rahmen dieser Arbeit erleichtern. Die konzeptionelle Eingrenzung des Betrachtungsbereichs dieser Arbeit auf Basis des praktischen Problems und die Absicherung von Erkenntnissen des Forschungsprozesses sollte nach KUBICEK anhand von grundlegend formulierten Forschungsfragen erfolgen. Die Formulierung dieser Forschungsfragen stellt dabei eine zentrale Aufgabe des Forschungsprozesses dar und sollte stets einen Realitätsbezug aufweisen.[34] Unter Berücksichtigung der definierten Zielsetzung wird die für diese Arbeit handlungsweisende Forschungsfrage wie folgt formuliert:

Wie kann eine Kooperation zwischen Technologiekonzern und Start-up für spezifische Kontextbedingungen zweckbestimmt zur Unterstützung der Start-up-Entwicklung gestaltet werden?

---

[34] Vgl. Kubicek (1977), Heuristische Bezugsrahmen, S. 14f.

## 1.3 Forschungskonzeption der Arbeit

Der wissenschaftliche Forschungsprozess lässt sich nach BINDER & KANTOWSKY als Abfolge verstehen, die durch Beschreibung des Ausgangspunktes und der Erkenntnisperspektive sowie der Dokumentation der angewendeten Forschungsmethodologie und der Erkenntnisse nachvollziehbar wird[35]. Den Ausgangspunkt stellt die zugrunde liegende Auffassung des Forschers zum Forschungsthema dar – die Forschungsparadigmen. Ein Forschungsparadigma beschreibt die Grundüberzeugungen und muss in der Art akzeptiert und nicht weiter begründet werden[36]. ULRICH folgend werden damit auch die jedem Ansatz inhärenten Vorurteile dargelegt, die den wissenschaftlichen Erkenntnisprozess forcieren, aber auch den damit erzielbaren Erkenntnisgewinn limitieren[37]. Die Erläuterung der Erkenntnisperspektive in Form des Forschungsparadigmas stellt den Ausgangspunkt dar und schafft ein nachvollziehbares sowie einheitliches Verständnis. Im Hinblick darauf erfolgt zunächst eine Einordnung in die Wissenschaftssystematik, die zur Übersicht in Abbildung 1-1 illustriert wird.

Nach ULRICH & HILL lässt sich die Wissenschaft in die Teilgebiete der Formalwissenschaften sowie der Realwissenschaften gliedern. Die Formalwissenschaften dienen dem Ziel, Zeichensysteme zu konstruieren sowie Regeln zur Verwendung zu definieren und umfassen z. B. die Wissenschaftsdisziplinen Logik oder Mathematik. Realwissenschaften wiederum zeichnen sich durch zwei Schwerpunkte aus: Grundlagenwissenschaften erklären empirische Wirklichkeitsausschnitte und streben dabei die Bildung von Erklärungsmodellen an. Handlungswissenschaften werden auch als angewandte Wissenschaften bezeichnet und akzentuieren die Analyse von menschlichen Handlungsalternativen durch die Bildung von Entscheidungsmodellen. Zu den Handlungswissenschaften gehören im gesellschaftlichen Bereich die Betriebswirtschaftslehre als angewandte Sozialwissenschaft sowie im technischen Bereich die Ingenieurwissenschaften.[38] Der Impuls zu dieser Arbeit wurde durch Fragestellungen im Rahmen der Beratung von produzierenden Unternehmen gegeben und weist damit einen hohen praktischen sowie ingenieurwissenschaftlichen Bezug auf. Dies induziert die Zuordnung zu den Handlungswissenschaften sowie die Ausrichtung auf ein praktisches Ziel[39]. Weiterhin umfasst die vorliegende Dissertation neben ingenieurwissen-

[35] Vgl. Binder, Kantowsky (1996), Technologiepotentiale, S. 3
[36] Vgl. Guba, Lincoln (1994), Paradigms, S. 107
[37] Vgl. Ulrich (2001), Systemorientierter Ansatz, S. 21
[38] Vgl. Ulrich, Hill (1976), Grundlagen, S. 305
[39] Vgl. Schanz (2009), Wissenschaftsprogramme, S. 111f.

schaftlichen auch betriebswirtschaftliche Aspekte und kann daher abschließend innerhalb der Realwissenschaften den angewandten Handlungswissenschaften zugeordnet werden.

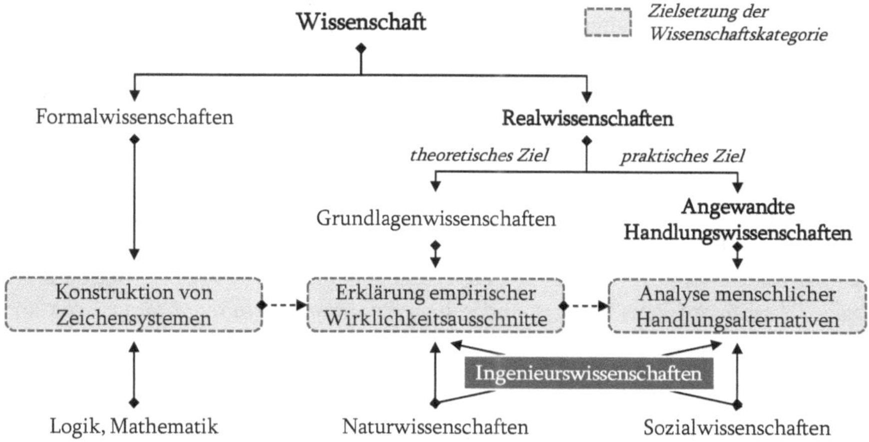


**Abbildung 1-1: Übersicht der Wissenschaftssystematik[40]**

Zur Vervollständigung der grundlegenden Erkenntnisperspektive dieser Arbeit sowie zur Erklärung der vorwissenschaftlichen, wertgebundenen Annahmen bedarf es ferner einer Offenlegung des Forschungsparadigmas des Autors. Ebendieses Paradigma soll das Subjektivitätskriterium wissenschaftlicher Arbeiten überwinden und entzieht sich zugleich einer empirischen Überprüfung[41]. In der Betriebswirtschaftslehre als Handlungswissenschaft stellen u. a. der entscheidungstheoretische Ansatz nach HEINEN, der systemtheoretische Ansatz nach ULRICH oder der faktortheoretische Ansatz nach GUTENBERG Grundüberzeugungen dar. Die Grundüberzeugung der vorliegenden Arbeit wird gemäß dem systemtheoretischen Ansatz als praktisch relevant, interdisziplinär, offen und integrativ aufgefasst.[42] Der systemtheoretische Ansatz entspricht dem Verständnis des Autors in Bezug auf Unternehmen sowie deren Handlungsoptionen und wird als fester Bestandteil aufgefasst.

---

[40] I.A.a. Zohm (2004), Diskontinuitäten, S. 6; Ulrich, Hill (1976), Grundlagen, S. 305

[41] Vgl. Ulrich, Hill (1976), Grundlagen, S. 306

[42] Vgl. Ulrich, Hill (1976), Grundlagen, S. 306ff.

Als Teil des Forschungsprozesses beschreibt die Forschungsmethodologie, wie der Gewinn von Erkenntnissen, basierend auf der Überzeugung des Forschers, erfolgt[43]. Nach POPPER entsteht dieser Erkenntnisgewinn nicht etwa durch Wahrnehmungen, Beobachtungen oder durch das Sammeln von Daten, sondern ausgehend von Problemen[44]. Aus der Zuordnung dieser Arbeit zu den Handlungswissenschaften resultiert, dass die Auswahl der Probleme praxisbasiert erfolgt und sich damit auch auf diese Praxis beziehen[45]. Bezugnehmend auf das pragmatische Wissenschaftsziel ist „weniger der Zuwachs in der Erkenntnissicherung als vielmehr der Zuwachs im Verständnis und der dadurch u. U. möglichen Beherrschung der Realität“ ein Maßstab für den Fortschritt der Wissenschaft[46]. Die empirische Forschung mit ihrer formal-verfahrenstechnisch orientierten Prüfstrategie ist dementsprechend in der angewandten Forschungspraxis hinderlich[47]. Ausgehend von dieser Diskrepanz hat sich die explorative Forschung als methodischer Ansatz herausgebildet, um mittels empirischer Forschung gezielt Theorien auf Basis von systematischem Erfahrungswissen zu konstruieren und weiterzuentwickeln[48]. Basierend auf der Zuordnung dieser Dissertation zu den angewandten Handlungswissenschaften sowie bedingt durch die zu Grunde liegenden Probleme und die Festlegung auf den Systemansatz nach ULRICH folgt die vorliegende Arbeit dem forschungsmethodologischen Ansatz der explorativen Forschung. Die Zielsetzung des gewählten forschungsmethodologischen Vorgehens besteht im Erkenntnisgewinn über die Realität ausgehend von gezielten Fragen und einem durch theoretische Verarbeitung aufgebauten Erfahrungswissen[49].

Innerhalb der explorativen Forschung als iterativer Lernprozess bildet ein heuristischer Bezugsrahmen das Zentrum des Vorgehens. Basierend auf einem praktischen Problem, welches ein Phänomen beschreibt, das von der Forschung nicht hinreichend verstanden oder beherrscht wird, kann ein Bezugsrahmen als Aussagesystem zur Steuerung der weiteren Forschung oder zur Orientierung für die Lösung praktischer Probleme konstruiert werden.[50] Die Problemstellung der vorliegenden Arbeit (vgl. Teilkapitel 1.1) und die dargelegte Forschungsfrage bilden das erfahrungsbasierte theoretische Problem des Forschers ab, sodass nachfolgend der heuristische Bezugsrahmen

[43] Vgl. Binder, Kantowsky (1996), Technologiepotentiale, S. 4
[44] Vgl. Popper (2017), Logik der Sozialwissenschaften, S. 216
[45] Vgl. Ulrich (2001), Betriebswirtschaftslehre, S. 22
[46] Kubicek (1977), Heuristische Bezugsrahmen, S. 7
[47] Vgl. Kubicek (1977), Heuristische Bezugsrahmen, S. 7
[48] Vgl. Kubicek (1977), Heuristische Bezugsrahmen, S. 14; Deshpande (1983), Paradigms Lost, S. 105; Ulrich (2001), Betriebswirtschaftslehre, S. 23f.; Tomczak (1992), Forschungsmethoden, S. 83
[49] Vgl. Kubicek (1977), Heuristische Bezugsrahmen, S. 13
[50] Vgl. Kubicek (1977), Heuristische Bezugsrahmen, S. 17f.; Tomczak (1992), Forschungsmethoden, S. 84

konstruiert werden kann. Ziel dieser Konstruktion ist, neben der Problematisierung des Vorverständnisses, die Identifizierung von neuen, ergänzenden Fragen. Nach KUBICEK wird das Vorverständnis durch die Formulierung von Annahmen, Fragen sowie abgeleiteten Interpretationsmustern als generell angesehenes Problem expliziert und damit der heuristische Bezugsrahmen gebildet[51]. Abbildung 1-2 veranschaulicht den initialen heuristischen Bezugsrahmen dieser Dissertation.

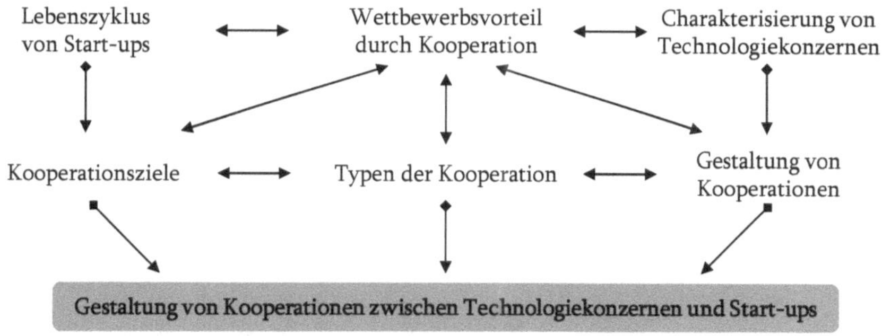


**Abbildung 1-2: Initialer heuristischer Bezugsrahmen[52]**

Ausgangspunkt der Bildung des heuristischen Bezugsrahmens stellen die beiden Kooperationssubjekte Start-up und Technologiekonzern dar, die in Kooperationen eintreten, um Wettbewerbsvorteile zu erzielen. Die Abgrenzung von Start-ups und Technologiekonzernen befähigt die nähere Untersuchung der Kooperationsziele, die zu Wettbewerbsvorteilen führen (vgl. Teilkapitel 2.1). Ferner können etablierte Ansätze und Theorien zur Gestaltung von Kooperationen analysiert und die Eignung für das vorliegende Problem begründet werden (vgl. Unterkapitel 2.2.2). Darüber hinaus gilt es, die Gestaltungsmöglichkeiten von Kooperationen zu untersuchen. Die weitere Entwicklung von Kooperationstypen zur Erzielung von Wettbewerbsvorteilen unter Berücksichtigung der Zielsetzung sowie der ermittelten Gestaltungsmöglichkeiten stellt schließlich den letzten Baustein zur Gestaltung der Kooperation zwischen Technologiekonzernen und Start-ups dar.

Basierend auf dem dargelegten heuristischen Bezugsrahmen sowie der formulierten Forschungsfrage (vgl. Teilkapitel 1.1) lassen sich für die Bearbeitung des Vorhabens die folgenden fünf Teilforschungsfragen formulieren:

---

[51] Vgl. Kubicek (1977), Heuristische Bezugsrahmen, S. 14ff.
[52] Eigene Darstellung

- **Frage 1:** „Wie können gestaltungsrelevante Ziele sowie Kontextfaktoren der Kooperation von Technologiekonzernen und Start-ups spezifisch beschrieben werden?"
- **Frage 2:** „Wie lassen sich generische Ziele von Start-ups für Kooperationen entlang des Lebenszyklus identifizieren?"
- **Frage 3:** „Wie lassen sich charakteristische Fähigkeiten und Ressourcen, die in Kooperationen zur Unterstützung des Start-ups eingebracht werden, bestimmen?"
- **Frage 4:** „Welche Typen von Kooperationen gibt es, welche die Anforderungen unterschiedlicher Zielsysteme erfüllen, und wie lassen sich diese charakterisieren?"
- **Frage 5:** „Welche Gestaltungsoptionen für eine Kooperation existieren, und wie kann die Kooperation zur Unterstützung der Kooperationsziele ausgelegt werden?"

Die aufgeworfenen Teilforschungsfragen stellen die Grundlage für die Strukturierung dieser Arbeit dar und sind durch die Lösungskonzeption entsprechend aufzugreifen (vgl. Teilkapitel 3.4). Das forschungsmethodische Vorgehen orientiert sich dabei am vorgestellten heuristischen Bezugsrahmen und wird durch das Erfahrungswissen des Forschers gezielt erweitert. Basis für die formulierte Problemstellung der vorliegenden Arbeit stellt das gesammelte praktische Erfahrungswissens des Autors dar, welches während der Tätigkeit als wissenschaftlicher Mitarbeiter am Fraunhofer IPT im Rahmen von Forschungs- und Industrieprojekten sowie Weiterbildungsveranstaltungen erworben werden konnte. Im Rahmen zweier Industriearbeitskreise zu den Themen „Start-up Collaboration" und „Managing Collaboration in Ecosystems" mit mehr als 15 teilnehmenden Unternehmen wurden praxisrelevante Fragestellungen detailliert analysiert und die Thematik der vorliegenden Dissertation in vielen Diskussionen sowie durch Expertenbeiträge vertieft. Darüber hinaus ermöglichten zwei bilaterale Industrieprojekte mit Start-ups aus der Automobilindustrie dem Autor den Aufbau eines tiefgreifenden Verständnisses für die praktischen Probleme, Herausforderungen und Bedürfnisse von Start-ups im Kontext der Kooperation mit Technologiekonzernen.

## 1.4 Aufbau der Arbeit

Ausgehend von der Zuordnung der vorliegenden Arbeit zu den angewandten Handlungswissenschaften und der Auswahl einer explorativen Forschungsmethodologie folgt, dass das Ergebnis als konkretisierter Bezugsrahmen die Grundlage zur Diskussion liefern muss. Um diesen Randbedingungen gerecht zu werden, orientiert sich der Aufbau der Arbeit am Forschungsprozess der *Strategie der angewandten Forschung* nach ULRICH[53]. Dieser Forschungsprozess zeichnet sich dadurch aus, dass er in der Praxis beginnt, die Untersuchung des Anwendungszusammenhangs fokussiert und wieder in der Praxis endet. Der Ursprung des Forschungsprozesses in der Betriebswirtschaftslehre bietet im systemtheoretischen Verständnis einen Ansatz, der mit den Ingenieurwissenschaften als interdisziplinären Ansatz der angewandten, praxisrelevanten Problemstellung ergründenden, Unternehmensführungslehre vergleichbar ist[54]. Durch Erfassung und Beschreibung von praxisrelevanten Problemstellungen sowie durch Validierung in der Praxis wird der Anwendungszusammenhang der aus dem Theoriezusammenhang entwickelten Modelle sichergestellt[55]. Der Aufbau dieser Dissertationsschrift folgt den Phasen des vorgestellten Forschungsprozesses und gliedert sich damit in sechs Kapitel (vgl. Abbildung 1-3).

Kapitel 1 motiviert die der Arbeit zu Grunde liegende praktische Problemstellung, erklärt die Zielstellung und verdeutlicht den gewählten forschungsmethodischen sowie heuristischen Bezugsrahmen. Das zweite Kapitel erörtert die relevanten Grundlagen zu Technologiekonzernen, Start-ups sowie Kooperationen und grenzt damit den Betrachtungsbereich der Arbeit ein. Ferner werden bestehende Ansätze zur Gestaltung von Kooperationen vorgestellt und darauf aufbauend der Forschungsbedarf abgeleitet. Anschließend folgt in Kapitel 3 die Grobkonzeption der Methodik zur Gestaltung von Kooperationen zwischen Technologiekonzernen und Start-ups. Für die Grobkonzeption werden zunächst formale sowie inhaltliche Anforderungen abgeleitet und Werkzeuge zur wissenschaftlich-formalen sowie theoretisch-inhaltlichen Konzeption vorgestellt. Aufbauend darauf werden die notwendigen Partialmodelle hergeleitet und skizziert. Das vierte Kapitel dient der Detaillierung der Methodik anhand der definierten Teilmodelle und stellt die erarbeiteten Lösungsansätze vor. In Kapitel 5 wird die Validierung der Methodik anhand eines Fallbeispiels in der Praxis durchgeführt. Die praktische Anwendung ermöglicht eine kritische Reflexion der Anwendungserfahrung vor dem Hintergrund der Zielsetzung sowie der aufgeworfenen Forschungsfragen. Kapitel 6 beschließt die Arbeit mit einer Zusammenfassung und einem Ausblick auf den weiteren Forschungsbedarf.

---

[53] Vgl. Ulrich (2001), Betriebswirtschaftslehre, S. 44ff.

[54] Vgl. Ulrich, Hill (1976), Grundlagen, S. 308

[55] Vgl. Schuh, Warschat (2013), Wirtschaftsingenieurwesen, S. 43; Ulrich (2001), Betriebswirtschaftslehre, S. 45; Ulrich et al. (1984), Management, S. 193

**Abbildung 1-3: Aufbau der Arbeit**[56]

[56] I.A.a. Ulrich (2001), Betriebswirtschaftslehre, S. 45

# 2 Grundlagen und Stand der Forschung

Im vorliegenden Kapitel werden unter Berücksichtigung der Zielstellung dieser Arbeit relevante Grundlagen sowie notwendige Definitionen erläutert. Das Grundverständnis für die Untersuchungssubjekte wird mittels einer initialen Abgrenzung sowie Charakterisierung von Unternehmen, Technologiekonzernen und Start-ups geschaffen (vgl. Teilkapitel 2.1) Daran anschließend erfolgt die Darstellung von Grundlagen der Kooperationstheorie in Teilkapitel 2.2. Ausgehend von einer terminologischen Einordnung von Kooperationen werden relevante Theorien zur Entstehung sowie Gestaltung der Kooperation vorgestellt. Weiterhin erfolgt die Charakterisierung ausgewählter Kooperationsformen zur Schaffung eines Verständnisses über den Untersuchungsgegenstand dieser Arbeit. Auf dieser Basis wird der Betrachtungsbereich der vorliegenden Arbeit in Teilkapitel 2.3 eingegrenzt. In Teilkapitel 2.4 erfolgen die Analyse des Stands der Forschung sowie die Positionierung der vorliegenden Dissertation hierin. Das Kapitel schließt in einem Zwischenfazit mit der Ableitung theoretischer Defizite zur Gestaltung von Kooperationen zwischen Technologiekonzernen und Start-ups (Teilkapitel 2.5).

## 2.1 Charakterisierung von Technologiekonzernen und Start-ups

Die bestimmenden Untersuchungsobjekte dieser Arbeit sind Unternehmen in Form von Technologiekonzernen und Start-ups, welche in Wirtschaftsräumen miteinander kooperieren. Daher erfolgt in diesem Teilkapitel zunächst die Klärung des Verständnisses von Unternehmen (vgl. Unterkapitel 2.1.1). Anschließend werden mit Corporates als Technologiekonzerne (vgl. Unterkapitel 2.1.2) sowie Start-ups (vgl. Unterkapitel 2.1.3) die Untersuchungsobjekte im Kontext dieser Arbeit abgegrenzt.

### 2.1.1 Begriffsverständnis von Unternehmen

Unternehmen sind geprägt von der Idee, Leistungsvollzüge sowie wirtschaftliches Handeln durch Schaffung von Ordnung effizienter gestalten zu können[57]. Dafür wer-

[57] Vgl. Schreyögg (2016), Organisation, S. 15

den Unternehmen als produktionsorientierte Wirtschaftseinheiten definiert, die Produkte und Dienstleistungen erstellen und vermarkten[58]. Die Güter eines Unternehmens werden zur Fremdbedarfsdeckung angeboten und sind dabei Teil einer unternehmensübergreifenden Wertschöpfungs- oder Leistungskette[59]. WEBER folgend können drei unterschiedliche Konzepte zur Erklärung der Entstehung von Unternehmen differenziert werden[60]: der faktentheoretische Ansatz nach GUTENBERG, der entscheidungstheoretische Ansatz nach HEINEN und der systemtheoretische Ansatz nach ULRICH. Da dieser Arbeit das Forschungsparadigma des systemtheoretischen Ansatzes nach ULRICH zu Grunde liegt, folgt auch die Erklärung eines Unternehmens diesem Ansatz. Ein Unternehmen wird in diesem Ansatz als marktgerichtetes, offenes, anpassungsfähiges, soziales und produktives Regelkreissystem definiert, welches bei Störungen selbstständig in den zulässigen Abweichungsbereich zurückkehrt[61]. Diese Perspektive wird von THOMMEN ET AL. in der managementorientierten Betriebswirtschaftslehre aufgegriffen[62]. Das Verständnis der Unternehmung als „sozio-ökonomisch" wird dabei vor allem im Kontext der Interaktion mit der Umwelt sowie dem Management der Organisation gesehen[63].

Ausgehend von den vorherigen Ausführungen lässt sich festhalten, dass privatwirtschaftliche Unternehmen den Untersuchungsgegenstand der vorliegenden Arbeit darstellen, da diese ohne öffentliche Einflussnahme sowie einer Nutzenmaximierung folgend agieren[64]. Weiterhin stellt die Systemtheorie nach ULRICH die Grundlage für die Skizzierung eines Unternehmens dar[65]. Entsprechend werden Unternehmen in dieser Arbeit aufbauend auf ULRICH[66] und THOMMEN ET AL.[67] definiert:

> Ein **Unternehmen** ist ein soziales, offenes, dynamisches, komplexes, autonomes, produktives und marktgerichtetes System.

[58] Vgl. Thommen et al. (2020), Unternehmen, S. 6; Hungenberg, Wulf (2015), Unternehmensführung, S. 12

[59] Vgl. Hungenberg, Wulf (2015), Unternehmensführung, S. 12

[60] Vgl. Weber et al. (2018), Betriebswirtschaftslehre, S. 34f.; Gutenberg (1970), Betriebswirtschaftslehre, S. 2f.; Heinen (1969), Wissenschaftsprogramm, S. 209ff.

[61] Vgl. Ulrich (2001), Unternehmung, S. 14

[62] Vgl. Thommen et al. (2020), Unternehmen, S. 8

[63] Vgl. Hutzschenreuter (2015), Betriebswirtschaftslehre, S. 8

[64] THOMMEN ET AL. unterscheiden öffentliche und private Unternehmen anhand mehrerer Kriterien; Vgl. Thommen et al. (2020), Unternehmen, S. 6

[65] Vgl. Ulrich (2001), Unternehmung, S. 13

[66] Vgl. Ulrich (2001), Unternehmung, 14

[67] Vgl. Thommen et al. (2020), Unternehmen, S. 8

Im Sinne dieser Definition handelt es sich sowohl bei Technologiekonzernen als auch bei Start-ups um Unternehmen, die im Rahmen von wirtschaftlichen Aktivitäten mit ihrer Umwelt interagieren.

Die Systematisierung von Unternehmen wird in der Literatur anhand verschiedener Kriterien diskutiert. THOMMEN ET AL. charakterisieren Unternehmen bspw. nach Gewinnorientierung, Größe, technisch-ökonomischer Struktur, Rechtsform oder auch Position im Lebenszyklus[68]. Da sich die Asymmetrie zwischen Technologiekonzernen und Start-ups vor allem in ihrem Alter und dem organisationalen Entwicklungsstadium äußert, werden nachfolgend die Grundlagen für eine Unterscheidung anhand des Lebenszyklus gelegt. Gemäß PORTISCH beschreibt der Unternehmenslebenszyklus „...die dynamische wirtschaftliche Entwicklung eines Unternehmers von der Gründung über das Wachstum bis hin zu Reife sowie mögliche Krisen...“[69]. Auch wenn die Dauer der einzelnen Phase im Lebenszyklus in Abhängigkeit von spezifischen Produkt- oder Brancheneigenschaften stark variieren kann und eine trennscharfe Abgrenzung der Phasen unmöglich ist, lässt sich der Lebenszyklus auf die meisten Unternehmen übertragen[70]. Die Diskussion von Unternehmenslebenszyklen in der Literatur zeigt eine große Varianz in der Anzahl und auch der Bezeichnung einzelner Phasen[71]. PÜMPIN & PRANGE betrachten in ihrem Lebenszyklusmodell der Unternehmensentwicklung innerhalb des St. Galler Management-Modells vier idealtypische Unternehmen in unterschiedlichen Entwicklungsstadien[72]: das Pionier-Unternehmen, das Wachstums-Unternehmen, das Reife-Unternehmen sowie das Wende-Unternehmen. PORTISCH greift diese Unterscheidung auf und leitet daraus die vier Unternehmensentwicklungsphasen Gründungs-, Wachstums-, Reife- und Krisenphase[73]. Die Differenzierung in vier Lebenszyklusphasen hat sich in der Literatur weitestgehend durchgesetzt und wird von vielen Autoren geteilt[74]. Innerhalb der Beschreibung der Lebenszyklusphasen zeigen sich einzig in der Benennung der letzten Lebenszyklusphase Unterschiede zwischen den Interpretationen – so wird diese als Krise-, Degenerations-, Wende- oder Sättigungsphase bezeichnet. Die vier etablierten Lebenszyklusphasen eines Unternehmens werden in dieser Arbeit als Gründungs-, Wachstums-, Reife- und

68 Vgl. Thommen et al. (2020), Typologie des Unternehmens, S. 23ff.

69 Portisch (2016), Finanzierung, S. 11

70 Vgl. Portisch (2016), Finanzierung, S. 11

71 Siehe hierzu u. a. James (1973), Corporate Life Cycle, S. 49ff.; Adizes (1979), Organizational Passages, S. 4ff.; Maidique (1980), Entrepreneurs, S. 66 und zusammenfassend Höft (1992), Lebenszykluskonzepte, S. 88ff.

72 Vgl. Pümpin, Prange (1991), Unternehmensentwicklung, S. 83ff.

73 Vgl. Portisch (2016), Finanzierung, S. 11ff.

74 Vgl. Zollenkop (2006), Geschäftsmodellinnovation, S. 187ff.; Reinemann (2019), Mittelstandsmanagement, S. 50f.; Heupel (2020), Produkt-/Unternehmenslebenszyklus, S. 14f.

Sättigungsphase adoptiert und in Abbildung 2-1 in Abhängigkeit der Leistungsfähigkeit sowie der Zeit dargestellt. Zudem wird anhand des Konzepts des Unternehmenslebenszyklus nach dem Verständnis von HÖFT sowie THOMMEN ET AL. nachfolgend zwischen jungen, neu gegründeten Unternehmen und etablierten Unternehmen differenziert[75]. Junge Unternehmen umfassen die Phasen der Gründung und des Wachstums, während etablierte Unternehmen Merkmale der Reife- oder Sättigungsphase aufweisen.

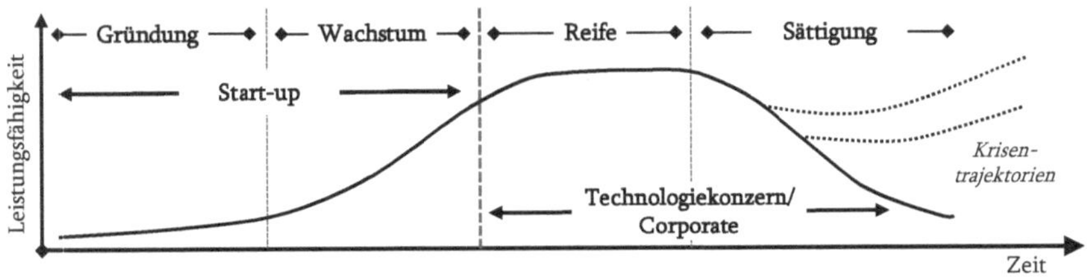


**Abbildung 2-1: Lebenszyklusphasen von Unternehmen[76]**

### 2.1.2 Corporates als etablierte Technologiekonzerne

Ausgehend von der Charakterisierung werden Technologiekonzerne als etablierte Unternehmen angesehen und ferner auch als Corporates bezeichnet. Die Bezeichnung „Corporate" entstammt aus dem Angelsächsischen und wird im Rahmen dieser Arbeit als etablierter Technologiekonzern verstanden[77]. Corporates werden in der Literatur v.a. anhand von zwei Kategorien charakterisiert: quantitative, wirtschaftliche Kennzahlen und qualitative, charakteristische Eigenschaften.

Die EUROPÄISCHE UNION führt als quantitative Kennzahl die Unternehmensgröße an und definiert Corporates, bzw. Technologiekonzerne, als solche, sobald sie mindestens 250 Mitarbeiter beschäftigen, mehr als 50 Millionen Euro Umsatz pro Jahr erwirtschaften und eine Bilanzsumme größer als 43 Millionen Euro aufweisen[78]. Gemäß § 267 HGB gelten Unternehmen mit mindestens 250 Mitarbeitern bereits ab einem Umsatz von 40 Millionen Euro p. a. sowie einer Bilanzsumme von 20 Millionen Euro als großes

---

75 Vgl. Höft (1992), Lebenszykluskonzepte, S. 102; Thommen et al. (2020), Typologie des Unternehmens, S. 40

76 Eigene Darstellung i. A. a. Pümpin, Prange (1991), Unternehmensentwicklung, S. 135; Portisch (2016), Finanzierung, S. 16; Zollenkop (2006), Geschäftsmodellinnovation, S. 173; Reinemann (2019), Mittelstandsmanagement, S. 51; Thommen et al. (2020), Typologie des Unternehmens, S. 40f.

77 Im Englischen wird ein etabliertes Unternehmen auch als „Company" oder „Corporation" übersetzt. In der Kooperationsforschung hat sich die Benennung „Corporate" für etablierte Unternehmen durchgesetzt.

78 Vgl. Kommission der Europäischen Gemeinschaften (2003), Unternehmen, S. 39

Unternehmen[79]. Das INSTITUT FÜR MITTELSTANDSFORSCHUNG definiert ein Unternehmen als Corporate, wenn dieses mindestens 500 Mitarbeiter beschäftigt und einen Jahresumsatz von mindestens 50 Millionen Euro erwirtschaftet[80].

Demgegenüber finden sich in der Literatur eine Reihe von qualitativen Eigenschaften zur Charakterisierung von Corporates, bzw. Technologiekonzernen. So werden Corporates in der Organisationsforschung als dauerhafte Organisationen mit hierarchischen, meist divisionalen Strukturen, formalen Koordinationsmechanismen und Planungsverfahren beschrieben[81]. Weiterhin verfügen Corporates über spezialisiertes Wissen, das in Richtlinien, Regeln und Betriebsverfahren festgehalten ist[82]. Sie weisen gewachsene Strukturen und Prozesse auf und verfolgen die verwertungsorientierte Umsetzung sowie Skalierung etablierter Geschäftsmodelle mit diversifizierten Produktportfolien in reifen Märkten[83]. Die breiten Produktportfolien ermöglichen das Erreichen signifikanter Marktanteile auf lokalen, nationalen oder internationalen Absatzmärkten und haben eine starke Absatz- und Beschaffungsmarktposition zur Folge[84]. Ferner werden Corporates durch einen umfangreichen Pool unterschiedlichster Ressourcen, zugehöriges geistiges Eigentum sowie ein umfangreiches Netzwerk zu relevanten Stakeholdern charakterisiert[85]. Ebenso zeichnen sich Corporates dadurch aus, dass sie danach streben, neue, aufstrebende Geschäftsfelder mit reifen Geschäftsbereichen zu kombinieren, um dynamischen Markt- und Technologieentwicklungen gerecht zu werden[86]. In der vorliegenden Arbeit werden zum Zweck einer gezielten Definitionsbildung sowohl quantitative als auch qualitative Merkmale herangezogen. Somit wird ein Corporate i. A. a. die Empfehlung der EU, MERCANDETTI ET AL., HILSE & SUSEMIHL, DAS & HE sowie BLANK & DORF wie folgt definiert[87]:

Ein **Corporate** ist ein Technologiekonzern mit einem fiskaljährlichen Umsatz von mindestens 50 Millionen Euro und mehr als 250 Mitarbeitern, welches sich in der

[79] Vgl. Bundesministerium der Justiz (Hrsg.) (2022), HGB § 267

[80] Vgl. Günterberg, Wolter (2002), Unternehmensgrößenstatistik 2001/2002, S. 14

[81] Vgl. Mintzberg (1979), Organizations, S. 192; Pavitt (1991), Innovating Firm, S. 43; Greiner (1989), Organizations, S. 381

[82] Vgl. Grant, Baden-Fuller (1995), Knowledge-based Theory, S. 18

[83] Vgl. Das, He (2006), Established Partners, S. 121; Hilse, Susemihl (2018), Kooperationen, S. 21; Mercandetti et al. (2017), Innovation, S. 24

[84] Vgl. Kallfaß (1990), Großunternehmen, S. 1f.

[85] Vgl. Das, He (2006), Established Partners, S. 120f.; Pümpin, Prange (1991), Unternehmensentwicklung, S. 121

[86] Vgl. Abegglen, Bleicher (2021), Management, S. 241ff.

[87] Vgl. Blank, Dorf (2012), Startup Owner's Manual, S. 19; Das, He (2006), Established Partners, S. 121; Hilse, Susemihl (2018), Kooperationen, S. 18; Mercandetti et al. (2017), Innovation, S. 24f.

Reife- oder Sättigungsphase befindet. Ein Corporate verfolgt mit einem bestehenden Produktportfolio eine auf Gewinnmaximierung ausgerichtete, verwertungsorientierte Umsetzung sowie Skalierung etablierter Geschäftsmodelle in internationalen Märkten und kann eine umfangreiche Ressourcenausstattung inkl. Produktions- und Entwicklungsstandorte sowie ein breites Netzwerk von Partnern vorweisen.

Im Folgenden wird gemäß der Definition das Verständnis von Corporates verwendet, wobei diese Corporates immer als etablierte Technologiekonzerne verstanden werden.

### 2.1.3 Start-ups als junge Unternehmen

Neben Corporates stellen Start-ups das zweite Untersuchungssubjekt dar, das im Rahmen dieser Arbeit in Kooperationen involviert ist. Der Begriff Start-up entstammt ebenso wie das Corporate dem Englischen und leitet sich vom Verb „to start up" („gründen") ab[88]. Damit zeigt bereits die Wortherkunft, dass es sich bei einem Start-up um ein neu gegründetes Unternehmen handelt. Jedoch wird in der Literatur eine Vielzahl an Charakterisierungen und Definitionen für junge Unternehmen im Allgemeinen und Start-ups im Besonderen diskutiert. Um diesem Umstand Rechnung zu tragen, erfolgt in diesem Unterkapitel die Definition von Start-ups als junge Unternehmen. Vor der aufgezeigten Problemstellung dieser Arbeit (vgl. Teilkapitel 1.1) zeigt sich, dass Corporates in Start-ups vor allem Quellen von technologischen Innovationen sehen. Daher wird nachfolgend zunächst ein Verständnis für Start-ups im Allgemeinen geschaffen (vgl. Abschnitt 2.1.3.1). Hiernach erfolgt abgrenzend eine Definition von Technologien als Grundlage der Innovation (vgl. Abschnitt 2.1.3.2) und schließlich die Definition von Technologie-Start-ups als Untersuchungssubjekt der vorliegenden Arbeit (vgl. Abschnitt 2.1.3.3).

#### 2.1.3.1 Start-ups im Allgemeinen

Der Deutsche Start-up Monitor (DSM) definiert ein Start-up als junges Unternehmen, welches innerhalb der vergangenen zehn Jahre gegründet wurde, ein geplantes Mitarbeiter- oder Umsatzwachstum aufweist und/oder (hoch-)innovative Produkte, Dienstleistungen, Geschäftsmodelle und/oder Technologien exploriert[89]. Sowohl HAHN als auch ACHLEITNER & BRAUN greifen diese Aspekte auf und ergänzen den außerordentlichen Kapital- und Ressourcenbedarf von Start-ups, welcher vor allem durch hohe Wachstums- und Innovationsambitionen getrieben wird[90]. WROBEL ET AL. berücksichtigen ebenso die Aspekte des jungen Alters („nicht älter als fünf Jahre"), einer jungen

88 Vgl. Duden (2015), Fremdwörterbuch, S. 1017; Wahrig-Burfeind (2011), Fremdwörterlexikon, S. 948

89 Vgl. Kollmann et al. (2021), Startup Monitor, S. 10

90 Vgl. Achleitner, Braun (2018), Entrepreneurial Finance, S. 322; Hahn (2018), Einführung, S. 4

Technologie und/oder eines innovativen Geschäftsmodells sowie eines hohen Finanzierungsbedarfs aufgrund großer Wachstumsambitionen[91]. Gemäß KARIV handelt es sich bei Start-ups um Jungunternehmen, die über ein Verständnis darüber verfügen, was Innovationen beschleunigt und gelten folglich als äußerst dynamisch, wachstums- und gewinnorientiert[92]. GIARDINO ET AL., KÜHNAPFEL oder RIES charakterisieren ein Start-up besonders durch das Agieren in einem volatilen Marktumfeld, das die Entscheidungsfindung nur bei einem hohen Maß an Unsicherheit ermöglicht[93]. BLANK & DORF beschreiben ein Start-up als temporäre, innovative und wachstumsorientierte Organisation, die auf der Suche nach einem profitablen, wiederholbaren und skalierbaren Geschäftsmodell ist[94]. Im Gegensatz zu einer auf Effizienz ausgerichteten Organisation sind Start-ups nach WEIBLEN & CHESBROUGH durch eine Agilität, Flexibilität und innovative Unternehmenskultur gekennzeichnet[95]. Weiterhin sind Start-ups als junge Unternehmen von einer Ressourcenknappheit, einem hohen Investitionsbedarf und einem dynamischen Umfeld gekennzeichnet[96]. In Anlehnung an die Begriffsdiskussion werden Start-ups in der vorliegenden Arbeit wie folgt definiert:

**Start-ups** stellen innovative, wachstumsorientierte Unternehmen in der Gründungs- oder Wachstumsphase des Unternehmenslebenszyklus dar, welche auf der Suche nach einem profitablen, skalierbaren und wiederholbaren Geschäftsmodell sind. Sie sind vor allem durch ein hohes Maß an Flexibilität sowie eine stark limitierte Ressourcenbasis gekennzeichnet.

Wie die Diskussion gezeigt hat, nehmen viele Autoren in der Diskussion Bezug auf die technologischen Innovationen der Start-ups. Daher erfolgt aufbauend auf der Start-up-Definition eine weitere Betrachtung von Technologie-Start-ups.

#### 2.1.3.2 Technologie in Bezug auf Start-ups

Zur Klärung der Begriffsbedeutung von Technologie-Start-ups als Kooperationspartner wird zunächst ersichtlich, dass es der Vereinheitlichung des Begriffs „Technologie“[97] bedarf. Eine Technologie umfasst eine Wissensbasis, einen Problemlösungsweg sowie

---

91 Vgl. Wrobel et al. (2017), Kooperationen, S. 13

92 Vgl. Kariv (2013), Start-Up and Small Business Life, S. 1734

93 Vgl. Giardino et al. (2014), Startups, S. 28; Kühnapfel (2019), Start-up-Unternehmen, S. 1f.; Ries (2012), Lean Startup, S. 32

94 Vgl. Blank, Dorf (2012), Startup Owner's Manual, S. 18ff.; Blank (2013), Lean Start-up, S. 66

95 Vgl. Weiblen, Chesbrough (2015), Corporate Innovation, S. 66ff.

96 Vgl. Thommen et al. (2020), Typologie des Unternehmens, S. 40

97 Der Begriff „Technologie“ leitet sich etymologisch vom griechischen vom Wort „Technikos“ ab und bedeutet so viel wie handwerkliches Verfahren. Vgl. Schuh et al. (2011), Technologiemanagement, S. 33

die Lösung selbst[98]. Damit beinhalten Technologien Maschinen, Anlagen und Verfahren zur Realisierung von naturwissenschaftlichen Erkenntnissen sowie Wissen, Fähigkeiten und Fertigkeiten zur Erarbeitung von technischen Problemlösungen[99]. Start-ups mit einem Technologiefokus setzen sich dementsprechend entweder mit der Lösungsentwicklung, der Realisierung von Erkenntnissen oder der Kombination der Entwicklung und Realisierung von naturwissenschaftlichen Lösungen auseinander. Im Zuge dieser Diskussion werden Technologien in der Literatur häufig anhand ihres Lebenszyklus klassifiziert[100]. So unterscheiden sich Technologien anhand ihrer Lebenszyklen generell in folgende Phasen[101]: Neue Technologien, Schrittmachertechnologien, Schlüsseltechnologien, Basistechnologien sowie verdrängte Technologien. Technologien, die in der Literatur als „Deep Tech" bezeichnet werden, stellen in diesem Verständnis eine neue Kategorie dar, die der Kategorie der neuen Technologie vorgelagert ist[102]. So zeichnet sich Deep Tech durch tangible technische Innovation oder wissenschaftlichen Fortschritt aus, für deren Entwicklung hohe Investitionen nötig sind[103]. Neben den Lebenszyklusphasen werden Technologien auch anhand des Technologieniveaus in Hoch- und Niedrigtechnologie unterschieden. Dabei kann das Technologieniveau auf die inhaltlichen Ebenen Produkte oder Herstellungsverfahren, Geschäftsfelder, Unternehmen oder Branchen bezogen sein. Gemeinsame Bewertungsgrundlage stellen dabei die F&E-Aufwände relativ zum Umsatz oder zur Gesamtheit der Aufwendungen dar. So klassifiziert die OECD-Industriezweige als Hochtechnologieindustrien, die mindestens eine F&E-Quote von 4 % der Umsatzerlöse aufweisen.[104]

Im Hinblick auf die vorliegende Arbeit folgt aus der Diskussion, dass insbesondere Produkt- sowie Produktionstechnologien den Kern der Technologie-Start-ups darstellen. Weiterhin befinden sich diese Technologien in einem frühen Technologielebenszyklusstadium und werden den Hochtechnologien zugerechnet.

#### 2.1.3.3 Technologie-Start-ups

In der Literatur hat sich bisweilen keine einheitliche Abgrenzung für Start-ups mit einem technologischen Kern bzw. einer technologischen Innovation als Grundlage des

[98] Vgl. Schuh et al. (2011), Technologiemanagement, S. 33

[99] Vgl. Binder, Kantowsky (1996), Technologiepotentiale, S. 91; Schuh et al. (2011), Technologiemanagement, S. 34

[100] Übersichtliche Darstellungen finden sich u. a. in Binder, Kantowsky (1996), Technologiepotentiale, S. 92ff.; Gerpott (2005), Technologie- und Innovationsmanagement, S. 26f.; Schuh et al. (2011), Technologiemanagement, S. 35ff.

[101] Vgl. Binder, Kantowsky (1996), Technologiepotentiale, S. 93f.; Saad et al. (1993), F&E-Strategie, S. 69f.

[102] Vgl. Siegel, Krishnan (2020), Deep Technology, S. 12

[103] Vgl. Iwamoto (2018), Deep Technology Startups, S. 1

[104] Vgl. Gerpott (2005), Technologie- und Innovationsmanagement, S. 19f.

Unternehmens etabliert. Sie werden wahlweise als „Technologie-Start-ups“, „Technologiebasierte Start-ups“, „Technologieorientierte Start-ups“, „High-Technology-Start-up“, “Deep-Tech-Start-up“ oder auch als „(junges) technologieorientiertes Unternehmen“ bezeichnet.[105]

Zur Schaffung eines Verständnisses der Technologie-Start-ups werden relevante Definitionen und Merkmale kurz dargelegt. So begreifen BOLZ oder WUPPERFELD junge Technologieunternehmen als Unternehmen mit jungem Alter in Bezug auf Gründung sowie Marktetablierung. Dabei stellen eine neu entwickelte Technologie sowie die Überführung und Vermarktung dieser in Produkte oder Dienstleistungen die Kernmerkmale dar.[106] Junge Technologieunternehmen streben mit ihren Produkten die Erschließung von neuen, nichtexistierenden Märkten an[107]. Neben jungen Technologieunternehmen hat sich insb. in der deutschsprachigen Literatur der Begriff „Technologieorientierte Unternehmensgründung“ etabliert. Hierunter versteht SCHULTZ neu gegründete Unternehmen, „[…] deren Produkte, Verfahren und Dienstleistungen auf neuen technologischen Ideen und Forschungsergebnissen basieren und in denen die Entwicklung und Vermarktung innovativer Technologien wesentliche Bestandteile der Unternehmensstrategie sind.“[108] Die Technologieorientierung der Gründung wird anhand des technologischen Innovationsgrades des Produktes oder der Dienstleistung definiert und hat direkte Implikationen auf die Risiken, denen sich das Start-up ausgesetzt sieht[109]. Begrifflich enger definiert als eine Technologieorientierung sind die neuen technologiebasierten Firmen[110]. Diese Firmen sind Start-ups, die komplexe Innovationsprojekte mit hohen Risiken eingehen und sich im Falle einer erfolgreichen Entwicklung als High-Technology-Firmen etablieren[111]. KOBERG ET AL. definieren „High Technology Firms“ anhand der zwei charakteristischen Merkmale der technologieintensiven Strategie sowie einer großen Volatilität des Umfeldes. Eine technologieintensive Strategie zeichnet sich dadurch aus, dass die Forschung und Produktentwicklung die Haupttreiber der Strategieformulierung sind. Die Umfeldvolatilität von High-Technology-Firms äußert sich insbesondere in schnellen Umfeldveränderungen

[105] Siehe hierzu u. a. Bandulet (2005), Unternehmensgründungen, S. 7; Schultz (2011), Finanzierung, S. 33; Guggemoos (2012), Technologieunternehmen, S. 13; Brinkrolf (2002), VC-Gesellschaften, S. 57f.; Tech (2018), High-Tech Startups, S. 11f.

[106] Vgl. Bolz (2008), Technologieunternehmungen, S. 17; Wupperfeld (1993), PBBJTU, S. 6f.

[107] Vgl. Guggemoos (2012), Technologieunternehmen, S. 15

[108] Schultz (2011), Finanzierung, S. 40f.

[109] Vgl. Schultz (2011), Finanzierung, S. 39; Bandulet (2005), Unternehmensgründungen, S. 14f.

[110] In der Literatur werden diese Start-ups auch als Technology-Based New Ventures oder New Technology Based Ventures bezeichnet. Vgl. Kulicke, Krupp (1987), New technology-based firms, S. 50; Storey, Tether (1998), New technology-based firms, S. 934

[111] Vgl. Pfirrmann (1997), New Technology Based Firms, S. 14

gepaart mit einer großen Ungewissheit sowohl bei der Produkt- sowie Prozesstechnologie als auch bei der Marktnachfrage.[112] Weiterhin sind die technologischen Innovationen von High-Technology-Start-ups jenen von etablierten Unternehmen überlegen[113]. TECH definiert in Erweiterung hierzu, dass ein High-Tech-Start-up eine hoch innovative Technologie entwickelt und mit dieser ein skalierbares Geschäftsmodell etabliert. Kern eines High-Tech-Start-ups ist ein physisches, technologisches Produkt, welches in einer der OECD-High-Tech-Industrien klassifiziert ist.[114] SCHUH sieht Deep-Tech-Start-ups vor allem als Start-ups, die den Mobilitätssektor auf Basis systemischer Innovationen technologisch revolutionieren[115]. Darauf aufbauend definieren SCHUH ET AL. Deep-Technology-Start-ups als Start-ups, die auf einer Deep Technology basierend Produkte und Märkte entwickeln und dabei von einem elementaren Wissensvorsprung der Gründer profitieren[116]. Tabelle 2-1 stellt die relevanten Definitionen für die betrachteten Start-ups vor.

**Tabelle 2-1: Übersicht der Definitionen zu Technologie-Start-ups[117]**

| Begrifflichkeit | Definition | Autor |
|---|---|---|
| Junges Technologieunternehmen | „Junge Technologieunternehmen […] werden als neu gegründete Unternehmen im Verarbeitenden Gewerbe verstanden, deren Geschäftszweck vor allem in der Vermarktung von Gütern und Dienstleistungen besteht, die auf der Verwertung neuer technologischer Ideen, Forschungsergebnisse oder Systeme basieren, […].“ | BOLZ (2008), WUPPERFELD (1993) |
| Technologieorientierte Unternehmen | „Technologieunternehmen […] mit hohem Innovationsniveau führen […] dauerhaft Forschung und Entwicklung (FuE) für neue Produkte, Verfahren oder Software durch, bauen dafür […] eine Fertigung auf, erschließen neue Märkte und bringen die Ergebnisse ihrer FuE und Fertigung auf den Markt.“ | PLESCHAK (2001) |
| | „[…] unter technologieorientierten Unternehmen diejenigen Unternehmen verstanden, deren Produkte, Verfahren und Dienstleistungen auf neuen technologischen Ideen und Forschungsergebnissen basieren […].“ | SCHULTZ (2011) |
| Technologiebasiertes Start-up | “New Technology Based Ventures (NTBFs) perform complex innovation projects, thus incurring high innovation risks (technical realization, marketing) and business risks (failure of the enterprise), [and] have a high demand for capital, which has to be available in the long term […].” | PFIRRMANN (1997) |

[112] Vgl. Koberg et al. (1996), High-technology firms, S. 17; Schultz (2011), Finanzierung, S. 39

[113] Vgl. Hashai, Markovich (2017), High Tech Startups, S. 141

[114] Vgl. Tech (2018), High-Tech Startups, S. 11

[115] Vgl. Schuh (2021), Unmögliches wagen, S. 310

[116] Vgl. Schuh et al. (2022), Life Cycle Model, S. 4

[117] Vgl. Bolz (2008), Technologieunternehmungen, S. 17; Wupperfeld (1993), PBBJTU, S. 6; Pleschak (2001), Technologieunternehmen, S. 11; Schultz (2011), Finanzierung, S. 40f.; Pfirrmann (1997), New Technology Based Firms, S. 14; Tech (2018), High-Tech Startups, S. 11; Schuh et al. (2022), Life Cycle Model, S. 4

| | | |
|---|---|---|
| High-Technology-Start-up | „[…] I define two key aspects of high-tech startups: First, their key offering includes physical hardware that needs to be manufactured, second, they fall into one of the OECD's 13 high-tech industry categories." | TECH (2018) |
| Deep-Tech-Start-up | „Startups with a key physical offering to be manufactured that is based on deep technology, originate in a high-tech or medium-high-tech industry and are driven by the founding team's self-developed knowledge edge in a deep technology." | SCHUH ET AL. (2022) |

Ausgehend von der Übersicht zur begrifflichen Abgrenzung sowie zur Definition werden Technologie-Start-ups in dieser Arbeit wie folgt definiert:

**Technologie-Start-ups** stellen Start-ups dar, deren radikal überlegene technologische Innovation ein zu produzierendes, physisches Kernprodukt umfasst und auf einem Wissensvorsprung des Gründerteams basiert.

Dieser Definition sowie dem dargelegten Verständnis von Technologie folgend werden Technologie-Start-ups klar von „Tech Start-ups" im angelsächsischen Verständnis, die weiter auch Software oder Informationstechnologien umfassen, abgegrenzt[118]. Nachfolgend werden die Begriffe Technologie-Start-up sowie Start-up aus Gründen der Lesbarkeit synonym verwendet, wobei die Definition von Technologie-Start-ups übernommen wird.

### 2.1.4 Zwischenfazit zu Corporates und Start-ups

In diesem Unterkapitel wurden die Untersuchungssubjekte Technologiekonzern und Start-up für die vorliegende Dissertation grundlegend abgegrenzt. Ausgehend von der Schaffung eines Verständnisses über Unternehmen im wirtschaftlichen Kontext wurden Lebenszyklusphasen als charakteristisches Unterscheidungsmerkmal von Technologiekonzerne und Start-ups beschrieben. Die Definition von Corporates als Technologiekonzerne im Kontext der vorliegenden Arbeit umfasst neben quantitativen Kennzahlen auch charakteristische Eigenschaften und versteht diese als etablierte Technologiekonzerne. Die Definition von Start-ups erfolgte ausgehend von einer differenzierenden Diskussion und versteht Start-ups als junge Unternehmen, die sich auf Basis einer technologischen Innovation etablieren wollen.

Die vorgestellte Differenzierung von Corporates und Start-ups ermöglicht die Eingrenzung des Untersuchungsbereichs und legt zugleich den Grundstein im Verständnis der vorherrschenden Asymmetrie zwischen den Kooperationspartnern. Weiterhin ermöglicht das vorangegangene Unterkapitel eine systematische Literaturanalyse sowie

[118] Vgl. Byers et al. (2015), Technology Ventures, S. xiii

schließlich die zielgerichtete Entwicklung einer Lösung zur Beantwortung der aufgeworfenen Forschungsfragen. Dabei bleibt im Hinblick auf die Zielstellung dieser Arbeit festzuhalten, dass Corporates und Start-ups dem jeweiligen Partner etwas anbieten können, was diesem fehlt. Jedoch wird ebenfalls deutlich, dass sowohl organisational strukturell als auch in Bezug auf die Ressourcenbasis große Unterschiede bestehen, die es im Rahmen der Lösungsentwicklung zu berücksichtigen sowie zu überwinden gilt.

## 2.2 Grundlagen der Kooperation

Im folgenden Teilkapitel wird näher auf die begrifflichen sowie inhaltlichen Grundlagen der Kooperation eingegangen. Hierfür erscheint es notwendig, sich einerseits mit dem Begriff der Kooperation und andererseits mit Kooperationen als Koordinationsform zwischen Markt und Hierarchie auseinanderzusetzen (vgl. Unterkapitel 2.2.1). In Unterkapitel 2.2.2 werden geeignete theoretische Erklärungsansätze zur Entstehung und Gestaltung von Kooperationen vorgestellt. Hierauf aufbauend werden ausgewählte, bestehende Kooperationsformen charakterisiert und in den Kontext der vorliegenden Arbeit gesetzt (vgl. Unterkapitel 2.2.3).

### 2.2.1 Terminologie und Begriffsverständnis

Der Begriff „Kooperation" leitet sich etymologisch aus dem Lateinischen ab und wird als Zusammenarbeit verschiedener Partner interpretiert[119]. Die Kooperation lässt sich allgemein als sozial-ethische Norm, internalisierte Einstellung bzw. Erwartung, Strukturprinzip sozialer Systeme oder auch als Verhaltens- bzw. Interaktionsform definieren. Dem allgemeinen Sprachgebrauch folgend stellt eine Kooperation jede Form der gesellschaftlichen Zusammenarbeit zwischen Einzelpersonen, Gruppen oder Institutionen dar.[120] Weiterhin herrscht Einigkeit darüber, dass eine Kooperation die Zusammenarbeit zwischen und nicht innerhalb von Unternehmen beschreibt[121].

Der Kooperationsbegriff wurde über die Begriffsdefinition hinaus bereits in zahlreichen wissenschaftstheoretischen Werken umfassend diskutiert und zusammengefasst[122]. In der Literatur hat sich in den unterschiedlichen wissenschaftlichen Disziplinen jedoch keine einheitliche Definition etabliert. Dies begründet KRAEGE vor allem

[119] Lateinisch „cooperatio" = Mitwirkung; Verb „cooperari" = mitarbeiten. Vgl. Wahrig-Burfeind (2011), Fremdwörterlexikon, S. 535; Rotering (1993), Kooperation, S. 6; Duden (2015), Fremdwörterbuch, S. 535

[120] Vgl. Grunwald (1981), Kooperation, S. 72; Duden (2015), Fremdwörterbuch, S. 594

[121] Vgl. Ermisch (2007), Strategische Kooperationen, S. 20; Mellewigt (2003), Kooperationen, S. 9

[122] Vgl. u. a. Becker et al. (2018), Kooperationen; Friese (1998), Kooperation; Rupprecht-Däullary (1994), Kooperation; Schwarz (2015), Kooperationen; Rotering (1993), Kooperation; Wurche (1994), Strategische Kooperation

damit, dass differenzierende sowie konstituierende Merkmale der Kooperation vermengt werden[123]. Es existieren allerdings lediglich zwei konstituierende Merkmale von Kooperationen[124]:

- Autonomie der Kooperationspartner – rechtlich sowie wirtschaftlich
- Gegenseitige Abhängigkeit der Kooperationspartner

Die Autonomie der partizipierenden Unternehmen beschreibt, dass die Kooperationspartner ihre Selbständigkeit beibehalten und grenzt die Kooperation so von hierarchischen, bzw. konzentrierten Organisationsformen ab. Während die rechtliche Unabhängigkeit eine notwendige Voraussetzung der Kooperation darstellt, kann die ökonomische Unabhängigkeit eines Unternehmens in Teilbereichen temporär eingeschränkt sein.[125] Durch die Limitation der ökonomischen Autonomie im Kooperationsbereich werden die Kooperationspartner in der Entscheidungs- und Handlungsfreiheit eingeschränkt[126]. Hieraus resultiert ein gegenseitiges Abhängigkeitsverhältnis, welches eine gemeinsame Zielerreichung in der Kooperation bedingt[127]. Die gegenseitige Abhängigkeit grenzt die Kooperation von einer Markttransaktion ab, da die gemeinsame Zielerreichung nur durch Koordination der Einzelaktivitäten erreicht werden kann[128].

Der Widerspruch, der sich aus diesen beiden konstituierenden Merkmalen ergibt, kann dadurch erklärt werden, dass die Kooperationspartner die „letztliche Entscheidung über Bei- oder Austritt selbst fällen [zu] können, ohne der Weisungsgebundenheit einer übergeordneten Instanz zu unterliegen“[129]. Damit wird eine Kooperation als bewusste Zusammenarbeit, die jederzeit einseitig gekündigt werden kann, verstanden[130]. Hieraus folgert RUPPRECHT-DÄULLARY, dass Kooperationen auf einer freiwilligen Vereinbarung der Partner beruhen[131]. Die freiwillige und jederzeit einseitig kündbare Zusammenarbeit grenzt die Kooperation damit durch ein Maß an Mindestautonomie von der Hierarchie ab[132]. Die gemeinsame Zielerreichung und das daraus resultierende Abhängigkeitsverhältnis setzen voraus, dass in der Kooperation gegenüber einem individuellen Vorgehen ein besserer Grad der Zielerreichung erlangt werden

---

123 Vgl. Kraege (1997), Unternehmungskooperationen, S. 50

124 Vgl. Mellewigt (2003), Kooperationen, S. 9; Rotering (1993), Kooperation, S. 7; Tröndle (1987), Kooperationsmanagement, S. 16

125 Vgl. Mellewigt (2003), Kooperationen, S. 10

126 Vgl. Schwarz (2015), Kooperationen, S. 64; Schuh et al. (2011), Kooperationsmanagement, S. 478

127 Vgl. Friese (1998), Kooperation, S. 60

128 Vgl. Mellewigt (2003), Kooperationen, S. 10

129 Vgl. Tröndle (1987), Kooperationsmanagement, S. 16

130 Vgl. Rotering (1993), Kooperation, S. 13

131 Vgl. Rupprecht-Däullary (1994), Kooperation, S. 18

132 Vgl. Rotering (1993), Kooperation, S. 12f.

kann[133]. Diese bessere Zielerreichung wird aus einer strategischen Perspektive heraus mit der Erzielung von Wettbewerbsvorteilen bzw. einer Verbesserung der Wettbewerbsposition für die Kooperationspartner beschrieben[134]. Ergo ermöglicht die gemeinsame Zielerreichung beiden Kooperationspartnern Wettbewerbsvorteile und grenzt die Kooperation damit vom Markt ab. Zusammenfassend kann die Kooperation damit durch die gegenseitige Abhängigkeit von der Markttransaktion abgegrenzt werden. Zugleich wird die Erzielung von Wettbewerbsvorteilen als Mindestabhängigkeit vorausgesetzt. Von der Hierarchie wird die Kooperation durch die Aufrechterhaltung der Autonomie der Kooperationspartner abgegrenzt, wobei die freiwillige und jederzeit einseitig kündbare Vereinbarung das Mindestmaß an Autonomie darstellt. Die Abgrenzung wird in Abbildung 2-2 zusammenfassend illustriert.

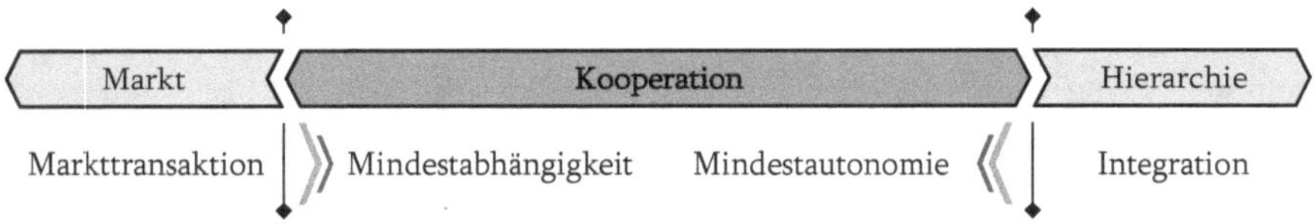


**Abbildung 2-2: Kooperation zwischen Markt und Hierarchie[135]**

Aufbauend auf der Diskussion der konstituierenden Merkmale sowie der Abgrenzung zwischen Markt und Hierarchie wird eine Kooperation in dieser Arbeit definiert[136]:

Eine **Kooperation** stellt die gleichrangige, freiwillige, explizit vereinbarte sowie jederzeit kündbare Zusammenarbeit von selbstständigen Unternehmen zur Erzielung von Wettbewerbsvorteilen und zur Steigerung der individuellen Leistungsfähigkeit dar. Im Rahmen der Kooperation geben die Unternehmen partiell ihre Entscheidungsfreiheit auf, behalten jedoch ihre Autonomie bei.

133 Vgl. Bidlingmaier et al. (1967), Absatzpolitik, S. 358; Rupprecht-Däullary (1994), Kooperation, S. 16

134 Vgl. Picot et al. (2020), Unternehmung, S. 115; Mellewigt (2003), Kooperationen, S. 10; Bronder, Pritzl (1992), Strategische Allianzen, S. 17; Kraege (1997), Unternehmungskooperationen, S. 53

135 I.A.a. Mellewigt (2003), Kooperationen, S. 11; Rupprecht-Däullary (1994), Kooperation, S. 8

136 Vgl. Rotering (1993), Kooperation, S. 13; Bronder, Pritzl (1992), Strategische Allianzen, S. 17; Friese (1998), Kooperation, S. 64; Mellewigt (2003), Kooperationen, S. 10; Picot et al. (2020), Unternehmung, S. 115

### 2.2.2 Erklärungsansätze zur Entstehung und Gestaltung von Kooperationen

Das Studium relevanter Wissenschaftsliteratur zur Entstehung und Gestaltung von Kooperationen zeigt, dass es ein sehr vielfältiges sowie umfangreiches Spektrum an theoretischen Erklärungsansätzen gibt[137]. Es wird gleichermaßen deutlich, dass keine einheitliche, geschlossene Theorie existiert, die zur Erklärung und insbesondere zur Gestaltung von Kooperationen herangezogen werden kann[138]. Die Entwicklung eines theoretischen Bezugsrahmens zur Entstehung und Gestaltung der Kooperation erfordert daher die Integration mehrerer, sich ergänzender Theorien[139].

Unter Berücksichtigung der Zielstellung der vorliegenden Arbeit stehen die Ansätze der Neuen Institutionenökonomik (vgl. Abschnitt 2.2.2.1) sowie des strategischen Managements (vgl. Abschnitt 2.2.2.2) im Fokus der Entwicklung eines theoretischen Bezugsrahmens. Nachfolgend werden die Ansätze eingehend vorgestellt und hinsichtlich ihres Beitrages zur Erklärung der Entstehung und Gestaltung von Kooperationen zwischen Corporates und Start-ups eingeordnet.

#### 2.2.2.1 Neue Institutionenökonomik

Die Neue Institutionenökonomik basiert auf der neoklassischen Theorie und gilt als Ansammlung von Ansätzen, die die Gestaltung von Institutionen sowie die Konsequenzen menschlichen Handelns in diesen Institutionen erklärt. Grundlage der neuen Institutionenökonomik stellt die Annahme unvollständiger Informationen der Individuen und damit asymmetrisch verteilte Informationen in der Interaktion von Institutionen dar[140]. Innerhalb der Neuen Institutionenökonomik lassen sich mit der Prinzipal-Agent-Theorie, der Transaktionskostentheorie sowie der Theorie der Verfügungsrechte drei maßgebliche Theoriestränge identifizieren[141]. Nachfolgend werden diese vor dem Hintergrund der Entstehung und Gestaltung der Kooperation vorgestellt.

137 Vgl. Wurche (1994), Strategische Kooperation, S. 21. Siehe für einen Überblick u. a. Sydow (1992), Netzwerke, S. 127ff.; Friese (1998), Kooperation, S. 69; Mellewigt (2003), Kooperationen, S. 25f.

138 Vgl. Barringer, Harrison (2000), Creating Value, S. 395; Ermisch (2007), Strategische Kooperationen, S. 37f.; Friese (1998), Kooperation, S. 78; Mellewigt (2003), Kooperationen, S. 26

139 Vgl. Barringer, Harrison (2000), Creating Value, S. 395; Teusler (2008), Unternehmenskooperationen, S. 29; Woratschek, Roth (2003), Kooperation, S. 143

140 Vgl. Woratschek, Roth (2003), Kooperation, S. 146

141 Vgl. Wolf (2020), Unternehmensführung, S. 338

## Prinzipal-Agent-Theorie

Als Ansatz der Neuen Institutionenökonomik untersucht die Prinzipal-Agent-Theorie das opportunistische Verhalten einzelner Akteure im Rahmen einer bilateralen Beziehung[142]. Dabei stehen vor allem Probleme von Verträgen in Delegationsbeziehungen zwischen einem Auftraggeber (Prinzipal) und einem Auftragnehmer (Agent) im Fokus[143]. Grundlegende Annahmen der Prinzipal-Agent-Theorie stellen die Gewinnmaximierung, eigennutzenmaximierendes Handeln sowie asymmetrisch verteilte Informationen dar. Weiterhin wird angenommen, dass die Ziele des Prinzipals und des Agenten divergent sind, der Prinzipal nicht alle Eigenschaften des Agenten bei Abschluss des Vertrages kennt und der Agent mit seinen Handlungen auch das Wohlergehen des Agenten beeinflusst.[144] Im Zuge der Vertragsbeziehung führt eine divergent verteilte Handlungsmacht dazu, dass der Prinzipal Entscheidungskompetenzen an den Agenten delegiert, der Agent allerdings vorrangig seine eigenen Interessen als Handlungsleitend ansieht. Folglich kann ein Auftrag des Prinzipals nur dann bestmöglich ausgeführt werden, wenn der Agent dieselben Interessen wie der Prinzipal verfolgt. Aufgrund der asymmetrisch verteilten Informationen kann der Prinzipal die Handlungen des Agenten jedoch weder vor noch nach Vertragsabschluss umfassend bewerten.[145] Sofern die Interessen des Agenten nicht denen des Prinzipals entsprechen, entsteht diesem ein Schaden, der durch effiziente Vertragsgestaltung minimiert werden kann. Diese Vertragsgestaltung wiederum führt auch beim Agenten zu sog. Agenturkosten.[146] Die Prinzipal-Agent-Theorie verfolgt damit neben der Erklärung auch die Gestaltung der Vertragsbeziehung aus Sicht des Prinzipals. Ziel ist eine Vertragsgestaltung, bei der die Agenturkosten minimal sind und der Agent die vereinbarte Leistung erbringt.[147] Abbildung 2-3 illustriert das Grundprinzip der Prinzipal-Agent-Theorie.

**Abbildung 2-3: Grundprinzip der Prinzipal-Agent-Theorie[148]**

142 Siehe u. a. Jensen, Meckling (1976), Theory of the Firm; Ross (1973), Agency

143 Vgl. Macharzina, Wolf (2018), Unternehmensführung, S. 61; Wolf (2020), Unternehmensführung, S. 364

144 Vgl. Macharzina, Wolf (2018), Unternehmensführung, S. 61

145 Vgl. Welge et al. (2017), Management, S. 51

146 Vgl. Macharzina, Wolf (2018), Unternehmensführung, S. 62

147 Vgl. Picot et al. (2020), Unternehmung, S. 26

148 I.A.a. Macharzina, Wolf (2018), Unternehmensführung, S. 62

Die Prinzipal-Agent-Theorie stellt einen geeigneten Ansatz zur Erklärung des Verhaltens der Kooperationspartner dar. Da vor allem die aus asymmetrisch verteilten Informationen resultierenden Herausforderungen der Kooperationsgestaltung im Mittelpunkt stehen, wird die Prinzipal-Agent-Theorie in der Konzeption detailliert vorgestellt und Lösungsentwicklung aufgegriffen (vgl. Unterkapitel 3.3.1).

**Transaktionskostentheorie**

Die Transaktionskostentheorie stellt den am häufigsten rezipierten Ansatz zur Erklärung der Gestaltung von Kooperationen dar[149]. Die Transaktionskostentheorie basiert auf den initialen Arbeiten von COASE[150] sowie WILLIAMSON[151] und erklärt einzelne Transaktionen zwischen Institutionen, die als Übertragung der Verfügungsrechte definiert werden[152]. Im Zuge dieser Transaktionen entstehen dabei die sog. Transaktionskosten, welche Kosten zur Anbahnung, Vereinbarung, Abwicklung, Kontrolle sowie Anpassung einer arbeitsteiligen Leistungserstellung umfassen[153].

Das Ziel der Transaktionskostenanalyse ist die Identifizierung der Organisationsform, die die Transaktionskosten bei gegebenen spezifischen Charakteristika der Transaktion sowie gegebenen Produktionskosten minimiert[154]. Die zur Auswahl stehenden Organisationsformen umfassen den Markt, die Unternehmung sowie Zwischenformen wie kooperative Arrangements und werden durch die Transaktionskosten als Effizienzmaß beurteilt[155]. Die grundlegenden Annahmen der Transaktionskostentheorie stellen begrenzte Rationalität sowie Opportunismus der Akteure dar. Die begrenzte Rationalität resultiert aus mangelnden Informationen der Akteure und führt zu unvollständigen sowie nicht lückenlos kontrollierbaren Verträgen. Der unterstellte Opportunismus der Akteure greift das individuell nutzenmaximierende Verhalten der Neuen Institutionenökonomik auf.[156]

Unter Berücksichtigung der Annahmen stellen die Spezifität, die Unsicherheit sowie die Transaktionshäufigkeit die zentralen Determinanten der Transaktionskostenhöhe

[149] Vgl. Mellewigt (2003), Kooperationen, S. 27; Sydow (1992), Netzwerke, S. 127
[150] Vgl. Coase (1937), Firm
[151] Vgl. Williamson (1975), Markets and Hierarchies
[152] Vgl. Burr et al. (2012), Unternehmensführung, S. 9; Picot et al. (2020), Unternehmung, S. 21
[153] Vgl. Picot et al. (2020), Unternehmung, S. 21; Picot (1991), Gestaltung der Leistungstiefe, S. 344
[154] Vgl. Picot et al. (2020), Unternehmung, S. 21; Woratschek, Roth (2003), Kooperation, S. 156
[155] Vgl. Picot et al. (2020), Unternehmung, S. 21; Yang et al. (2012), Transaction-Cost Economics, S. 4463
[156] Vgl. Picot et al. (2020), Organisation, S. 92f.

dar[157]. Die Spezifität einer Transaktion wird durch die Höhe der Investitionen in spezifische Ressourcen determiniert und beschreibt, inwiefern die Investition in spezifische Ressourcen für eine Aufgabenerledigung an diese Aufgabe gebunden ist. Die Unsicherheit einer Transaktion wird durch die Anzahl und das Ausmaß nicht vorhersehbarer Änderungen während und nach der Leistungserstellung determiniert[158]. Eine vorherrschende Unsicherheit in Bezug auf eintretende Ereignisse führt zu erhöhten Transaktionskosten durch zusätzlich notwendige Informationsbeschaffung und erfordert insbesondere bei kooperativen Koordinationsformen spezielle Kooperationsdesigns[159]. Die Transaktionshäufigkeit beschreibt die ökonomische Vorteilhaftigkeit von langfristigen Kooperationen oder hierarchischen Unternehmensstrukturen durch die Determinierung der Amortisationszeit[160]. Da sich Investitionen und Kosten eines Vertrages auf die Anzahl der Transaktionen verteilen, reduzieren sich die Kosten pro Transaktion mit zunehmender Häufigkeit. Hieraus folgt, dass ein einzelner, nur sporadisch auftretender Leistungsaustausch über den Markt durchgeführt werden sollte, während wiederkehrende Transaktionen die Schaffung eigener Kapazitäten oder die Vereinbarung langfristiger Kooperationen begünstigen.[161]

Wie eingangs beschrieben, können Transaktionen prinzipiell zwischen den Extrempolen Markt und Hierarchie auch in koordinativen Zwischenformen durchgeführt werden. Diese Zwischenformen umfassen sowohl marktliche als auch hierarchische Elemente und werden als Kooperationen aufgefasst. Die Berücksichtigung von Kooperationen führt zu einem Kontinuum zwischen rein marktlichen Transaktionen mit kurzfristigen Verträgen und hierarchischen Transaktionen auf Basis langfristiger, zeitlich unbegrenzter Verträge.[162] Die Bewertung der Vorteilhaftigkeit der Koordinationsform in Bezug auf die Transaktionskosten kann nur unter Berücksichtigung der o. g. Determinanten erfolgen[163]. Abbildung 2-4 verdeutlicht exemplarisch die Vorteilhaftigkeit der Koordinationsform unter Berücksichtigung der Faktorspezifität. Dabei wird deutlich, dass Kooperationen auf Basis der Transaktionsformen dann vorteilhaft sind, wenn die Spezifität der Ressourcen eine mittlere Ausprägung aufweist.

---

[157] Vgl. Woratschek, Roth (2003), Kooperation, S. 157; Picot et al. (2020), Unternehmung, S. 22. WILLIAMSON führt zusätzlich noch die Informationsverkeilung und die Transaktionsatmosphäre auf. Vgl. Williamson (1975), Markets and Hierarchies, S. 40

[158] Vgl. Burr et al. (2012), Unternehmensführung, S. 11; Picot et al. (2020), Unternehmung, S. 22f.

[159] Vgl. Woratschek, Roth (2003), Kooperation, S. 157

[160] Vgl. Picot et al. (2020), Unternehmung, S. 23

[161] Vgl. Picot et al. (2020), Unternehmung, S. 23; Woratschek, Roth (2003), Kooperation, S. 158

[162] Vgl. Picot et al. (2020), Organisation, S. 102; Burr et al. (2012), Unternehmensführung, S. 12

[163] Vgl. Picot et al. (2020), Unternehmung, S. 24

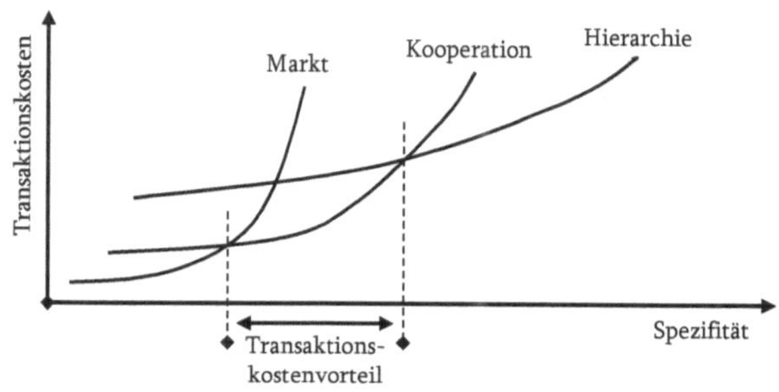


**Abbildung 2-4: Koordinationsformen und Spezifität[164]**

Die Transaktionskostentheorie hat ausgehend von dem Markt-Hierarchie-Kontinuum einen ihrer Anwendungsschwerpunkte in der Erklärung der ökonomischen Vorteilhaftigkeit unternehmensübergreifender Kooperation[165]. Folglich stellt sie in der vorliegenden Arbeit sowohl für Corporates als auch für Start-ups die Grundlage zur Wahl einer Koordinationsform zur Leistungserstellung dar. Da die Transaktionskostentheorie jedoch die Kosten als einzige determinierende Größe fokussiert, eignet sie sich nicht zur umfassenden Erklärung der Entstehung und Gestaltung von Kooperationen.

**Theorie der Verfügungsrechte (Property-Rights-Theory)**

Die Theorie der Verfügungsrechte wurde 1937 erstmals von COASE beschrieben und von DEMSETZ (1967) sowie ALCHIAN & DEMSETZ (1972) weiterentwickelt[166]. Verfügungsrechte beschreiben die Berechtigungen von Institutionen, über materielle oder immaterielle Ressourcen zu verfügen[167]. Nach ALCHIAN & DEMSETZ erklärt die Theorie, dass der ökonomische Nutzen eines Vermögensgegenstandes durch ebendiese Verfügungsrechte determiniert wird. Verfügungsrechte an einem Vermögensgegenstand können in vier Einzelrechte, den Gegenstand zu nutzen („usus"), die Form und Substanz des Gegenstandes zu verändern („abusus"), den Gewinn oder Verlust am Gegen-

[164] I.A.a. Picot et al. (2020), Organisation, S. 104; Williamson (1991), Organization, S. 284

[165] Vgl. Wolf (2020), Unternehmensführung, S. 358; Sydow (1992), Netzwerke, S. 134; Mellewigt (2003), Kooperationen, S. 28

[166] Vgl. Coase (1937), Firm; Demsetz (1967), Property Rights; Alchian, Demsetz (1972), Economic organization

[167] Vgl. Alchian, Demsetz (1973), Property Right, S. 17; Furubotn, Pejovich (1972), Property Rights, S. 1139; Kim, Mahoney (2005), Organizational Economics, 236ff.

stand zu tragen („usus fructus") sowie den Gegenstand (an Dritte) zu veräußern, unterteilt werden.[168] Bei Betrachtung der einzelnen Institutionen ist zu beachten, ob die Institution alle Einzelrechte besitzt oder ob diese nur zum Teil zugeordnet werden. Der Theorie der Verfügungsrechte folgend kann ein Teilrecht auch auf mehrere Institutionen verteilt werden. Jedoch birgt die Verdünnung der Verfügungsrechte die Gefahr von externen Effekten, da die Handlungen eines Individuums Auswirkungen auf andere Institutionen mit Teilrechten haben.[169]

Im Kontext von Kooperationen wird die Theorie der Verfügungsrechte zur Analyse kooperativer Koordinationsformen den relevanten Anwendungsfeldern zugeordnet. So analysieren KIM & MAHONEY die Verfügungsrechte zum einen anhand materieller und zum anderen anhand immaterieller Vermögensgegenstände. Die Herausforderungen, die entstehen, wenn mindestens zwei Parteien im Rahmen einer Kooperation Rechte an materiellen Vermögensgegenständen haben, lassen sich durch die Property-Rights-Theory gezielt untersuchen. Ferner wird die Analyse von entgeltlichen Nutzungsrechten an immateriellen Vermögensgegenständen im Rahmen von Kooperationen ermöglicht.[170] WORATSCHEK & ROTH folgend gilt es, die Verteilung der Verfügungsrechte bereits im Zuge der Kooperationsgestaltung zu berücksichtigten. So müssen geeignete Anreize dafür geschaffen werden, dass beide Partner eine Leistungserstellung in der Kooperation vorzeigen. Weiterhin muss die Verteilung der Gewinne so geregelt sein, dass alle involvierten Kooperationspartner vor Erzielung des Gewinns entsprechende Anreize erfahren.[171] Neben Nutzungsrechten und Kooperationsgewinnen konzentriert sich die Theorie der Verfügungsrechte weiterhin auch auf den Schutz von immateriellen Vermögensgegenständen in Form von Wissen. Mittels Schutzstrategien für implizites Wissen soll der potenzielle Wissensverlust, welcher durch den Abgang von Wissensträgern entsteht, verhindert werden.[172] Dies ist insbesondere für Start-ups von großer Bedeutung, da ihr Wettbewerbsvorteil häufig in technologischem Wissen des Gründerteams verortet werden kann.

Zusammenfassend lässt sich sagen, dass sich die Theorie der Verfügungsrechte für die vorliegende Dissertation eignet, da sie erklärt, weshalb Corporates und Start-ups in Kooperationen eintreten und zugleich eine entsprechende Verteilung des Ergebnisses

---

[168] Vgl. Alchian, Demsetz (1973), Property Right, 1139f.; Richter, Furubotn (2010), Neue Institutionenökonomik, 94f.
[169] Vgl. Picot et al. (2020), Unternehmung, 18f.; Furubotn, Pejovich (1972), Property Rights, S. 1140
[170] Vgl. Kim, Mahoney (2005), Organizational Economics, S. 236
[171] Vgl. Woratschek, Roth (2003), Kooperation, S. 151
[172] Vgl. Welge et al. (2017), Management, S. 47f.

im Zuge der Gestaltung voraussetzt. Folglich muss eine angemessene Verteilung der Verfügungsrechte im Zuge der Kooperation berücksichtigt werden.

#### 2.2.2.2 Strategisches Management

Die Perspektive des strategischen Managements hat in den letzten Jahren vermehrt Einzug in die Erklärung und Gestaltung kooperativer Organisationsformen gehalten[173]. Folgend werden die für diese Dissertation relevanten Ansätze des strategischen Managements zur Entstehung und Gestaltung von Kooperationen vorgestellt.

**Ressourcenbasierter Ansatz (Resource-Based View)**

Unter dem ressourcenbasierten Ansatz werden alle Theorien, Konzepte und Ansätze subsumiert, die die Existenz von strategisch relevanten Ressourcen und Ressourcenkombinationen als Grundlage für nachhaltige Wettbewerbsvorteile von Unternehmen sehen[174]. Dieser Auffassung folgend, begründet der ressourcenbasierte Ansatz den empirisch beobachtbaren Erfolg eines Unternehmens mit einer heterogenen, da asymmetrischen Ressourcenausstattung derselben[175]. Im Verständnis des ressourcenbasierten Ansatzes generiert ein Unternehmen dann Wettbewerbsvorteile, wenn es einerseits über einzigartige Ressourcen verfügt und diese andererseits so effizient einsetzt, dass es Wettbewerber direkt oder indirekt schwer gemacht, wird diese Wettbewerbsposition zu erreichen[176].

Der ressourcenbasierte Ansatz eignet sich durch das Verständnis einer heterogenen Ressourcenverteilung zur Erklärung der Entstehung und Gestaltung von Kooperationen. So ist es aus Sicht von Corporates und Start-ups sinnvoll, in Kooperationen einzutreten, da der jeweilige Partner Zugang zu Ressourcen ermöglicht und diese im Rahmen der Kooperation gemeinschaftlich genutzt werden können[177]. Aus einer ressourcenbasierten Perspektive zeigt sich diese Motivation vor allem dann, wenn Unternehmen Ressourcendefizite abbauen wollen, da sie in einem dynamischen und technologisch neuartigen Wettbewerbsumfeld agieren[178]. Ferner können Kooperationsbeziehungen von Unternehmen ebenfalls als spezielle Ressourcen angesehen werden und

---

[173] Das strategische Management stellt eine Dimension der Unternehmensführung dar und hat eine gestaltende Funktion. Siehe hierzu vertiefend u. a. Abegglen, Bleicher (2021), Management, S. 41ff.

[174] Vgl. Welge et al. (2017), Management, S. 84; Das, Teng (2000), Strategic Alliances, S. 31; Eisenhardt, Martin (2000), Dynamic Capabilities, S. 1105

[175] Siehe u.a. Barney (2013), Competitive Advantage, 119ff.; Wernerfelt (1984), Resource-based View; Wernerfelt (1995), Resource-based View; Hamel, Prahalad (1994), Competing; Prahalad, Hamel (1990), Core Competence

[176] Vgl. Wernerfelt (1984), Resource-based View, S. 173

[177] Vgl. Hungenberg (2014), Management, S. 518

[178] Vgl. Eisenhardt, Schoonhoven (1996), Resource-based View, S. 146

ermöglichen überdies die Zusammenführung von komplementären Ressourcen der involvierten Unternehmen[179].

Ausgehend der Basishypothese des ressourcenbasierten Ansatzes streben sowohl Corporates als auch Start-ups nach einer Ressourcenbasis, die Wettbewerbsvorteile ermöglicht. Der Zugang zu Ressourcen, die sich nicht im Besitz finden sowie das Streben nach nachhaltiger Sicherung der Ressourcen, motivieren die Aufnahme sowie entsprechende Gestaltung einer Kooperation. Folglich kann der ressourcenbasierte Ansatz zur Erklärung und Gestaltung als theoretische Grundlage für diese Arbeit herangezogen werden.

**Beziehungsorientierung (Relational View)**

Die Beziehungsorientierung (Relational View) wird der ressourcenorientierten Forschung des strategischen Managements zugerechnet und stellt eine weniger statische, protektionistische Weiterentwicklung des ressourcenbasierten Ansatzes dar[180]. Im Mittelpunkt des Relational View nach DYER & SIGHN steht die Erklärung des Zustandekommens von dauerhaften Wettbewerbsvorteilen durch unternehmensübergreifende Interaktion und gegenseitige Nutzung von Ressourcen[181]. Abgrenzendes Unterscheidungsmerkmal zum ressourcenorientierten Ansatz stellt die unternehmensübergreifende Betrachtungsperspektive dar[182]. Die Bündelung von komplementären und identischen Ressourcen von kooperativ agierenden Unternehmen führt zu wechselseitigen Synergieeffekten, wodurch Wettbewerbsvorteile gegenüber autonom agierenden Unternehmen entstehen[183].

DYER & SIGHN definieren eine relationale Rente als einen supernormalen Gewinn, der in einer Kooperation generiert, von keinem der beiden Unternehmen isoliert erzielt werden und nur durch die gemeinsamen Beiträge der Kooperationspartner entstehen kann. Die relationalen Renten sind dann möglich, wenn Kooperationspartner in beziehungsspezifische Ressourcen investieren, ihre Ressourcenausstattungen komplementär kombinieren, einen regelmäßigen Wissensaustausch sowie Lerneffekte anstreben und effektive Koordinationsmechanismen etablieren, die die Transaktionskosten im Vergleich zum Wettbewerb senken.[184] Damit greift der Relational View Elemente des

[179] Vgl. Beck (1998), Netzwerkkooperation, S. 55
[180] Vgl. Dyer, Singh (1998), Relational View, S. 661; Duschek, Sydow (2002), Management, S. 1; Magnus (2007), Supply-Chain-Kooperation, S. 89
[181] Vgl. Dyer, Singh (1998), Relational View, S. 675
[182] Vgl. Duschek, Sydow (2002), Management, S. 1
[183] Vgl. Kaminski (2009), Clustermarke, S. 28
[184] Vgl. Dyer, Singh (1998), Relational View, S. 662ff.; Schmidt (2009), Relational View, S. 129f.

Transaktionskostenansatzes auf und beschreibt, dass eine effektive Koordination sowie die Spezifität von Ressourcen zu geringen Transaktionskosten und damit zu relationalen Renten führt. Folglich liegt die Kontrolle der Steuerungsmechanismen nicht mehr bei einzelnen Unternehmen, sondern wird zu einer kollektiven Aufgabe.[185]

Zur nachhaltigen Sicherung der relationalen Renten und damit der Wettbewerbsvorteile bedarf es eines Schutzes durch den Aufbau und die Bewahrung von Imitationsbarrieren. Hierzu zählen u. a. kausale Ambiguität der Netzwerkbeziehungen, eine Knappheit potenzieller Kooperationspartner, eine wechselseitige Verknüpfung der interorganisationalen Ressourcen, die Unteilbarkeit der Ressourcen sowie besondere, nicht imitierbare institutionelle Rahmenbedingungen.[186]

Das Zustandekommen der relationalen Renten durch gemeinsamen Aufbau und Besitz von Fähigkeiten und Ressourcen kooperierender Unternehmen liefert einen wichtigen Beitrag zur Erklärung von Kooperationen zwischen Corporates und Start-ups. Durch Nutzung des ressourcenbasierten Ansatzes als komplementäre Ausgangsbasis stellt der Relational View eine Erweiterung der Erklärung von Wettbewerbsvorteilen durch unternehmensübergreifende Arrangements dar[187]. Daher wird der Relational View ergänzend zum ressourcenbasierten Ansatz als geeigneter theoretischer Erklärungsansatz zur Gestaltung der Kooperation herangezogen.

**Potenzialorientierter Ansatz**

Ausgehend von dem ressourcenbasierten Ansatz hat sich im strategischen Management mit den von GÄLWEILER[188] geprägten Erfolgspotenzialen ein integratives Konzept zur Schaffung der Voraussetzungen zukünftiger Wettbewerbsfähigkeit durch Gegenüberstellung interner Unternehmensfaktoren und der Umwelt etabliert[189]. Es herrscht allgemein Einigkeit darüber, dass das strategische Management das Ziel der Sicherung von langfristiger Überlebensfähigkeit sowie Erfolg des Unternehmens verfolgt[190]. Zur Zielerreichung werden im potenzialorientierten Ansatz der Aufbau, die Erhaltung und schließlich die Nutzung strategischer Erfolgspotenziale vorausgesetzt[191].

---

185 Vgl. Schmidt (2009), Relational View, S. 131

186 Vgl. Schmidt (2009), Relational View, S. 130; Dyer, Singh (1998), Relational View, 671ff.; Duschek, Sydow (2002), Management, S. 7ff.

187 Vgl. Duschek, Sydow (2002), Management, S. 10; Duschek (2002), Innovation, 256ff.

188 Vgl. Gälweiler, Malik (2005), Unternehmensführung, S. 24ff.

189 Vgl. Binder, Kantowsky (1996), Technologiepotentiale, S. 43

190 Vgl. Welge et al. (2017), Management, S. 218ff.; Knaese (1996), Kernkompetenzen, S. 5; Ansoff (1980), Management, S. 132

191 Vgl. Gälweiler, Malik (2005), Unternehmensführung, S. 24; Welge et al. (2017), Management, S. 220

Nach GÄLWEILER stellen Erfolgspotenziale das gesamte Gefüge der markt- sowie produktspezifischen erfolgsrelevanten Voraussetzungen dar, die zur Erfolgsrealisierung notwendig sind. Erfolgspotenziale fungieren damit als Steuerungsgrößen des strategischen Managements.[192] Dieser Gedanke wird von PÜMPIN aufgegriffen und im Konzept der überlegenen strategischen Erfolgspositionen über mehrere Stufen hinweg differenziert[193]. So stellen Nutzenpotenziale strategisch attraktive Konstellationen im Unternehmen, der Unternehmensumwelt oder dem Markt dar. Ferner entsprechen strategische Erfolgspositionen jenen Fähigkeiten, die es einem Unternehmen ermöglichen, in einem Marktumfeld langfristig erfolgreich zu sein und im Vergleich zum Wettbewerb überdurchschnittliche Ergebnisse zu erzielen.[194] Die Ausrichtung der Fähigkeiten eines Unternehmens auf Nutzenpotenziale ermöglicht die Besetzung von strategischen Erfolgspositionen[195].

Darauf aufbauend entwickeln BINDER & KANTOWSKY eine integrierte Perspektive des potenzialorientierten Ansatzes. Grundlage stellt die Adoption der Nutzenpotenziale sowie der strategischen Erfolgspositionen nach PÜMPIN dar. Strategische Erfolgspositionen werden wiederum durch die Erschließung von Erfolgspotenzialen möglich. Strategische Erfolgspotenziale entstehen durch Bündelung spezifischer Fähigkeiten und Ressourcen eines Unternehmens und beeinflussen maßgeblich die Ausrichtung bestehender sowie neuer Fähigkeiten und Ressourcen. Den Erfolgspotenzialen und Erfolgspositionen kommt eine Brückenfunktion zwischen der ressourcenbasierten Leistungserstellung und der Nutzenstiftung des Unternehmens zu.[196] Die Verfügung über die und die Nutzung der Erfolgspotenziale ermöglicht Unternehmen die strategische Wettbewerbspositionierung zur Realisierung von Wettbewerbsvorteilen, kann jedoch nur durch Tätigkeiten auf operativer Unternehmensebene erfolgen[197]. Abbildung 2-5 stellt den Zusammenhang der Erfolgspotenziale, einer Wettbewerbspositionierung sowie strategischer Erfolgspositionen dar und ordnet diese auf Ebene des strategischen Managements in Abgrenzung zu den Fähigkeiten und Ressourcen sachlogisch ein.

---

[192] Vgl. Gälweiler, Malik (2005), Unternehmensführung, S. 26f.
[193] Vgl. Abegglen, Bleicher (2021), Management, S. 172
[194] Vgl. Pümpin (1992), Erfolgspositionen, S. 19ff.
[195] Vgl. Binder, Kantowsky (1996), Technologiepotentiale, S. 48; Pümpin (1992), Erfolgspositionen, S. 28
[196] Vgl. Binder, Kantowsky (1996), Technologiepotentiale, S. 66f.
[197] Vgl. Gälweiler, Malik (2005), Unternehmensführung, S. 26; Welge et al. (2017), Management, S. 220ff.

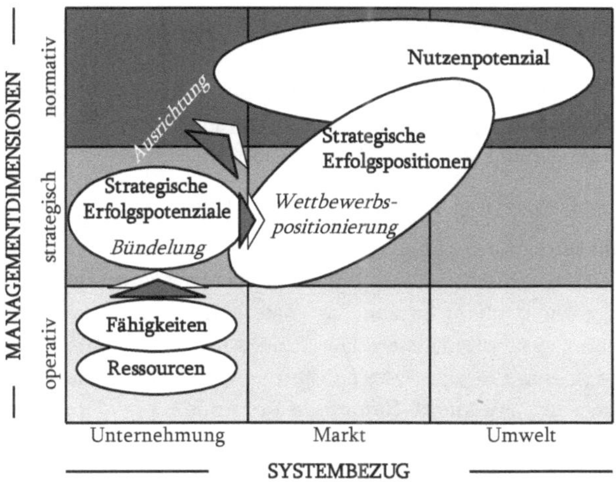


**Abbildung 2-5: Verknüpfung von Erfolgspotenzialen und Wettbewerbsvorteilen im potenzialorientierten Ansatz[198]**

Der gezielte Aufbau, die Erhaltung oder die Nutzung der Erfolgspotenziale können also nur gelingen, wenn Fähigkeiten und Ressourcen von Unternehmen strategisch darauf ausgerichtet werden[199]. Damit stellt die Verfügung über überlegene Fähigkeiten und Ressourcen zur Erzielung von Wettbewerbsvorteilen nicht nur Ausgangsbasis des ressourcenbasierten Ansatzes sondern auch Grundlage des potenzialorientierten Ansatzes dar[200]. Die Diskussion lässt den Schluss zu, dass auch das Erzielen von dauerhaften Wettbewerbsvorteilen durch Kooperation zunächst die Identifizierung und Nutzung von geeigneten Erfolgspotenzialen voraussetzt[201]. Gemäß dem potenzialorientierten Ansatz können Kooperationen damit als Zusammenarbeit von zwei Unternehmen, die auf die Erschließung, den Erhalt oder den Ausbau von Erfolgspotenzialen auf Basis von komplementären Fähigkeiten und Ressourcen abzielen, beschrieben werden[202].

Der potenzialorientierte Ansatz erklärt die strategische Ausrichtung von Fähigkeiten und Ressourcen auf Nutzenpotenziale und zielt auf die Erreichung nachhaltiger Wett-

198 I.A.a. Binder, Kantowsky (1996), Technologiepotentiale, S. 67

199 Vgl. Ringle (2004), Kooperation, S. 60; Abegglen, Bleicher (2021), Management, S. 42

200 Vgl. Binder, Kantowsky (1996), Technologiepotentiale, S. 62

201 Vgl. Schuh et al. (2005), Kooperationsmanagement, S. 89

202 Vgl. Kraege (1997), Unternehmungskooperationen, S. 53

bewerbsvorteile ab. Damit ergänzt er den ressourcenbasierten Ansatz um eine strategische Perspektive und unterstützt in der vorliegenden Dissertation insbesondere die Gestaltung der Kooperation durch Identifizierung und Ausrichtung auf Erfolgspotenziale. Der notwendige Zugang zur Erschließung strategischer Erfolgspotenziale erklärt, warum Corporates und Start-ups in Kooperationen eintreten.

### 2.2.3 Charakterisierung ausgewählter Kooperationsformen

Zur Schaffung eines grundlegenden Verständnisses über die Gestaltungsmöglichkeiten und Abhängigkeitsverhältnisse werden nachfolgend ausgewählte Kooperationsformen charakterisiert. Dabei bleibt festzuhalten, dass sich in der Literatur bislang kein einheitlicher Ansatz zur Systematisierung von Kooperationen etabliert hat[203]. Am weitesten verbreitet ist eine alleinige Systematisierung von Kooperationsformen über die Art der Transaktion auf dem Markt-Hierarchie-Kontinuum (vgl. Unterkapitel 2.2.1). Dies erscheint für die vorliegende Arbeit aus zwei Gründen jedoch nicht zielführend: Erstens würde eine Darstellung sämtlicher, möglicher Kooperationsformen in Bezug auf die Transaktion, bedingt durch die Variationen hinsichtlich des vertraglichen Inhalts, den Rahmen dieser Arbeit übersteigen[204]. Zweitens sind Transaktionsformen nicht uneingeschränkt mit Kooperationsformen gleichzusetzen, da eine Kooperation üblicherweise eine Kombination von mehreren Transaktionsformen umfasst[205]. Unter Berücksichtigung verschiedener Systematisierungsansätze können für diese Arbeit vier relevante Grundformen der Kooperation identifiziert werden[206]: Die Interessengemeinschaft, das virtuelle Unternehmen, die strategische Allianz sowie das Joint-Venture. Die Grundformen lassen sich als spezifische Ausgestaltung der Kooperation verstehen und werden anhand differenzierender Merkmale beschrieben[207]. Da diese Formen zu den breit erforschten und häufig gewählten Kooperationsformen von Unternehmen zählen werden sie nachfolgend kurz vorgestellt. Ausgehend von der Definition einer Kooperation in dieser Arbeit können die Grundformen zwischen marktlichen und hierarchischen Koordinationsformen eingeordnet werden (vgl. Abbildung 2-6). Dabei gilt, dass mit zunehmendem Grad der Internalisierung auch die Koordinationskomplexität, die gegenseitige Abhängigkeit, sowie der Kontrollaufwand der Kooperation zunehmen[208].

---

[203] Vgl. Morschett (2003), Kooperationen, S. 393

[204] Vgl. Mellewigt (2003), Kooperationen, S. 13; Weder (1989), Joint-Venture, S. 74

[205] Vgl. Morschett (2003), Kooperationen, S. 398

[206] Vgl. Liesebach (2017), Innovationsmanagement, S. 34; Hagenhoff (2004), Kooperationen, S. 13; Killich (2011), Unternehmenskooperation, S. 13

[207] Vgl. Friese (1998), Kooperation, S. 151

[208] Vgl. Friese (1998), Kooperation, S. 67f.; Weder (1989), Joint-Venture, S. 73f.

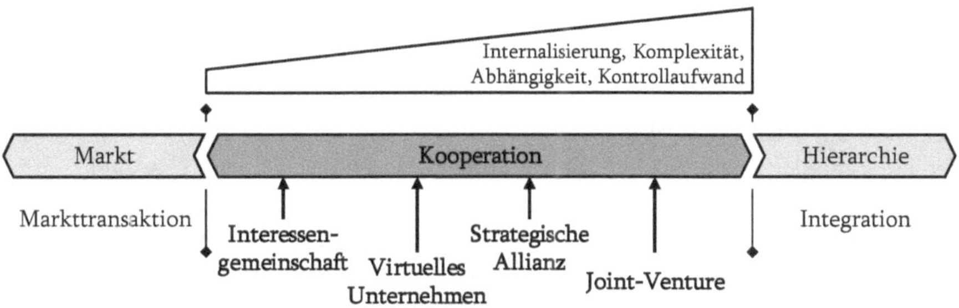


**Abbildung 2-6: Kooperationsformen zwischen Markt und Hierarchie**[209]

**Interessengemeinschaft**

Die *Interessengemeinschaft* als Kooperationsform zielt auf die Vertretung und/oder die Durchsetzung gemeinsamer, dauerhafter Interessen der beteiligten Kooperationspartner ab. Die Gemeinschaftspartner schließen unter Aufrechterhaltung von sowohl ihrer rechtlichen als auch wirtschaftlichen Selbständigkeit einen Vertrag[210] und kooperieren i. d. R. auf horizontaler Ebene. Die Gewinngemeinschaft nach § 292, I AktG kann als Inbegriff einer Interessengemeinschaft betrachtet werden.[211] Im Rahmen einer Interessengemeinschaft können bspw. zentrale Unternehmensfunktionen der beteiligten Unternehmen, wie der Vertrieb oder der Einkauf, gemeinsam organisiert und gebündelt werden, sodass für alle Kooperationspartner Synergien oder Skaleneffekte erzielt werden[212].

**Virtuelles Unternehmen**

In der Literatur wird sowohl die Kooperationsform *Virtuelle Organisation* als auch *Virtuelles Unternehmen* diskutiert. Die Charakterisierung in der vorliegenden Arbeit orientiert sich an der Empfehlung von BAUM und verwendet beide Begriffe synonym[213]. Das virtuelle Unternehmen, welches vorzugsweise im Bereich F&E umgesetzt

---

[209] Eigene Darstellung i. A. a. Killich (2011), Unternehmenskooperation, S. 13

[210] i. d. R. wird ein BGB-Gesellschaftsvertrag nach § 705ff. BGB geschlossen.

[211] Vgl. Jansen (2016), Mergers & Acquisitions, S. 132; Killich (2011), Unternehmenskooperation, S. 14; Nelles, Oebel (2003), Kooperationen, S. 785

[212] Vgl. Killich (2011), Unternehmenskooperation, S. 14

[213] Vgl. Baum (2011), Morphologie der Kooperation, S. 23

wird, fokussiert den Erhalt und Ausbau von technologiebasierter Wettbewerbsfähigkeit[214]. Im Gegensatz zu seinem Grundtypus, dem Unternehmensnetzwerk, ist das virtuelle Unternehmen als Zusammenschluss projektbezogen und damit befristet[215]. Trotz der Aufrechterhaltung der Selbständigkeit von kooperierenden Unternehmen werden die individuellen Firmennamen nicht sichtbar, da sich das virtuelle Unternehmen in Außenbeziehungen gegenüber Dritten als eigenständiges Unternehmen verhält[216]. Zumeist wird in virtuellen Unternehmen auf umfangreiche Vertragsgestaltungen verzichtete und stattdessen auf Vertrauen gesetzt[217]. Auf eine Hierarchiebildung sowie Institutionalisierung zentraler Funktionen, wie bspw. Marketing oder After-Sales, wird bei einem virtuellen Unternehmen verzichtet[218]. Dies fördert die Anpassungsfähigkeit an veränderliche Marktbedingungen und wird auch durch einen geringen Initialisierungsaufwand der Kooperationsform begünstigt.[219]

**Strategische Allianz**

Die *strategische Allianz* als Kooperationsform wird in der Literatur vielfältig interpretiert. Diverse wissenschaftliche Arbeiten betrachten die strategische Allianz als Synonym für eine Kooperation an sich oder subsumieren unter einer strategischen Allianz weitere Transaktionsformen, wie das Joint-Venture, die Lizenzvergabe oder Managementverträge[220]. Grundsätzlicher Konsens besteht in allen Auslegungen darin, dass bei einer strategischen Allianz mindestens einer der Kooperationspartner durch Nutzung von wertschaffenden Synergieeffekten Wettbewerbsvorteile erzielen kann[221]. Bedingt durch den projekthaften Charakter sind strategische Allianzen inhaltlich sowie zeitlich definierbar, bedürfen jedoch keiner Kapitalbindung oder -beteiligung der Kooperationspartner[222]. Die strategische Allianz ist ein Bündnis selbstständig verbleibender Unternehmen, das bestehende Besitzverhältnisse nicht verändert und durch die Bünde-

---

214 Vgl. Liesebach (2017), Innovationsmanagement, S. 37

215 Vgl. Millarg (1998), Virtuelle Fabrik, S. 67; Wolter et al. (1998), Virtuelle Unternehmen, S. 7f.

216 Vgl. Becker et al. (2018), Kooperationen, S. 21; Killich (2011), Unternehmenskooperation, S. 15; Theling, Loos (2004), Unternehmenskooperationen, S. 24

217 Vgl. Liesebach (2017), Innovationsmanagement, S. 37; Wolter et al. (1998), Virtuelle Unternehmen, S. 7f.

218 Vgl. Wolter et al. (1998), Virtuelle Unternehmen, S. 7f.

219 Vgl. Theling, Loos (2004), Unternehmenskooperationen, S. 24

220 Vgl. Friese (1998), Kooperation, S. 162; Killich (2011), Unternehmenskooperation, S. 16; Sydow (1992), Netzwerke, S. 63

221 Vgl. Becker et al. (2018), Kooperationen, S. 21f.; Friese (1998), Kooperation, S. 163; Sydow (1992), Netzwerke, S. 63

222 Vgl. Hess (2002), Netzwerkcontrolling, S. 11; Schawel, Billing (2018), Management Tools, S. 323

lung der jeweiligen Stärken in wirtschaftlichen Aktivitäten eigene Schwächen kompensiert[223]. Daher verständigen sich Kooperationspartner auf gemeinsame strategische Ziele, die als Maßstab für den Allianzerfolg herangezogen werden[224].

Die strategische Allianz als Kooperationsform ist durch eine zeitliche Befristung charakterisiert[225]. Diese Befristung wird durch die strategische Auslegung der Allianz als langfristig aufgefasst[226]. Über die Kooperationsrichtung einer strategischen Allianz herrscht in der Literatur Uneinigkeit: Einerseits wird die strategische Allianz als Bündnis mit Fokus auf einem ganz bestimmten Geschäftsfeld aufgefasst und somit mit horizontaler Kooperationsrichtung beschrieben[227]. Andererseits können strategische Allianzen ebenso mit vertikaler[228] oder diagonaler[229] Kooperationsrichtung gestaltet sein. Dabei grenzt SELL strategische Allianzen mit vertikaler Kooperationsrichtung mit Bezug auf BRONDER & PRITZL mit dem Begriff „Strategische Kooperation" ab[230]. Durch den synergetischen Charakter einer strategischen Allianz können die beteiligten Partner Zugang zu Märkten, eine kritische Masse an Marktanteilen (Volumenallianz) oder eine Ausweitung von Marktanteilen (Markterschließungsallianz) erlangen[231]. Die strategische Allianz weist eine geringe Formalisierung auf, ohne auf Verträge oder definierte Regeln zu verzichten[232]. Der geringe Formalisierungsgrad ermöglicht niedrige Transaktionskosten und eine geringe Bindung von Ressourcen für die Kooperationspartner[233]. Gleichzeitig resultieren hieraus im Vergleich zu anderen Kooperationsformen eine höhere Flexibilität, Funktionalität, Effektivität und Anpassungsfähigkeit[234].

---

223 Vgl. Backhaus, Piltz (1990), Strategische Allianzen, S. 2; Sydow (1992), Netzwerke, S. 63; Becker et al. (2018), Kooperationen, S. 21

224 Vgl. Schawel, Billing (2018), Management Tools, S. 323

225 In der Literatur findet sich keine genaue Angabe zum Zeithorizont, jedoch wird die zeitliche Befristung hervorgehoben. Vgl. Killich (2011), Unternehmenskooperation, S. 17; Schawel, Billing (2018), Management Tools, S. 323

226 Vgl. Hagenhoff (2004), Kooperationen, S. 14; Sydow (1992), Netzwerke, S. 63

227 Vgl. beispielweise Backhaus, Piltz (1990), Strategische Allianzen, S. 3; Killich (2011), Unternehmenskooperation, S. 16f.

228 Vgl. Becker et al. (2018), Kooperationen, S. 22

229 Vgl. Sell (2002), Internationale Unternehmenskooperationen, S. 79

230 Vgl. Bronder, Pritzl (1992), Strategische Allianzen, S. 17; Sell (2002), Internationale Unternehmenskooperationen, S. 79

231 Vgl. Friese (1998), Kooperation, S. 164; Schawel, Billing (2018), Management Tools, S. 323f.

232 Vgl. Hagenhoff (2004), Kooperationen, S. 14

233 Vgl. Schawel, Billing (2018), Management Tools, S. 325

234 Vgl. Friese (1998), Kooperation, S. 164

## Joint-Venture

Die Kooperationsform *Joint Venture* ist nahezu in allen Industriezweigen weit verbreitet[235]. Das *Equity Joint Venture* ist die klassische Form des Joint-Ventures und beschreibt die Gründung eines gemeinsamen, rechtlich selbstständigen Gemeinschaftsunternehmen im Rahmen einer Kooperation[236]. Der Begriffszusatz „equity" betont die Kapitalbeteiligung der jeweiligen Kooperationspartner[237], wohingegen der Begriffsanteil „Joint-Venture" darauf hindeutet, dass sich die Parteien wechselseitig in die Kooperationsbeziehung einbringen[238]. Wenngleich Joint-Ventures auf allen Ebenen der Wertschöpfung und in beliebigen Kombinationen möglich sind, lässt sich in der Literatur eine Fokussierung kostenintensiver Bereiche, wie bspw. F&E, feststellen[239]. Die an einem Equity-Joint-Venture beteiligten Unternehmen behalten sowohl ihre rechtliche als auch ihre wirtschaftliche Unabhängigkeit und halten jeweils entsprechend ihrer Beteiligung Anteile am Gemeinschaftsunternehmen[240]. Diese langfristig angelegte zwischenbetriebliche Kooperation ist per Vertrag geregelt, der die Kapitalbeteiligung sowie die Teilung von Risiken und der Geschäftsleitung umfasst[241]. Auf Basis der Beteiligungsverhältnisse kann zwischen Majoritäts-, Paritäts- oder Minoritäts-Joint-Venture differenziert werden[242]. Die Kooperationsform Joint-Venture wird v. a. dann bevorzugt, wenn ein wechselseitiger Knowhow-Transfer nur schwer realisierbar ist[243]. Bedingt durch die langfristige, sachlich unbegrenzte Ausrichtung, die komplexe Vertragsgestaltung sowie die institutionellen Verflechtungen ist das Equity-Joint-Venture die Kooperationsform mit dem höchsten Formalisierungsgrad[244].

Eine Abgrenzung stellt die Kooperationsform Contractual Joint-Venture[245] dar, die in der Literatur jedoch nicht als Joint-Venture i. e. S. aufgefasst wird. Im Gegensatz zu den bisherigen Ausführungen handelt es sich bei einem Contractual Joint-Venture um eine zeitlich begrenzte, vertraglich geregelte Projektzusammenarbeit ohne finanzielle

[235] Vgl. Killich (2011), Unternehmenskooperation, S. 17
[236] Vgl. Fontanari (1996), Kooperationsgestaltungsprozesse, S. 48; Hagenhoff (2004), Kooperationen, S. 13
[237] Vgl. Friese (1998), Kooperation, S. 160
[238] Vgl. Sell (2002), Internationale Unternehmenskooperationen, S. 106
[239] Vgl. Liesebach (2017), Innovationsmanagement, S. 34f.; Specht, Lutz (2008), Outsourcing von F&E, S. 41
[240] Vgl. Killich (2011), Unternehmenskooperation, S. 17; Picot et al. (2020), Unternehmung, S. 111f.; Morschett (2003), Kooperationen, S. 398
[241] Vgl. Liesebach (2017), Innovationsmanagement, S. 34f.; Morschett (2003), Kooperationen, S. 398
[242] Vgl. Holtbrügge, Welge (2015), Internationales Management, S. 118
[243] Vgl. Sell (2002), Internationale Unternehmenskooperationen, S. 90
[244] Vgl. Lubritz (1998), Strategische Allianzen, S. 49; Hagenhoff (2004), Kooperationen, S. 13f.
[245] Wird auch als Non-equity Joint Venture bezeichnet.

Verflechtungen oder Bildung eines Gemeinschaftsunternehmens[246]. Daher wird das Contractual Joint-Venture in dieser Arbeit der Kooperationsform Strategische Allianz zugeordnet.

Vor dem Hintergrund der Zielstellung dieser Arbeit muss konstatiert werden, dass keine der vorgestellten Grundformen der Kooperation ein asymmetrisches Verhältnis der Kooperationspartner berücksichtigt. Wenngleich anhand der differenzierenden Merkmale eine große Bandbreite der Gestaltungsmöglichkeiten gegeben ist, so sind die vorgestellten Kooperationsformen weder auf die spezifischen Motive von Corporates und Start-ups ausgerichtet noch gewährleisten sie eine ausreichende Gestaltung zur Prävention opportunistischer Ausnutzung im Zuge der Kooperation.

### 2.2.4 Zwischenfazit zu den Grundlagen der Kooperation

Im Zuge des vorangegangenen Unterkapitels wurden die Grundlagen zur Kooperation zwischen Corporates und Start-ups dargestellt. Ausgehend von einer konstituierenden Definition sowie Systematisierung der Kooperation wurden geeignete theoretische Erklärungsansätze zur Skizzierung eines Bezugsrahmens der Kooperationsgestaltung vorgestellt. Hierbei zeigte sich, dass neben der Neuen Institutionenökonomik vor allem das strategische Management eine theoretische Fundierung zur Erklärung der Entstehung und Gestaltung von Kooperationen liefert. Daran angeschlossen wurden etablierte Grundformen der Kooperation vorgestellt und beschrieben, wie diese ausgestaltet sind.

Die Ausarbeitung zeigt, dass die Voraussetzungen, bzw. Abhängigkeiten zwischen den Partnern in der Beschreibung der Kooperationsformen mit Verweis auf die Vertragsgestaltung unberücksichtigt bleiben[247]. Ferner wird deutlich, dass kein theoretischer Erklärungsansatz die Gestaltung der Kooperation ganzheitlich ermöglicht und es daher eines integrativen Bezugsrahmens bedarf. Im Fokus dieses Bezugsrahmens steht die Prinzipal-Agent-Theorie, deren zugrunde liegendes opportunistisches Verhalten bei vorherrschenden Informationsasymmetrien bei der Kooperationsgestaltung eine konzeptionelle Hilfestellung bietet. Weiterhin wird deutlich, dass die Erklärungsansätze zur Entstehung der Kooperation sowie etablierte Kooperationsformen stets von Partnern mit der gleichen Verhandlungsmacht ausgehen. Dies gilt es durch Fokussierung

246 Vgl. Fontanari (1996), Kooperationsgestaltungsprozesse, S. 48f.; Friese (1998), Kooperation, S. 160; Morschett (2003), Kooperationen, S. 398

247 Die Vertragsgestaltung bezieht sich zumeist auf die Wahl der Transaktionsform und argumentiert aus einer situativen Bewertung der Transaktionskosten heraus.

der Gestaltung unter Berücksichtigung des asymmetrischen Verhältnisses beider Kooperationspartner in der vorliegenden Dissertation zu adressieren.

## 2.3 Eingrenzung des Betrachtungsbereichs

Zur systematischen Lösungsfindung bedarf es einer Eingrenzung des Betrachtungs- sowie des Gestaltungsbereichs dieser Arbeit. Nachfolgend wird der Betrachtungsbereich der vorliegenden Dissertation, aufbauend auf den dargelegten Grundlagen des ersten heuristischen Bezugsrahmens (Teilkapitel 1.3), spezifiziert. Diese Spezifikation ermöglicht die Fokussierung der Problem- sowie der Zielstellung auf der einen und die Sicherstellung der Nachvollziehbarkeit der Lösung auf der anderen Seite. Nachfolgend wird der Betrachtungsbereich anhand der Dimensionen Objekt, Prädikat und Subjekt abgegrenzt. Dabei spezifizieren Objekte den Analysebereich, Prädikate beschreiben die Vorgehensweisen, Prozesse und Aktivitäten, während Subjekte einen konkreten Anwenderkreis definieren.

### 2.3.1 Objektbezogene Eingrenzung

Im Betrachtungsfokus dieser Arbeit steht die Gestaltung von Kooperationen zwischen Technologiekonzernen und Start-ups. Besondere Bedeutung erfährt also die Beziehung zwischen den Kooperationspartnern. Die Kooperation zwischen Corporates als Technologiekonzernen und Start-ups wird bedingt durch die Unterschiede in der Ressourcenausstattung im Rahmen dieser Arbeit als asymmetrische Kooperation verstanden und dieses Abhängigkeitsverhältnis objektbezogen eingegrenzt. Weiterhin wird für diese Arbeit zu Grunde gelegt, dass sowohl Corporates als auch Start-ups Kooperationen eingehen, um eine nachhaltige relative Verbesserung der Wettbewerbsposition und damit Wettbewerbsvorteile zu erzielen. Die im Rahmen dieser Kooperationen entstehenden Wettbewerbsvorteile weisen als Kooperationsgegenstand dabei näher spezifizierte Technologien, Markt-, Produkt- oder Serviceinnovationen auf. Explizit nicht berücksichtigt wird ein ungerichteter Ideenaustausch oder eine initiale Exploration, da diese konkrete Produkt- oder Marktentwicklung zum Ziel haben.

In Abgrenzung zu den konstituierenden Merkmalen einer Kooperation (vgl. Unterkapitel 2.2.1) hat sich in der Literatur eine Vielzahl von Merkmalen zur Systematisierung der Kooperation auf dem Kontinuum zwischen Markt und Hierarchie etabliert[248]. Dabei zeigt sich jedoch, dass bisher keine einheitliche Systematisierung der Kooperation gelungen ist[249]. Tabelle 2-2 stellt eine Übersicht der Merkmale zur Systematisierung

[248] Vgl. Friese (1998), Kooperation, S. 66; Morschett (2003), Kooperationen, S. 390
[249] Vgl. Picot et al. (2001), Grenzenlose Unternehmung, S. 302

der Kooperation dar. Die objektbezogene Eingrenzung wird aufbauend auf der vorgestellten Systematisierung beschrieben.

**Tabelle 2-2: Merkmale zur Systematisierung der Kooperation**[250]

| Merkmal | Ausprägungen | Quellen |
|---|---|---|
| Zielidentität | reziprok, redistributiv | TRÖNDLE (1987), ROTERING (1993), WURCHE (1994), KELLER (2004), |
| Dauer der Kooperation | befristet, unbefristet | BECKER ET AL. (2018), PICOT ET AL. (2020), BRONDER, PRITZL (1992), FRIESE (1998) |
| Anzahl der Partner | bilateral, trilateral, einfache Netzwerke, komplexe Netzwerke | FRIESE (1998); MORSCHETT (2003), THELING, LOOS (2004), KUTSCHKER (1994) |
| Wirtschaftliche Abhängigkeit (Asymmetrie) | niedrig, mittel, hoch | PICOT ET AL. (2020), DREWS (2001), BAUM (2011) |
| Verbindlichkeit | formlos, Vertrag ohne Kapitalbeteiligung, Vertrag mit Kapitalbeteiligung | STRAUBE (1972), RUPPRECHT-DÄULLARY (1994), FRIESE (1998), BAUERNHANSL (2003), |

Die Zielidentität der Kooperation zwischen Corporate und Start-up wird als redistributiv verstanden, da sich beide Kooperationspartner komplementär ergänzen. Ferner weisen Kooperationen in ihrer Verbindlichkeit immer eine vertragliche Vereinbarung zwischen den Kooperationspartnern auf. Diese kann mit oder ohne Kapitalbeteiligung verbunden sein. Im objektbezogenen Betrachtungsbereich dieser Arbeit werden ausschließlich bilaterale Kooperationen zwischen zwei unabhängig agierenden Unternehmen betrachtet. Die Kooperationsrichtung und damit die Position der Kooperationspartner in der Wertschöpfung kann dabei sowohl horizontal als auch vertikal sein. Weiterhin werden Kooperationen objektbezogen ausschließlich in ihrer Zeitdauer befristet aufgefasst. Abschließend wird die Asymmetrie der Partner, bzw. der Grad der wirtschaftlichen Abhängigkeit des Start-ups als Mittel oder Hoch aufgefasst. Tabelle 2-3 systematisiert zusammenfassend die objektbezogene Eingrenzung der Kooperation.

[250] Vgl. Wurche (1994), Strategische Kooperation, S. 103; Keller (2004), Strategische Allianzen, S. 32; Rotering (1993), Kooperation, S. 53; Tröndle (1987), Kooperationsmanagement, S. 19ff.; Rupprecht-Däullary (1994), Kooperation, S. 21ff.; Becker et al. (2018), Kooperationen, S. 18; Picot et al. (2020), Unternehmung, S. 115; Bronder, Pritzl (1992), Strategische Allianzen, S. 33; Friese (1998), Kooperation, S. 145f.; Morschett (2003), Kooperationen, S. 399; Theling, Loos (2004), Unternehmenskooperationen, S. 10; Kutschker (1994), Strategische Kooperationen, S. 127; Drews (2001), Kooperationscontrolling, S. 49; Baum (2011), Morphologie der Kooperation, S. 77f.; Bauernhansl (2003), Synergiepotenziale, S. 40; Straube (1972), Kooperation, S. 39

**Tabelle 2-3: Zusammenfassung der objektbezogenen Eingrenzung**[251]

| Dimension | Abgrenzung | | | |
|---|---|---|---|---|
| Zielidentität | reziprok | | redistributiv | |
| Verbindlichkeit | formlose Vereinbarung | Vertrag ohne Kapitalbeteiligung | | Vertrag mit Kapitalbeteiligung |
| Anzahl der Partner | bilaterale Bindung | trilaterale Bindung | einfaches Netzwerk | komplexes Netzwerk |
| Zeitdauer | befristet – kurzfristig | befristet – langfristig | unbefristet – kurzfristig | unbefristet – Langfristig |
| Asymmetrie der Partner | niedrig | mittel | | Hoch |

... *eingegrenzte Ausprägung*

### 2.3.2 Prädikatbezogene Eingrenzung

Da Kooperationen keine zeitpunktbezogene Transaktion darstellen, werden sie i. d. R. durch einen fortschreitenden, phasengegliederten Prozess charakterisiert. Die Gestaltung von Kooperationen basiert dabei auf einer erfolgreichen Anbahnung und soll die Durchführung sowie Abwicklung der Kooperation ermöglichen[252]. Charakteristisch für die prozessualen Phasenkonzepte ist, dass die Phasen nicht zwingend vollständig sequenziell, sondern auch iterativ, überlappend oder überspringend durchlaufen werden können[253]. Da sich Start-ups und Corporates im Verlauf der Kooperation unterschiedlich weiterentwickeln, sind für diese Arbeit insbesondere Phasenkonzepte relevant, die eine Abwicklung bzw. Neuausrichtung der Kooperation nach Erfolgsbeurteilung vorsehen[254]. Der Kooperationsprozess wird daher i. A. a. MELLEWIGT mittels der Phasen Strategische Entscheidung (Phase I), Partnerbewertung und -selektion (Phase II), Kooperationsgestaltung (Phase III), Kooperationssteuerung und -kontrolle (Phase IV) sowie Beendigung der Kooperation (Phase V) systematisiert (vgl. Abbildung 2-7)[255]. In der Praxis zeigt sich, dass Kooperationen oftmals bereits durch eine suboptimale,

[251] Vgl. Becker et al. (2018), Kooperationen, 18ff.; Friese (1998), Kooperation, 144ff.; Killich (2011), Unternehmenskooperation, 18ff.; Picot et al. (2020), Unternehmung, 144ff.; Zentes et al. (2003), Kooperationen, 21ff.

[252] Vgl. Fontanari (1996), Kooperationsgestaltungsprozesse, S. 165

[253] Vgl. Kraege (1997), Unternehmungskooperationen, S. 86f.; Mellewigt (2003), Kooperationen, S. 75

[254] Siehe hierzu exemplarisch Bleicher, Hermann (1991), Joint-Venture-Management, S. 17; Staudt et al. (1992), Kooperationshandbuch, S. 3; Kraege (1997), Unternehmungskooperationen, S. 88; Mellewigt (2003), Kooperationen, S. 75; Becker et al. (2018), Kooperationen, S. 24ff.

[255] Mellewigt (2003), Kooperationen, S. 75

weil opportunistische Gestaltung der Kooperation zum Scheitern verurteilt sind (vgl. Teilkapitel 1.1). Ausgehend von der Zielsetzung dieser Dissertation liegt der Fokus der prädikatbezogenen Abgrenzung auf Phase III, der Kooperationsgestaltung.

Bedingt durch eine stark wachsende Forschungsströmung rund um die Identifizierung von relevanten Start-ups im Technologie- und Innovationsmanagement sowie unterstützt durch die Vielzahl an Möglichkeiten zum Scanning, Scouting und Monitoring von Start-ups stellt die Phase der Identifizierung eines möglichen Kooperationspartners keine relevante Herausforderung dar. Ebenso wird die Anbahnung der Kooperation durch Kontaktherstellung aufgrund der Bandbreite an Optionen für Corporates in dieser Arbeit nicht betrachtet. Vielmehr wird angenommen, dass das Corporate und das Start-up sich über die Prüfung der Aufnahme einer Kooperation einig sind. Ausgehend von der Gestaltung folgen die Phasen der Durchführung sowie die Abwicklung einer Kooperation. Da die Durchführung der Kooperation von stark operativem Charakter gekennzeichnet ist und sich eine situative Steuerung auf prädikatsbezogener Ebene schwer generalisieren lässt, ist diese Phase kein Bestandteil des Betrachtungsbereichs. Die Abwicklung/Beendigung einer Kooperation wird ebenfalls aus dem prädikatsbezogenem Betrachtungsbereich dieser Arbeit ausgeschlossen. Dies liegt darin begründet, dass die im Rahmen der Gestaltung einer Kooperation definierte Zielsetzung aus einer prozessualen Sicht erst retrospektiv bewertet und nicht direkt durch die Gestaltung beeinflusst werden kann. Abbildung 2-7 illustriert die prädikatbezogene Abgrenzung im Kontext der gewählten Systematisierung des Kooperationsmanagements.

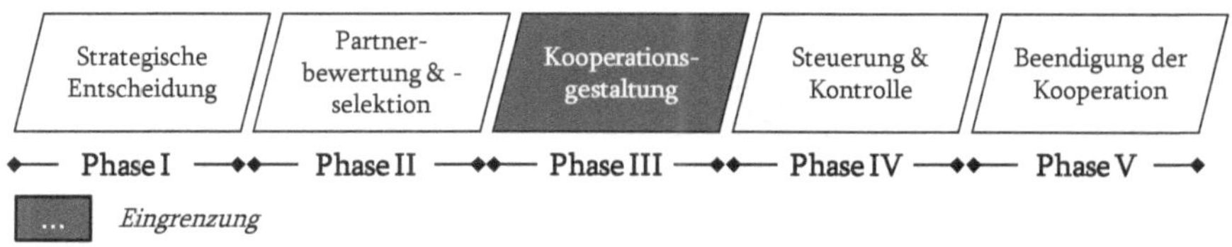


Abbildung 2-7: Prädikatbezogene Eingrenzung im Kooperationsmanagement[256]

Aufbauend auf dieser Eingrenzung lässt sich festhalten, dass die ganzheitliche Gestaltung eines neuen sowie die Anpassung eines speziellen, etablierten Kooperationsprozesses explizit kein Bestandteil der vorliegenden Arbeit sind. Ferner werden Methoden, Prozesse und Werkzeuge zur Identifizierung von Start-ups aus dem prädikatsbezogenen Betrachtungsbereich ausgeschlossen.

[256] I.A.a. Mellewigt (2003), Kooperationen, S. 75

### 2.3.3 Subjektbezogene Eingrenzung

Die subjektbezogene Eingrenzung dieser Arbeit charakterisiert neben dem Anwenderkreis auch die involvierten Partner einer Kooperation. Da die Forschungsfrage dieser Arbeit übergreifend für beide Kooperationspartner beantwortet wird, werden sowohl das Corporate als auch das Start-up in die subjektbezogene Eingrenzung inkludiert.

#### 2.3.3.1 Corporates als etablierte Technologiekonzerne

Im Kontext der vorliegenden Arbeit erfüllen Corporates als Technologiekonzern und Anwender der Arbeit die Definition eines etablierten Unternehmens in Teilkapitel 2.1.2. Das Corporate ist in Form eines Mittelständlers oder Großunternehmen aufgestellt und kann entweder in Familienbesitz oder als Konzern in Streubesitz sein. Entsprechend dem motivierten Praxisproblem handelt es sich beim Corporate um einen produzierenden Technologiekonzern, welcher in seiner Branche über ein etabliertes Produktportfolio sowie einen etablierten Markt- und Kundenzugang verfügt. Darüber hinaus besitzt das Corporate oder der Entscheidungsträger in Corporates eine relevante Ausstattung an Ressourcen und Fähigkeiten, die in eine Kooperation mit Start-ups eingebracht werden können. Corporates als Anwender dieser Arbeit haben die strategische Entscheidung getroffen, in neue Märkte oder neue Technologien vorzudringen, um dort Wettbewerbsvorteile anzustreben. In Corporates selbst wird der Austausch mit Start-ups oft auf Abteilungs- bzw. Funktionsbereichsebene initiiert. Innerhalb der Fachbereiche sind es i. d. R. Technologie- oder Innovationsmanager sowie Business-Developer, die im Rahmen ihrer Tätigkeit mit der Identifizierung von Start-ups betraut sind. Zur Entscheidungsfindung über die Aufnahme oder Gestaltung der Kooperation wird ferner das Management des Corporates eingebunden. Daher stellen Abteilungs- sowie Bereichsleiter von Corporates die Hauptanwender dieser Arbeit dar. Je nach Unternehmensgröße sowie Kooperationspartner können auch Divisionsleiter oder Geschäftsführer von Corporates in die strategische Gestaltung von Kooperationen eingebunden werden, weshalb auch sie zum Anwenderkreis gezählt werden. Ausgehend der Charakterisierung von Technologiekonzernen und Start-ups (vgl. Teilkapitel 2.1) stellt Tabelle 2-4 zusammenfassend die subjektbezogene Charakterisierung der Corporates als Technologiekonzerne für die vorliegende Arbeit dar.

**Tabelle 2-4: Subjektbezogene Eingrenzung der Corporates als Technologiekonzerne[257]**

| Dimension | Abgrenzungsmerkmal | | | | |
|---|---|---|---|---|---|
| Etablierungsgrad | Start-up | | Wachstumsunternehmen | | etabliertes Unternehmen |
| Leistungsart | Dienstleistungs-unternehmen | | Handelsunternehmen | | Produktionsunternehmen |
| Güterart | Konsumgüter | | | Produktionsgüter | |
| Größe | Klein | | mittel | | groß |
| Produktionsfaktoren | personal-intensiv | anlagen-intensiv | material-intensiv | energie-intensiv | wissens-intensiv |
| F&E-/Wissensintensität | nicht intensiv | | | intensiv | |

... *Eingegrenzte Ausprägung*

### 2.3.3.2 Start-up

Neben dem Corporate wird auch das Start-up als Kooperationspartner subjektbezogen eingegrenzt. Zum subjektiven Anwenderkreis dieser Arbeit zählen Technologie-Start-ups entsprechend der Definition aus Unterkapitel 2.1.3. Diese Start-ups entwickeln ein physisches Produkt, welches produziert und vermarktet werden muss. Die Grundlage der Geschäftsidee des Start-ups weist das Potenzial auf, Märkte radikal zu verändern. Start-ups als Anwender dieser Arbeit streben eine Kooperation mit einem Corporate an, da sie von der Ausstattung des Corporates synergetisch profitieren möchten, um ihre Wettbewerbs- und Überlebensfähigkeit zu verbessern.

Der Anwender dieser Arbeit ist im Start-up in leitender Funktion tätig, um Entscheidungen zur Kooperationsgestaltung treffen zu können. Je nach Struktur und Lebenszyklusphase handelt es sich dabei um ein Mitglied des Gründungsteams oder um den Entwicklungs-, Produktions-, Betriebs- oder Unternehmensleiter. Da Start-ups in ihrer Ausstattung, Organisationsgröße sowie in ihrer Erfahrung Nachteile gegenüber dem Corporate haben, erfordert die Gestaltung einer Kooperation geschäftsführende Befugnisse. Da das Gründungs- bzw. Führungsteam von Start-ups über Wissensvorteile verfügt und gleichzeitig die Herausforderungen des Start-ups kennt, ist es Hauptanwender dieser Arbeit und steht damit im Fokus der subjektbezogenen Eingrenzung. Tabelle 2-5 fasst die subjektbezogene Eingrenzung eines Start-ups zusammen.

[257] Vgl. Thommen et al. (2020), Typologie des Unternehmens, S. 23ff.; Weber et al. (2018), Betriebswirtschaftslehre, S. 3

**Tabelle 2-5: Subjektbezogene Eingrenzung der Start-ups[258]**

| Dimension | Abgrenzungsmerkmal | | | | |
|---|---|---|---|---|---|
| Etablierungsgrad | Start-up | | Wachstumsunternehmen | | etabliertes Unternehmen |
| Alter | 0-5 Jahre | | 5-10 Jahre | | >10 Jahre |
| Leistungsart | Dienstleistungs-unternehmen | | Handelsunternehmen | | Produktionsunternehmen |
| Güterart | Konsumgüter | | | Produktionsgüter | |
| Größe | klein | | mittel | | groß |
| Grundlage Geschäftsidee | personal-intensiv | anlagen-intensiv | material-intensiv | energie-intensiv | wissens-intensiv |
| F&E-/Wissensintensität | nicht intensiv | | | intensiv | |

... *eingegrenzte Ausprägung*

## 2.4 Analyse und kritische Würdigung des Stands der Forschung

Nach der vorherigen Abgrenzung des Betrachtungsbereichs wird im folgenden Teilkapitel der Stand der Forschung zur Kooperationsgestaltung zwischen Corporates und Start-ups analysiert und kritisch evaluiert. Im Anschluss an die Vorstellung des Vorgehens der systematischen Literaturrecherche (vgl. Unterkapitel 2.4.1) werden Bewertungskriterien zur Identifizierung relevanter Ansätze definiert (vgl. Unterkapitel 2.4.2). Daran anschließend erfolgt die Zuordnung der selektierten Ansätze zu den thematischen Strömungen der Literatur sowie eine Darstellung und kritische Würdigung dieser Ansätze (Unterkapitel 2.4.3). Die Würdigung des Stands der Forschung schließt mit einer Zusammenfassung der identifizierten Ansätze und positioniert die vorliegende Arbeit im analysierten Spektrum (Unterkapitel 2.4.4).

### 2.4.1 Systematik zur Identifizierung relevanter Ansätze

Die systematische Literaturrecherche zur Ermittlung von Publikationen aus den deutsch- sowie englischsprachigen Wissenschaftsgemeinden stellt die Ausgangsbasis für die Identifizierung von relevanten Ansätzen im Bereich der Gestaltung von Kooperationen zwischen Corporates und Start-ups dar. Den Startpunkt dieser Literaturrecherche markiert die Bildung von drei Schlagwortgruppen. Gruppe I fokussiert dabei

[258] Vgl. Thommen et al. (2020), Typologie des Unternehmens, S. 23ff.; Weber et al. (2018), Betriebswirtschaftslehre, S. 3; Tech (2018), High-Tech Startups, S. 11f.

die zwischenbetriebliche Zusammenarbeit[259]. Für die Suche nach englischsprachiger Literatur wurde die Menge der Suchbegriffe um bedeutungsähnliche Begriffe erweitert. Die Schlagwortgruppen II und III berücksichtigen die eingegrenzten Subjekte dieser Arbeit:

- Schlagwortgruppe I: Cooperation, Collaboration, Coopetition, Partnership, Relationship, Kooperation, Kollaboration
- Schlagwortgruppe II: Corporate, Technologiekonzern, Technology Company, Multi-national company (MNC), Großunternehmen, etabliertes Unternehmen
- Schlagwortgruppe III: Start-up, Startup, Technologie Start-up, Deep Tech Start-up, Junges Technologieunternehmen, Technology-based Venture

Die maßgebende Schlagwortliste für die Recherche entsteht durch Kombination jedes deutschen respektive englischen Wortes aus Schlagwortgruppe I, Schlagwortgruppe II und Schlagwortgruppe III[260]. Diese Schlagwortkombinationen fungieren als Suchkriterien für Titel in wissenschaftlichen Datenbanken sowie in Bibliotheken und bei akademischen Suchmaschinen im Internet. Die Suchergebnisse werden nach Eliminierung von Doppeleinträgen hinsichtlich des Inhalts ihrer Abstracts analysiert und unter Berücksichtigung des abgegrenzten Betrachtungsbereichs (Teilkapitel 2.3) gefiltert. Die Anwendung eines Schneeballverfahrens führt zur Identifikation weiterer Ansätze: Einerseits werden Arbeiten geprüft, die in zuvor ausgewählten Arbeiten zitiert werden, andererseits werden Arbeiten gesichtet, die die ausgewählten Arbeiten zitieren. Diesem Vorgehen folgend werden insgesamt 19 relevante Ansätze identifiziert, die um weitere fünf Ansätze des Autors ergänzt wurden. Die Gesamtheit der relevanten Ansätze wird in Unterkapitel 2.4.3 kurz dargestellt und anschließend bewertet.

### 2.4.2 Kriterien zur Bewertung identifizierter Ansätze

Unter Berücksichtigung der Eingrenzung dieser Dissertation werden zur Bewertung des Stands der Forschung geeignete Kriterien differenziert nach Objekt- und Zielbereich herangezogen. Mithilfe der Kriterien des Objektbereichs werden die maßgeblichen Ansätze der Literatur dahingehend untersucht, ob und in welchem Ausmaß sie den untersuchungsobjektbezogenen Fokus dieser Arbeit berücksichtigen (vgl. Teilkapitel 2.3). Folgende drei Kriterien spannen den Objektbereich der Untersuchung auf:

- Motive, Ziele und Randbedingungen zur Kooperation

[259] Es ist festzuhalten, dass das englische Wortäquivalent zu Kooperation ("cooperation") in der angelsächsischen Wissenschaftsliteratur kaum für die Beschreibung der zwischenbetrieblichen Zusammenarbeit i. S. der vorliegenden Arbeit verwendet wird. Vgl. Rupprecht-Däullary (1994), Kooperation, S. 11

[260] „Corporate" wird sowohl mit englischen als auch mit deutschen Schlagworten aus Gruppe I kombiniert.

- Differenzierung der Herausforderungen von Start-ups
- Spezifische Kooperationstypen für asymmetrische Partner

Die Kriterien des Zielbereichs unterstützen die Bewertung der Fragestellung, in welchem Maß die untersuchten Ansätze der Zielsetzung dieser Dissertation dienlich sind (Teilkapitel 1.2). Hierfür wird der Zielbereich der Analyse mittels der folgenden Kriterien aufgespannt:

- Kontextbasierte Gestaltung der Kooperation
- Vorgehen zur ziel- und fokusbasierten Auswahl des Kooperationstypen

Auf Basis dieses Bewertungsraums werden die als prinzipiell für den Betrachtungsbereich relevanten Ansätze dargestellt und bewertet.

### 2.4.3 Darstellung und Bewertung identifizierter Ansätze

Der Stand der Forschung als Ergebnis der Literaturrecherche gibt einen Überblick über aktuelle wissenschaftliche Strömungen im Betrachtungsbereich dieser Arbeit. Dabei zeigt sich, dass im Rahmen dieser Dissertation vor allem vier inhaltliche Disziplinen von Relevanz sind: Ansätze zur unternehmensübergreifenden Kooperation, Ansätze zu Innovationskooperationen, Ansätze zu Kooperationen von etablierten Unternehmen und Start-ups sowie Ansätze zur Gestaltung von Kooperationen. Mit dem Ziel einer strukturierten Darstellung der qualitativen Bewertung werden die untersuchten Ansätze in diese vier Kategorien eingeteilt und um eigene Ansätze des Autors dieser Dissertation ergänzt.

#### 2.4.3.1 Ansätze zu unternehmensübergreifenden Kooperationen

Die Forschungsansätze zu unternehmensübergreifenden Kooperationen fokussieren Kooperationen zwischen etablierten Unternehmen, die als gleichwertige Partner in eine Kooperation eintreten. Alle hier untersuchten Arbeiten erörtern ihre Forschungsfragen im Kontext konkreter Kooperationsgestaltung und Kooperationsformen zwischen Unternehmen.

**BLEICHER & HERMANN (1991): Joint-Venture Management**[261]

In ihrer Arbeit zum Management von Joint-Ventures verfolgen BLEICHER & HERMANN das Ziel, einen Prozess für das erfolgreiche Management zu entwerfen. Dieser Prozess stellt eine viel diskutierte Grundlage für das Management von Kooperationen dar und rückt ausgehend einer strategischen Entscheidung vor allem die Ausgestaltung („Errichtung“) des Joint-Ventures ins Zentrum. Wenngleich die Arbeit von BLEICHER &

---

[261] Vgl. Bleicher, Hermann (1991), Joint-Venture-Management

HERMANN lediglich den Kooperationstyp Joint-Venture betrachtet, wird die fundamentale Entwicklung und Beschreibung eines Vorgehens zur Gestaltung einer Kooperation in dieser Arbeit partiell adoptiert (vgl. Teilkapitel 3.4 und Teilkapitel 4.5).

**RUPPRECHT-DÄULLARY (1994): Zwischenbetriebliche Kooperation**[262]

Die Arbeit von RUPPRECHT-DÄULLARY verfolgt das Ziel, die zwischenbetriebliche Kooperation in Bezug auf die Erzielung von Wettbewerbsvorteilen zu untersuchen und die Zusammenhänge zwischen Kooperationen sowie Information und Kommunikation aufzuzeigen. Hieraus leitet die Autorin Kooperationsstrategien ab, die die Gestaltung von Kooperationen unter Einsatz von Informations- und Kommunikationstechnologien ermöglichen sollen. Ausgehend von diesen Strategien werden zwei Grundtypen der zwischenbetrieblichen Kooperation entwickelt sowie abschließend Gestaltungsempfehlungen vorgestellt. Die Empfehlungen beziehen sich auf verschiedene Phasen der Kooperation, beschränken sich dabei jedoch auf die Zusammenarbeit der Mitarbeiter durch kooperative Arbeitsweisen. Folglich werden nur die Untersuchungen zu Wettbewerbsvorteilen sowie zu grundsätzlichen Kooperationsphasen berücksichtigt (vgl. Teilkapitel 4.1 sowie Teilkapitel 4.5).

**BAUM (2011): Morphologie der Kooperation als Grundlage für das Konzept der Zwei-Ebenen-Kooperation**[263]

Das Ziel der Arbeit von BAUM ist die Entwicklung eines Organisationskonzeptes für die Kooperation zwischen Kleinunternehmen. Die Arbeit ist dabei in die Entwicklung eines Kooperationsmodells und die Typisierung eines Gestaltungskonzept unterteilt. Die Entwicklung des Kooperationsmodells dient als Bezugsrahmen zur Ableitung eines morphologischen Kastens, welcher Merkmale zur systematischen Beschreibung einer Kooperation aufweist. Im zweiten Teil der Arbeit wird ein Gestaltkonzept für die sog. Zwei-Ebenen-Kooperation formuliert. Aufgrund des großen Umfangs der Arbeit von BAUM und des weiten Betrachtungsbereichs zeigt sich eine grundsätzliche Relevanz. Besonders die Entwicklung der Morphologie, das zugrunde liegende Kooperationsmodell und die Vorgehensweise zur Gestaltung der Kooperation zeigen großes Anschlusspotenzial für die vorliegende Dissertation auf. In Summe werden die Merkmale von Kooperationsformen (vgl. Teilkapitel 4.4), mögliche Zielsetzungen für die Kooperationspartner (vgl. Teilkapitel 4.1) und Vorgehenselemente zur Gestaltung einer Kooperation (vgl. Teilkapitel 4.5) adoptiert.

262 Vgl. Rupprecht-Däullary (1994), Kooperation
263 Vgl. Baum (2011), Morphologie der Kooperation

### 2.4.3.2 Ansätze zu Innovationskooperationen

Die Ansätze zu Innovationskooperationen stellen den Fokus der Innovation in das Zentrum der Betrachtung von Kooperationen. Nachfolgend werden die für diese Dissertation relevanten Ansätze vorgestellt.

**TEECE (1986): Profiting from technological innovation**[264]

Ziel der Arbeit von TEECE ist es, ein Rahmenwerk für innovierende Unternehmen zu entwickeln, welches eine strategische Entscheidungshilfe zur bestmöglichen Konversion der Profite darstellt. Ausgehend von der skizzierten Profitverteilung einer technologischen Innovation kommt der Autor zu dem Schluss, dass spezifische Fähigkeiten und Ressourcen (Assets) zu einem bestmöglichen Profit an einer Innovation führen. Das Rahmenwerk sowie der Prozess des Autors zeichnen sich durch die grundlegende Annahme aus, dass innovierende Unternehmen Zugang zu komplementären Fähigkeiten und Ressourcen, insbesondere der Produktion, benötigen, und daher externen Zugang über eine Kooperation oder Integration suchen. Jedoch ermöglicht weder das Rahmenwerk noch der Entscheidungsprozess einen Rückschluss auf den Kooperationspartner oder die Form der Kooperation. Weiterhin wird das Rahmenwerk allgemein für innovierende Unternehmen entworfen und nicht weiter spezifiziert. Folglich wird für diese Arbeit lediglich die Notwendigkeit von umfangreichen Assets zur Innovation (vgl. Teilkapitel 4.2), das Streben nach und die strategische Bestimmung von komplementären Fähigkeiten und Ressourcen (vgl. Teilkapitel 4.3) adoptiert.

**ERMISCH (2007) Management strategischer Kooperationen im Bereich F&E**[265]

Die Dissertation von ERMISCH liefert einen Beitrag zur Erklärung des Managements strategischer Kooperationen von Technologieunternehmen und verfolgt dabei das Ziel, den Erfolg einer solchen Kooperation mittels Untersuchung der Kooperationsstrategie zu steigern. Die Grundlage dazu bildet ein Bezugsrahmen zum Kooperationsmanagement, der auf den Kooperationserfolg ausgelegt ist und die Reife, das Umfeld, den Fit der Partner sowie die Strategie und den Prozess mit diesem Erfolg verknüpft. Die Untersuchung dieses Bezugsrahmens mittels einer empirischen Studie stellt die Kooperationsstrategie ins Zentrum und fokussiert dabei etablierte Unternehmen unterschiedlicher Größen. Aus dieser Arbeit wird der Bezugsrahmen zum Kooperationsmanagement und insbesondere einzelne Teilelemente zur Bestimmung der Randbedingungen

---

264 Vgl. Teece (1986), Technological Innovation

265 Vgl. Ermisch (2007), Strategische Kooperationen

von Corporates und Start-ups sowie zur erfolgreichen Gestaltung der Kooperation adoptiert (vgl. Teilkapitel 4.1, Teilkapitel 4.2 und Teilkapitel 4.5).

**BOLZ (2008): Innovation, Kooperation und Erfolg junger Technologieunternehmungen**[266]

Zielsetzung der Arbeit von BOLZ ist die Identifizierung von Merkmalen in Innovations- und Kooperationsaktivitäten, die zur Generierung von Unternehmenserfolg junger Technologieunternehmen beitragen. Anhand drei leitender Forschungsfragen werden zunächst kooperations- und innovationsrelevante Merkmale, die einen Bezug zum Unternehmenserfolg junger Technologieunternehmen aufweisen, identifiziert und systematisiert. Hiernach erfolgen eine empirische Studie zur Bestimmung der Wirkungsbeziehungen sowie die Formulierung von Handlungsempfehlungen für junge Technologieunternehmen zur gezielten Ausschöpfung der erfolgsrelevanten Merkmale. Die aus dem Untersuchungskonzept der Arbeit abgeleiteten Hypothesen zielen einzig auf den Wirkungszusammenhang zwischen Kooperation, Innovation und dem Erfolg der jungen Technologieunternehmen ab. Ebenso sind die Gestaltungsempfehlungen auf den Aspekt der Erfolgsinduktion ausgelegt. Dementsprechend wird aus der Arbeit von BOLZ lediglich der direkte Zusammenhang von Kooperations- und Innovationsaktivitäten mit dem Erfolg von jungen Technologieunternehmen übernommen (vgl. Teilkapitel 4.1). Hieraus begründet sich der direkte Zusammenhang zwischen der erfolgreichen Gestaltung einer Kooperation und dem Erfolg von Start-ups.

**LIESEBACH (2017): Innovationsmanagement in Unternehmenskooperationen**[267]

Die Dissertation von LIESEBACH dient dem Ziel, die Gestaltung von Kooperationen zwischen Corporates und Start-ups zur erfolgreichen Umsetzung von Innovationen zu analysieren und relevante Erfolgsfaktoren aus Sicht des Start-ups abzuleiten. Der Autor kommt zum Schluss, dass ein Mangel an Ressourcen die Hauptmotivation von Start-ups zur Aufnahme einer Kooperation darstellt. Die Arbeit zeichnet sich durch eine sehr umfangreiche Analyse von Motiven, Chancen sowie Risiken im Kontext der Kooperation zwischen Corporates und Start-ups aus. Die positive Verknüpfung des Innovationserfolgs von Start-ups mit der Kooperation mit Großunternehmen stellt eine Kernerkenntnis der Arbeit von LIESEBACH dar. Folglich werden aus der Arbeit die Zielsetzungen für Kooperationen zwischen Corporates und Start-ups (vgl. Teilkapitel 4.1) sowie die Bedeutung und theoretische Erklärung des Zugangs zu Fähigkeiten und Ressourcen zur erfolgreichen Innovation (vgl. Teilkapitel 4.3) adoptiert.

---

[266] Vgl. Bolz (2008), Technologieunternehmungen

[267] Vgl. Liesebach (2017), Innovationsmanagement

#### 2.4.3.3 Ansätze zu Kooperationen von etablierten Unternehmen und Start-ups

Den dritten Teilbereich relevanter Ansätze des Stands der Forschung stellen jene Ansätze dar, die sich explizit mit der Kooperation zwischen etablierten Unternehmen (Corporates) und Start-ups befassen. Diese werden nachfolgend kurz vorgestellt.

**MINSHALL ET AL. (2010): Making „Asymmetric" Partnerships Work**[268]

Die Arbeit von MINSHALL ET AL. dient dem Ziel, die Herausforderungen in Kooperationen zwischen Corporates und Start-ups herauszuarbeiten und Möglichkeiten, diese zu überwinden, aufzuzeigen. MINSHALL ET AL. betonen hierbei erstmals die Asymmetrie zwischen Corporates und technologiebasierten Start-ups. Ausgehend von den Perspektiven von Start-ups, etablierten Unternehmen, Investoren sowie Juristen diskutieren die Autoren gemeinsame Managementstrategien für asymmetrische Kooperationen und leiten Handlungsempfehlungen für die Implementierung ab. Bedingt durch den starken Fokus der Analyse auf die Herausforderungen in asymmetrischen Kooperationen zwischen Corporates und Start-ups werden die abgeleiteten Handlungsempfehlungen jedoch nur oberflächlich diskutiert. Folglich werden für diese Arbeit vor allem die asymmetrische Charakterisierung der Kooperation sowie die daraus resultierenden Zielsetzungen von Corporates und Start-ups adoptiert (vgl. Teilkapitel 4.1). Darüber hinaus werden die identifizierten Herausforderungen in verschiedenen Phasen der Kooperation zur Konzeption der Methodik aufgegriffen (vgl. Teilkapitel 3.4).

**WEIBLEN & CHESBROUGH (2015): Engaging with startups to enhance corporate innovation**[269]

WEIBLEN & CHESBROUGH verfolgen mit ihrer Arbeit das Ziel, die Zusammenarbeit von Corporates mit Start-ups der Tech-Industrie im Rahmen einer Interviewstudie zu untersuchen. Hieraus entwickeln sie ein Rahmenwerk für geeignete Kooperationsmodelle und identifizieren relevante Umsetzungsbarrieren. Innerhalb des Rahmenwerks werden vier geeignete Kooperationstypen diskutiert, die neben den etablierten Formen Corporate Venturing und Corporate Incubation auch zwei neue Start-up-Programme umfassen. Die Start-up Programme zeichnen sich dadurch aus, dass sie eine Möglichkeit für Corporates bieten, ohne Kapitalbeteiligungen mit vielen Start-ups parallel zu arbeiten. Wenngleich die Kooperationstypen im Rahmen einer Interviewstudie entwickelt wurden, so sind sie vor allem aus Corporate Sicht formuliert und negieren größtenteils die Ziele von Start-ups. Darüber hinaus wird die Kooperationsgestaltung auch nur anhand zweier Entscheidungsdimensionen für Corporates beschrieben.

[268] Vgl. Minshall et al. (2010), Partnerships

[269] Vgl. Weiblen, Chesbrough (2015), Corporate Innovation

Für diese Arbeit werden somit lediglich die Herausforderungen von Corporates und Start-ups (vgl. Teilkapitel 4.1) sowie Gestaltungsmerkmale der Kooperation (vgl. Teilkapitel 4.4) adoptiert.

**HOGENHUIS ET AL. (2016): When Should Large Firms Collaborate with Young Ventures?**[270]

Zielsetzung der Arbeit von HOGENHUIS ET AL. ist die Entwicklung eines Modells zur Unterstützung der Entscheidungsfindung eines großen Unternehmens zum Eintritt in eine Kooperation mit einem Start-up. Grundlage der Modellentwicklung stellt eine Interviewreihe mit Großunternehmen sowie mit Start-ups in verschiedenen Phasen bestimmter Innovationsprojekte dar. Die Autoren kommen zum Ergebnis, dass je nach Phase eines Innovationsprozesses unterschiedliche Fähigkeiten benötigt werden. Zur Erleichterung der Entscheidungsfindung entwerfen die Autoren ein Entscheidungsmodell, in welches die Lebenszyklusphase eines Start-ups rudimentär einbezogen wird. Das Modell fokussiert jedoch einzig die Bedürfnisse und Interessen des Corporates und sieht einen unidirektionalen Fluss der Fähigkeiten von Start-ups zu Corporates vor. Folglich ist es nur bedingt zur Adoption in dieser Arbeit geeignet. Daher wird lediglich der Grundgedanke der Unterstützung des Kooperationspartners für die Lösung der vorliegenden Arbeit übernommen (vgl. Teilkapitel 3.4).

**KOHLER (2016): Corporate accelerators: Building bridges between corporations and startups**[271]

Ziel der Arbeit von KOHLER ist es, auf Basis von Interviews mit Managern und Start-ups, ein Rahmenwerk zur Gestaltung von Corporate-Acceleratoren zu entwickeln. Der Autor identifiziert in seiner Arbeit vier relevante Gestaltungsdimensionen, um die Innovationskraft von Startups nutzen und Corporate-Acceleratoren zu einem effektiven Teil der gesamten Innovationsstrategie eines Unternehmens machen zu können: Angebot, Prozess, Personen und Ort. Das Rahmenwerk zur Gestaltung eines Corporate-Accelerators diskutiert hochrelevante Aspekte der Kooperation zwischen Corporates und Start-ups, fasst die Zusammenarbeit als beidseitig wertstiftend auf und stellt dies in den Potenzialen des Corporate-Accelerators dar. Jedoch beschränkt sich das Modell auf lediglich einen Typ der Kooperation und sieht dabei kein Gestaltungsvorgehen oder Empfehlungen zur konkreten Ausgestaltung anhand spezifischer Merkmale vor. Die vorliegende Arbeit greift daher lediglich die Diskussion der unterschiedlichen

---

[270] Vgl. Hogenhuis et al. (2016), Collaborate with Ventures
[271] Vgl. Kohler (2016), Corporate Accelerators

Zielstellungen von Corporates und Start-ups (vgl. Teilkapitel 4.1) sowie grundlegend die Dimensionen zur Beschreibung des Kooperationstyps (vgl. Teilkapitel 4.4) auf.

**MERCANDETTI ET AL. (2017): Innovation by Collaboration between Start-ups and SMEs in Switzerland[272]**

Aufbauend auf einer Interviewstudie dient die Arbeit von MERCANDETTI ET AL. dem Ziel, darzustellen, wie Kooperationen zwischen Start-ups und KMU angeregt und gefördert werden können. Der Lösungsansatz der Autoren sieht eine Plattform vor, die mittels Künstlicher Intelligenz eine Identifizierung und Zuordnung potenzieller Kooperationspartner ermöglicht. Dabei basiert eine mögliche Zuordnung auf umfassenden Informationen sowie Erwartungen, die durch die Partner bereitgestellt werden. Limitationen weist die Arbeit vor allem im Hinblick der Betrachtung eines sehr fokussierten Marktes sowie einer einzigen Phase der Kooperationsgestaltung auf. Adoptiert werden daher vor allem die Aspekte zur Kontexterfassung im Rahmen eines Kooperationsvorhabens (vgl. Teilkapitel 4.1).

**PETER (2019): Gestaltungsbereiche für Großunternehmen zur Kollaboration mit Start-ups: Das Startup-Collaboration-Model[273]**

PETER zielt mit seinem Startup-Collaboration-Model darauf ab, eine praktische und zielorientierte Entscheidungsgrundlage für Corporates zu entwickeln, auf deren Basis sie passende Kollaborationen mit Start-ups selektieren und managen können. Ausgangspunkt seiner Betrachtungen der Beziehungsgestaltung zwischen Corporate und Start-up ist die Adaption der St. Galler Business-Engineering-Landkarte sowie des St. Galler Management-Modells (SGMM). Das Startup-Collaboration-Model umfasst acht Dimensionen und innerhalb dieser insg. 36 Indikatoren zur Gestaltung. Das entwickelte Modell von PETER ist auf Anwender aus Corporates zugeschnitten und stellt vor allem die Motive und Ziele dieser in den Fokus. Im Rahmen der vorliegenden Dissertation werden einige der Dimensionen des Modells aufgegriffen und für die Ausarbeitung adoptiert (vgl. Teilkapitel 4.1, Teilkapitel 4.2 und Teilkapitel 4.3).

**KURPJUWEIT & WAGNER (2020): Startup Supplier Programs: A New Model for Managing Corporate-Startup Partnerships[274]**

Ziel der Arbeit von KURPJUWEIT & WAGNER ist die Beschreibung eines Kooperationstyps, der es etablierten Unternehmen ermöglicht, einen Zugang zu innovativen Start-

272 Vgl. Mercandetti et al. (2017), Innovation
273 Vgl. Peter (2019), Startup-Collaboration-Model
274 Vgl. Kurpjuweit, Wagner (2020), Startup Supplier Programs, S. 65

ups zu erhalten. Grundlage des entwickelten Startup-Supplier-Programms ist die Annahme, dass etablierte Kooperationstypen den Start-ups lediglich Finanzierung und Mentoring anbieten und Start-ups sich so nicht nach der bestmöglichen, sondern nur monetär attraktiven Kooperation richten. Zur Überwindung dieses Umstandes wird von den Autoren ein vierstufiger Stage-Gate-Prozess zur Auswahl eines Kooperationspartners und zur Gestaltung des Kooperationstyps beschrieben. Dabei wird die Gestaltung dennoch alleinig aus der Perspektive des Corporates beschrieben und die Anforderungen der Start-ups nur generisch angedeutet. Weiterhin werden keine Austauschbedingungen berücksichtigt und der Prozess nur auf einen Kooperationstyp ausgelegt. Zur Entwicklung einer Lösung in dieser Arbeit werden neben den Herausforderungen und Zielen von Corporates und Start-ups (vgl. Teilkapitel 4.1) insbesondere die Grundgedanken zum beschriebenen Kooperationstyp (vgl. Teilkapitel 4.4) sowie zum Gestaltungsvorgehen (vgl. Teilkapitel 4.5) adoptiert.

#### 2.4.3.4 Ansätze zur Gestaltung von Kooperationen

Im vierten Bereich der Literaturanalyse werden relevante Ansätze zum Management und zur Gestaltung von Kooperationen und Kooperationsprozessen identifiziert und nachfolgend kurz diskutiert.

**BRONDER & PRITZL (1992): Ein konzeptioneller Ansatz zur Gestaltung und Entwicklung strategischer Allianzen**[275]

Ziel der Arbeit von BRONDER & PRITZL ist die Konzeption und Entwicklung eines Managementkonzepts für strategische Allianzen. In ihrer Abhandlung gehen die Autoren insbesondere auf den strategischen Entscheid zur Aufnahme und einer Konfiguration der Kooperation, basierend auf den Umfeldfaktoren sowie den entsprechenden Partnern, ein. Der konzeptionelle Ansatz von BRONDER & PRITZL stellt eine der grundlegenden Arbeiten zur Gestaltung von Kooperationen dar und wird daher häufig als Ausgangspunkt zur Weiterentwicklung verstanden. Da in der Arbeit jedoch weder Start-ups noch verschiedene Kooperationstypen integriert und auf dieser Basis auch keine Gestaltungsempfehlungen abgeleitet werden, adoptiert die vorliegende Arbeit lediglich das schrittweise Managementkonzept zur Entwicklung einer Methodik zur Gestaltung (vgl. Teilkapitel 4.5).

[275] Vgl. Bronder, Pritzl (1992), Strategische Allianzen

### FONTANARI (1996): Kooperationsgestaltungsprozesse in Theorie und Praxis[276]

Die Zielsetzung der explorativen Arbeit von FONTANARI ist es, den Kooperationsgestaltungsprozess in Theorie und Praxis zu analysieren und zu diskutieren, inwieweit bestehende Ansätze und Konzepte die Kooperationsgestaltung unterstützen. Ausgehend von der Kooperationsspezifität definiert der Autor ein Paradigma der Kooperationsgestaltung und entwickelt ferner ein Gestaltungsmodell. Dabei wird die Kooperationsgestaltung als fünfphasige Vorgehensweise verstanden. Das generierte Modell sowie daraus abgeleitete Hypothesen werden vom Autor mittels einer empirischen Studie und einer qualitativen Inhaltsanalyse validiert. Start-ups werden dabei jedoch ebenso vernachlässigt wie eine Gestaltung der Kooperation auf Basis von Zielsetzungen. Darüber hinaus erklärt das elaborierte Gestaltungsmodell kein Vorgehen zur Gestaltung der Kooperation auf Basis von spezifischen Randbedingungen. Folglich werden aus dieser Arbeit lediglich Überlegungen zu den Zielsystemen der Kooperationspartner (vgl. Teilkapitel 4.1) sowie zur Gestaltung (vgl. Teilkapitel 4.5) übernommen.

### GERYBADZE (1995): Strategic alliances and process redesign[277]

Ziel der Arbeit von GERYBADZE ist die Entwicklung von Bausteinen zur Neugestaltung von strategischen Allianzen und Kooperationsprozessen aus einer ökonomischen Perspektive. Hierfür greift der Autor relevante Entwicklungen der ökonomischen Unternehmenstheorie auf und entwickelt ein Rahmenwerk zur Strukturierung von Kooperationen und kooperativen Investitionsprojekten. Die erfolgreiche Kooperationsgestaltung erfordert gemäß GERYBADZE maßgeschneiderte Lösungen für jedes individuelle Ressourcenallokationsproblem zur Erzielung von komparativen Vorteilen der Kooperationspartner. Trotz der Integration von Zielen sowie Fähigkeiten und Ressourcen in das Gestaltungsmodell sieht der Autor die Kooperation vor allem als strategische Investitionsprojekte. Weiterhin findet, bedingt durch den starken Prozessfokus, keine Diskussion verschiedener spezifizierter Kooperationstypen statt. Entsprechend werden für die vorliegende Arbeit lediglich die Aspekte des Zielabgleichs (vgl. Teilkapitel 4.1) sowie die Analyse und Bewertung von kritischen Ressourcen im Fokus der Kooperation (vgl. Teilkapitel 4.3) adoptiert.

### SCHUH ET AL. (2005): Kooperationsmanagement[278]

Die Arbeit von SCHUH ET AL. verfolgt die Zielsetzung, die Kooperationsfähigkeit produzierender Unternehmen durch gezieltes Kooperationsmanagement methodisch zu

---

[276] Vgl. Fontanari (1996), Kooperationsgestaltungsprozesse

[277] Vgl. Gerybadze (1995), Strategic Alliances

[278] Vgl. Schuh et al. (2005), Kooperationsmanagement

unterstützen. Ausgehend von spezifischen Herausforderungen produzierender Unternehmen wird eine Typologie von Kooperationen beschrieben, die die Ableitung von Anforderungen an das Management ermöglicht. Die Autoren entwickeln darauf aufbauend ein Kooperationsmanagementmodell sowie ein zugehöriges Vorgehensmodell. Ferner identifizieren und diskutieren die Autoren relevante Erfolgsfaktoren, die das Management von Kooperationen für produzierende Unternehmen zielgerichtet unterstützen. Jedoch werden in der Arbeit keine Empfehlungen zur Auswahl bestimmter Kooperationstypen gegeben. Weiterhin stellt die Arbeit keine Gestaltungsempfehlungen auf und lässt auch Start-ups als mögliche Kooperationspartner außen vor. Folglich werden für diese Dissertation lediglich die Überlegungen zur Kooperationstypologie (vgl. Teilkapitel 4.4) sowie vor allem das Konzept des potenzialorientierten Managements zur Bestimmung geeigneter Kooperationsziele (vgl. Teilkapitel 4.1) adoptiert.

#### 2.4.3.5 Eigene veröffentlichte Ansätze des Autors

Das nachfolgende Unterkapitel stellt die eigenen Veröffentlichungen des Autors im Kontext der Gestaltung von Kooperationen zwischen Corporates und Start-ups dar. Die fünf Ansätze wurden im Zuge der Erarbeitung dieser Dissertation vorveröffentlicht.

**SCHUH & STUDERUS (2022): Methodology for the Startup Life Cycle-Dependent Design of Cooperation between Corporates and Startups[279]**

Mit dieser Arbeit verfolgen SCHUH & STUDERUS das Ziel, ein Modell zu entwickeln, das eine Vorgehensweise zur Gestaltung der Kooperation zwischen Corporates und Start-ups beschreibt. Auf Basis der Definition von Zielsystemen und korrespondierenden Anforderungen greifen die Autoren erstmals den Aspekt einer Start-up-lebenszyklusspezifischen Gestaltung von Kooperationen auf. Das Modell von SCHUH & STUDERUS umfasst fünf Teilmodelle, welche die Darstellung der Ziele, die Festlegung von Kompetenzen, die Beschreibung und Auswahl von Kooperationstypen, die Entwicklung eines gemeinsamen Zielsystems sowie ein Vorgehen zur Auswahl und lebenszyklusspezifischen Gestaltung adressieren. Damit unterstützt diese Arbeit die Konzeption der vorliegenden Dissertation und wird insb. in Teilkapitel 3.4 aufgegriffen.

[279] Vgl. Schuh, Studerus (2022), Design of Cooperation

**SCHUH & STUDERUS (2022): Derivation of Requirements for the Formation of Collective Target Systems for Technology-based Cooperation between Manufacturing Corporates and Startups**[280]

Das Ziel der Arbeit von SCHUH & STUDERUS ist die Ableitung von Anforderungen zur Gestaltung von kollektiven Zielsystemen. Basierend auf einer umfangreichen Literaturanalyse und -bewertung zeigen die Autoren auf, dass bisher kein Ansatz zur systematischen Definition eines Zielsystems für die Kooperation zwischen Corporates und Start-ups existiert. Die Ergebnisse der Literaturanalyse sowie die daraus abgeleiteten Anforderungen unterstützen die Formulierung von Anforderungen an diese Dissertation (vgl. Teilkapitel 3.1).

**SCHUH ET AL. (2022): Development of a Life Cycle Model for Deep Tech Startups**[281]

Die Arbeit von SCHUH ET AL. hat zum Ziel, ein Lebenszyklusmodell für Deep Tech Start-ups abzuleiten, welches die Definition und Beschreibung von Zielen für jede einzelne Entwicklungsstufe ermöglicht. Mittels eines initialen Überblicks über den aktuellen Stand der Forschung zu Lebenszyklusmodellen von Start-ups wird die Modellentwicklung auf die Anforderungen von Deep-Tech-Start-ups ausgelegt. Die Arbeit von SCHUH ET AL. bildet die Ausgangsbasis zur Charakterisierung der Start-up-Kooperationsziele und wird dementsprechend sowohl in der Konzeption (vgl. Teilkapitel 3.4) als auch in der Detaillierung (vgl. Teilkapitel 4.2) aufgegriffen.

**SCHUH ET AL. (2022): Description Approach for the Transfer of Competencies and Resources in Collaborations Between Corporates and Deep Tech Startups**[282]

Zielstellung der Arbeit von SCHUH ET AL. ist die Entwicklung eines Beschreibungsmodells zur Charakterisierung von Kompetenzen für einen komplementären Transfer in der Kooperation. Durch eine Abgrenzung der Unternehmensformen Corporate und Deep-Tech-Start-up wird die Entwicklung einer Morphologie des Kompetenztransfers ermöglicht. Die Diskussion in dieser Arbeit fokussiert die Erarbeitung relevanter Merkmalsdimensionen auf Basis der Anforderungen beider Kooperationspartner. Die Autoren gehen insbesondere auf die Defizite bestehender Überlegungen zum Kompetenztransfer in Kooperationen mit Deep-Tech-Start-ups ein und zeigen somit einen Lösungsweg auf. Die Diskussion des Kompetenztransfers unterstützen die Formulierung von Anforderungen an diese Arbeit (vgl. Teilkapitel 3.1)

---

[280] Vgl. Schuh, Studerus (2022), Requirements for Target Systems
[281] Vgl. Schuh et al. (2022), Life Cycle Model
[282] Vgl. Schuh et al. (2022), Transfer of Competencies and Resources

**SCHUH ET AL. (2022): Characteristics for Collaboration Types Between Corporates and Startups**[283]

Ziel der Arbeit von SCHUH ET AL. ist die Bestimmung von charakteristischen Merkmalen sowie möglichen Merkmalsausprägungen für Kooperationstypen zwischen Corporates und Start-ups. Die Autoren diskutieren in ihrer Abhandlung, bestehende Ansätze zur Beschreibung von Kooperationsformen und leiten, ausgehend der Spezifika der Kooperationspartner Corporate und Start-up, Anforderungen an Kooperationstypen ab. Der aufgespannte Merkmalsraum für Kooperationstypen umfasst dabei auch die entsprechenden Merkmalsausprägungen. Für die vorliegende Dissertation wird vor allem das Vorgehen zur Bildung des Merkmalsraums sowie die Untersuchung zu Gestaltungsmerkmalen der Kooperation adoptiert (vgl. Teilkapitel 4.4).

### 2.4.4 Zusammenfassende Bewertung der identifizierten Ansätze und Positionierung der vorliegenden Arbeit

Im Anschluss an die Darstellung und kritische Würdigung der identifizierten Ansätze erfolgt die Bewertung anhand der in Unterkapitel 2.4.2 eingeführten Kriterien. Die Bewertung umfasst 23 Arbeiten und führt an, inwiefern die identifizierten Arbeiten die Kriterien aus Objekt- und Zielbereich betrachten.

Zusammenfassend wird durch die Analyse und Bewertung bestehender Arbeiten deutlich, dass diese insbesondere die Kriterien im Zielbereich stark unzureichend abdecken. Im Objektbereich zeigt sich vor allem bei den Herausforderungen des Start-ups sowie bei den spezifischen Kooperationstypen für asymmetrische Partner eine unzureichende Betrachtung. Auch wenn eine große Anzahl an betrachteten Ansätzen untersucht wurde, so verdeutlicht die Bewertung in den Kriterien des Objekt- und Zielbereich den Bedarf zur Entwicklung einer Lösung für der Gestaltung von Kooperationen zwischen Corporates und Start-ups in der vorliegenden Arbeit. Die Bewertung der identifizierten Ansätze in Bezug auf Objekt- und Zielbereich wird in Abbildung 2-8 illustriert.

[283] Vgl. Schuh et al. (2022), Collaboration Types

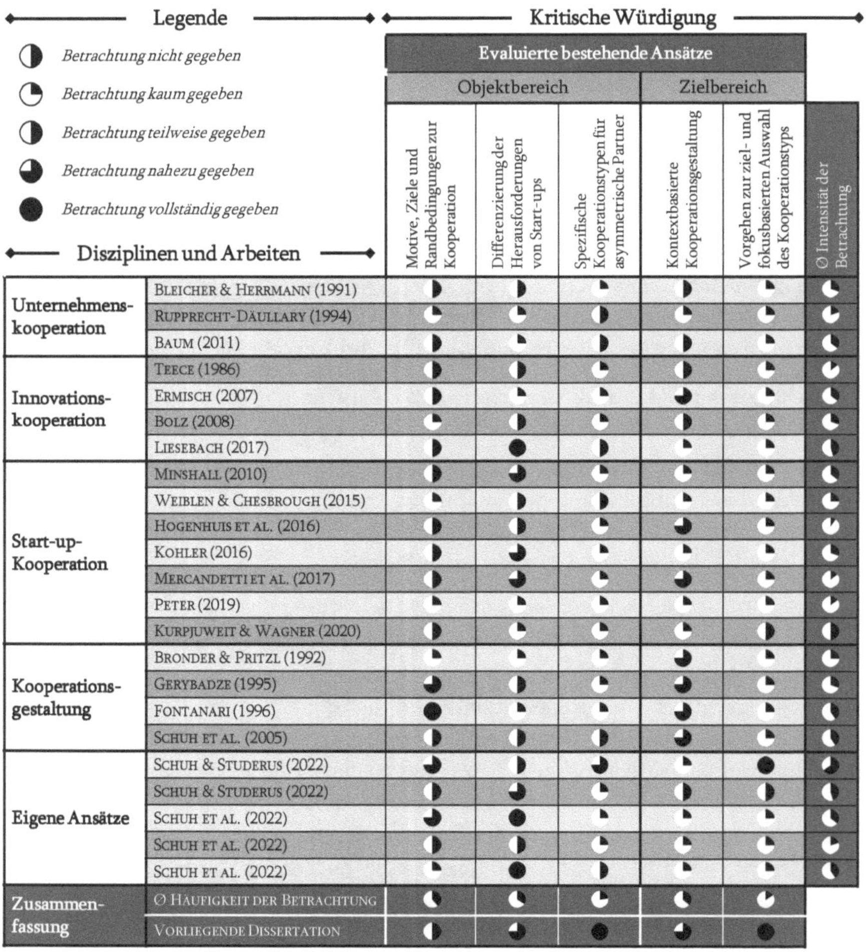


**Abbildung 2-8: Zusammenfassung der kritischen Würdigung der Literatur[284]**

Die analysierten Ansätze aus dem Bereich der Unternehmenskooperation setzen sich alle mit den Kooperationsmotiven und -zielen sowie Randbedingungen etablierter Unternehmen auseinander. Dagegen vernachlässigen diese Ansätze die Herausforderun-

[284] Eigene Darstellung

gen von Start-ups vollumfassend. Die Charakterisierung von spezifischen Kooperationstypen wird ebenso wie die Kooperationsgestaltung und ein Vorgehen zur Auswahl des Kooperationstyps nur von einzelnen Ansätzen mehr als teilweise abgedeckt. Daraus folgt eine unzureichende Betrachtung des Objekt- und des Zielbereichs der vorliegenden Arbeit.

Die betrachteten Arbeiten zu Innovationskooperationen weisen ebenfalls eine mangelnde Betrachtung von Herausforderungen der Start-ups auf. Leidglich eine Arbeit betrachtet dieses Kriterium dezidiert. Aus der in Summe unzureichenden Betrachtung des Objektbereichs folgt, dass im Prinzip keine spezifischen Kooperationsgestaltung für asymmetrische Partner sowie kaum ein Vorgehen zur Auswahl von Kooperationstypen auf Basis der Ziele und des Fokus betrachtet wird. Damit stellen sich die Ansätze der Innovationskooperation als ungeeignet für den Zielbereich dar.

Im Einklang mit der Erwartung betrachten die Arbeiten zu Start-up Kooperationen die Herausforderungen von Start-ups in einem höheren Maße als die Ziele und Randbedingungen von Kooperationen. Dies begründet sich dadurch, dass diese Arbeiten die Problemperspektive des Start-ups einnehmen. Allerdings resultiert hieraus im Zielbereich eine unzureichende Betrachtung von Vorgehen zur ziel- und fokusbasierten Auswahl eines Kooperationstyps, was darin begründet liegt, dass die Arbeiten zu Start-up Kooperationen aus Perspektive des Corporates auf etablierte Werkzeuge zurückgreifen. Darüber hinaus betrachtet praktisch kein Ansatz eine Kooperation unter dem Aspekt der Asymmetrie, was eine Vernachlässigung der Beschreibung geeigneter Kooperationstypen sowie eine stark unzureichende Betrachtung der Gestaltung bedeutet.

Schließlich zeigt sich, dass die Ansätze zur Kooperationsgestaltung partiell Motive, Ziele und Randbedingungen untersuchen. Allerdings wird der weitere Objektbereich dieser Arbeit daneben stark unzureichend betrachtet. Im Zielbereich zeigt sich ein vergleichbares Bild: Während die (kontextbasierte) Gestaltung der Kooperation von allen Ansätzen in überdurchschnittlichem Maße betrachtet wird, wird das Vorgehen zur Auswahl des Kooperationstyps komplett vernachlässigt und unzureichend betrachtet.

## 2.5 Zwischenfazit: Ist-Situation und Ableitung des Forschungsbedarfs

Basierend auf den dargestellten Grundlagen zur Kooperation zwischen Corporates und Start-ups, dem eingegrenzten Betrachtungsbereich sowie der kritischen Würdigung bestehender Ansätze, lassen sich fünf Forschungsdefizite ableiten. Um den Forschungsbedarf dieser Dissertation aufzeigen und die aufgeworfenen Forschungsfragen qualifiziert beantworten zu können, werden diese Forschungsdefizite nachfolgend kurz erläutert.

### Unzureichende Berücksichtigung eines beidseitigen Vorteils durch die Kooperation

Wie die Analyse des Stands der Forschung zeigt, wird die Erzielung eines individuellen Vorteils als grundlegende Motivation für Corporates oder Start-ups angesehen, um eine Kooperation aufzunehmen. Jedoch zeigt sich auch, dass die Gestaltung von Kooperationen nicht unter dem Aspekt der Erzielung eines beidseitigen Vorteils beschrieben wird. Stattdessen legen etablierte Erklärungsansätze unter Berufung auf die neue Institutionenökonomik die Annahme zu Grunde, dass beide Partner als gleichwertige Partner jeweils einen Vorteil erzielen. Da Corporates und Start-ups jedoch keine gleichwertigen Verhandlungspartner sind, erweisen sich diese Erklärungsansätze als unzureichend, um die Erzielung eines Vorteils für beide Partner zu sichern. Der Erfolg einer Kooperation zwischen Corporates und Start-ups ist entscheidend vom beidseitigen Vorteil, den beide Partner aus dieser Kooperation ziehen, abhängig. Es zeigt sich, dass die Berücksichtigung und Sicherung dieses Vorteils in bestehenden Ansätzen weder in der Gestaltung noch im Management der Kooperation berücksichtigt wird.

### Unzureichende Beschreibung von Zielen und Kontext der Kooperationspartner

Die Analyse bestehender Ansätze offenbart, dass die Ziele und der Kontext von Kooperationspartnern im Rahmen der Kooperationsgestaltung oft nur unzureichend beschrieben werden. Die Entstehung von Kooperationen zwischen Unternehmen – und damit auch zwischen Corporates und Start-ups – wird in der Regel mit geeigneten Erklärungsansätzen oder der generellen Motivation zur Erzielung eines Wettbewerbsvorteils erklärt. Nicht näher betrachtet wird, was geeignete Zielsetzungen von Corporates und Start-ups für eine Kooperation sind und wie geeignete Ziele entwickelt sowie formuliert werden können. Ferner wird nicht näher betrachtet, welche Rolle der Kontext der Kooperationspartner bei der Aufnahme und Gestaltung der Kooperation spielt. So wird weder beschrieben, welche Randbedingungen für Corporates und Start-ups von Relevanz sind, noch, wie ein Kontext die Kooperationsgestaltung beeinflusst.

### Mangelnde Definition eines Kooperationsfokus

Die Aufnahme einer Kooperation erfolgt für zwei Kooperationspartner aus unterschiedlichen Gründen. Wenngleich diese Gründe in Form von Wettbewerbsvorteilen oder aber Zugang zu Fähigkeiten und Ressourcen des Partners generisch beschrieben werden, so findet sich in der Literatur kein Ansatz, der auf dieser Basis einen Fokus der Kooperation sowie Implikationen für die Gestaltung diskutiert. In einzelnen Ansätzen wird zwar gefordert, dass gemeinsame Zielsysteme festgelegt werden sollten, jedoch konnte keine Möglichkeit zur Beschreibung oder Bestimmung eines Fokus der Kooperation auf Basis der Ziele einzelner Partner identifiziert werden. Die Bestimmung von Bedarfen zur Erreichung von Zielen in der Kooperation wird in der Literatur als Möglichkeit zur Bestimmung eines Kooperationsfokus gänzlich außer Acht gelassen. Weder wird beschrieben oder diskutiert, wie ein Kooperationsfokus auf Basis von Zielen bestimmt werden kann, noch zeigt sich eine Möglichkeit zur Definition eines Kooperationsfokus im Rahmen der Kooperationsgestaltung.

**Fehlende Beschreibung von Kooperationstypen bei asymmetrischer Beziehung der Kooperationspartner**

Wie in der Problemstellung der vorliegenden Arbeit erläutert, handelt es sich bei Corporates und Start-ups um asymmetrische Kooperationspartner, was vor allem für Start-ups das Potenzial einer großen Abhängigkeit in der Kooperation birgt (vgl. Teilkapitel 1.1). Die Literaturanalyse belegt vor diesem Hintergrund, dass es an einer Beschreibung von Kooperationsformen unter Berücksichtigung dieser asymmetrischen Beziehung der Kooperationspartner mangelt. Einige Ansätze erkennen die Asymmetrie und streben daher an, neue Kooperationstypen zu diskutieren und zu entwickeln. Dabei wird jedoch deutlich, dass weder etablierte noch neuere Kooperationstypen die Asymmetrie der Kooperationspartner aus der Perspektive des Schwächeren, des Start-ups, beschreiben. Entweder wird im Rahmen der Kooperationsformen ein äquivalentes Verhältnis der Partner vorausgesetzt oder sie formulieren die Kooperation sogar aus der Perspektive des Corporates und verstärken die negativen Effekte der Asymmetrie für ein Start-up in der Kooperation[285].

**Fehlendes Vorgehen zur Gestaltung der Kooperation zwischen Corporates und Start-ups**

Schließlich lässt sich festhalten, dass auf Basis der analysierten Ansätze keine Erkenntnis erlangt werden kann, wie Corporates und Start-ups bei der Gestaltung einer Kooperation vorgehen sollten. So werden insbesondere in Ansätzen zur Kooperationsgestaltung vor allem Erfolgsfaktoren der Kooperation diskutiert, daraus jedoch keinerlei Vorschläge oder Vorgaben zur Gestaltung abgeleitet. Wenngleich Ansätze existieren, die die Gestaltung von Kooperationen zwischen Unternehmen im Allgemeinen[286] oder

[285] Dies zeigt sich unter anderem in Kohler (2016), Corporate Accelerators; Kurpjuweit, Wagner (2020), Startup Supplier Programs; Weiblen, Chesbrough (2015), Corporate Innovation

[286] Vgl. Fontanari (1996), Kooperationsgestaltungsprozesse

in spezifischen Branchen[287] beschreiben, so lassen sich diese nicht auf die Kooperation zwischen Corporates und Start-ups übertragen. Die Besonderheiten des Kooperationspartners Start-up in seiner Ausstattung sowie in den Unterschieden zum Corporate gilt es bei der Gestaltung zu berücksichtigen.

Zusammenfassend bilden die im Rahmen der kritischen Würdigung identifizierten Defizite bestehender wissenschaftstheoretischer Arbeiten eine Grundlage zur Entwicklung einer zweckdienlichen Lösung. Sie legimitieren die aufgeworfenen Forschungsfragen der vorliegenden Dissertation (vgl. Teilkapitel 1.2). Es wird deutlich, dass insbesondere in der Berücksichtigung und Integration der Start-ups in die Kooperationsgestaltung großer Forschungsbedarf besteht.

[287] Vgl. Schwarz (2015), Kooperationen

# 3 Konzeption der Methodik

Ausgehend von den Beobachtungen in der Praxis zeigt sich, dass die Gestaltung einer Kooperation Corporates sowie Start-ups vor große Probleme stellt. Die umfassende Analyse bestehender Grundlagen und Ansätze der Literatur brachte Defizite zum Vorschein, zu deren Lösung sich das nachfolgende Kapitel die Konzeption einer Methodik zur Gestaltung der Kooperation zwischen Corporates und Start-ups zum Ziel setzt. Der Definition folgend umfasst eine Methodik Strategien und Modelle, die als Werkzeuge, bzw. Hilfsmittel zur Lösung der Problemstellung dienen und dabei Abläufe von Sachverhalten darstellen[288]. Die notwendigen Modelle werden aus der Zielstellung dieser Arbeit abgeleitet und zur Beantwortung der Forschungsfrage sachlogisch verknüpft.

Zur Erarbeitung des Grobkonzepts werden in Teilkapitel 3.1 initial formale sowie inhaltliche Anforderungen an die Methodik formuliert. So wird sichergestellt, dass die identifizierten Defizite aus Praxis (vgl. Teilkapitel 1.1) und Theorie (vgl. Teilkapitel 2.5) durch die Methodik adäquat adressiert werden. Supplementär folgt die Einführung von formalen Grundlagen zur wissenschaftlichen Modellbildung (vgl. Teilkapitel 3.2). Hiernach folgt in Teilkapitel 3.3 die Einführung der theoretischen Grundlagen zur inhaltlichen Konzeption der Methodik. Darauf aufbauend wird die Methodik in Teilkapitel 3.4 konzipiert und die dafür notwendigen Partialmodelle abgeleitet. Das Kapitel schließt mit einem Fazit (vgl. Teilkapitel 3.5).

## 3.1 Anforderungen an die Methodik

Basierend auf den zuvor eruierten Defiziten ermöglicht die Formulierung von Anforderungen an die Methodik eine zweckorientierte Lösungsentwicklung. Die Formulierung der Anforderungen unterscheidet dabei zwischen formalen Anforderungen sowie inhaltlichen Anforderungen. Während formale Anforderungen den Grundprinzipien der Modelltheorie folgen, werden die inhaltlichen Anforderungen aus der Zielsetzung der vorliegenden Dissertation abgeleitet.

[288] Vgl. Ehrlenspiel, Meerkamm (2013), Produktentwicklung, S. 146; Schweitzer (2009), Betriebswirtschaftslehre, S. 68

### 3.1.1 Formale Anforderungen

Formale Anforderungen stellen die bestmögliche Qualität und Wirksamkeit eines Modells durch Festlegung eines konsistenten, systematischen Vorgehens bei der Modellentwicklung sicher. PATZAK folgend ergeben sich als formale Anforderungen fünf maßgebende Kriterien[289]: Empirische sowie formale Richtigkeit, Zweckbezogenheit, Handhabbarkeit sowie geringer Aufwand.

Die empirische Richtigkeit setzt eine hinreichende Nähe des Modells zur Realität voraus und kann durch Darstellung der relevanten Systemparameter erreicht werden. Die formale Richtigkeit verlangt, dass das Modell frei von Inkonsistenzen ist und die getroffenen Aussagen in ihrer Natur reproduzierbar sind. Schließlich erfordert das Kriterium der Zweckbezogenheit, dass das Modell auf die Zielsetzung der Aufgabe ausgerichtet ist und dabei in einer formalen sowie in einer inhaltlichen Dimension adäquate Ergebnisse liefert. Die Handhabbarkeit wird durch eine leichte Anwendbarkeit des Modells gesichert. Weiterhin müssen die generierten Ergebnisse mit geringen Anstrengungen interpretierbar sein. Schließlich soll sich ein Modell durch einen geringen Aufwand der Konzeption sowie seiner Anwendung auszeichnen.[290]

Dabei zeigt sich ein Konkurrenzverhältnis der ersten drei Kriterien gegenüber den letzten beiden. Hieraus folgt gemäß PATZAK, dass jedes Modell einen Kompromiss aus Vereinfachung zu Gunsten des praktischen Problembezugs sowie Genauigkeit zu Gunsten des wissenschaftlichen Vorgehens darstellt. Um diesen Kompromiss als ausgeglichenes Verhältnis zwischen den formalen Anforderungen zu gewährleisten eigenen sich drei prinzipielle Verkürzungsmerkmale[291]: Verringerung der Forderung nach Vollständigkeit, Reduktion der Formalisierung sowie Begrenzung der Modellgenauigkeit. Die Verkürzung eines Modells geht dabei jedoch stets mit einer Abnahme des Modellnutzens einher. Daher empfiehlt es sich spezifisch für einzelne Modelle sowie Anwendungen zu ermitteln, inwiefern die Reduktion der Komplexität die Abnahme des Nutzens rechtfertigt.

### 3.1.2 Inhaltliche Anforderungen

Die inhaltlichen Anforderungen an die Methodik werden formuliert, um die im ersten Kapitel dargelegte Zielsetzung der vorliegenden Arbeit zu erreichen. Sie resultieren aus der diskutierten Problemstellung in der Praxis, der Zielstellung dieser Dissertation

---

[289] Vgl. Patzak (1982), Systemtechnik, S. 309f.

[290] Vgl. Patzak (1982), Systemtechnik, S. 309f.

[291] Vgl. Patzak (1982), Systemtechnik, S. 310ff.

sowie den ermittelten Forschungsdefiziten[292]. Die Objekt- und Zielbereiche stellen dabei die Verknüpfung von Theorie und Praxis her. Abbildung 3-1 fasst die Praxisprobleme und die Zielsetzung aus Kapitel 1 sowie die Objekt- und Zielbereiche aus Kapitel 2 zusammen. Basierend auf der in der Abbildung zusammengefassten Einflussparameter werden nachfolgend inhaltliche Anforderungen an die Methodik formuliert.

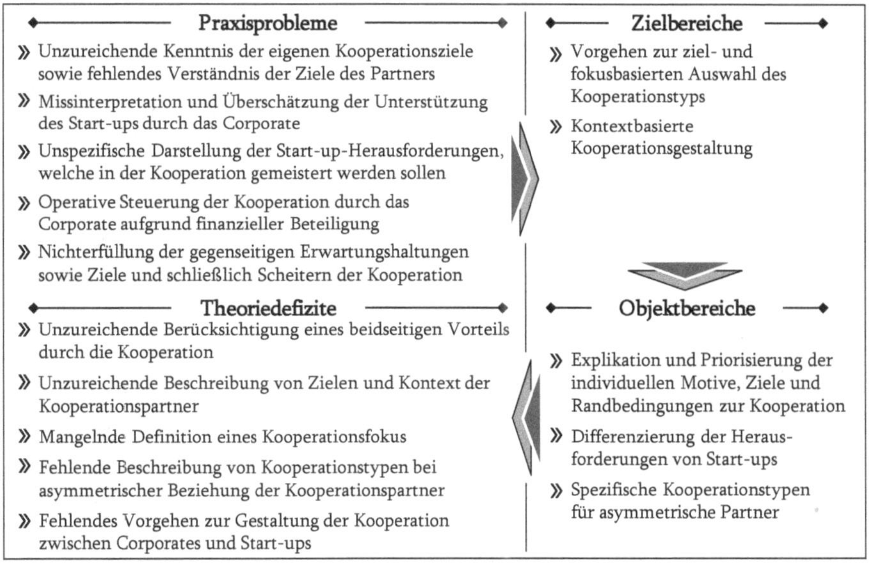


**Abbildung 3-1: Ableitung der inhaltlichen Anforderungen[293]**

Die erste inhaltliche Anforderung erfordert die *Berücksichtigung beider Kooperationspartner* in der Gestaltung. Grundlegend ist eine Kooperation auf Basis der Transaktionskostentheorie für jeden Partner nur dann als vorteilhafte Form der Koordination in einem Markt-Hierarchie-Kontinuum zu sehen, wenn die Kosten der Transaktion geringer sind als bei einer marktlichen oder hierarchischen Koordination. Kooperationen zwischen Corporates und Start-ups werden folglich nur initiiert, wenn sich beide Partner einen Vorteil gegenüber alleinigem Handeln versprechen. Somit muss die Transaktionskosteneffizienz beider Kooperationspartner durch die Kooperationsgestaltung gesteigert werden, um einen beidseitigen Vorteil zu gewährleisten. Diese Bedeutung

[292] Vgl. detaillierter Teilkapitel 2.4
[293] Eigene Darstellung

manifestiert sich insbesondere durch die Tatsache, dass die Kooperation zwischen Corporates und Start-ups aufgekündigt oder sabotiert wird, wenn nur einer der beiden Partner seine anvisierten Ziele zu verfehlen droht. Ferner fordert diese inhaltliche Anforderung, dass insbesondere das Corporate die vorherrschende Asymmetrie in der Gestaltung nicht zu seinen Gunsten ausnutzen darf.

Mit der zweiten inhaltlichen Anforderung wird eine *zeitpunkt- und partnerspezifische Charakterisierung von Kooperationszielen* fokussiert. Ausgehend von der Literaturanalyse zeigt sich, dass die Gründe zur Aufnahme einer Kooperation breit erforscht wurden, sich jedoch nicht als konkrete Kooperationsziele für die vorliegende Arbeit eignen. Weiterhin haben Start-ups in der Regel noch keinen Strategieprozess etabliert und können somit ausgehend von einem normativen Unternehmenszielsystem keine eindeutigen Kooperationsziele identifizieren. Abgeleitet von diesen Erkenntnissen ist die Forderung der partnerspezifischen Charakterisierung von geeigneten Kooperationszielen als inhaltliche Anforderung unumgänglich. Corporates auf der einen Seite müssen in der Lage sein, eigene Ziele für eine Kooperation mit einem Start-up zu kennen und auszuwählen. Partnerspezifisch ist vor allem die Vermeidung der Übervorteilung des Start-ups zu beachten. Darüber hinaus wird das Corporate durch die eindeutige Explikation der Kooperationsziele von Start-ups befähigt, intern sowie gegenüber dem Kooperationspartner eine klare Priorisierung und Fokussierung der Kooperation zu sichern. Start-ups auf der anderen Seite bedürfen einer Charakterisierung von geeigneten Kooperationszielen, die es ihnen ermöglichen, ihre eigenen Interessen in Bezug auf die aktuelle Entwicklungssituation zu verfolgen. Die Kooperationsziele für Start-ups fokussieren die zeitpunktspezifischen Hauptherausforderungen und stellen die Priorisierung der Kooperation sicher.

Die *Unterstützung des Start-ups durch das Corporate* stellt die dritte inhaltliche Anforderung dar. Eine Kooperation zwischen Corporates und Start-ups wird, bedingt durch die großen organisationalen Unterschiede der beiden Kooperationspartner, in der Literatur auch als asymmetrische Partnerschaft beschrieben[294]. So verfügen Start-ups über eine limitierte Ausstattung an Fähigkeiten und Ressourcen und sind Organisationen ohne gefestigte Aufbau- und Ablauforganisation. Corporates wiederum verfügen über eine breite Ausstattung an Fähigkeiten und Ressourcen sowie eine gefestigte Aufbau- und Ablauforganisation, welche die Gestaltung und Steuerung einer Kooperation maßgeblich beeinflussen. Dies führt im Rahmen der Kooperation zu einer starken Asymmetrie des Start-ups gegenüber dem Corporate. Zur Überwindung der

[294] Vgl. Allmendinger, Berger (2020), Collaborative Innovation, S. 4f.; Hogenhuis et al. (2017), Innovation Potential, S. 2

Asymmetrie muss das Corporate dem Start-up in der Kooperation Unterstützung bieten. Im Fokus steht dabei, dass das Start-up mit notwendigen Fähigkeiten und Ressourcen aus der Ausstattung des Corporates unterstützt wird. Ferner kann das Start-up durch die Unterstützung des Corporates seine eigene organisationale Entwicklung beschleunigen.

Die vierte inhaltliche Anforderung formuliert die Notwendigkeit *zielunterstützender Kooperationstypen* für Corporates und Start-ups. Neben der Analyse bestehender Ansätze zeigt sich insbesondere im Hinblick auf die Praxis, dass bestehende, etablierte Kooperationsformen zwischen Unternehmen nicht hinreichend geeignet sind, um Kooperationen zwischen Corporates und Start-ups erfolgreich zu gestalten. Ferner versuchen Corporates vermehrt durch sog. Venturing-Aktivitäten, wie z. B. Accelerator- oder Inkubator-Programme, Kooperationen mit Start-ups aufzubauen. Da diese Programme jedoch oftmals auf die Interessen der Corporates ausgelegt sind und Start-ups keine anforderungsgerechte Unterstützung durch das Corporate erhalten, führen sie bisweilen nicht zum erhofften Erfolg. Es wird deutlich, dass im Rahmen dieser Arbeit daher die Anforderung nach Entwicklung von geeigneten Kooperationstypen formuliert werden muss. Zur Erfüllung der Anforderung müssen die Kooperationstypen einerseits die Ziele der Kooperationspartner in ihrer Art widerspiegeln und andererseits den Anforderungen an die Gestaltung der Kooperation gerecht werden. Es gilt insbesondere zu berücksichtigen, dass die Kooperationspartner mit unterschiedlichen Zielsetzungen involviert sind.

Schließlich stellt die *bidirektionale Kooperationsgestaltung durch den Anwender* die fünfte inhaltliche Anforderung dar. Ausgehend von der prädikatbezogenen Eingrenzung wird die Kooperation als Prozess begriffen. Die Gestaltung von Kooperationen stellt einen der erfolgskritischen Prozessschritte in dieser Abgrenzung dar. Hierbei sind für die Gestaltung die Interessen beider Kooperationspartner zu wahren. Um diesem Umstand bei der Lösung in der vorliegenden Arbeit gerecht werden zu können, lässt sich daher die inhaltliche Anforderung einer bidirektionalen Kooperationsgestaltung durch den Anwender ableiten. Die Anforderung nach bidirektionaler Gestaltung impliziert, dass die Gestaltung zum einen für beide Kooperationspartner möglich sein muss und zum anderen beide Kooperationspartner einen Beitrag zum Ergebnis der Kooperation liefern. Die Kooperationsgestaltung durch den Anwender begründet sich überdies in der subjektbezogenen Abgrenzung (Teilkapitel 2.3.3).

Nachdem sowohl die formalen als auch die inhaltlichen Anforderungen an die Methodik formuliert wurden, werden im Folgenden die Grundlagen zur Konzeption der Methodik eingeführt.

## 3.2 Grundlagen zur wissenschaftlich-formalen Konzeption

Die wissenschaftliche Beantwortung der in dieser Arbeit aufgeworfenen Fragestellungen erfordert den Einsatz geeigneter Hilfsmittel, Methoden und Vorgehensweisen. Zur Lösung komplexer, wissenschaftlicher Fragestellungen stellen verschiedene Grundlagenwissenschaften Regeln und Instrumente bereit. Im Kontext dieser Arbeit wird aus den Grundlagenwissenschaften auf die Modelltheorie sowie, ausgehend von der Erkenntnisperspektive aus Kapitel 1, auf die Systemtheorie zurückgegriffen. Daher werden Ansätze der allgemeinen Modellierungstheorie sowie die Grundzüge der Systemtheorie in diesem Unterkapitel näher dargelegt.

### 3.2.1 Allgemeine Modellierungstheorie

Der Begriff „Modell“ entstammt dem Französischen („modèle“) und bedeutet Abbild von etwas, Vorbild für etwas oder Repräsentation eines bestimmten Originals[295]. Modelle stellen reale Sachverhalte dar und ermöglichen die Abbildung dieser Sachverhalte durch Abstraktion und Vereinfachung[296]. Die Modelltheorie wird aus dieser Motivation heraus als interdisziplinäre Domäne, die sich mit dem Einsatz von Modellen auseinandersetzt, charakterisiert[297]. Insbesondere der vereinfachende Charakter von Modellen in Bezug auf reale Sachverhalte unterstützt den Erkenntnisgewinn in einem Gesamtkontext, der sonst nicht oder nur mit hohem Aufwand möglich wäre[298].

Nach STACHOWIAK können Modelle anhand des Abbildungsmerkmals, des Verkürzungsmerkmals und des pragmatischen Merkmals charakterisiert werden. Gemäß dem Abbildungsmerkmal sind Modelle stets Abbilder von künstlichen oder natürlichen Originalen und repräsentieren dabei deren Attribute. Das Verkürzungsmerkmal beschreibt, dass Modelle nicht sämtliche Attribute des Originals aufweisen, sondern nur solche, die für den Anwender von Relevanz sind. Dem pragmatischen Merkmal zufolge sind Modelle den Originalen nicht eindeutig zugeordnet. Sie haben eine Kompensationsfunktion für einen bestimmten Zweck, ein bestimmtes Zeitintervall und einen bestimmten Anwenderkreis.[299]

Neben anderen Gliederungsmöglichkeiten werden Modelle vor allem nach dem Erkenntnisziel der Modellierung gegliedert. ZELEWSKI zeigt auf, dass es drei übergeordnete Erkenntnisziele gibt. Das deskriptive Erkenntnisziel (Beschreibungsziel) bedingt,

---

[295] Vgl. Stachowiak (1973), Modelltheorie, S. 129

[296] Vgl. Duden (2015), Fremdwörterbuch, S. 698

[297] Vgl. Thomas (2005), Modellverständnis, S. 5

[298] Vgl. Schweitzer (2009), Betriebswirtschaftslehre, S. 73; Patzak (1982), Systemtechnik, 307f.; Töllner et al. (2009), Modellierung, S. 5

[299] Vgl. Stachowiak (1973), Modelltheorie, 131ff.; Töllner et al. (2009), Modellierung, S. 8f.

reale Sachverhalte den Tatsachen entsprechend zu beschreiben. Das theoretische Erkenntnisziel (Erklärungsziel) verfolgt die Erklärung realer Sachverhalte, während das pragmatische Erkenntnisziel die Gestaltung von realen Sachverhalten erfordert (Gestaltungsziel).[300] Beschreibungsziele können durch Modelle mit deskriptivem Charakter (Beschreibungsmodelle) erreicht werden, ohne einen eigenständigen Erkenntnisgewinn anzustreben. Erklärungsmodelle sind Modelle, die zur Erreichung eines Erklärungsziels genutzt werden, zeigen logisch-induktiv determinierte Wirkungszusammenhänge auf und erklären so das Auftreten von Systemzuständen[301]. Gestaltungsmodelle fokussieren das Gestaltungsziel und ermöglichen die Empfehlung für die oder das Abraten von der Realisierung einzelner Gestaltungsalternativen.[302] Da sich Gestaltungsmodelle im Kontext dieser Arbeit stets auf eine Entscheidungssituation zwischen mehreren Gestaltungsalternativen beziehen, fallen sie mit Entscheidungsmodellen zusammen. Als Subkategorie von Gestaltungsmodellen ermitteln Entscheidungsmodelle auf Basis eines gegebenen Zielsystems geeignete Handlungsalternativen.[303]

Da Modelle in der Praxis oft für komplexe Umweltsituationen entwickelt werden, unterscheidet man diese auch nach dem Grad der Abstraktion in Partial- und Totalmodelle. Während Totalmodelle sämtliche Aspekte eines realen Systems enthalten, werden die Partialmodelle auf jeweils spezifische Anforderungen angepasst.[304] Übertragen auf die vorliegende Arbeit folgt hieraus, dass zur Realisierung des anvisierten Erkenntnisgewinns unter Berücksichtigung der formalen Anforderungen die Entwicklung eines Totalmodells nicht sinnvoll erscheint. Stattdessen wird der Erkenntnisgewinn durch das Zusammenwirken mehrerer einzelner Partialmodelle erzielt[305]. Werden mehrere Modelle mit unterschiedlichem Detaillierungsgrad gekoppelt, müssen die Modelle untereinander kompatibel sein. ALBERS & LOHMEYER sprechen in diesem Kontext von Durchgängigkeit und Konsistenz der Modelle[306].

Die Analyse bestehender Ansätze sowie die Eingrenzung des Betrachtungsbereichs verdeutlichen, dass die Entwicklung einer anwendungsorientierten Methodik des Einsatzes einer Vielzahl einfacher Partialmodelle bedarf. Zur Erzielung eines Erkenntnisgewinns werden daher zwecks Konzeption der Methodik zunächst alle Modellkategorien als relevant angesehen. Im Zuge der Entwicklung des Grobkonzepts wird dann

[300] Vgl. Zelewski (2008), Grundlagen, S. 24
[301] Vgl. Patzak (1982), Systemtechnik, 313ff.
[302] Vgl. Zelewski (2008), Grundlagen, S. 46
[303] Vgl. Patzak (1982), Systemtechnik, S. 315; Zelewski (2008), Grundlagen, S. 46
[304] Vgl. Jockisch, Rosendahl (2009), Klassifikation von Modellen, S. 38; Obermaier, Saliger (2020), Entscheidungstheorie, S. 6
[305] Vgl. Patzak (1982), Systemtechnik, 50f.
[306] Vgl. Albers, Lohmeyer (2012), Advanced Systems Engineering, S. 411f.

abgeleitet, welche Modellart für die Bestandteile der Methodik geeignet sind. Die Modellentwicklung selbst orientiert sich am Verfahren nach PATZAK.

### 3.2.2 Grundzüge der Systemtheorie und der Systemtechnik

Die Systemtheorie hat sich als interdisziplinäre Theorie zur Charakterisierung und Erklärung komplexer Sachverhalte etabliert[307]. Sie ist ein modelltheoretisches Konzept und ermöglicht als solches die formale Abbildung von Erkenntnisobjekten[308]. Die Systemtechnik[309], im engl. *Systems Engineering,* ist ein Bestandteil der Systemtheorie und fokussiert die Modellierung sowie die Auslegung von komplexen technischen Systemen[310]. Sie hat ihren Ursprung in der Entwicklung von Methoden für technisch-organisatorische Projekte und wird maßgeblich von menschlichen Belangen bestimmt. Der Systembegriff der Systemtheorie ermöglicht als Hilfsmittel der Methodik die Auslegung von Vorhaben und Systemen.[311]

Der Systemtechnik inhärent ist das sog. Systemdenken. Dieses Systemdenken ist ein Hilfsmittel zum verbesserten Verständnis sowie zur Gestaltung komplexer Phänomene und verbessert damit die Systeme.[312] Systeme werden aus mehreren Elementen, welche Attribute und Funktionen aufweisen und miteinander verbunden sind, gebildet. Die einzelnen Elemente wiederum können auch als (Sub-) Systeme firmieren. Um ein System nach außen abzugrenzen, wird eine sog. Systemgrenze gezogen, welche alle Elemente innerhalb dieser Grenze als Bestandteil des Systems definiert. Die Elemente eines Systems können auch über die Grenzen hinweg mit Elementen des Umfeldes oder einem Umsystem interagieren. Systeme ohne Systemgrenze werden als offene Systeme definiert und interagieren frei mit der Umwelt.[313]

Innerhalb des Systemdenkens werden drei Betrachtungsweisen unterschieden: Die umgebungsorientierte Betrachtung basiert auf einer umfassenden Perspektive und analysiert die Wirkung externer Faktoren auf das System sowie die Wirkung des Systems auf die Umwelt. Im Rahmen der wirkungsorientierten Betrachtung wird das Sys-

[307] Vgl. Ropohl (2009), Allgemeine Technologie, S. 71; Bruns (1991), Systemtechnik, S. 6

[308] Vgl. Baum (2011), Morphologie der Kooperation, S. 37

[309] Der Begriff „Systemtechnik“ entstammt dem Griechischen und stellt eine Verknüpfung der Begriffe „zusammen, stellen, Handwerk“ dar. Vgl. Bruns (1991), Systemtechnik, S. 2

[310] Vgl. Patzak (1982), Systemtechnik, S. 15; Winzer (2016), Systems Engineering, S. 2

[311] Vgl. Bruns (1991), Systemtechnik, S. 2

[312] Vgl. Haberfellner et al. (2019), Systems Engineering, S. 3

[313] Vgl. Haberfellner et al. (2019), Systems Engineering, S. 4f.

tem als Blackbox aufgefasst und in der Systemanalyse lediglich Eingangs- und Ausgangsfaktoren untersucht[314]. Schließlich konzentriert sich die strukturorientierte Betrachtung auf die innere Struktur sowie die Wirkmechanismen des Systems[315]. In Abhängigkeit der zu lösenden Problemstellung sowie bei dezidierter Betrachtung der Zweckmäßigkeit können einzelne Betrachtungsperspektiven fokussiert werden. Die vollumfassende Systembetrachtung inkludiert alle drei vorgestellten Betrachtungsweisen.[316] In Abbildung 3-2 wird das Systemdenken in seinen grundlegenden Elementen dargestellt.

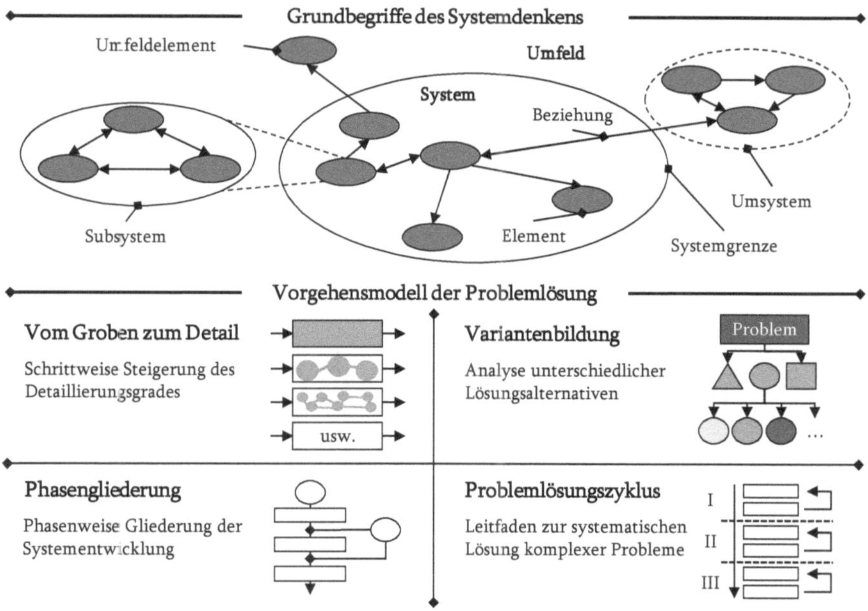


**Abbildung 3-2: Systemdenken und Vorgehensmodell der Systemtechnik[317]**

Die Systemtechnik wird neben dem Systemdenken maßgeblich durch das Vorgehensmodell zur Problemlösung als Grundsatz geprägt[318]. Das Vorgehensmodell für den

[314] Vgl. Baum (2011), Morphologie der Kooperation, S. 37f.
[315] Vgl. Haberfellner et al. (2012), Systems Engineering, 42ff.
[316] Vgl. Haberfellner et al. (2012), Systems Engineering, S. 46
[317] I.A.a. Haberfellner et al. (2019), Systems Engineering, S. 28ff.
[318] Vgl. Haberfellner et al. (2019), Systems Engineering, S. 3; Winzer (2016), Systems Engineering, S. 2

Problemlösungsprozess weist nach HABERFELLNER vier verknüpfte Prinzipien auf (vgl. ebenfalls Abbildung 3-2):

1. Vom Groben ins Detail
2. Denken in Varianten
3. Phasengliederung
4. Problemlösungszyklus

Das Prinzip „Vom Groben ins Detail" empfiehlt initial den Betrachtungsbereich abzugrenzen, um darauf aufbauend eine Systemdetaillierung durchzuführen. Diese Detaillierung endet, sobald top-down die gewünschte Tiefe erreicht ist. So wird sichergestellt, dass lediglich relevante Aspekte der Problemlösung inkludiert und Ineffizienzen vermieden werden. Das zweite Prinzip, die Variantenbildung, verfolgt das Ziel, alternative Lösungen für ein Problem auf jeder der Detaillierungsebenen zu identifizieren. Das Prinzip der Phasengliederung definiert, dass die Lösungsdetaillierung in einzelne, überschaubare Phasen gegliedert wird. Die Entwicklung von Lösungen selbst folgt dem Prinzip des Problemlösungszyklus. Hieraus resultiert, dass für jede Phase der Detaillierung ein systematisches, strukturiertes Vorgehen zu Lösung allgemeiner Probleme beschrieben wird.[319]

Die hier eingeführte Systemtechnik, das Systemdenken sowie das Vorgehensmodell wird in der vorliegenden Arbeit sowohl für die Grobkonzeption der Methodik (vgl. Kapitel 3.4) als auch für die darauffolgende Detaillierung (vgl. Kapitel 4) angewendet.

## 3.3 Grundlagen zur theoretisch-inhaltlichen Konzeption

Zusätzlich zu den eingehend beschriebenen, formalen Werkzeugen und Hilfsmitteln zur Beantwortung von wissenschaftlichen Fragestellungen werden auch Werkzeuge für die theoretisch-inhaltliche Konzeption der Methodik benötigt. Da keine allgemeingültige Theorie der Kooperation existiert, werden nachfolgend zweckdienliche Theorien für die vorliegende Arbeit beschrieben[320]. Dabei wird auf die Prinzipal-Agent-Theorie, den Gestaltansatz der Kontingenztheorie, das Verfahren der Typisierung, die Referenzmodellierung sowie auf die multikriterielle Entscheidungstheorie eingegangen.

[319] Vgl. Haberfellner et al. (2019), Systems Engineering, S. 27ff.

[320] Vgl. Baum (2011), Morphologie der Kooperation, S. 45

### 3.3.1 Prinzipal-Agent-Theorie

Wie in Abschnitt 2.2.2.1 erläutert, gehört die Prinzipal-Agent-Theorie zur Strömung der Neuen Institutionenökonomik und wird zur Erklärung der Entstehung von Kooperationen herangezogen. Im Hinblick auf die identifizierte Asymmetrie der Kooperationspartner bietet die Prinzipal-Agent-Theorie bei der Konzeption der Methodik eine theoretische Grundlage zur Ableitung von Lösungsbausteinen, weshalb sie nachfolgend detaillierter vorgestellt wird.

Charakteristisch für die Prinzipal-Agent-Theorie ist neben einer Ereignisunsicherheit vor allem ein Informationsdefizit des Agenten, bedingt durch asymmetrisch verteilte Informationen zwischen Prinzipal und Agent[321]. Die Informationsasymmetrien lassen sich durch opportunistisches, nutzenmaximierendes Verhalten der Akteure sowie durch einen Wissensvorsprung des Agenten begründen[322]. Der Prinzipal kann bedingt durch die Informationsasymmetrien weder vor noch nach Vertragsabschluss die Qualität des Agenten beurteilen. Insbesondere besteht das Risiko, dass der Agent seine eigenen Interessen priorisiert und damit nicht ausschließlich im Sinne des Auftrages mit dem Prinzipal handelt[323]. Die Gestaltung von Verträgen zwischen Prinzipal und Agent bei asymmetrisch verteilten Informationen führt zu vier Arten von Informationsdefiziten für den Prinzipal. Dabei wird in der Literatur unterschieden, ob die Informationsdefizite vor Vertragsabschluss oder erst danach auftreten[324].

Im Falle einer asymmetrischen Informationsverteilung vor Vertragsabschluss besteht eine Unsicherheit des Prinzipals bezüglich der Leistungsfähigkeit und des Informationsstands des Agenten. Man bezeichnet diese Qualitätsunsicherheit auch als *Hidden Characteristics*[325]. Bei vorliegenden Hidden Characteristics kennt der Agent als Auftragnehmer die charakteristischen Merkmale der Leistung, während diese dem Prinzipal vor Vertragsabschluss verborgen bleiben[326]. Folglich kann es zu einer Fehlauswahl des Agenten durch den Prinzipal kommen. Dieser Umstand wird auch als Negativausleseproblematik (*Adverse Selection*) bezeichnet[327]. Um der Gefahr der Negativauslese zu begegnen, besteht die Möglichkeit, die Hidden Characteristics mittels *Screenings*, *Signalings* oder Selbsteinschätzung (*Self Selection*) aufzudecken[328]. Gezieltes Screening

[321] Vgl. Woratschek, Roth (2003), Kooperation, S. 152; Bülow (1995), Netzwerk-Organisation, S. 59; Richter, Furubotn (2010), Neue Institutionenökonomik, S. 220

[322] Vgl. Richter, Furubotn (2010), Neue Institutionenökonomik, S. 64

[323] Vgl. Lippold (2015), Personalwirtschaft, S. 4; Dahm, Thorenz (2010), Kooperation, S. 8

[324] Vgl. Woratschek, Roth (2003), Kooperation, S. 152

[325] Vgl. Woratschek, Roth (2003), Kooperation, S. 152; Picot et al. (2020), Unternehmung, S. 26

[326] Vgl. Welge et al. (2017), Management, S. 51

[327] Vgl. Akerlof (1970), Market for Lemons, S. 493

[328] Vgl. Picot et al. (2020), Unternehmung, S. 26; Roth (2001), Dienstleistungsmanagement, S. 42

strebt die Informationsbeschaffung an, während durch Signaling Informationen ausgesendet werden, die auf ein gutes Leistungsangebot schließen lassen. Zusätzlich wird dem Agenten in der Literatur auch die Möglichkeit zur Selbsteinschätzung im Rahmen der Vertragsgestaltung eingeräumt.[329]

Bei einer asymmetrischen Informationsverteilung nach Vertragsabschluss beschreibt die Prinzipal-Agent-Theorie drei Arten von Informationsdefiziten[330]: *Hidden Intention, Hidden Information* sowie *Hidden Action*. Die Hidden Intention tritt auf, wenn der Prinzipal nach Vertragsabschluss, bedingt durch irreversible spezifische Investitionen, in Ressourcenabhängigkeit zum Agenten gerät und dieser den Umstand opportunistisch ausnutzt[331]. Dadurch entsteht ein sog. *Hold-up*, also der Versuch des Agenten, sich auf Kosten des Prinzipals einen Vorteil zu verschaffen[332]. Das Informationsdefizit Hidden Intention kann mittels eines Interessenausgleichs durch Schaffung von gegenseitigen Abhängigkeiten beherrscht werden[333]. Das Informationsdefizit der Hidden Information besteht, wenn der Prinzipal die Leistungserbringung beobachten kann, jedoch keine Informationen über die Qualität der Leistung erhält. Hidden Information birgt die Gefahr des *Moral Hazard* und damit eine opportunistische Ausnutzung des Handlungsspielraums durch den Agenten.[334] Schließlich beschreibt das Defizit der Hidden Action die Situation, dass der Prinzipal nach Vertragsabschluss lediglich die Ergebnisse des Agenten nicht aber die Erstellung selbst beobachten kann. Dies tritt auf, wenn die Leistungserstellung im Verborgenen passiert und bedingt ebenfalls die Gefahr des Moral Hazard, welcher zur opportunistischen Ausnutzung durch den Agenten führt. Der Prinzipal-Agent-Theorie folgend kann zur Reduktion der Gefahr des Moral Hazard einerseits die Informationsasymmetrie durch *Monitoring* abgebaut und andererseits ein Interessenausgleich durch die Etablierung von Anreiz- und Kontrollsystemen erreicht werden. Bei Informationsdefiziten durch Hidden Action eignen sich Erfolgsbeteiligungen zur Verknüpfung der Ziele von Prinzipal und Agent.[335]

Tabelle 3-1 fasst die Arten der Informationsdefizite übersichtlich zusammen und zeigt neben den Auftrittsursachen auch resultierende Gefahren und Lösungsmechanismen zur Vermeidung auf.

---

[329] Vgl. Picot et al. (2020), Unternehmung, S. 27; Welge et al. (2017), Management, S. 52
[330] Vgl. Welge et al. (2017), Management, S. 53
[331] Vgl. Spremann (1990), Asymmetrische Information, S. 569; Picot et al. (2020), Unternehmung, S. 28
[332] Vgl. Welge et al. (2017), Management, S. 53
[333] Vgl. Picot et al. (2020), Unternehmung, S. 28
[334] Vgl. Welge et al. (2017), Management, S. 52
[335] Vgl. Picot et al. (2020), Unternehmung, S. 27

**Tabelle 3-1: Informationsdefizite der Prinzipal-Agent-Theorie[336]**

Vergleich der Informationsdefizite der Prinzipal-Agent-Theorie

| | Art des Informationsdefizits | | | |
|---|---|---|---|---|
| | **Hidden Characteristics** | **Hidden Intention** | **Hidden Information** | **Hidden Action** |
| **Auftritts-zeitpunkt** | Vor Vertragsabschluss | Nach Vertragsabschluss | Nach Vertragsabschluss | Nach Vertragsabschluss |
| **Auftrittsursache** | Ex ante verborgene Eigenschaften des Agenten | Ex ante verborgene Eigenschaften des Agenten | Unbekannter Informationsstand des Agenten | Nicht zu erfassende Aktivitäten des Agenten |
| **Herausforderung** | Eingehen eines Vertrags | Durchsetzung (impl.) Ansprüche | Ergebnis-beurteilung | Leistungs-beurteilung |
| **Gefahr** | Adverse Selection (Negativauslese) | Hold-up (opportun. Ausnutzung) | Moral Hazard (moralisches Risiko) | Moral Hazard (moralisches Risiko) |
| **Lösungs-möglichkeiten** | Signaling, Screening, Self selection | Signaling, Reputation | Anreiz-& Kontrollsysteme | Anreiz-& Kontrollsysteme |

Der entscheidende Mehrwert der Prinzipal-Agent-Theorie liegt in der Gestaltung von Anreiz- und Informationssystemen zur Reduktion des Risikos auftretender Informationsdefizite[337]. Da durch Anreiz- und Informationssysteme Vorteile der Spezialisierung aufgebraucht werden, entstehen gem. JENSEN & MECKLING zusätzliche, unvermeidbare Kosten, sog. Agency-Kosten. Die Agency-Kosten setzen sich aus drei Bestandteilen zusammen: [338] Signalisierungskosten für den Agenten, Kontrollkosten für den Prinzipal sowie Wohlfahrtsverluste wegen unvollständigem Wissen.

Die Prinzipal-Agent-Theorie verfolgt insbesondere Erkenntnisziele, die die Gestaltung von institutionellen Verträgen erklären sowie zu einer möglichst geringen Summe an Agency-Kosten führen[339]. Im Kontext der Kooperation ist es schwierig, einen der beiden Partner als Prinzipal und den anderen als Agenten zu identifizieren. Oftmals ist die Beziehung in Unternehmenskooperationen reziprok gestaltet, was zu einem wechselseitigen Prinzipal-Agent-Verhältnis führt.[340] Übertragen auf die vorliegende Dissertation folgt hieraus einerseits, dass die in dieser Arbeit konzipierte Methodik zu einer Lösung der institutionellen Organisationsform Kooperation führen muss, die möglichst geringe Agency-Kosten verursacht und dabei für jede mögliche Gestaltungsform mehrere der auftretenden Informationsdefizite fokussiert. Andererseits liegt eine reziproke

[336] I.A.a.Welge et al. (2017), Management, 51ff.; Picot et al. (2020), Unternehmung, S. 28
[337] Vgl. Lippold (2015), Personalwirtschaft, S. 4; Picot et al. (2020), Unternehmung, S. 28
[338] Vgl. Jensen, Meckling (1976), Theory of the Firm, S. 308f.
[339] Vgl. Picot et al. (2020), Organisation, S. 107; Wolf (2020), Unternehmensführung, S. 369
[340] Vgl. Woratschek, Roth (2003), Kooperation, S. 154; Picot et al. (2020), Organisation, S. 114

Prinzipal-Agent-Beziehung zwischen Corporate und Start-up vor. Die Lösungsansätze zur Vermeidung von Informationsasymmetrien ermöglichen die Konzeption der Methodik auf Basis der Prinzipal-Agent-Theorie.

### 3.3.2 Gestaltansatz der Kontingenztheorie

Der *Gestaltansatz* hat sich ausgehend der Kontingenztheorie entwickelt und zielt darauf ab, die Kritik an dieser durch eine ganzheitliche, gestaltorientierte Analyse zur Identifizierung von Mustern zwischen Kontext, Gestaltung und Erfolg von Organisation zu entkräften[341]. Nach Auffassung des Gestaltansatzes sind Organisationen von einer Multidimensionalität geprägt, die sich in der Vielfältigkeit von Kontextfaktoren, Gestaltungsalternativen und Wirkungen auf angestrebte Lösungen äußert[342]. Primäres Ziel des Gestaltansatzes ist es, in der Realität auftretende Variablenkonfigurationen von Organisationen zu identifizieren und davon ausgehend Konfigurationen zu bestimmen, die möglichst erfolgsstiftend sind[343]. Zur Erreichung dieses Ziels haben sich mit dem typologischen sowie dem taxonomischen Strang zwei Hauptstränge etabliert[344]. Der Hauptunterschied zwischen diesen Hauptsträngen besteht darin, dass Typologien theoretisch hergeleitete Konfigurationen sind, während Taxonomien empirisch gewonnen werden[345]. Da die Entwicklung einer Methodik zur Gestaltung von Kooperation zwischen Corporates und Start-ups nicht durch eine empirische Untersuchung, sondern durch eine theoriegeleitete Überlegung erfolgt, wird die Typisierung als gestaltgewinnendes Verfahren in Unterkapitel 3.3.3 näher vorgestellt.

Eine Gestalt[346] wird durch die Teilmenge der inhaltlich stimmigen Konfigurationen, bzw. Variablenausprägungen in Bezug zum Kontext charakterisiert. Folglich wird im Gestaltansatz eine Vielzahl von Variablen, die einerseits die Organisation und andererseits die Umweltsituation beschreiben, gleichzeitig untersucht.[347] Komplexe Aussagen zu diesen Untersuchungen werden gemäß dem Fit-Konzept (i), dem Äquifinalitätsdenken (ii), der konfigurativen Sparsamkeit (iii) sowie der Hypothese der Quantensprungentwicklung (iv) in vier Einzelbausteine zerlegt[348]. Dem Fit-Konzept folgend

---

[341] Der Gestaltansatz wird auch als Konfigurationsansatz oder Multi-contigency approach bezeichnet. Vgl. Wolf (2020), Unternehmensführung, S. 461f.; Snow et al. (2005), Configurational Approach, S. 434

[342] Vgl. Veliyath, Srinivasan (1995), Gestalt Approaches, S. 205; Miller (1981), Organzational Gestalts, S. 2

[343] Vgl. Macharzina, Wolf (2018), Unternehmensführung, S. 79; Wolf (2000), Gestaltansatz, S. 16

[344] Vgl. Wolf (2020), Unternehmensführung, S. 468; Scherer, Beyer (1998), Konfigurationsansatz, S. 337

[345] Vgl. Hambrick (1984), Taxonomic Approaches, S. 28; Doty, Glick (1994), Typologies, S. 234; Smith (2002), Typologies, S. 381

[346] Die Gestalt wird im Gestaltansatz auch als Archetyp bezeichnet, wobei ein Archetyp einen reinen, idealen Charakter der Variablenausprägungen aufweist.

[347] Vgl. Wolf (2020), Unternehmensführung, S. 465

[348] Vgl. Wolf (2020), Unternehmensführung, S. 473

tritt organisationaler Erfolg in Folge der Passung von mindestens zwei Variablen ein[349]. Das Äquifinalitätsdenken besagt, dass der Erfolg einer Unternehmung, in Form eines spezifischen Endzustandes, ausgehend von unterschiedlichen Ausgangssituationen und auf unterschiedliche Wege erreicht werden kann[350]. Mit der konfigurativen Sparsamkeit wird die Annahme beschrieben, dass in der Realität nur eine geringe Anzahl an Gestalten vorkommt, die die Gesamtzahl an durch systematische Kombination aller Ausprägungen möglichen Gestalten, zumindest deutlich unterschreitet[351]. Schließlich artikuliert der Baustein der Quantensprungentwicklung, dass sich die komplizierten Strukturen des Beziehungsgeflechts von organisationalen Gestaltungsmerkmalen im Zeitablauf verändern und sich schubweise weiterentwickeln[352]. Dem Fit-Konzept wird aufgrund des Abgleichs sowie der Passung mehrerer Variablen im Kontext der vorliegenden Dissertation vor allem in Bezug auf den Abgleich von Kontextfaktoren und Gestaltungsmerkmalen im Rahmen der Modellentwicklung Bedeutung beigemessen. Ebenso wird das Äquifinalitätsdenken bei der Konzeption der Lösung dieser Arbeit berücksichtigt. Die konfigurative Sparsamkeit ist im Kontext dieser Arbeit vor allem wegen der Beschränkung der Anzahl an möglichen Gestalten von Relevanz und wird bei der Bestimmung von Kooperationstypen aufgegriffen.

Im Rahmen der Kooperationsforschung wird der Gestaltansatz auch zur Erklärung der Kooperationskonfiguration herangezogen. Kooperationen entsprechen demnach Gestalten, deren Bestimmungsfaktoren einer genaueren Betrachtung bedürfen[353]. Die kontingenztheoretische Kooperationsforschung fokussiert dabei Randbedingungen, also Kontextfaktoren, die Kooperationen fördern und die Gestaltung beeinflussen. Es wird untersucht, unter welchen Kontextbedingungen Unternehmen Kooperationen aufnehmen, welche inhaltlichen Schwerpunkte sie legen und wie die Kooperationen vertraglich sowie organisatorisch ausgestaltet werden.[354] Damit bietet die Kontingenztheorie im Zuge der Kooperationsgestaltung eine theoretische Grundlage zur Bestimmung der kooperationsrelevanten Kontextbedingungen, die einerseits die Kooperationsgestaltungsmerkmale und andererseits den Kooperationserfolg beeinflussen. Abbildung 3-3 stellt den Zusammenhang des Kooperationskontexts mit den Gestaltungsmerkmalen im Rahmen der Kontingenztheorie her.

---

349 Vgl. van Ven, Drazin (1985), Concept of Fit, S. 334

350 Vgl. Meyer et al. (1993), Organizational Analysis, S. 1178; Doty et al. (1993), Configurational Theories, S. 1201

351 Vgl. Wolf (2020), Unternehmensführung, S. 482

352 Vgl. Meyer et al. (1993), Organizational Analysis, S. 1178

353 Vgl. Becker et al. (2018), Kooperationen, S. 38

354 Vgl. Schrader (1993), Kooperation, S. 225

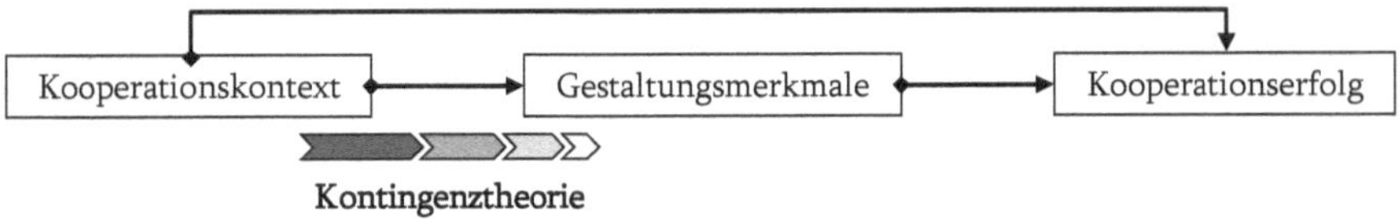


**Abbildung 3-3: Kontingenztheorie der Kooperation**[355]

In der vorliegenden Dissertation wird die Kontingenztheorie herangezogen, um in der Konzeption der Methodik zur Gestaltung der Kooperation zwischen Corporates und Start-ups den erfolgs- sowie gestaltungsrelevanten Kontext der Kooperation zu berücksichtigen. Sie ermöglicht die begründete Identifizierung und Integration relevanter Kontextfaktoren. Der direkte Einfluss der Kontextfaktoren auf die Gestaltungsmerkmale bedingt den Gestaltansatz als konzeptionelle Grundlage zur Bestimmung von Kooperationstypen zwischen Corporates und Start-ups. Die Ermittlung dieser Typen sowie die Gestaltungskonfigurationen werden dabei vom Kooperationskontext direkt beeinflusst.

### 3.3.3 Verfahren der Typisierung

Die *Typisierung*[356] ist ein Verfahren zur Gewinnung von Typen und wird den analytischen Forschungsmethoden zugerechnet. Das übergeordnete Ziel der analytischen Forschungsmethoden besteht in der systematischen Ordnung von Untersuchungsobjekten unter Nutzung von sinnvollen Merkmalen[357]. Damit ist es kongruent zu den in Unterkapitel 3.1.2 formulierten Zielen zur Gestaltung der Kooperation zwischen Corporates und Start-ups. Die Typisierung als analytische Forschungsmethode hat bisweilen mehr aufzuweisen als eine rein ordnende Funktion für Untersuchungsobjekte[358]. Die Gewinnung von Typologien mittels Typisierung und die damit verbundenen Denkprozesse ermöglichen die Aufdeckung und Erklärung von Sachverhalten und fördern die Formulierung von Gestaltungsempfehlungen[359]. Damit bietet die Typisierung für alle Erkenntnisziele der Realwissenschaften einen Mehrwert[360].

---

[355] I.A.a. Schrader (1993), Kooperation, S. 225

[356] Die Typisierung entstammt dem Griechischen und bezeichnet die Lehre vom Typus oder Typenlehre. Vgl. Baum (2011), Morphologie der Kooperation, S. 25

[357] Vgl. Welter (2006), Typisierung, S. 113; Bailey (1994), Classification, S. 4ff.; Kluge (1999), Typenbildung, S. 31

[358] Vgl. Kuckartz (2020), Typenbildung, S. 799

[359] Vgl. Welter (2006), Typisierung, S. 114

[360] Vgl. Zelewski (2008), Grundlagen, S. 32

Allgemein bezeichnet ein Typ eine Kategorie oder Art von Dingen, welche durch determinierende charakteristische Merkmale gekennzeichnet sind[361]. Typologien als Ergebnis der Typisierung begründen sich durch mindestens zwei Merkmale[362]. Weiterhin werden Typologien durch unscharfe Grenzen sowie teilweise fließende Übergänge zwischen einzelnen Typen charakterisiert[363]. Typen sollen dabei gut voneinander zu unterscheiden sein (externe Heterogenität), während zugleich die Ähnlichkeit der Elemente innerhalb eines Typs gefordert wird (interne Homogenität)[364]. Im Kontext der Typisierung stellt ein Typ das Ergebnis der Kombination von bestimmten Merkmalen oder Merkmalsausprägungen quantitativer oder qualitativer Natur dar[365]. Hieraus folgt, dass ein Typ durch eine charakterisierende Kombination von Ausprägungen bestimmter Merkmale beschrieben werden kann[366]. WELTER folgend wird grundlegend zwischen typenbildenden und typenbeschreibenden Merkmalen differenziert: Typenbildende Merkmale sind konstitutiv für das Vorliegen eines Typen, wohingegen typenbeschreibende Merkmale diesen detaillierter definieren. Dabei stellen Typen in ihrer Ausprägung, als Objekte der Typologie, real beobachtbare Ausprägungen des Untersuchungsbereichs dar.[367] Eine Typologie muss daher nicht nur logisch, sondern auch verifiziert und damit de facto wahr sein[368]. Dem Verständnis von WELTER folgend ist der Abstraktionsgrad der Typisierung zwischen vollständiger Verallgemeinerung des Untersuchungsbereiches und fokussierter, individueller Betrachtung einzelner Objekte anzusiedeln[369]. Dieses Verständnis entspricht dem der vorliegenden Dissertation.

Die rein konzeptionell begründeten Verfahren zur Typisierung werden als analytische Verfahren bezeichnet und lassen sich in fünf Schritten beschreiben[370]:

1. Abgrenzung des relevanten Untersuchungsbereichs
2. Selektion geeigneter Merkmale
3. Definition sinnvoller Merkmalsausprägungen

---

[361] Der Begriff „Typ“ entstammt dem Griechischen (typos). Vgl. Kuckartz (2020), Typenbildung, S. 798; Duden (2015), Fremdwörterbuch, S. 1095

[362] Vgl. Welter (2006), Typisierung, S. 113; Knoblich (1969), Warentypologie, S. 27; Kuckartz (2020), Typenbildung, S. 800; Bailey (1994), Classification, S. 5f.

[363] Vgl. Bailey (1994), Classification, S. 5f.

[364] Vgl. Kluge (1999), Typenbildung, S. 27; Kluge (2000), Typenbildung, S. 2; Kuckartz (2020), Typenbildung, S. 799

[365] Vgl. Smith (2002), Typologies, S. 381; Welter (2006), Typisierung, S. 115

[366] Vgl. Wolf (2000), Gestaltansatz, S. 29

[367] Vgl. Welter (2006), Typisierung, S. 114f.

[368] Vgl. Knoblich (1969), Warentypologie, S. 32

[369] Vgl. Welter (2006), Typisierung, S. 113

[370] Vgl. Knoblich (1969), Warentypologie, S. 47ff.; Welter (2006), Typisierung, S. 115

4. Bildung von Typen durch Kombination von Merkmalsausprägungen
5. Grafische Darstellung der gewonnenen Typen

Die Bildung von Typen durch Merkmalskombinationen wiederum kann in die analytische sowie synthetische Vorgehensweise unterschieden werden. Voraussetzung für eine analytische Bildung von Typen[371] stellt die Vorkenntnis von einem konkreten Typen dar. Hiervon ausgehend wird dieser Typ rückwärtsgewandt, durch sukzessive Isolation der Merkmalsausprägungen gebildet. Die synthetische Typenbildung[372] erzeugt durch sinnvolle Kombinationen von Merkmalen und Merkmalsausprägungen neue Typen auf eine konstruktive Art und Weise. Die so gewonnenen Typen müssen anschließend auf Relevanz für das Untersuchungsziel sowie hinsichtlich ihrer Belegbarkeit geprüft werden.[373] Nach WELTER ist es sinnvoll, die analytische und die synthetische Vorgehensweise zu kombinieren. Die daraus resultierende, sachlogische Typenbildung vermeidet neben einer zu hohen Generalisierung auch eine zu stark ausgeprägte Einzelfallbetrachtung. Da es im Rahmen der sachlogischen Typenbildung zu einer großen Anzahl an Kombinationsmöglichkeiten kommen kann, ist eine rein kombinatorische Betrachtung selten zielführend. Zur Überwindung dieses Dilemmas empfiehlt WELTER die Identifizierung von inhaltlichen Zusammenhängen zwischen Merkmalen, die eine ausschließlich ordnende Logik übersteigen. Diese Merkmalsverbünde treten auf, wenn sich bestimmte Merkmalsausprägungen verschiedener typenbildender Merkmale bedingen oder gegenseitig exkludieren.[374]

Weist eine Typologie eine große Anzahl an theoretisch sinnvollen Typen und damit eine hohe Komplexität auf, können die Verfahren der Typisierung um Verfahren der typologischen Reduktion ergänzt werden. Die Reduktion zielt auf eine Verringerung der Anzahl an Typen ab und kann sowohl anhand der Verringerung bereits definierter Typen als auch anhand der Merkmale erfolgen.[375] Nach KLUGE gibt es drei für diese Dissertation relevante Vorgehensweisen zur Reduktion[376]: Die Vereinfachung der Dimensionen (1) erfolgt bspw. durch Veränderung des Messniveaus oder Zusammenfassung von Merkmalen aus empirischen und theoretischen Gründen[377]. Erscheint die

[371] Die analytische Typenbildung wird auch als retrograde Typisierung bezeichnet. Vgl. Welter (2006), Typisierung, S. 116; Knoblich (1969), Warentypologie, S. 32

[372] Auch als progressive, bzw. konstruktive Typenbildung bekannt. Vgl. Welter (2006), Typisierung, S. 116; Knoblich (1969), Warentypologie, S. 32

[373] Vgl. Knoblich (1969), Warentypologie, S. 32; Welter (2006), Typisierung, S. 116

[374] Vgl. Welter (2006), Typisierung, S. 116

[375] Vgl. Bailey (1994), Classification, S. 26; Kuckartz (2020), Typenbildung, S. 802

[376] Vgl. Kluge (1999), Typenbildung, S. 100ff.

[377] Vgl. Kluge (1999), Typenbildung, S. 101; Barton (1955), Property-Space, S. 45ff.

Differenzierung zwischen einzelnen Typen unter Berücksichtigung der Forschungsfrage als nicht sinnvoll oder erschwert sie die anschließende Analyse, fasst die forschungspragmatische Reduktion (2) Merkmalsausprägungen oder auch Typen zusammen.[378] Sie stellt die am häufigsten eingesetzte und damit die wichtigste Art der Reduktion dar. Die funktionale Reduktion (3) führt zu einem Ausschluss von einzelnen Typen, Merkmalen oder Merkmalsausprägungen, wenn diese, bspw. aufgrund von direkter Korrelation, gar nicht oder nur sehr selten auftreten[379].

### 3.3.4 Referenzmodellierung

Generell stellen Referenzmodelle Bezugspunkte für die unternehmensspezifische Modellkonstruktion dar und repräsentieren dabei eine Klasse von Anwendungsfällen[380]. Referenzmodelle abstrahieren den Kontextbezug bewusst und vermeiden so die ausschließliche Wiedergabe von kontextspezifischen Inhalten[381]. Sie dienen damit auch als Ausgangspunkt zur Lösungsentwicklung von konkreten Aufgabenstellungen[382]. In Bezug auf die Aufgabenstellung unterscheidet man bspw. zwischen Vorgehensreferenzmodellen, branchenspezifischen Referenzmodellen oder auch softwarespezifischen Referenzmodellen. Referenzmodelle mit einer groben Darstellung des Vorgehens werden auch als Phasenmodelle bezeichnet.[383]

Das Vorgehensmodell zur *Referenzmodellierung* nach SCHÜTTE basiert auf den Grundsätzen ordnungsgemäßer Modellierung (GoM)[384] und ermöglicht die zielgerichtete Steuerung der Modellierungsaktivtäten. Es umfasst fünf Phasen und gibt in diesen Phasen Gestaltungsempfehlungen zur Konstruktion und Anwendung von Referenzmodellen. In der ersten Phase erfolgt eine initiale Problemdefinition, die sich auf besonders relevante Hypothesen für eine Unternehmensklasse bezieht. Auf dieser Basis wird in Phase 2 top-down ein Referenzmodellrahmen zur Standardisierung von Begrifflichkeiten und Modellbausteinen konstruiert. In der dritten Phase erfolgt die Konstruktion und Detaillierung der Referenzmodellstruktur anhand von Strukturanalogien. Anschließend wird diese in Phase 4 komplettiert, bevor in der abschließenden fünften

---

378 Vgl. Barton (1955), Property-Space, S. 47ff.; Kluge (1999), Typenbildung, S. 101f.

379 Vgl. Bailey (1994), Classification, S. 27; Vgl. Barton (1955), Property-Space, S. 49f.; Kluge (1999), Typenbildung, S. 103

380 Vgl. Schütte (1998), Referenzmodellierung, S. 69

381 Vgl. Patzwald (2022), Technologiestrategien, S. 82; Rosemann, Schütte (1999), Referenzmodellierung, S. 23

382 Vgl. Fettke, Loos (2002), Referenzmodelle, S. 10; Patzwald (2022), Technologiestrategien, S. 82; Scheer (1999), Business Engineering, S. 6

383 Vgl. Patzwald (2022), Technologiestrategien, S. 82; Scheer (1999), Business Engineering, S. 6

384 Die Grundsätze ordnungsgemäßer Modellierung bieten einen Katalog an Kriterien, der die Bewertung von Maßnahmen zur Modellkonstruktion ermöglicht. Vgl. Schütte (1998), Referenzmodellierung, S. 111ff.

Phase die Anwendung in der Praxis erfolgt. Dieser Anwendung kommt besondere Bedeutung zu, da erst so der Nutzen für den Anwender erkenntlich wird. Das beschriebene Vorgehen nach SCHÜTTE wird in Abbildung 3-4 übersichtlich dargestellt.

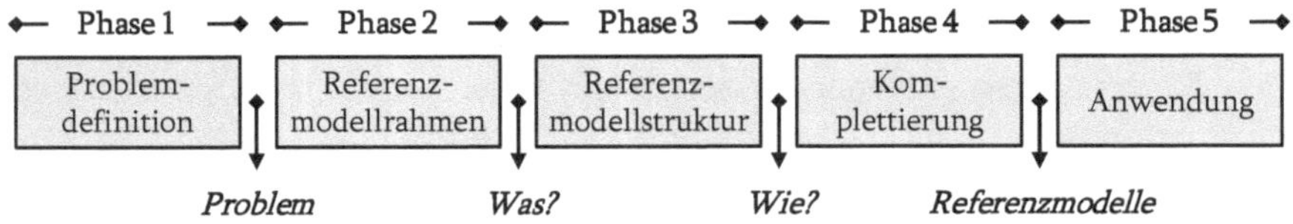


**Abbildung 3-4: Vorgehensmodell zur Referenzmodellierung**[385]

Das Vorgehen zur Referenzmodellierung wird in der vorliegenden Arbeit genutzt, um das bisher unstrukturierte Forschungsfeld der Start-up-Ziele aufzuarbeiten und mittels Referenzmodellen eine systematische Identifizierung von Kooperationszielen zu ermöglichen (vgl. Unterkapitel 3.4.2 sowie Teilkapitel 4.2).

### 3.3.5 Multikriterielle Entscheidungstheorie

Die *multikriterielle Entscheidungstheorie* wird dem präskriptiven Strang der Entscheidungstheorie zugeordnet und verfolgt das Ziel, Entscheidungssubjekte zu befähigen, rationale Entscheidungen bei einem gegebenen Zielsystem zu treffen – so z. B. bei der Gestaltung von Kooperationen[386]. Der Fokus liegt dabei auf der Entwicklung einer Entscheidungslogik, die der formalen Rationalität folgend eine logische Handlungsempfehlung bei mehreren, in Konflikt stehenden Zielgrößen ermöglicht[387]. In der Literatur herrscht weiterhin die Meinung vor, dass Entscheidungsmodelle, die mehrere Ziele berücksichtigen, die Realität besser abbilden als Modelle, die sich lediglich an einer Zielsetzung orientieren[388]. Unter Berücksichtigung der vielfältigen Zielstellungen von Corporates und Start-ups stellt die multikriterielle Entscheidungstheorie eine geeignete Grundlage zur Formulierung des Entscheidungsproblems und die Ableitung eines Entscheidungsmodells im Kontext der vorliegenden Arbeit dar.

---

[385] i. A. a. Patzwald (2022), Technologiestrategien, S. 82; Rosemann, Schütte (1999), Referenzmodellierung, S. 27; Schütte (1998), Referenzmodellierung, S. 185

[386] Vgl. Obermaier, Saliger (2020), Entscheidungstheorie, S. 1f.; Laux et al. (2018), Entscheidungstheorie, S. 3f.; Nitzsch (2021), Entscheidungslehre, S. 4

[387] Vgl. Laux et al. (2018), Entscheidungstheorie, S. 4

[388] Vgl. Greco et al. (2005), Multiple Criteria, S. 4ff.; Zimmermann, Gutsche (1991), Multi-Criteria, S. 21; Stewart (1992), Decision Making, S. 569ff.

Generell lassen sich multikriterielle Entscheidungsprobleme anhand der folgenden Eigenschaften charakterisieren[389]:

- *Multiple Ziele*: Das Entscheidungsproblem enthält mehrere, für die Problemstellung relevante, Ziele
- *Zielkonflikte*: Ziele können im Konflikt zueinanderstehen und die Erreichung des einen kann das Ergebnis des anderen Ziels verschlechtern
- *Nicht vergleichbare Einheiten*: Einzelne Ziele werden mit verschiedenen, untereinander nicht vergleichbaren Bewertungsmaßstäben gemessen
- *Auswahl einer Lösung*: Die Lösung erfolgt durch Auswahl jener Handlungsalternative, die für den Entscheider über alle Ziele den größten Nutzen bietet

Gemäß der Literatur werden multikriterielle Entscheidungsprobleme in Multi-Attribut-Entscheidungen (MADM) sowie Multi-Objective-Entscheidungen (MODM) klassifiziert[390]. Bei MADM ist die Anzahl der Handlungsalternativen endlich und zumeist im Voraus bekannt, während bei MODM keine explizite Menge bestimmt wird. Vielmehr setzt sich diese aus allen Handlungsalternativen zusammen, welche die definierten Nebenbedingungen erfüllen.[391] Von klassischen MADM- und MODM-Ansätzen werden die entscheidungstechnologischen Ansätze explizit abgegrenzt. Wenngleich der Entscheidungsprozess mit diesen Ansätzen effizienter gestaltet werden kann, stellen sie nur Entscheidungshilfen dar und werden daher nicht weiter berücksichtigt.[392]

Die Bestimmung des Fokus einer Kooperation in der vorliegenden Arbeit stellt ein Entscheidungsproblem dar, das in der Auswahl derjenigen Handlungsalternativen besteht, welche die multiplen Kooperationsziele bestmöglich erfüllen. Die zur Auswahl stehenden Handlungsalternativen sind dabei endlich. Mithin liegt der Fokus in dieser Dissertation auf Ansätzen zu multiattributiven Entscheidungen.

**Multiattributive Entscheidungsverfahren**

Die Verfahren der *multiattributiven Entscheidungsfindung* ermöglichen die Ermittlung einer optimalen Lösung durch problembezogene sowie vollständige Modellierung einer Präferenzstruktur, in welcher die optimale Handlungsalternative den höchsten Präferenzwert aufweist[393]. Dabei drücken die Präferenzwerte, den für den Entscheider subjektiven Nutzen einer Handlungsalternative in Bezug auf die zu Grunde liegenden

---

[389] Vgl. Zimmermann, Gutsche (1991), Multi-Criteria, S. 21f.; Hwang, Yoon (1981), Decision Making, S. 2

[390] Vgl. Hwang, Yoon (1981), Decision Making, S. 3

[391] Vgl. Greco et al. (2005), Multiple Criteria, S. 993ff.; Zimmermann, Gutsche (1991), Multi-Criteria, S. 25

[392] Vgl. Zimmermann, Gutsche (1991), Multi-Criteria, S. 26

[393] Vgl. Nitzsch (1992), Entscheidung, S. 16

Ziele aus[394]. Die Handlungsalternativen selbst repräsentieren die Handlungsmöglichkeiten des Entscheiders in der Entscheidungssituation[395]. Die unterschiedliche Bedeutung der Ziele in multiattributiven Entscheidungssituationen wird mittels der Ziele zugeordneten, normierten Gewichten beschrieben. Die Modellierung der Präferenzstruktur des multiattributive Entscheidungsproblem wird in Form einer Zielerreichungsmatrix dargestellt.[396] Abbildung 3-5 sei eine Zielerreichungsmatrix $(m\ x\ n)$ in welcher die Ergebnisse $x_{ij}$ die erreichte Ausprägung der Handlungsalternative $A_i (i = 1, ..., m)$ im Hinblick auf das Ziel $C_j$ $(j = 1, ..., n)$ angeben. Ferner wird die Bedeutung der Ziele $C_j$ durch die Gewichtung $w_i$angegeben. Die Präferenz $P_i$ indiziert den Präferenzwert der Handlungsalternativen $A_i$.

| | Ziele | | | | | Präferenz |
|---|---|---|---|---|---|---|
| **Handlungsalternativen** | $C_1$ | $C_2$ | $C_j$ | ... | $C_n$ | Σ |
| $A_1$ | $x_{11}$ | $x_{12}$ | $x_{1j}$ | ... | $x_{1n}$ | $P_1$ |
| $A_2$ | $x_{21}$ | $x_{22}$ | $x_{2j}$ | ... | $x_{2n}$ | $P_2$ |
| ... | ... | ... | ... | ... | ... | ... |
| $A_m$ | $x_{m1}$ | $x_{m2}$ | $x_{mj}$ | ... | $x_{mn}$ | $P_m$ |
| **Gewichte** | $w_1$ | $w_2$ | $w_j$ | ... | $w_n$ | |

**Abbildung 3-5: Zielerreichungsmatrix der MADM[397]**

Die Lösung eines multiattributiven Entscheidungsproblems durch Auswahl einer Handlungsalternative erfolgt generell mittels Maximierung der Nutzenfunktion des Entscheiders[398]. Dieser Maximierungsvorschrift folgt auch diese Arbeit.

Zur Konzeption der Methodik in dieser Arbeit stehen folglich insbesondere die Methoden zur Ermittlung der Präferenzen durch problembezogene Modellierung der Präferenzstruktur in MADM im Fokus[399]. Das Entscheidungsproblem in der vorliegenden Arbeit wird unter verfügbaren Informationen zur Gewichtung der Ziele sowie bei Sicherheit durch den Entscheider formuliert. Somit bieten sich die folgenden multiattributive Entscheidungsverfahren zur Entwicklung eines Entscheidungsmodells an: [400]

394 Vgl. Eisenführ, Weber (2003), Entscheiden, S. 16; Hagenloch, Söhnchen (2006), Grundlagen, S. 15

395 Vgl. Eisenführ, Weber (2003), Entscheiden, S. 16

396 Vgl. Triantaphyllou (2000), Decision Making Methods, S. 2f.

397 I.A.a. Triantaphyllou (2000), Decision Making Methods, S. 3

398 Vgl. Laux et al. (2018), Entscheidungstheorie, S. 36

399 Vgl. Nitzsch (1992), Entscheidung, S. 16; Triantaphyllou (2000), Decision Making Methods, S. 5f.

400 Vgl. Zimmermann, Gutsche (1991), Multi-Criteria, S. 28f.; Triantaphyllou (2000), Decision Making Methods, S. 4; Hwang, Yoon (1981), Decision Making, S. 25

- Lineare Zuordnung
- (Einfache) Gewichtete Summe[401]
- Analytical Hierarchy Process (AHP)

Bedingt durch die Stringenz und Simplizität in der Lösung der multiattributiven Entscheidungsprobleme weist die Methode der gewichteten Summe eine besonders hohe Praktikabilität auf. Sie stellt in diesem Kontext eine heuristische Methode zu Lösung des multiattributiven Entscheidungsproblems dar. Die gewichtete Summe bestimmt den Präferenzwert jeder einzelnen Handlungsalternative durch die Summe der Beiträge zu einem Ziel. Die berechneten Präferenzwerte werden anschließend in eine Rangfolge zur Auswahl der Alternative mit dem höchsten kardinalen Wert gebracht.[402] Sofern die Rahmenbedingungen Kardinalität, Präferenzunabhängigkeit sowie Differenzunabhängigkeit perfekt erfüllt werden, ist die Methode der gewichteten Summe exakter sowie nachvollziehbarer als vergleichbare Methoden[403]. Darüber hinaus ist die gewichtete Summe in der Anwendung mit weniger Aufwand verbunden als der AHP, welcher sich insbesondere wegen der Bestimmung der Einzelwerte sowohl für die Ziele als auch für die Kriterien als wenig praktikabel zeigt[404]. Für die vorliegende Arbeit folgt daraus, dass die Methode der gewichteten Summe die Anforderungen bestmöglich erfüllt und daher für die Konzeption übernommen wird.

Nach Erläuterung der zur Konzeption relevanten Theorien und Werkzeuge erfolgt im anschließenden Teilkapitel die Entwicklung des Grobkonzepts der Methodik.

## 3.4 Grobkonzept zur Gestaltung von Kooperationen zwischen Corporates und Start-ups

In dieser Dissertation wird eine Methodik entwickelt, die Corporates und Start-ups eine systematische Gestaltung der Kooperation ermöglichen soll. Unter Berücksichtigung der formalen sowie der inhaltlichen Anforderungen (vgl. Teilkapitel 3.1) wird

---

[401] Die Methode der gewichteten Summe wird im Kontext der MADM auch als Weighted Sum Model (WSM) bezeichnet. Ferner hat sich in der Systemtechnik die Nutzwertanalyse (NWA) etabliert, die auf dem gleichen Prinzip basiert. Vgl. Eisenführ, Weber (1993), Entscheiden, S. 113

[402] Vgl. Chen, Hwang (1992), Decision Making, S. 36; Nitzsch (1992), Entscheidung, S. 23; Triantaphyllou (2000), Decision Making Methods, S. 6f.

[403] Die Forderung nach Kardinalität beschreibt eine endliche Menge an Zielen sowie Alternativen. Die Präferenzunabhängigkeit fordert, dass die Gewichte und Einzelwerte von Zielen unabhängig von anderen Zielen festgelegt werden. Die Differenzunabhängigkeit verlangt, dass die Gewichte und Einzelwerte in ihrer Ausprägung unabhängig voneinander sind. Vgl. Untiedt (2009), Technologie Rating, S. 44; Hadeler, Arentzen (2000), Wirtschafts-Lexikon, S. 2272; Eisenführ, Weber (1993), Entscheiden, S. 113ff.

[404] Vgl. Nitzsch (1992), Entscheidung, S. 25; Obermaier, Saliger (2020), Entscheidungstheorie, S. 69

zur Konzeption der Methodik die Systemtechnik genutzt. Aufgrund divergierender Ziele und eines asymmetrischen Verhältnisses von Corporates und Start-ups als Kooperationspartner, treten im Zuge der Kooperationsgestaltung wechselseitig Informationsdefizite auf[405]. Den Ausgangspunkt zur Konzeption der Methodik bildet folglich die Prinzipal-Agent-Theorie. Zur Vermeidung der opportunistischen Ausnutzung der Asymmetrien durch einen der Partner unterstützt die Methodik die Überwindung von Informationsdefiziten.

Den Startpunkt der Kooperationsgestaltung stellt daher die Schaffung von Transparenz über die Kooperationsmotive sowie die Ausgangssituation der beiden Partner dar (vgl. Unterkapitel 3.4.1). Da Kooperationen zur Erzielung von Wettbewerbsvorteilen eingegangen werden, ist eine fundierte Kenntnis über den Kooperationspartner erforderlich. Zur Vermeidung einer Negativauslese bedarf es eines Modells zur Aufnahme der angestrebten Erfolgspotenziale zur Erzielung von Wettbewerbsvorteilen sowie des Kontextes der Kooperationspartner. Bedingt durch die wechselseitigen Informationsasymmetrien müssen sowohl das Start-up als auch das Corporate gleichermaßen berücksichtigt werden.

Kooperation zwischen Corporates und Start-ups sind vor allem durch die technologischen Innovationen der Start-ups und das Interesse des Corporates daran geprägt. Folglich sind Kooperationen primär auf die positive Entwicklung des Start-ups ausgerichtet. Aufgrund mangelnder Kenntnisse über den Entwicklungsstatus des Start-ups auf Seiten des Corporates sowie bedingt durch fehlende Erfahrungen des Start-ups können daraus jedoch nicht ohne Weiteres Zielsetzungen für die Kooperation abgeleitet werden. Es bedarf eines Modells, welches die Charakterisierung von geeigneten Kooperationszielen eines Start-ups und die Auswahl von Zielen für eine Kooperation ermöglicht (vgl. Unterkapitel 3.4.2). Damit wird das Informationsdefizit der „Hidden Intention" aufgegriffen und die Gefahr des Hold-up-Problems während der Kooperation reduziert.

Eine gemeinsame Zielsetzung ermöglicht jedoch weder eine positive Entwicklung des Start-ups noch die Erschließung von Erfolgspotenzialen des Corporates. Somit ist die Entwicklung eines Modells zur Bestimmung des Unterstützungsfokus auf Basis der zuvor identifizierten Kooperationsziele notwendig (vgl. Unterkapitel 3.4.3). Das Modell ist durch die Tatsache begründet, dass Start-ups, die über eine limitierte Ausstattung verfügen, in Kooperationen Zugang zu den Fähigkeiten und Ressourcen eines Corpo-

[405] Vgl. Picot et al. (2020), Organisation, S. 114

rates und damit die notwendige Unterstützung zur erfolgreichen Entwicklung erhalten. Das Modell zur Bestimmung des Unterstützungsfokus leitet sich aus dem Defizit der „Hidden Information" ab und ermöglicht eine verbesserte Ergebnisbeurteilung für beide Kooperationspartner.

Wie die Analyse der Wissenschaftsliteratur gezeigt hat, berücksichtigen etablierte Formen der Kooperation das asymmetrische Verhältnis der Kooperationspartner Corporates und Start-ups nur unzureichend (vgl. Teilkapitel 2.5). Damit die Kooperation zwischen Corporates und Start-ups erfolgreich gestaltet werden kann, bedarf es im Zuge der Methodikentwicklung eines Modells zur Bestimmung von spezifischen Typen der Kooperation als Ausgangspunkt einer potenziellen Lösungsmenge für asymmetrische Kooperationspartner (vgl. Unterkapitel 3.4.4). Grundlegende Voraussetzung dafür ist, dass beide Kooperationspartner die angestrebten Erfolgspotenziale und Kooperationsziele bestmöglich erreichen können – ungeachtet ihres Engagements in der Kooperation. Die Bestimmung spezifischer Kooperationstypen beugt einem etwaigen Informationsdefizit der „Hidden Action" vor und reduziert so die Gefahr von „Moral Hazard".

Zur Sicherstellung einer systematischen Reduktion der Informationsasymmetrien bedarf es schließlich eines Modells zur Gestaltung der Kooperation (vgl. Unterkapitel 3.4.5). Das Modell greift die zuvor entwickelten Partialmodelle auf und integriert diese zu einem Lösungsansatz, der auf die Gestaltung der Kooperation sowie die Bestimmung des Unterstützungsfokus auf Basis der partnerspezifischen Erfolgspotenziale und Kontextfaktoren abzielt. Dem Begriffsverständnis einer Methodik folgend wird dem Adressaten der vorliegenden Arbeit durch die Verknüpfung der erarbeiteten Modelle mittels einer Vorgehensweise abschließend die Anwendung ermöglicht.

Aus der sachlogischen Verknüpfung der zuvor hergeleiteten Partialmodelle resultiert die grobe Modellstruktur der Methodik, welche in Abbildung 3-6 illustriert wird.

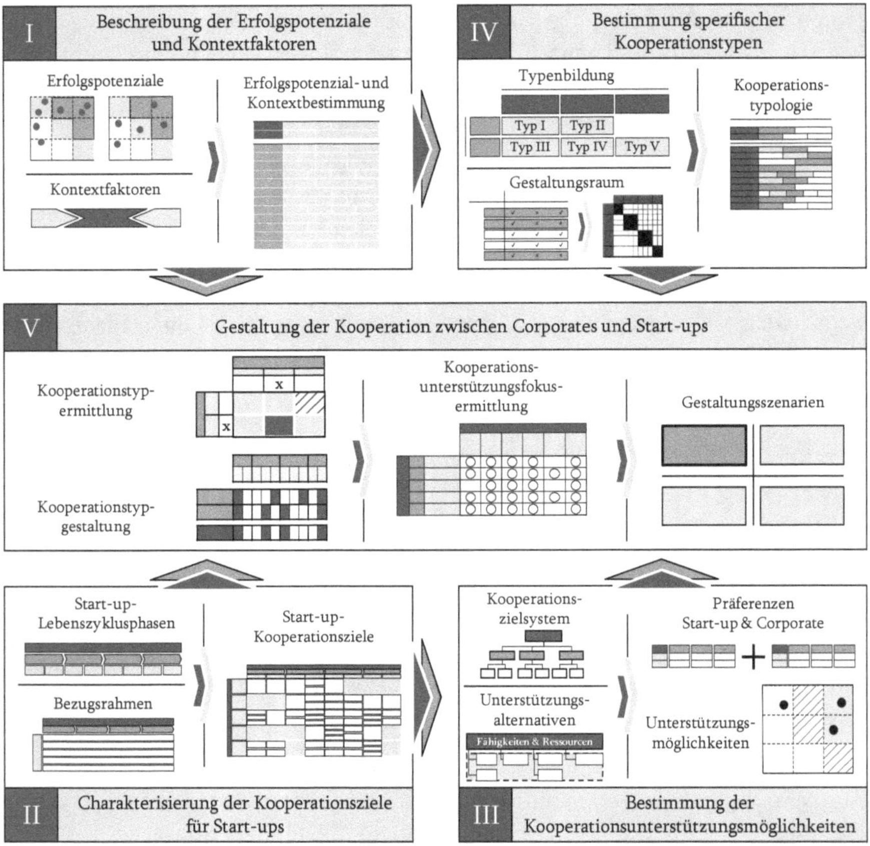


**Abbildung 3-6: Grobkonzept der Methodik in fünf Partialmodellen**[406]

Nachfolgend wird das Grobkonzept anhand der dedizierten Partialmodelle in den Unterkapiteln 3.4.1 bis 3.4.5 verfeinert, bevor diese in Kapitel 4 detailliert werden.

### 3.4.1 Beschreibung der Erfolgspotenziale und Kontextfaktoren der Kooperation

Damit es bei der Auswahl eines Kooperationspartners im Rahmen der Kooperationsgestaltung nicht zu einer Negativauslese kommt, bedarf es der Aufnahme der Motive sowie Randbedingungen der Kooperation. Ausgehend von den identifizierten Defiziten in Teilkapitel 2.5 zeigt sich, dass dabei beide Kooperationspartner äquivalent, also

[406] Eigene Darstellung

gleichberechtigt einbezogen werden müssen. Insbesondere in Kooperationen ermöglicht das Verständnis über die Motive oder Ziele eines Kooperationspartners eine Vorhersage des möglichen Verhaltens[407]. Daraus folgt, dass das Partialmodell zur Beantwortung der Teilforschungsfrage das Informationsdefizit der Hidden Characteristics reduzieren muss. Das fokussierte Informationsdefizit sowie die dem Partialmodell zu Grunde liegende Teilforschungsfrage wird in Abbildung 3-7 zusammengefasst.

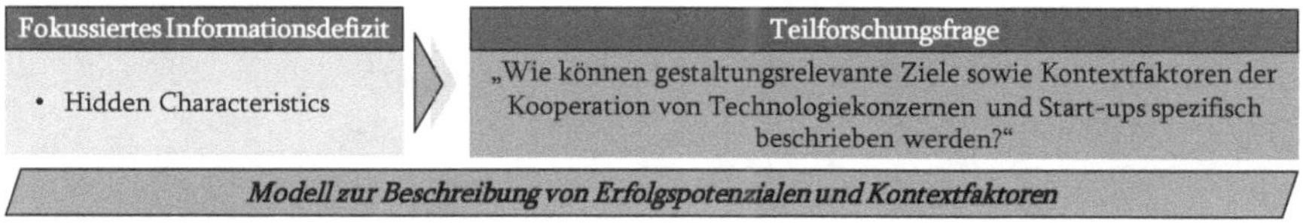


**Abbildung 3-7: Fokus des ersten Partialmodells**

Der kontingenztheoretischen Kooperationsforschung folgend ist die Kooperationsgestaltung auf den Erfolg der Kooperation ausgelegt (vgl. Unterkapitel 3.3.1). Die Entwicklung des Modells gliedert sich daher in zwei Schritte: Der erste Schritt dient der Definition des Kooperationserfolges durch Identifizierung und Beschreibung gestaltungsrelevanter Ziele. In Anlehnung an die potenzialorientierte Managementlehre bietet das Konzept der Erfolgspotenziale einen geeigneten Lösungsraum (vgl. Abschnitt 2.2.2.2). Ausgehend von der inhaltlichen Anforderung der Berücksichtigung beider Kooperationspartner bietet das Konzept der kumulativen Erfolgsbestimmung die Grundlage zur Identifizierung gestaltungsrelevanter Ziele[408]. Diesem Verständnis folgend können sowohl für Corporates als auch für Start-ups mittels einer Literaturrecherche geeignete Erfolgspotenziale identifiziert werden. Durch anschließende Bewertung lässt sich die Gestaltungsrelevanz ermitteln und Erfolgspotenziale lassen sich hiernach beschreiben.

SCHRADER folgend beeinflusst der Kontext der Kooperation sowohl die Gestaltung als auch den Kooperationserfolg. Begründet in der kontingenztheoretischen Kooperationsforschung bedarf es im zweiten Schritt der Modellentwicklung der Identifizierung und Beschreibung von gestaltungsrelevanten Kontextfaktoren. Diese Kontextfaktoren

---

[407] Vgl. Schuh et al. (2005), Kooperationsmanagement, S. 60

[408] Vgl. Wohlgemuth, Hess (1999), Erfolgsbestimmung, S. 30

umfassen Kontextbedingungen der Kooperation, insbesondere in Bezug auf den Kooperationspartner und industriespezifische Merkmale.[409] Dazu müssen initial grundsätzlich geeignete Kontextfaktoren identifiziert und beschrieben werden, wofür sich insbesondere eine Literaturanalyse eignet.

Um der Anforderung nach einfacher Handhabbarkeit zu genügen, gilt es abschließend für die Erfolgspotenziale sowie Kontextfaktoren eine geeignete Darstellungsform zu ermitteln. Die Erreichung des Ziels der schnellen und transparenten Erfassung aller notwendigen Informationen wird durch die Darstellungsform des morphologischen Kastens ermöglicht, weshalb dieser im Zuge der Modellentwicklung genutzt wird[410].

### 3.4.2 Charakterisierung der Kooperationsziele für Start-ups

Zur Reduktion der Gefahr einer opportunistischen Ausnutzung durch das Corporate bedingt durch „Hidden Intention", empfiehlt es sich auf kollektive, gemeinsame Ziele zu verzichten und die Ziele der Kooperation stattdessen an den Start-up Zielen auszurichten. Da Start-ups über keine strategische Zieldefinition verfügen und in ihren Entwicklungsphasen einer situationsbedingten Volatilität durch Pivotierung, Geschäftsmodellidentifizierung etc. unterliegen, existiert für sich keine adäquate Formulierung von Zielen für Kooperationen. Daher bedarf es der Entwicklung eines Modells, welches generische Ziele zur Kooperation für Start-ups in Form eines Beschreibungsmodells darstellt. Die Zielsetzungen in diesem Modell müssen dabei die Schwerpunkte des Start-ups in verschiedenen Wachstumsphasen berücksichtigen und es befähigen, ausgehend von diesen Zielsetzungen, Unterstützungsbedarfe an den Kooperationspartnern Corporate zu formulieren. Die zu beantwortende Teilforschungsfrage zielt daher auf die Identifizierung von generischen Kooperationszielen von Start-ups ab und wird in Abbildung 3-8 dargestellt.

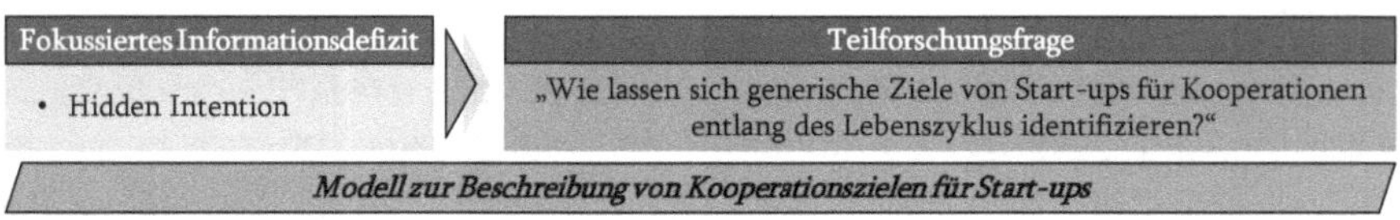


**Abbildung 3-8: Fokus des zweiten Partialmodells**

Zur systematischen Formulierung von Zielen für Start-ups bedarf es zunächst des Aufbaus eines geeigneten Phasenkonzepts für Start-ups. Die Entwicklungsphasen von

[409] Vgl. Schrader (1993), Kooperation, S. 225

[410] Vgl. Schulte-Zurhausen (2014), Organisation, S. 618

Start-ups werden in der Wissenschaftsliteratur breit diskutiert, mithin mangelt es jedoch an einer passenden Systematisierung der Lebenszyklen. Zur Charakterisierung eines Zielsystems wird daher in diesem Modell durch Nutzung der Referenzmodellierung nach SCHÜTTE ein geeignetes Phasenkonzept für die Definition von Zielen für Start-ups entwickelt[411]. Da bisher insbesondere Lücken in den Phasen des extensiven Wachstums von Start-ups identifiziert wurden, bedarf es der expliziten Berücksichtigung dieser Phasen in der Modellierung (vgl. Abschnitt 4.2.1.2).

Neben der Orientierung durch entsprechende Lebenszyklusphasen bedarf es weiterhin der Strukturierung der Herausforderungen und Ziele von Start-ups, um eine systematische Erfassung der Ziele zu sichern. Hierzu wird in diesem Modell auf die Organisationstheorie zurückgegriffen. Mittels einer Referenzmodellierung lassen sich geeignete Dimensionen herleiten und ein Bezugsrahmen für das Kooperationszielsystem aufbauen. Dieser Bezugsrahmen als Referenzmodell besitzt Gültigkeit für die Klasse der Start-ups und erfüllt damit die Anforderungen nach Gültigkeit für diese Modellierungssituation[412]. Zur abschließenden Zuordnung der Kooperationsziele unter einem generischen, kooperationszentrierten Anspruch bietet sich die Zuhilfenahme einer Literaturanalyse an, um die formale Richtigkeit der Methodik zu gewährleisten.

Insgesamt ermöglicht die Detaillierung des Partialmodells zur Charakterisierung von Kooperationszielen den Start-ups eine eindeutige Auswahl relevanter Ziele in der jeweiligen Lebenszyklusphase und befähigt damit die Formulierung von Zielsystemen für den Kooperationspartner (vgl. Teilkapitel 4.2).

### 3.4.3 Bestimmung der Unterstützungsmöglichkeiten in der Kooperation

Im Verständnis des Resource-based Views begründet sich die Unterstützung des Start-ups im asymmetrischen Verhältnis der Partner und stellt eine inhaltliche Anforderung an die Methodik dar (vgl. Unterkapitel 3.1.2). Mit diesem Partialmodell wird daher das Ziel verfolgt, Unterstützungsmöglichkeiten des Start-ups durch das Corporate zu bestimmen. Es zeigt sich, dass vor allem Corporates ihre Möglichkeiten sowie die Qualität zur Unterstützung des Start-ups überschätzen[413]. Zur Vermeidung eines Moral Hazards durch Hidden Information des Corporates bedarf es daher im Zuge der Kooperationsgestaltung der eindeutigen Identifizierung und Priorisierung von Unterstützungsmög-

[411] Vgl. Schütte (1998), Referenzmodellierung, S. 111ff.

[412] Vgl. Fettke, Loos (2002), Referenzmodelle, S. 9; Schütte (1998), Referenzmodellierung, S. 70

[413] Vgl. Katila et al. (2008), Swimming with Sharks, S. 295; Hogenhuis et al. (2017), Innovation Potential, S. 4

lichkeiten des Corporates. Abbildung 3-9 illustriert die zu Grunde liegende Forschungsfrage nach Unterstützungsbedarfen des Start-ups, die durch das Corporate erfüllt werden können.

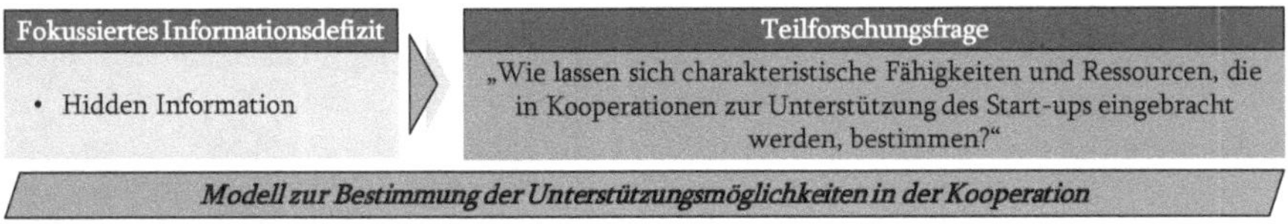


**Abbildung 3-9: Fokus des dritten Partialmodells**

Die Bestimmung der Unterstützungsmöglichkeiten stellt ein multiattributives Entscheidungsproblem dar, das von beiden Kooperationspartnern jeweils individuell gelöst und zur Bestimmung der Unterstützungsmöglichkeit zusammengeführt werden muss. Die Lösung des multiattributiven Entscheidungsproblems erfolgt mittels eines Entscheidungsmodells[414]. Bedingt durch die einfache Handhabung und den hohen praktischen Nutzen wird hierfür auf die Methode der gewichteten Summe zurückgegriffen (vgl. Unterkapitel 3.3.5), welche sich in der Systemtechnik als die von ZANGEMEISTER eingeführte Nutzwertanalyse (NWA) etabliert hat. Die NWA unterstützt unter Anwendung eines additiven Nutzwertmodells bei Entscheidungssituationen mit einer Vielzahl von Zielen sowie Handlungsalternativen und berücksichtigt dabei auch subjektive Informationen des Entscheiders in der Präferenzwertbestimmung.[415] Da die NWA eine Ordnung der Handlungsalternativen gem. dem Präferenzwertes zum Ziel hat, kann sie direkt auf die vorliegende Arbeit übertragen werden[416]. Der Aufbau des zu entwickelnden Entscheidungsmodells basiert folglich auf der NWA und umfasst neben einem Zielsystem auch Zielgewichtungen, Präferenzen sowie Handlungsalternativen. Unter Verknüpfung des potenzialorientierten Managements mit dem Resource-based View sowie dem Relational View stellen geeignete Fähigkeiten und Ressourcen die Handlungsalternativen des vorliegenden Entscheidungsproblems dar. Das Zielsystem wird durch die im vorherigen Partialmodell charakterisierten Kooperationsziele konstituiert. Ausgehend von dieser Grundlage müssen für das Entscheidungsproblem des Start-ups sowie des Corporates konsekutiv die Gewichte und Präferenzen bestimmt werden. Da die individuelle Bestimmung der Unterstützungsmöglichkeiten noch keine gemeinsame Entscheidung ermöglicht, bedarf es anschließend einer geeignete Entscheidungsgrundlage. Aufgrund der einfachen Nachvollziehbarkeit eignet

[414] Vgl. Laux et al. (2018), Entscheidungstheorie, S. 19
[415] Vgl. Zangemeister (2014), Nutzwertanalyse, S. 7ff.
[416] Vgl. Zangemeister (2014), Nutzwertanalyse, S. 45

sich für den Entscheidungsprozess vor allem die grafische Darstellung mittels einer Positionierungsmatrix[417]. Die Ausgestaltung dieser Matrix als Entscheidungsportfolio ermöglicht die Entscheidungsfindung und beschließt das Partialmodell.

### 3.4.4 Bestimmung spezifischer Kooperationstypen

Im Zentrum der Kooperation zwischen Corporates und Start-ups steht die Form bzw. der Typ der Kooperation und damit die Art und Weise der Zusammenarbeit. Der Kooperationstyp stellt somit auch in der zu entwickelnden Methodik einen zentralen Bestandteil der Gestaltung dar. In der Literatur (vgl. Teilkapitel 2.5) sowie in der Praxis[418] zeigt sich, dass etablierte Kooperationsformen bei einer asymmetrischen Beziehung der Kooperationspartner ungeeignet sind. Demzufolge bedarf es der Entwicklung und Charakterisierung spezifischer Kooperationstypen, die auf die Kooperationspartner Corporate und Start-up ausgelegt sind und damit die Informationsasymmetrie der „Hidden Action" überwinden. Das Partialmodell dient der Beantwortung der Teilforschungsfrage nach spezifischen Kooperationstypen, die die Ziele von Corporates und Start-ups erfüllen, und wird in Abbildung 3-10 illustriert.

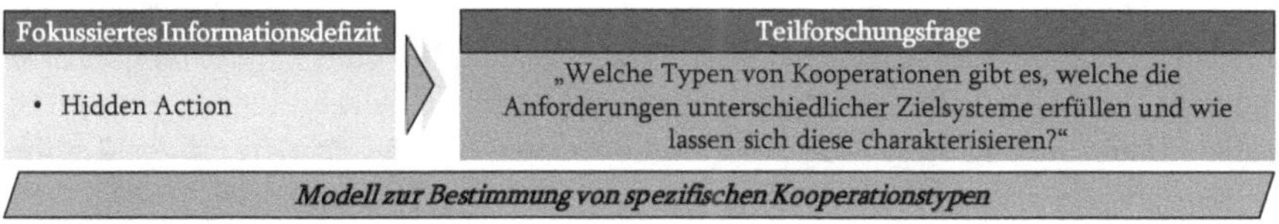


**Abbildung 3-10: Fokus des vierten Partialmodells**

Zur Beantwortung der Teilforschungsfrage mittels Erklärungsmodell der Kooperationstypen stellt die Forschungsmethode der Typisierung nach WELTER eine geeinigte Vorgehensweise bereit[419]. Der Typisierung folgend werden die Typen in dieser Dissertation in einem iterativ kombinierten Vorgehen retrograd und progressiv erarbeitet sowie abschließend grafisch dargestellt. Die zu entwickelnden Kooperationstypen müssen dabei auf typenbildenden sowie typengestaltenden Merkmalen aufgebaut sein, welche es in der Detaillierung zunächst zu identifizieren und hiernach zu beschreiben gilt. Die Anforderung zur Unterstützung der Ziele sowie zur Berücksichtigung beider Kooperationspartner muss bereits bei der Ableitung von typenbildenden Merkmalen Berücksichtigung finden. Zur Identifizierung der Gestaltungsmerkmale eignet sich ein Vorgehen in vier Schritten[420]. Ausgehend von der Annahme, dass die möglichen und

[417] Vgl. Schawel, Billing (2018), Management Tools, S. 255
[418] Vgl. Brigl et al. (2019), Honeymoon
[419] Vgl. Unterkapitel 3.3.3 sowie Welter (2006), Typisierung
[420] Vgl. Schröder (2020), Integration von Lieferanten, S. 79; Barg (2018), Produktbaukästen, S. 113

wesentlichen Merkmale zur Gestaltung einer Kooperation in den zahllosen Arbeiten zur Kooperationsforschung bereits beschrieben wurden, können mittels einer Literaturanalyse relevante Merkmale und Merkmalsausprägungen identifiziert werden. Damit die durch Merkmalskombination gewonnenen Typen logisch widerspruchsfrei sind, gilt es, die Kombination von Merkmalsausprägungen zu untersuchen[421]. Da sich die Konsistenzanalyse in besonderem Maße zur Identifizierung von kombinatorischen Geboten bzw. Verboten eignet, wird diese zur Analyse genutzt[422]. Darauf aufbauend werden die Typen gebildet und in einem konsistenten Gestaltungsraum beschrieben. Die grafische Darstellung schließt die Entwicklung des Modells zur Bestimmung der Kooperationstypen ab.

### 3.4.5 Gestaltung der Kooperation zwischen Corporates und Start-ups

Zielsetzung des fünften Partialmodells ist es schließlich, ein Modell zur Gestaltung der Kooperation zwischen Corporates und Start-ups durch Integration der zuvor entwickelten Partialmodellen zu erarbeiten. Es wird deutlich, dass die Beantwortung der Teilforschungsfrage die Entwicklung eines Gestaltungsmodells mit integrativem Charakter erfordert, da dieses einem Anwender im Hinblick auf das Gestaltungsziel mehrere mögliche Gestaltungsalternativen liefert und überdies eine Empfehlung zur Gestaltung geben[423]. Die Integration der ersten vier Partialmodelle ermöglicht eine integrative Überwindung der Informationsasymmetrien und Beantwortung der Teilforschungsfrage nach entsprechenden Gestaltungsoptionen (vgl. Abbildung 3-11). Folglich wird das Modell als ganzheitlicher Lösungsansatz zur Kooperationsgestaltung und Bestimmung des Kooperationsunterstützungsfokus konzipiert.

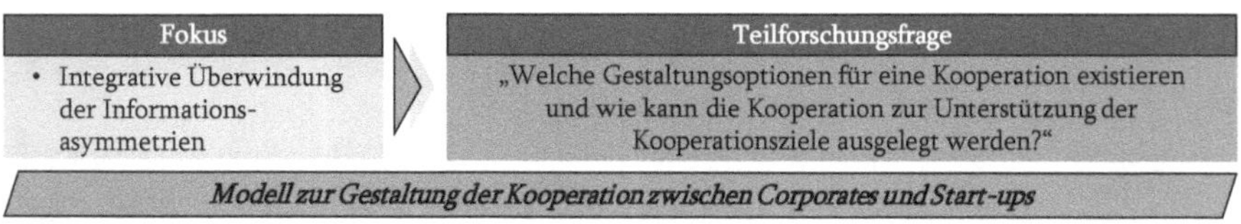


**Abbildung 3-11: Fokus des fünften Partialmodells**

Im Fokus der Modellentwicklung steht die Darstellung eines eingängigen Vorgehens zur Gestaltung. Weiterhin gilt es auf Basis der Inputgrößen aller zuvor entwickelten Partialmodelle, eine Vorlage für die Ableitung von Gestaltungsempfehlung auszuarbeiten. Zunächst bedarf es dafür einer Logik zur Kooperationstypbestimmung sowie -

---

421 Vgl. Welter (2006), Typisierung, S. 115
422 Vgl. Kosow, Gaßner (2008), Zukunfts- und Szenarioanalyse, S. 38ff.
423 Vgl. Zelewski (2008), Grundlagen, S. 46

gestaltung. Die Logik umfasst zunächst die Bestimmung eines geeigneten Kooperationstyps. Ferner ist die Gestaltung der Kooperationstypen der Kontingenztheorie folgend stark vom gegebenen Kontext abhängig[424]. Die Logik zielt daher auf eine kontextbasierte Kooperationsgestaltung ab. Da die Gestaltung der Kooperation ein Gestaltungsproblem zwischen zwei Organisationen darstellt, bietet das Fit-Konzept des Gestaltansatzes einen geeigneten Lösungsansatz an (vgl. Unterkapitel 3.3.1). Entsprechend bedarf es der Analyse von Gestaltungszusammenhängen zwischen Kontextfaktoren und Gestaltungsmerkmalen. Die kontextbasierte Kooperationstypgestaltung ist durch das Äquifinalitätsdenken sowie das Fit-Konzept des Gestaltansatzes begründet und erfordert nicht nur die Auswahl der bestmöglichen, sondern einer zum ermittelten Typ passenden Konfiguration (vgl. Unterkapitel 3.3.1)[425]. Es gilt dabei auch die individuellen, erfolgsrelevanten Kontextbedingungen der Kooperationspartner zu berücksichtigen und entsprechend der Präferenz für die Kooperationsgestaltung zu gewichten sowie durch Summierung ideale Gestaltungsausprägungen zu berechnen. Die Grundlage für dieses Vorgehen bilden die inhaltlichen Anforderungen (vgl. Unterkapitel 3.1.2) sowie die Logik zur Lösung eines mehrdimensionalen Gestaltungsproblems nach SCHRÖDER[426]. Da die kohärente, kontextbasierte Gestaltung der Kooperation nicht zwingend konsistent zum ermittelten Kooperationstyp auf Basis der Erfolgspotenziale ist, bedarf es abschließend einer Konsistenzprüfung.

Im Anschluss an die Kooperationstypermittlung und -gestaltung bedarf es der Auswahl des Unterstützungsfokus der Kooperation. Dies muss aufbauend auf dem Partialmodell zur Bestimmung der Unterstützungsmöglichkeiten erfolgen. Auf Basis dieses Ergebnisses gilt es zu prüfen, ob der Kooperationstyp die bevorzugten Unterstützungsmöglichkeiten auch abbilden kann. Da Erfolgspotenziale einerseits Kooperationstypen bilden und andererseits durch Fähigkeiten und Ressourcen erschlossen werden, können sie ebenfalls zur Ermittlung der möglichen Kombinationen herangezogen werden. Ausgehend von diesen Überlegungen stellt die Kreuztabellierung ein geeignetes Hilfsmittel dar. Sie wird überwiegend im Kontext der Konsistenzanalyse genutzt und ermöglicht einen direkten Vergleich zweier kategorialer Variablen.[427] Darauf aufbauend wird die Prüfung der ermittelten Kooperationstypen zur Realisierung der Unterstützungsmöglichkeiten ausgestaltet.

---

[424] Vgl. Schrader (1993), Kooperation, S. 225
[425] Vgl. Venkatraman (1989), Concept of Fit, S. 440
[426] Vgl. Schröder (2020), Integration von Lieferanten, S. 85
[427] Vgl. Backhaus et al. (2021), Kontingenzanalyse, S. 385

Nachdem damit die erfolgspotenzial- sowie kontextbasierte Kooperationstypengestaltung und Ermittlung des Unterstützungsfokus unter Reduktion der Informationsasymmetrien erfolgt sind, bedarf es zum Abschluss der Entwicklung des Gestaltungsmodells einer Erarbeitung von Gestaltungsempfehlungen. Hierzu müssen die Inputgrößen aus den vorangegangenen Gestaltungsschritten in durchgängige, transparente Empfehlungen überführt werden. Grundlage der Gestaltungsempfehlung stellen mögliche Gestaltungsszenarien dar. Die Formulierung dieser Gestaltungszenarien erfolgt unter Nutzung der kreativ-narrativen Szenariotechnik, da diese vor allem auf implizitem Wissen sowie Intuition basiert und normative Szenarien erschafft[428]. Schließlich ist das Vorgehen zur Gestaltung der Kooperation in stringenter Form zu beschreiben, um damit die Entwicklung der Methodik abzuschließen sowie ihre Anwendung zu erleichtern.

## 3.5 Zwischenfazit: Grobkonzept einer Methodik zur Gestaltung von Kooperationen zwischen Corporates und Start-ups

Kapitel 3 fokussierte die Erarbeitung des Grobkonzepts zur Gestaltung von Kooperationen zwischen Corporates und Start-ups. Hierzu wurden in Teilkapitel 3.1 zunächst die abgeleiteten formalen sowie inhaltlichen Anforderungen an die Methodik eingeführt. Die formalen Anforderungen an die Methodik gewährleisten die Anwendbarkeit sowie die Konsistenz und Ergebnisqualität der Methodik. Die inhaltlichen Anforderungen wurden aus der Problemstellung in der Praxis, der Zielsetzung dieser Dissertation sowie den identifizierten Forschungsdefiziten abgeleitet und ermöglichen die sachgerechte Präzisierung der Methodik.

In Teilkapitel 3.2 wurden die Grundlagen zur wissenschaftlich-formalen Konzeption der Methodik eingeführt. Als Ansatzpunkt für die Erarbeitung des Grobkonzeptes der Methodik wurden die Modelltheorie sowie die Systemtheorie näher erläutert.

Teilkapitel 3.3 diente der Einführung von theoretisch-inhaltlichen Grundlagen zur Konzeption der Methodik. Dabei wurde insbesondere die Prinzipal-Agent-Theorie, welche die Grundlage der Konzeption darstellt, detailliert beschrieben. Ferner wurde auf den Gestaltansatz der Kontingenztheorie eingegangen, welcher zur Erklärung der Bestimmung von Kontextfaktoren sowie zur Gestaltung des Kooperationstyps benötigt wird. Weiterhin wurde die Typisierung zur Schaffung der Voraussetzung zur Bestimmung zielunterstützender Kooperationstypen erörtert. Schließlich wurden die Referenzmodellierung sowie die multikriterielle Entscheidungstheorie als Hilfsmittel zur Modellierung einzelner Methodikbausteine erörtert.

---

[428] Vgl. Kosow, Gaßner (2008), Zukunfts- und Szenarioanalyse, S. 46

Aufbauend hierauf wurde in Teilkapitel 3.4 das Grobkonzept der Methodik zur Gestaltung der Kooperation zwischen Corporates und Start-ups bestehend aus fünf Partialmodellen erarbeitet. Im ersten Schritt der Erarbeitung werden die gestaltungsrelevanten Erfolgspotenziale sowie Kontextfaktoren der Kooperation identifiziert und beschrieben. Der zweite Schritt umfasst die Charakterisierung von Kooperationszielen des Start-ups auf Basis eines Bezugsrahmens aus Lebenszyklusphasen sowie funktionalen Dimensionen der Entwicklung. Aufbauend hierauf werden im dritten Schritt ein Entscheidungsmodell sowie eine Visualisierung zur Bestimmung der Unterstützungsmöglichkeiten im Rahmen der Kooperation erarbeitet. Der vierte Schritt fokussiert die Gewinnung von spezifischen Kooperationstypen unter Berücksichtigung der Zielsetzungen von Corporates und Start-ups sowie der breit erforschten Merkmale zur Gestaltung von Kooperationen. Abschließend beinhaltet der fünfte Schritt die Erarbeitung eines Gestaltungsmodells der Kooperation, welches neben der Gestaltungsempfehlung auch das Vorgehen zur Anwendung der Methodik präzisiert.

Die wesentlichen Herausforderungen bei der Konzeption der Methodik lagen in der Positionierung des Start-ups als gleichwertigen Kooperationspartner, in der Herausarbeitung und Ausrichtung übergeordneter Zielsetzungen für die Kooperation sowie in der Herstellung eines Gestaltungszusammenhanges zwischen diesen Zielsetzungen, dem Kontext der Kooperation und der Abhängigkeit des Start-ups. Die Positionierung des Start-ups als ein dem Corporate gleichwertigen Kooperationspartner stellte die zentrale Herausforderung dieser Dissertation dar. Mit der Entwicklung eines Kooperationszielmodells wurde eine Grundlage geschaffen und unter Zuhilfenahme der Methode der Referenzmodellierung das Modell entlang der Lebenszyklusphasen von Start-ups strukturiert sowie geeignete Ziele identifiziert. Die Referenzmodellierung ermöglicht eine besondere Fokussierung der extensiven Wachstumsphasen von Start-ups, die bisher in der Literatur in Bezug auf Ziele nur unzureichend beschrieben wurden. Die darauf aufbauende Erarbeitung des Entscheidungsmodells greift die Kooperationsziele auf und adressiert damit ebenfalls diese Herausforderung. So zielt die Fokussierung der Unterstützung durch das Corporate die Priorisierung der Zielerreichung des Start-ups und manifestiert damit eine gleichwertige Position in der Kooperationsgestaltung.

Der zentralen Herausforderung der Herausarbeitung und Ausrichtung einer übergeordneten Zielsetzung für die Kooperation wurde mit der Ableitung und Beschreibung von Erfolgspotenzialen für Corporates und Start-ups begegnet. Mit der Erzielung von Wettbewerbsvorteilen werden etablierte Zielsetzungen von Corporates für Kooperationen aufgegriffen. Mittels Abstraktion dieser Wettbewerbsvorteile durch geeignete

Erfolgspotenziale können die Kooperationsziele von Corporates systematisiert und in Bezug auf die Eignung für eine Start-up-Kooperation beschrieben werden. Die Auswahl von Erfolgspotenzialen, die durch das Start-up unterstützt werden können, begründet dabei die fokussierte Ausrichtung des Corporates auf die Kooperation entsprechend einem angemessenem Planungshorizont. Analog dazu werden die Erfolgspotenziale von Start-ups ebenfalls durch eine Literaturrecherche von Entwicklungszielen und Herausforderungen identifiziert sowie in Bezug auf die Unterstützung durch Corporates bewertet. So stellt die Beschreibung der Erfolgspotenziale von Start-ups die Grundlage zur strategischen Ausrichtung der Kooperation dar. Schließlich wird durch die kumulative Vereinigung der Erfolgspotenziale eine gemeinschaftliche Zielsetzung definiert und dabei eine Ausrichtung der Kooperation erreicht.

Die dritte wesentliche Herausforderung der Herstellung eines Gestaltungszusammenhanges zwischen den Zielsetzungen, dem Kontext der Kooperation und der Abhängigkeit des Start-ups wurde mit einem gestaltungsmethodischen Grundkonzept behandelt. Durch die Zielsetzungen sowie den Kontext der Kooperation wird die Entwicklung einer Logik zur Bestimmung und Gestaltung des Kooperationstyps ermöglicht. Als Grundlage dazu dient eine Wirkungsanalyse zur Ermittlung der Gestaltungszusammenhänge zwischen dem Kooperationskontext und den Gestaltungsmöglichkeiten. Unter Nutzung des Fit-Konzepts des Gestaltansatzes kann darauf aufbauend eine Gestaltungslogik erarbeitet werden, die eine konsistente Kooperationsgestaltung forciert. Ferner wird ausgehend der Logik zur Bestimmung und Gestaltung des Kooperationstyps die Auswahl eines Unterstützungsfokus der Kooperation ermöglicht. Dies wird darin begründet, dass die Unterstützung des Corporates für das abhängige Start-up nur dann sinnvoll ist, wenn diese auch im Rahmen der Kooperation möglich ist. Durch Beschreibung einer Vorgehensweise wird der Anwender schließlich befähigt, den Gestaltungszusammenhang nachzuvollziehen und im Sinne einer zielgerichteten Kooperationsgestaltung anzuwenden. Dabei wird durch das schrittweise Vorgehen insbesondere der Ausgleich der Abhängigkeit des Start-ups durch gerichteten Einfluss auf die Gestaltung der Kooperation adressiert.

Resümierend lässt sich festhalten, dass das skizzierte Grobkonzept das Rahmenwerk für die Methodik zur Gestaltung der Kooperation zwischen Corporates und Start-ups bildet. Dabei soll die Methodik den Anwender dabei unterstützen, die Kooperation einer für beide Partner strategisch sinnvollen Ausrichtung entsprechend zu gestalten und von der Entwicklung des Start-ups entsprechend zu profitieren. Im folgenden Kapitel 4 wird das erarbeitete Grobkonzept detailliert.

# 4 Detaillierung der Methodik

Das vierte Kapitel dieser Arbeit dient der Detaillierung der konzeptionierten Methodik zur Gestaltung von Kooperationen zwischen Corporates und Start-ups. Hierfür wird das im vorangegangenen Kapitel hergeleitete Grobkonzept aufgegriffen und die Detaillierung entsprechend in fünf Hauptschritte untergliedert.

Im ersten Schritt wird gemäß der Konzeption in Unterkapitel 3.4.1 die Grundlage der Gestaltung einer Kooperation zwischen Corporates und Start-ups in Bezug auf Erfolgspotenziale sowie Kontextfaktoren detailliert. Das Partialmodell stellt ein Beschreibungsmodell dar und eröffnet inhaltlich den Lösungsraum geeigneter Erfolgspotenziale sowie Kontextbedingungen für eine Kooperation (Teilkapitel 4.1). Im zweiten Schritt folgt die Detaillierung des konzeptionierten Beschreibungsmodells zur Identifizierung geeigneter Start-up-Ziele für eine Kooperation (vgl. Unterkapitel 3.4.2). Ausgehend von der Referenzmodellierung von Lebenszyklusphasen sowie der Modellierung von Start-up-Entwicklungsdimensionen wird ein Bezugsrahmen der Kooperationsziele beschrieben, in dem entsprechende Ziele für eine Kooperation identifiziert und entlang des Lebenszyklus innerhalb der Dimensionen zugeordnet werden (Teilkapitel 4.2). Im Zuge von Teilkapitel 4.3 erfolgt die Detaillierung des Entscheidungsmodells zur Bestimmung der Unterstützungsmöglichkeiten der Kooperation zwischen Corporate und Start-up, welches in Unterkapitel 3.4.3 konzeptioniert wurde. Entsprechend der Grundlagen zu multiattributiven Entscheidungsverfahren werden zunächst Handlungsalternativen der Unterstützung definiert, bevor ein Entscheidungsmodell zur Bestimmung der Unterstützungspräferenzen von Start-up und Corporate aufgebaut wird. Die Entwicklung einer geeigneten Visualisierung stellt die Grundlage zur Entscheidungsfindung dar und bereitet die sinnvolle Unterstützung des Start-ups durch das Corporate vor. Teilkapitel 4.4 zielt auf die Detaillierung des in Unterkapitel 3.4.4 konzeptionierten Partialmodells ab und umfasst die Ermittlung spezifischer, zielunterstützender Kooperationstypen. Unter Berücksichtigung der abgeleiteten Erfolgspotenziale sowie etablierter Gestaltungsmerkmale zur Charakterisierung von Kooperationen wird der Lösungsraum zur Bildung konsistenter, zielunterstützender Typen eröffnet. Im abschließenden fünften Schritt wird das Gestaltungsmodell der Kooperation (vgl.

Unterkapitel 3.4.5) entwickelt (Teilkapitel 4.5). Mittels Aggregation der zuvor hergeleiteten Erfolgspotenziale, Kontextfaktoren sowie der Kooperationstypen wird eine Logik zur Bestimmung und Gestaltung des Kooperationstyps erarbeitet. Hiernach erfolgt die Entwicklung eines Schemas zur Auswahl des Unterstützungsfokus sowie die Ableitung von daraus resultierenden Gestaltungsszenarien. Mit der Vorgehensweise wird abschließend beschrieben, wie die Gestaltung der Kooperation aus Anwenderperspektive durchgeführt werden kann. Ein Zwischenfazit schließt das Kapitel ab (Teilkapitel 4.6). Die Struktur des Kapitels zur Detaillierung der Methodik durch Ausarbeitung der Partialmodelle wird in Abbildung 4-1 zusammenfassend dargestellt.

**Abbildung 4-1: Struktur des Kapitels zur Detaillierung der Methodik**[429]

[429] Eigene Darstellung

## 4.1 Beschreibung der Erfolgspotenziale und Kontextfaktoren der Kooperation

Ziel des ersten Partialmodells ist es, mittels Erfolgspotenzialen sowie kooperationsrelevanter Kontextfaktoren die Grundlage zur erfolgreichen Gestaltung der Kooperation zu schaffen und mittels Erfassung der gestaltungsrelevanten Ausgangssituation Informationsdefizite abzubauen. Die Detaillierung dieses Partialmodells ist in drei Abschnitte gegliedert (vgl. Abbildung 4-2). Im ersten Schritt wird auf Basis des potenzialorientierten Managements eine geeignete Grundlage für die Bestimmung von Erfolg in Kooperationen bei Berücksichtigung beider Kooperationspartner geschaffen. Hiernach werden sowohl für Corporates als auch für Start-ups geeignete Erfolgspotenziale diskutiert und ausgewählt (vgl. Unterkapitel 4.1.1). Im zweiten Schritt erfolgt die Beschreibung von Kontextfaktoren, die die Gestaltung der Kooperation zwischen Corporates und Start-ups beeinflussen. Hierfür wird ein Bezugsrahmen hergeleitet und anschließend geeignete Kontextfaktoren beschrieben (vgl. Unterkapitel 4.1.2). Abschließend wird das entwickelte Erfolgspotenzial- und Kontextmodell zusammenfassend dargestellt (vgl. Unterkapitel 4.1.3).

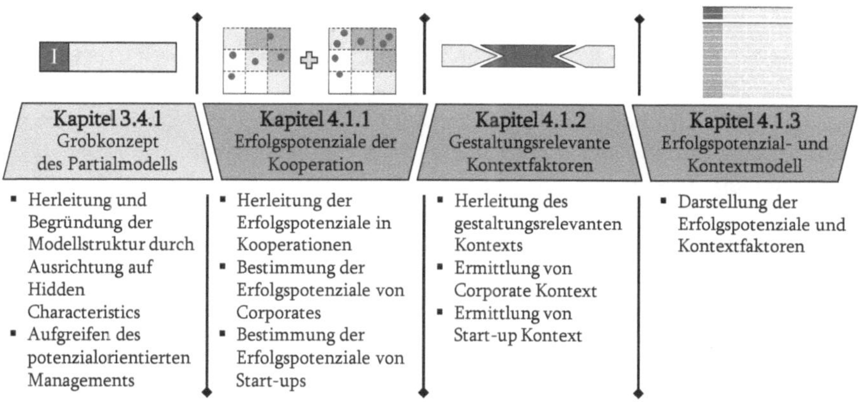


**Abbildung 4-2: Aufbau des Teilkapitels**[430]

### 4.1.1 Bestimmung der Erfolgspotenziale in Kooperationen

Das folgende Unterkapitel fokussiert die Bestimmung der Erfolgspotenziale von Corporates und Start-ups als geeignete übergeordnete Zielsetzungen der Kooperation zur

[430] Eigene Darstellung

Erzielung eines beidseitigen Erfolges. Als geeignetes Konzept zur Reduktion der Informationsasymmetrie der Hidden Characteristics durch Ziel- und Erfolgsbestimmung eignen sich Erfolgspotenziale (vgl. Unterkapitel 3.4.1). Zur Detaillierung wird in Abschnitt 4.1.1.1 ein geeignetes Konzept zur Erfolgsbestimmung in Kooperationen hergeleitet und die Anwendung von Erfolgspotenzialen eingegrenzt. Anschließend erfolgt die Determinierung von geeigneten Erfolgspotenzialen im Kontext der vorliegenden Arbeit für Corporates sowie auch für Start-ups (vgl. Abschnitt 4.1.1.2 und 4.1.1.3).

#### 4.1.1.1 Eingrenzung von Erfolgspotenzialen der Kooperation

Der Erfolg einer Kooperation wird von jedem Kooperationspartner als übergeordnete Voraussetzung angesehen. Resultierend aus einer bisher unzureichenden Auslegung der Kooperation auf beidseitigen Erfolg (vgl. Teilkapitel 2.5) und einer Berücksichtigung beider Kooperationspartner bedarf es einer Detaillierung geeigneter, auf den Erfolg der Kooperation ausgerichteter Zielsetzungen. Da jedoch beide Partner unterschiedliche Maßstäbe an diesen Erfolg anlegen ist es notwendig, zunächst eine Eingrenzung vorzunehmen und eine einheitliche sowie vergleichbare Basis zu schaffen.

Im strategischen Management beschreibt Unternehmenserfolg die Zielerreichung des Wirtschaftens als Nettogröße, welche die Differenz zwischen dem Aufwand und dem Ertrag ausweist[431]. Dieses Erfolgsverständnis ist in Kooperationen jedoch schwer messbar und greift bei der oft strategischen Bedeutung von Kooperationen überdies auch zu kurz. Daher wird Kooperationserfolg in der Praxis an der Erreichung einer übergeordneten, impliziten und partnerindividuellen Zielstellung gemessen. Dieser Argumentation folgend zielt eine Kooperation in der Literatur stets auf eine Verbesserung der Wettbewerbsposition gegenüber Marktbegleitern ab[432]. Jedoch lässt sich die Erreichung dieser Zielstellung für beide Partner übergreifend nur schwer qualitativ messen, weshalb zur Erfüllung der inhaltlichen Anforderung in der vorliegenden Arbeit auf etablierte Ansätze zur Erfolgsdefinition zurückgegriffen werden kann. Neben dem Systemansatz haben sich in der Literatur vor allem der Zielansatz, der Stakeholderansatz und der Kontingenzansatz etabliert[433]. Da die Kooperation zwischen Corporates und Start-ups in der vorliegenden Arbeit als Interaktion zweier Organisationen mit operativen Verflechtungen verstanden wird, eignet sich der Systemansatz zur Erfolgsdefinition. In diesem wird Erfolg als langfristige Überlebensfähigkeit verstanden, die dadurch entsteht, dass Unternehmen als Systeme Fähigkeiten, Ressourcen, Prozesse

[431] Vgl. Tjaden (2003), Virtuelle Unternehmen, S. 58; Welge et al. (2000), Strategisches Management, S. 74
[432] Vgl. z. B. Rotering (1993), Kooperation, S. 32; Keller (2004), Strategische Allianzen, S. 2
[433] Vgl. Tjaden (2003), Virtuelle Unternehmen, S. 58f.

und Strukturen nutzen, um vorteilhaft mit der Umwelt zu agieren und so langfristig zu überleben.[434]

Bei der Interaktion der Systeme Corporate und Start-up als zwei wirtschaftlich unabhängigen Organisationen stellen sich mehrere Erfolgsebenen ein: Einerseits ist es auf der Makroebene der Erfolg der Kooperation durch Erreichung der übergreifenden Kooperationsziele. Andererseits ist es der individuelle, subjektive Erfolg auf Mikroebene.[435] Zur erfolgreichen Kooperationsgestaltung bedarf es der Integration beider Ebenen, um so die Anforderung nach Berücksichtigung beider Partner zu erfüllen (vgl. Teilkapitel 4.5). Dafür muss jedoch zunächst eine geeignete Bestimmung des beidseitigen Erfolgs auf Mikroebene erarbeitet werden. Für diese Bestimmung führen WOLGEMUTH & HESS zwei Arten der Erfolgsbestimmung in Kooperationen ein (vgl. Abbildung 4-3): Die kumulative Erfolgsbestimmung bestimmt den Erfolg zunächst individuell auf Mikroebene und kumuliert diese anschließend auf Makroebene zum angestrebten Kooperationserfolg. Die kollektive Erfolgsbestimmung vereint die individuellen Ziele und Anforderungen der Partner zu einem kollektiven Erfolgsverständnis. Dies setzt eine einzelbetriebliche Bestimmung von Zielen und Anforderungen auf Mikroebene sowie kompatible, bzw. identische Ziele und Anforderungen voraus.[436]

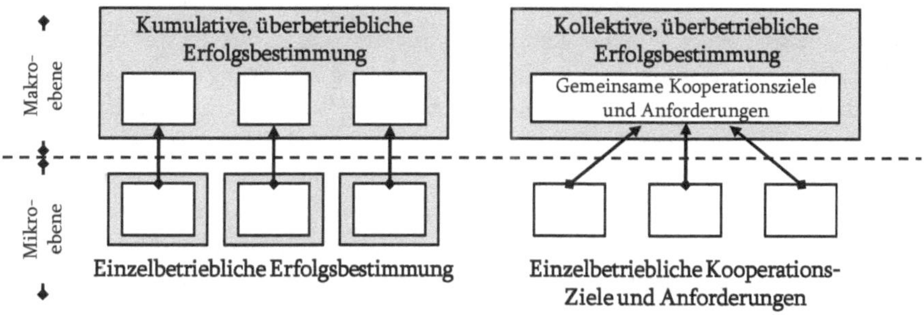


**Abbildung 4-3: Prinzipien der Erfolgsbestimmung in Kooperationen[437]**

Die kollektive Erfolgsbestimmung kann lediglich während der Kooperation erfolgen, wohingegen eine kumulative Erfolgsbestimmung sowohl ex ante als auch ex post möglich ist[438]. Weiterhin ermöglicht die kumulative Erfolgsbestimmung die Formulierung

434 Vgl. Tjaden (2003), Virtuelle Unternehmen, S. 59; Wohlgemuth, Hess (1999), Erfolgsbestimmung, S. 32
435 Vgl. Tjaden (2003), Virtuelle Unternehmen, S. 59; Steinle, Kraege (1998), Kooperationscontrolling, S. 413
436 Vgl. Wohlgemuth, Hess (1999), Erfolgsbestimmung, S. 30f.
437 Eigene Darstellung i.A.a. Wohlgemuth, Hess (1999), Erfolgsbestimmung, S. 30
438 Vgl. Tjaden (2003), Virtuelle Unternehmen, S. 60

von übergreifenden Kooperationszielstellungen zusätzlich zu den individuellen Erfolgskriterien. Mithin gilt eine Kooperation dann als erfolgreich, wenn sowohl individuell als auch übergreifend alle Ziele erreicht sind und sich eine sog. All-win-Situation einstellt.[439] Da Kooperationen der Zielerreichung ihrer Partner dienen, ist der Erfolg der Kooperation stak von diesen Zielen abhängig und eine All-win-Situation damit erstrebenswert[440]. Zur Erfüllung der inhaltlichen Anforderung wird daher zur Bestimmung des Erfolges in Kooperationen zwischen Corporates und Start-ups nachfolgend der kumulative Ansatz verfolgt. Zur kumulativen Bestimmung von Kooperationserfolg bedarf es zunächst der Definition von einzelbetrieblichen, erfolgsrelevanten Zielen auf Mikroebene.

Ausgehend von dem Systemansatz streben Corporates und Start-ups mit der Aufnahme einer Kooperation nach Sicherung der langfristigen Überlebensfähigkeit. Die Grundlage hierfür wird im potenzialorientierten Management im Aufbau überlegener strategischer Erfolgspositionen gegenüber dem Wettbewerb gesehen (vgl. Abschnitt 2.2.2.2)[441]. Bedingt durch überbetrieblichen Charakter kann jedoch mittels einer erfolgreichen Kooperation selbst noch keine strategische Erfolgsposition aufgebaut werden. Viel mehr wird auf Mikroebene durch Kooperationserfolg zunächst eine verbesserte Wettbewerbspositionierung bzw. es werden realisierte Wettbewerbsvorteile im Markt als Ziel gesetzt. Voraussetzung zur Einnahme dieser Wettbewerbspositionen stellen die Identifizierung, Erschließung und Nutzung von Erfolgspotenzialen dar[442]. Bedingt durch die marktliche Ausrichtung eignen sich Wettbewerbsvorteile allerdings nicht für eine kumulative Erfolgsbestimmung auf Makroebene der Kooperation. Ferner erfordert die kumulative Erfolgsbestimmung die unternehmensbezogene Definition von Erfolg. Erfolgspotenziale sind damit die elementare Grundlage zur Verbesserung der Wettbewerbspositionierung durch Kooperationen[443]. Dieser Argumentation folgend lässt sich schließen, dass Erfolgspotenziale eine geeignete Größe zur einzelbetrieblichen, unternehmensbezogenen Bestimmung von Kooperationserfolg darstellen, die sich kumulativ zum überbetrieblichen Kooperationserfolg zusammenführen lassen.

Die Erfolgspotenziale, die Corporates und Start-ups durch die Kooperation erschließen, müssen zu einer Verbesserung der Wettbewerbspositionierung führen. Der einzelbetriebliche Kooperationserfolg im Rahmen dieser Arbeit wird also anhand der angestrebten und erreichten individuellen Erfolgspotenziale der beiden Partner bewertet

439 Vgl. Wohlgemuth, Hess (1999), Erfolgsbestimmung, S. 31
440 Vgl. Baum (2011), Morphologie der Kooperation, S. 88
441 Vgl. u. a. auch Pümpin (1992), Erfolgspositionen, S. 28
442 Vgl. Ringle (2004), Kooperation, S. 59; Haedrich, Jenner (1996), Erfolgsfaktoren, S. 13
443 Vgl. Ringle (2004), Kooperation, S. 64

und gemessen. Die in der Kooperation internalisierten Erfolgspotenziale bleiben nach Beendigung der Kooperation erhalten und gehen in das Inventar der Fähigkeiten und Ressourcen über[444]. Der Herleitung folgend werden Erfolgspotenziale in Kooperationen im Rahmen dieser Arbeit wie folgt definiert:

Erfolgspotenziale stellen den einzelbetrieblichen Zugang, Aufbau sowie die Nutzung von Fähigkeiten und Ressourcen dar, die den Kooperationspartnern die Erreichung von Wettbewerbsvorteilen ermöglichen. Mittels der aus den Erfolgspotenzialen resultierenden Wettbewerbsvorteile können strategische Erfolgspositionen erschlossen und gemäß dem Systemansatz langfristiger Erfolg gesichert werden.

Dieser Definition folgend streben sowohl Corporates als auch Start-ups in Kooperationen die Erschließung von Erfolgspotenzialen durch die Zusammenarbeit mit dem Partner an. Die individuelle Erschließung von Erfolgspotenzialen wird als erfolgsrelevante Zielsetzung der Kooperation verstanden. Die transparente Formulierung dieser Erfolgspotenziale wird gem. Unterkapitel 3.4.1 zur Überwindung der Informationsasymmetrie im Rahmen der Kooperationsgestaltung gefordert. Im Folgenden wird mit der Bestimmung geeigneter Erfolgspotenziale für die beiden Kooperationspartner die Grundlage zur kumulativen Erfolgsbestimmung geschaffen.

#### 4.1.1.2 Determinierung der Erfolgspotenziale von Corporates

Die Bestimmung geeigneter Erfolgspotenziale von Corporates setzt zunächst die allgemeine Identifizierung und Diskussion von Zielen oder Motiven, mit denen Corporates Kooperationen eingehen, voraus. In der Literatur hat sich breit etabliert, dass Corporates Kooperationen mit dem Ziel der Realisierung von Wettbewerbsvorteilen eingehen[445]. Wie zuvor gezeigt, führt die Erschließung von Erfolgspotenzialen ebenfalls zur Realisierung von Wettbewerbsvorteilen, weshalb die Motive und Zielvorstellungen von Corporates mögliche Erfolgspotenziale einer Kooperation mit Start-ups darstellen[446]. Neben den identifizierten Motiven zur Erzielung von Wettbewerbsvorteilen finden sich in der Literatur darüber hinaus einige explizite Erwartungshaltungen für die Zusammenarbeit mit Start-ups (z. B. Zugang zu Talenten oder Kulturwandel). Diese Erwartungshaltungen werden jedoch nicht bei der Bestimmung der Erfolgspotenziale berücksichtigt, da sie nicht direkt zu Wettbewerbsvorteilen führen und überdies die Entwicklung des Start-ups in einer Kooperation nicht unterstützen. Im Rahmen einer

[444] Vgl. Bolz (2008), Technologieunternehmungen, S. 104

[445] Vgl. Rotering (1993), Kooperation, S. 32; Keller (2004), Strategische Allianzen, S. 2; Schlick, Killich (2006), Kooperationspotenziale, S. 159

[446] Vgl. hierzu Abschnitt 4.1.1.1 sowie Schwamborn (1994), Strategische Allianzen, S. 94f.

Analyse der Wissenschaftsliteratur zu Unternehmenskooperationen wurden insbesondere die folgenden sechs Kooperationsmotive identifiziert (vgl. Anhang A.1):

- Kostenvorteile
- Marktzugang
- Qualitätsvorteile
- Risikostreuung
- Technologiezugang
- Zeitvorteile

Die Determinierung von Erfolgspotenzialen eines Corporates, ausgehend von identifizierten Kooperationsmotiven, wird durch den Betrachtungsbereich der vorliegenden Arbeit (vgl. Teilkapitel 2.3) sowie die inhaltlichen Anforderungen an das Modell ermöglicht. So fordern die inhaltlichen Anforderungen einerseits, dass Corporates in der Kooperation gleichberechtigt berücksichtigt und andererseits, dass Corporate spezifische Kooperationsziele definiert werden. Daraus resultieren zwei Bewertungsdimensionen für mögliche Erfolgspotenziale: Erstens wird deutlich, dass jene Kooperationsmotive sich als Erfolgspotenziale eignen, die bei Erschließung eine besonders hohe Wirkung auf den Wettbewerb des Corporates haben. Wenngleich alle Kooperationsmotive zu Wettbewerbsvorteilen führen können, ist ihre Wirkung auf den Wettbewerb in einer Kooperation mit einem Start-up unterschiedlich stark ausgeprägt. Zweitens unterliegt die Entwicklung einer Lösung dieser Arbeit der Erfüllung der inhaltlichen Anforderung, den Vorteil für jeden der Kooperationspartner sicherzustellen. Das Start-up muss dem Corporate in der Kooperation folglich einen Mehrwert bieten. Daraus folgt, dass die zweite Bewertungsdimension die Kooperationsmotive danach beurteilt, inwiefern das Start-up einen Mehrwert zur Erzielung dieses Kooperationsmotivs liefern kann. Erfolgspotenziale für die Kooperation zeichnen sich dadurch aus, dass sie in beiden Bewertungsdimensionen eine hohe Bewertung aufweisen.

Die Bewertung der identifizierten Kooperationsmotive anhand der eingeführten Bewertungsdimensionen kommt zum Ergebnis, dass der *Marktzugang* sowie der *Technologiezugang* die Erfolgspotenziale von Corporates für Kooperationen mit Start-ups darstellen. Da Start-ups mit ihren technologiebasierten Produkten neue Märkte adressieren, entsteht für Corporates, die in einer Kooperation das Erfolgspotenzial Marktzugang erschließen wollen, ein großer Vorteil gegenüber ihren Wettbewerbern. Insbesondere wenn Start-ups einen vorher nicht existenten Markt aufbauen möchten, hat dies große Auswirkungen auf den Wettbewerb des Corporates. Zugleich bietet das

Start-up für das Corporate in einer Kooperation einen großen Mehrwert, da die Entwicklung eines Marktes durch das Start-up oder gemeinsam neue Geschäftsbereiche eröffnet. Produkte auf Basis einer neuen Technologie stellen die Grundlage der in dieser Arbeit fokussierten Start-ups dar. Daher können Corporates, die in einer Kooperation mit einem Start-up einen Technologiezugang erschließen wollen, durch das Technologiewissen des Start-ups einen großen Mehrwert erfahren. Zugleich kann ein exklusiver Zugang zu Technologie, eine gemeinsame Entwicklung, Erprobung oder Lizenzierung mit dem Start-up eine bedeutende Auswirkung auf den Wettbewerb des Corporates haben. Hieraus resultieren i. d. R. auch indirekt Zeitvorteile für das Corporate. Da die Entwicklung des Start-ups einer hohen Unsicherheit sowie Volatilität unterliegt, stellt das alleinstehende, primäre Motiv der *Zeitvorteile* kein Erfolgspotenzial der Kooperation für Corporates dar. Dies wird insbesondere durch einen fehlenden Markt bzw. Marktzugang des Start-ups verstärkt. Ebenso wird es für Corporates, die die Kooperation mit dem Motiv der *Kostenvorteile* eingehen, schwer, durch das Start-up einen Mehrwert zu erfahren. Da Start-ups keine skalierte Absatzbasis in Produkten aufweisen, können keine Skaleneffekte erzielt werden. Überdies stellen sich kaum Lerneffekte ein, wenn zwar gemeinsam entwickelt, vertrieben oder produziert wird, jedoch auch hier das geringe Produktvolumen limitiert. Auch wenn das Motiv der Erzielung von *Qualitätsvorteilen* für Kooperationen mit Start-ups Relevanz erfährt, wird deutlich, dass die Verbesserung der Leistung von Produkten sowie die Erschließung eines neuen Marktes bereits durch die Erfolgspotenziale Technologiezugang bzw. Marktzugang abgedeckt sind. In beiden als Erfolgspotenzial bewerteten Motiven zeigt sich ein größerer Mehrwert für das Corporate, da das Motiv der Qualitätsvorteile an bestehende Produkte des Corporates gebunden ist. Schließlich wird deutlich, dass das Motiv *Risikostreuung* in einer singulären Kooperation mit einem Start-up kein geeignetes Erfolgspotenzial darstellt, da Start-ups in großer Unsicherheit hinsichtlich des Marktes und der Technologie agieren. Erst durch die Erhöhung der Anzahl an Kooperationen kann es einem Corporate gelingen, das Motiv der Risikostreuung zu erreichen. Daher werden in der vorliegenden Arbeit im weiteren Verlauf lediglich die Erfolgspotenziale Marktzugang sowie Technologiezugang für Corporates berücksichtigt. Zur Schaffung eines grundlegenden Verständnisses werden die Erfolgspotenziale Marktzugang sowie Technologiezugang nachfolgend kurz beschrieben. Eine detaillierte Beschreibung der Kooperationsmotive für Corporates findet sich im Anhang (vgl. Anhang A.1). Die Bewertung und Auswahl der Erfolgspotenziale für Corporates erfolgt auf Basis der beiden eingeführten Dimensionen und wird zusammenfassend in Abbildung 4-4 dargestellt.

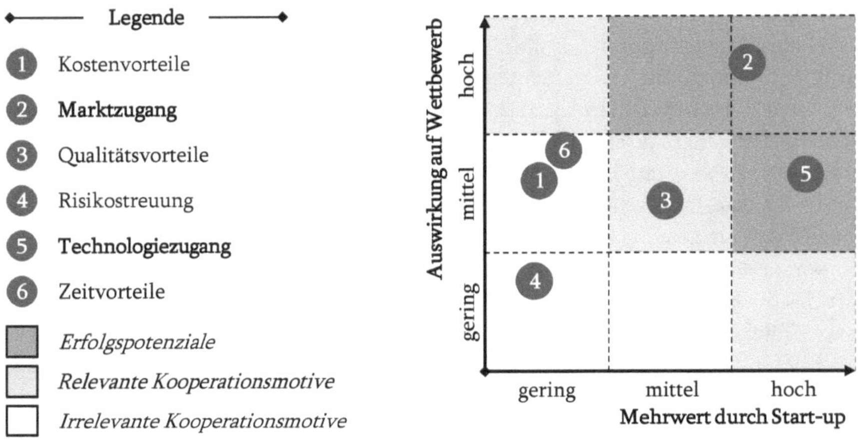


**Abbildung 4-4: Erfolgspotenzialbestimmung für Corporates[447]**

### 4.1.1.3 Determinierung der Erfolgspotenziale von Start-ups

Im Vergleich zu Corporates existiert für Start-ups in der Literatur keine umfassende Diskussion von Kooperationsmotiven. Zugleich können die identifizierten Erfolgspotenziale von Corporates nicht direkt übernommen werden, da die strategischen Handlungsdimensionen bei Start-ups nur schwach ausgeprägt und damit Kooperationsmotive nicht vergleichbar sind[448]. Um die dauerhafte Entwicklung, das Überleben und einen nachhaltigen Erfolg zu sichern, müssen Start-ups Nachteile im Wettbewerb kompensieren[449]. Start-ups gehen Kooperationen ebenfalls mit dem übergeordneten Ziel ein, ihre Wettbewerbsposition zu verbessern. Die Grundlage dafür wird durch die Erschließung von Erfolgspotenzialen geschaffen, weshalb nachfolgend geeignete Erfolgspotenziale der Kooperation mit einem Corporate determiniert werden.

Die organisationalen Nachteile, die Start-ups gegenüber etablierten Marktteilnehmern aufweisen, werden auch als Hemmnisse, Eigenschaften, Herausforderungen, Liabilities oder Risiken bezeichnet[450]. Erfolgspotenziale von Start-ups heben auf einen Ausgleich dieser Nachteile ab und minimieren das Risiko des Scheiterns für das Start-up. Da sich

---

447 Eigene Darstellung

448 Vgl. Welge, Lattwein (2000), Balanced Scorecard, S. 114

449 Vgl. Bolz (2008), Technologieunternehmungen, S. 40

450 Vgl. Engelen (2007), Junge Unternehmen, S. 34; Brettel et al. (2009), Unternehmerteams, S. 5; Blank, Dorf (2012), Startup Owner's Manual, S. 20; Schultz (2011), Finanzierung, S. 36; Conti et al. (2013), High-Tech Startups, S. 341

das Risiko des Scheiterns nicht direkt quantifizieren lässt, wird SCHOLZ folgend auf die Definition der Unsicherheit als negative Abweichung vom angestrebten Erfolg zurückgegriffen[451]. Zur Determinierung der Erfolgspotenziale bedarf es der Charakterisierung der Unsicherheiten, welchen sich Start-ups ausgesetzt sehen. Ausgehend einer umfassenden Literaturrecherche werden nachfolgend die Unsicherheiten von Start-ups eingeführt und anschließend Erfolgspotenziale für eine Kooperation mit Corporates bestimmt[452]. In die Beschreibung der Unsicherheiten von Start-ups sind etwaige Bedarfe, die durch Kooperation mit Corporates gedeckt werden sollen, inkludiert.

Start-ups sehen sich bereits vor ihrer Gründung sowie über die gesamte Entwicklung hinweg einem dauerhaften Kapitalbedarf ausgesetzt[453]. Da einerseits unklar ist, woher Start-ups das Kapital zur Sicherung des Überlebens beziehen können und andererseits unklar ist, in welcher Höhe der Kapitalbedarf ist, befinden sich Start-ups in einer *Finanzierungsunsicherheit*[454]. Ursächlich für den Kapitalbedarf ist die geringe Größe des Start-ups, die die Wahrscheinlichkeit des Überlebens reduziert[455]. Der Zugang zu finanziellen Ressourcen stellt für Start-ups daher einen Wettbewerbsvorteil im Markt dar und ermöglicht nicht nur die Gründung, sondern auch das Wachstum des Start-ups[456]. Die Reduktion der Finanzierungsunsicherheit stellt für Start-ups damit ein Motiv dar, um eine Kooperation einzugehen[457].

Der Erfolg von Start-ups basiert häufig auf den spezifischen Fähigkeiten sowie dem Wissen des Gründungsteams und wird maßgeblich durch diese Person(en) geprägt[458]. Dies äußert sich vor allem in der Entscheidungsfindung, die von den Gründern dominiert wird. Diese Dominanz in Start-ups resultiert in einer *Unsicherheit der Gründerzentrierung.* Bedingt durch mangelnde Fähigkeiten und Erfahrungen der Gründer kann die Zentrierung für das Start-up im Laufe der Entwicklung kritisch sein.[459] In Kooperationen kann die Reduktion dieser Unsicherheit nur dann erfolgen, wenn der

[451] Vgl. Scholz (2021), Technologiebewertung, S. 21

[452] Die Literaturrecherche umfasst maßgeblich die Hemmnisse, Eigenschaften, Herausforderungen, Liabilities und Risiken von Start-ups.

[453] Vgl. Iwamoto (2018), Deep Technology Startups, S. 1; Schultz (2011), Finanzierung, S. 41; Glücksman (2020), Venture Capital Funding, S. 341

[454] Vgl. Baier, Pleschak (1996), Marketing und Finanzierung, S. 11

[455] Vgl. Brettel et al. (2009), Unternehmerteams, S. 6

[456] Vgl. Viscuso, Steiger (2021), Innovation, S. 15; Kohler (2016), Corporate Accelerators, S. 350

[457] Vgl. Iwamoto (2018), Deep Technology Startups, S. 1; Woywode (2015), Überlebenswahrscheinlichkeit, S. 6; Graf et al. (2020), Deep Tech Solutions, S. 4

[458] Vgl. Engelen (2007), Junge Unternehmen, S. 36; Brettel et al. (2009), Unternehmerteams, S. 6

[459] Vgl. Brettel et al. (2009), Unternehmerteams, S. 6

Kooperationspartner das Start-up in seinem komplexen Umfeld durch fachspezifische Kenntnisse unterstützen kann[460].

Start-ups wollen mit neuen Technologien und neuen Produkten bisher nicht existente Märkte erschließen und agieren in einem äußerst unsicheren und zugleich komplexen Marktumfeld[461]. Die damit verbundene Unsicherheit lässt sich zusammenfassend als *Marktunsicherheit* beschreiben und resultiert aus einem Mangel an Informationen[462]. Häufig ist den Start-ups weder klar, ob ein Kunde identifiziert und der Markt damit erschlossen werden kann, noch ist sicher, wie groß dieser Markt sein wird. So lässt sich die Marktunsicherheit zunächst in Bezug auf die Identifikation eines Marktes verstehen[463]. Im weiteren Verlauf bezieht sie sich auf den Markteintritt, die Etablierung eines Zugangs zu möglichen Kunden sowie die Etablierung von Schnittstellen zu Kunden und Lieferanten[464]. Die assoziierte Unsicherheit hängt vor allem von einer etwaigen Marktakzeptanz sowie der Reaktion anderer Marktteilnehmer auf die neuen Lösungen von Start-ups ab[465]. Zur Reduktion der Marktunsicherheit streben Start-ups mittels einer Kooperation Zugang zu Anwendungsfällen und Märkten für die Pilotierung an[466].

Während der Entwicklung von Technologien, Produkten oder Produktionsverfahren sieht sich das Start-up einer *Produktunsicherheit* gegenüber. Die Produktunsicherheit wird vor allem durch die Herausforderung, die Technologie in ein Produkt zu überführen, welches eine Kundenbasis gewinnen kann, bestimmt[467]. Damit ist die Produktunsicherheit von Start-ups auch durch mögliche Marktzugangsbarrieren für Produkte gekennzeichnet[468]. Schließlich wird die Produktunsicherheit durch mangelnde Ressourcen für den Aufbau und die Aufnahme der Produktion geprägt[469]. Zur Reduktion der Unsicherheit in dieser Phase benötigen Start-ups vor allem Fähigkeiten und Ressourcen, auf die sie bedingt durch ihre Größe noch nicht zugreifen können[470]. Dazu gehören Zugang zu spezifischem Wissen und Ressourcen zur Produktentwicklung, die z. B. spezielle Maschinen oder Expertenwissen zur Zulassung von Produkten umfasst

[460] Vgl. Bolz (2008), Technologieunternehmungen, S. 38
[461] Vgl. Giardino et al. (2014), Startups, S. 28; Ries (2012), Lean Startup, S. 15
[462] Vgl. Brettel et al. (2009), Unternehmerteams, S. 7; Benkenstein, Stenglin (2008), Gründungsmarketing, S. 189
[463] Vgl. Molner et al. (2019), Market Scoping Early-Stage Technologies, S. 37
[464] Vgl. Stinchcombe (2000), Organizations, S. 231f.; Wupperfeld (1993), PBBJTU, S. 9
[465] Vgl. Brettel et al. (2009), Unternehmerteams, S. 7; Schröder (2008), Junge Technologieunternehmen, S. 18
[466] Vgl. Viscuso, Steiger (2021), Innovation, S. 36; Siegel, Krishnan (2020), Deep Technology, S. 15
[467] Vgl. Bandulet (2005), Unternehmensgründungen, S. 25
[468] Vgl. Schröder (2008), Junge Technologieunternehmen, S. 19
[469] Vgl. Guggemoos (2012), Technologieunternehmen, S. 101
[470] Vgl. Woywode (2015), Überlebenswahrscheinlichkeit, S. 6; Bruderl, Schussler (1990), Organizational Mortality, S. 530

sowie Zugang zu Produktionsexpertise, -strukturen und -kapazitäten[471]. Die Unsicherheit im Zusammenhang mit Markteintrittsbarrieren kann durch zusätzliche Zulassungen und damit assoziierte Fixinvestments oder aber mittels Vertriebspartnerschaften reduziert werden[472].

Die in dieser Arbeit fokussierten Start-ups sehen sich per definitionem einer grundsätzlichen *Technologieunsicherheit* ausgesetzt (vgl. Abschnitt 2.1.3.3). So ist vor allem in den frühen Phasen eines Start-ups unsicher, ob die Technologie jemals funktionstauglich entwickelt werden kann[473]. Hierauf zahlt auch die Unsicherheit in Bezug auf technologische Standards oder die Reaktion der Wettbewerber ein[474]. Ferner besteht eine große Unsicherheit darüber, ob die Technologie in Produkten einen Mehrwert beim Kunden erzeugt und durch die Erschließung eines Marktes einen Innovationsbeitrag leistet[475]. Auf die Technologieunsicherheit wirkt sich auch die Dynamik der Technologiemärkte aus, die bedingt, dass sich oft noch kein technologisches Dominant Design etabliert hat und Technologien in kurzen Zyklen substituiert werden können[476]. Zur Reduktion der Technologieunsicherheit suchen Start-ups einerseits Kapitalzugang und andererseits vor allem Informationen. Diese Informationen können sie in Form von Technologie Know-how oder ergänzende Erfahrungen eines Partners erhalten[477].

Zur Realisierung des Wachstums müssen Start-ups nach erfolgreicher Markteinführung des Produktes ihre Wachstumsprozesse beschleunigen und dabei das Geschäftsmodell entsprechend skalieren. Dabei unterliegen sie einer *Unsicherheit des Wachstums*[478]. Die Unsicherheit wird durch Skalierungs- sowie Wachstumsambitionen, inklusive entstehender und zu bewältigender Wachstumskrisen, determiniert[479]. Die schnelle Internationalisierung oder eine aggressive Eroberung heimischer Märkte während des Wachstumsprozesses erfordert neben der Schaffung einer breiten Markt-

---

[471] Vgl. Gutmann, Lang (2022), Startup Collaboration, S. 23; Guggemoos (2012), Technologieunternehmen, S. 15; Schuh et al. (2018), Producing Start-ups, S. 3; Graf et al. (2020), Deep Tech Solutions, S. 4; Pleschak, Werner (1998), Unternehmensgründungen, S. 133

[472] Vgl. Bandulet (2005), Unternehmensgründungen, S. 25; Brunner (2022), Partnerships, S. 53

[473] Vgl. Blank, Dorf (2012), Startup Owner's Manual, S. 20; Schultz (2011), Finanzierung, S. 42

[474] Vgl. Schröder (2008), Junge Technologieunternehmen, S. 18f.; Tushman, Anderson (1986), Technological Discontinuities, S. 441

[475] Vgl. Schultz et al. (2009), Finanzierungssituation, S. 23

[476] Vgl. Wupperfeld (1993), PBBJTU, S. 9; Abernathy, Utterback (1978), Industrial Innovation, S. 9

[477] Vgl. Kuckertz (2017), Corporate Entrepreneurship, S. 76

[478] Diese Unsicherheit wird in der Literatur auch als Liability of Growth oder synonym als Liability of Adolscence begriffen. Vgl. hierzu Bruderl, Schussler (1990), Organizational Mortality

[479] Vgl. Brettel et al. (2009), Unternehmerteams, S. 6f.; Olson (1987), Entrepreneurship, S. 9ff.

akzeptanz und besonderen Managementanforderungen vor allem aber finanzielle Ressourcen zum Aufbau der entsprechenden Strukturen und Kapazitäten[480]. Zur Reduktion der Unsicherheit versuchen Start-ups Zugang zu entsprechenden Ressourcen oder Netzwerken zu erhalten[481]. Dieser Zugang ermöglicht Unterstützung in der Umsetzung des Wachstums, in der Marktdiffusion oder einen Imagegewinn gegenüber weiteren Partnern[482].

Wenngleich Start-ups neue Märkte eschließen, so unterliegen die Technologie- und Produktentwicklungen einer *Zeitunsicherheit*. Diese wird maßgeblich durch die Unsicherheit in Bezug auf das Markttiming des Eintritts sowie der Time-to-Market charakterisiert[483]. Dabei erhöht eine lange Zeit bis zur Marktreife auch für Start-ups die Gefahr, dass potenzielle Wettbewerber die Technologie und damit das Produkt schneller in den Markt bringen [484]. Zur Reduktion der Zeitunsicherheit suchen Start-ups vor allem nach Rat und Erfahrung in der Produktentwicklung und versuchen, durch Zugriff auf Fach- und Branchenwissen beschleunigte Lernkurven umzusetzen[485]. Weiterhin kann eine Kooperation die Reduktion der Zeitunsicherheit durch einen beschleunigten Produktabsatz in verschiedenen Märkten ermöglichen[486].

Im Zuge der Diskussion wird deutlich, dass jede der Unsicherheiten für Start-ups überlebens- und damit erfolgskritisch sein kann. Jedoch kann zugleich nicht jede Unsicherheit durch eine Kooperation mit einem Corporate reduziert werden. Die Bestimmung von Erfolgspotenzialen des Start-ups aus der Gesamtheit der identifizierten Unsicherheiten kann folglich nur unter Berücksichtigung der inhaltlichen Anforderungen dieser Arbeit erfolgen. Hierfür werden zwei geeignete Bewertungsdimensionen zu Grunde gelegt: Die erste Bewertungsdimension greift die inhaltliche Anforderung nach Unterstützung des Start-ups durch das Corporate auf. Das bedeutet, dass die Unsicherheiten dahingehend bewertet werden, inwiefern sich diese durch die Unterstützung des Corporates reduzieren lassen. In der zweiten Dimension wird die inhaltliche Anforderung nach Berücksichtigung beider Kooperationspartner als Bewertungsgrundlage genutzt. Da Start-ups Kooperationen nur unter Wahrung des größtmöglichen Vorteils eingehen, wird folglich bewertet, wie hoch die Bedeutung der Unsicher-

[480] Vgl. Schultz (2011), Finanzierung, S. 43
[481] Vgl. Kohler (2016), Corporate Accelerators, S. 351; Viscuso, Steiger (2021), Innovation, S. 36
[482] Vgl. Kuckertz (2017), Corporate Entrepreneurship, S. 76; Gupta et al. (2021), Startup Collaboration, S. 127
[483] Vgl. Glücksman (2020), Venture Capital Funding, S. 341; Schultz (2011), Finanzierung, S. 43; Guggemoos (2012), Technologieunternehmen, S. 105
[484] Vgl. Schultz (2011), Finanzierung, S. 43
[485] Vgl. Viscuso, Steiger (2021), Innovation, S. 36; Löher et al. (2017), Kooperationen, S. 22
[486] Vgl. Löher et al. (2017), Kooperationen, S. 22

heit für das Start-up ist. Daraus folgt, dass ein Erfolgspotenzial von Start-ups eine Unsicherheit darstellt, die eine hohe Bedeutung für das Start-up aufweist und zugleich durch die Unterstützung des Corporates signifikant reduziert werden kann.

Auf Basis der Bewertungsdimensionen folgt, dass die Erfolgspotenziale von Start-ups für die Kooperation mit Corporates aus der *Produktunsicherheit*, der *Technologieunsicherheit* sowie aus der *Wachstumsunsicherheit* bestehen. Die erfolgreiche Produktentwicklung ist entscheidend für den Erfolg von Start-ups und hinsichtlich Erprobung, Zulassung sowie Produktion mit einer großen Unsicherheit verbunden[487]. Da Corporates im Bereich der Produktentwicklung über eine große Bandbreite an Fähigkeiten und Ressourcen sowie Marktzugang verfügen, können sie Start-ups im Rahmen einer Kooperation unterstützen, die Produktunsicherheit zu reduzieren[488]. Folglich stellt die Produktunsicherheit ein Erfolgspotenzial dar. Die Entwicklung und Validierung einer Technologie können ebenfalls durch die Erfahrungen, das Netzwerk sowie die Strukturen und Ressourcen eines Corporates unterstützt werden. Da Technologie-Start-ups ihre Produkte auf einer neu entwickelten Technologie aufbauen, führt die Reduktion der Technologieunsicherheit direkt zu größeren Überlebenswahrscheinlichkeiten. Somit stellt die *Technologieunsicherheit* das zweite Erfolgspotenzial von Start-ups dar. Schließlich streben Start-ups Wachstum an, um sich selbst als Corporate zu etablieren. Die Unsicherheit, die durch die damit verbunden Expansion des Geschäfts, der Strukturen, der Prozesse sowie der Organisation entsteht, kann durch ein Corporate in einer Kooperation unterstützt und gefördert werden. Da Corporates über die notwendigen Erfahrungen, Ressourcen (auch finanziell) sowie ein etabliertes Netzwerk und Reputation verfügen, kann die Wachstumsunsicherheit durch direkten Mehrwert in Kooperationen reduziert werden. Die *Wachstumsunsicherheit* stellt damit das dritte Erfolgspotenzial von Start-ups in Kooperationen mit Corporates dar. Die Diskussion zeigt, dass Start-ups zwar eine hohe *Finanzierungunsicherheit* haben, jedoch gibt es im Wirtschaftsumfeld eine Vielzahl an möglichen Kapitalgebern[489]. Ferner verfügen viele Corporates nur über begrenzte finanzielle Mittel und fordern hohe Gegenleistungen für ein finanzielles Engagement. Entsprechend gering fällt die Unterstützung durch finanzielle Ressourcen aus. Die Reduktion der *Marktunsicherheit* hat für Start-ups eine große Bedeutung. Da diese Märkte jedoch in der Regel noch nicht existieren und außerhalb des Kerngeschäfts von Corporates liegen, können diese Start-ups bei der Reduktion der Marktunsicherheit in Kooperationen nicht hinreichend unterstützen. Die

---

[487] Vgl. Rothaermel (2002), Interfirm Cooperation, S. 389

[488] Vgl. Kohler (2016), Corporate Accelerators, S. 351; Hora et al. (2018), David and Goliath, S. 418; Kuckertz (2017), Corporate Entrepreneurship, S. 75

[489] Für eine Beschreibung möglicher Kapitalgeber vgl. Hahn (2018), Start-up Finanzierung, S. 43ff.

Reduktion der *Zeitunsicherheit*, um den Eintritt und das Zuvorkommen durch einen potenziellen Bewerber zu vermeiden, kann durch Corporates mangels ihrer Erfahrung und passenden flexiblen Strukturen in Kooperationen ebenfalls nicht mit Mehrwert unterstützt werden. Abbildung 4-5 illustriert die Determinierung der Erfolgspotenziale durch Bewertung der Unsicherheiten anhand der zwei Bewertungsdimensionen.

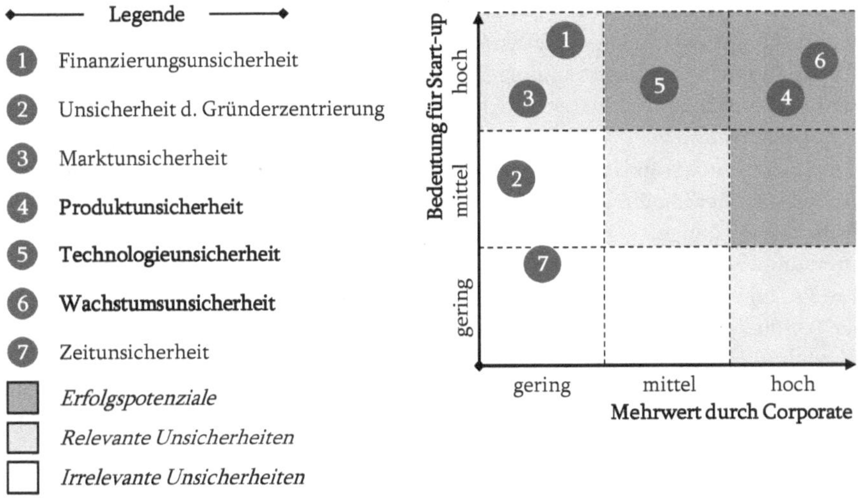


**Abbildung 4-5: Erfolgspotenzialbestimmung für Start-ups**[490]

### 4.1.2 Beschreibung von Kontextfaktoren der Kooperation

Die Anbahnung und Gestaltung der Kooperation zwischen Corporates und Start-ups ist neben den angestrebten Erfolgspotenzialen vor allem vom situativen Kontext abhängig (vgl. Unterkapitel 3.4.1). Dementsprechend werden in diesem Unterkapitel zunächst die relevanten Kontextbereiche der Kooperationspartner identifiziert und ein Kontextrahmenmodell entwickelt. Anschließend werden die Kontextbereiche des Rahmenmodells analysiert und gestaltungsrelevante Kontextfaktoren identifiziert (vgl. Abschnitt 4.1.2.1) sowie die jeweiligen Ausprägungen beschrieben (vgl. Abschnitt 4.1.2.2 und 4.1.2.3). Damit werden im Zuge der weiteren Detaillierung die Identifizierung von Gestaltungszusammenhängen und die kontextbasierte Gestaltung der Kooperation ermöglicht (vgl. Teilkapitel 4.5).

[490] Eigene Darstellung

#### 4.1.2.1 Entwicklung des Kontextrahmenmodells und Identifizierung der Kontextfaktoren

Gestaltungsrelevante Kontextfaktoren haben Einfluss auf den Kooperationserfolg und liegen damit im Einflussbereich der Kooperationspartner[491]. Die Identifizierung von Kontextfaktoren der Kooperation zwischen Corporates und Start-ups erfordert damit zunächst eine Definition dieses Einflussbereichs. Wie in der Konzeption der Methodik gezeigt (vgl. Unterkapitel 3.4.1), bietet das Modell der betrieblichen Kooperation nach SCHRADER, in welchem die Entscheidung zur Aufnahme einer Kooperation auf dem Kooperationskontext basiert, eine geeignete Grundlage zur Bestimmung dieses Einflussbereichs[492]. Aufbauend hierauf entwickelt SCHÄPER in seiner Arbeit einen Ordnungsrahmen der Zusammenhänge einer Kooperation. Der Autor zieht die Kooperationsstruktur als elementares Bindeglied zwischen dem Kooperationsinhalt, dem Kooperationsprozess sowie der Entstehung und dem Erfolg von Kooperationen heran. Dabei umfasst die Kooperationsstruktur das Umfeld, die Partner sowie ihre Beziehung.[493] Wegen der integrativen Betrachtung der Kooperationsgestaltung, ihres Erfolges und des Kooperationskontextes stellen diese beiden Modellansätze die Grundlage zur nachfolgenden Entwicklung des Kontextrahmenmodells für die Gestaltung der Kooperation zwischen Corporates und Start-ups dar.

Die Motivation dieser Arbeit zeigt, dass der gestaltungsrelevante Einflussbereich einer Kooperation maßgeblich durch das Corporate als etablierter Marktteilnehmer mit umfangreichem Pool an Fähigkeiten und Ressourcen determiniert ist[494]. Damit das Start-up als kleinerer Partner mit großen Abhängigkeiten die Entscheidung zur Aufnahme der Kooperation unter Informationstransparenz treffen kann, wird der Kontext des *Corporates* als erster gestaltungsrelevanter Einflussbereich des Kontextrahmenmodells definiert. Der Einflussbereich „Corporate Kontext“ umfasst für das Start-up relevante Merkmale des Corporates. SCHRADER beschreibt diesen Kontext allgemein mittels partnerspezifischer Merkmale[495].

Erfolg als Zielgröße der Kooperationsgestaltung kann nur sinnvoll genutzt werden, wenn beide Kooperationspartner die Kooperation aus transaktionskostentheoretischer Perspektive für sinnvoll erachten. Insbesondere für Corporates ist es vor der Aufnahme der Kooperation von großer Bedeutung, durch geeignete partnerspezifische Merkmale Informationsdefizite bezüglich des potenziellen Kooperationspartners abzubauen. Da

[491] Vgl. Schrader (1993), Kooperation, S. 225
[492] Vgl. Schrader (1993), Kooperation, S. 234
[493] Vgl. Schäper (1997), Zwischenbetriebliche Kooperation, S. 127
[494] Vgl. hierzu Teilkapitel 1.1
[495] Vgl. Schrader (1993), Kooperation, S. 234

Start-ups i. d. R. sehr begrenzte Informationen im Markt bereitstellen, ist die Relevanz der partnerspezifischen Merkmale auch für Corporates gegeben. Folglich wird auch das *Start-up* als gestaltungsrelevanter Einflussbereich in das Kontextrahmenmodell integriert und umfasst im Verständnis von SCHRADER neben partnerspezifischen Merkmalen auch wirtschaftszweigspezifische Merkmale[496]. Bedingt durch die enge Verknüpfung des Start-ups mit der zu Grunde liegenden Technologie und ausgehend von der Annahme, dass das Streben nach Technologiezugang das Motiv ist, warum sie für Corporates als Kooperationspartner attraktiv sind (vgl. Abschnitt 4.1.1.2), werden im „Start-up-Kontext" auch Faktoren zur Beschreibung der Technologie inkludiert.

Im Zuge der Kooperationsgestaltung bewertet jeder Partner den Kontext des jeweils anderen (vgl. Abschnitt 4.5.1.3). So wird das Start-up den Corporate-Kontext für sich bewerten, während das Corporate vor allem den Start-up-Kontext in der Gestaltung zu Grunde legt. Über die dargelegten Einflussbereiche wirken auf die Kooperation zwischen Corporates und Start-ups auch beziehungsspezifische, makroökonomische oder gesellschaftliche Faktoren ein[497]. Auf Berücksichtigung der beziehungsspezifischen Faktoren wird verzichtet, da sie durch die Eingrenzung in Teilkapitel 2.3 einerseits eindeutig definiert und andererseits direkt durch die Gestaltung der Kooperation in Teilkapitel 4.5 als exogene Faktoren determiniert werden. Wie in Teilkapitel 3.2.2 durch die Einführung der Systemtechnik aufgezeigt, handelt es sich bei der Kooperation zwischen Corporate und Start-up um zwei Akteure innerhalb eines Systems, die im gleichen Marktumfeld agieren. Daher findet der Einfluss des makroökonomischen sowie des gesellschaftlichen Kontextes ebenfalls keine Berücksichtigung. Das Kontextrahmenmodell der Kooperation zwischen Corporates und Start-ups umfasst folglich den Kooperationskontext des *Corporates* sowie den Kooperationskontext des *Start-ups* und wird in Abbildung 4-6 illustriert.

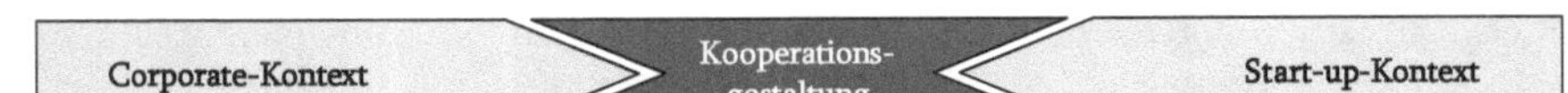


**Abbildung 4-6: Kontextrahmenmodell zur Kooperationsgestaltung**[498]

Die einzelnen Bereiche des entwickelten Kontextrahmenmodells werden nachfolgend eingehend analysiert und in diesem Zuge gestaltungsrelevante Kontextfaktoren identifiziert. Der Fokus der Analyse liegt auf der Identifizierung von Faktoren mit eindeutigen Implikationen für die Kooperation zwischen Corporates und Start-ups.

496 Vgl. Schrader (1993), Kooperation, S. 234

497 Vgl. Schäper (1997), Zwischenbetriebliche Kooperation, S. 127; Schrader (1993), Kooperation, S. 234

498 Eigene Darstellung

Dabei erfolgt die Identifizierung der der gestaltungsrelevanten Kontextfaktoren durch die Erfassung allgemeiner Beschreibungsmerkmale von Corporates sowie Start-ups im Zuge einer umfangreichen Analyse wissenschaftlicher Literatur. Anhang A.2 zeigt die vollständige Analyse, aus welcher 54 grundsätzliche Beschreibungscharakteristika sowie neun relevante Kontextfaktoren resultieren. Relevante Kontextfaktoren stellen dabei jene Beschreibungscharakteristika dar, die einen begründeten gestaltungsrelevanten Einfluss auf die Kooperation zwischen Corporates und Start-ups haben (vgl. Anhang A.2). Diese werden im Folgenden beschrieben.

#### 4.1.2.2 Beschreibung gestaltungsrelevanter Kontextfaktoren von Corporates

Die Analyse kommt zum Ergebnis, dass sich aus Sicht des Start-ups für Corporates in den Kontextfaktoren *Art der Kundenbeziehung*, *Finanzpotenzial*, *Kooperationserfahrung* sowie *Wertschöpfungsposition* ein maßgeblicher Gestaltungseinfluss für die Kooperation begründen lässt (vgl. Anhang Tabelle A-2). Die relevanten Kontextfaktoren des Corporates werden in Abbildung 4-7 dargestellt und nachfolgend beschrieben.

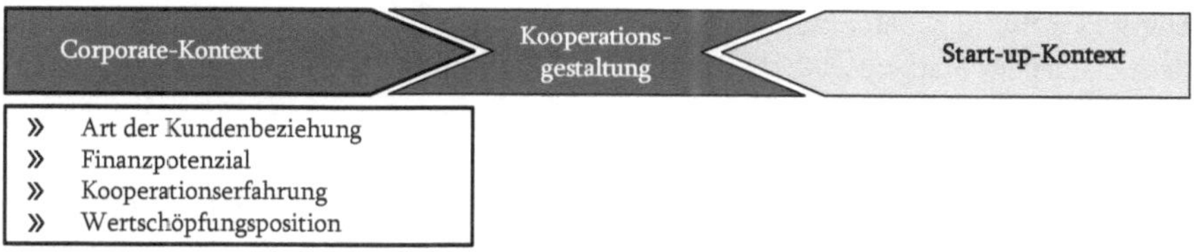


**Abbildung 4-7: Kontextfaktoren des Corporates**

### Art der Kundenbeziehung

Die Art der Kundenbeziehung charakterisiert, wie ein Unternehmen mit seinen Kunden als Wirtschaftssubjekt agiert. Im Rahmen der Gestaltung einer Kooperation ist es für ein Start-up von großer Bedeutung, zu bewerten, ob über den Kooperationspartner auch eine Bedrohung durch zukünftige Konkurrenz möglich ist[499]. Im Zuge der Verbreitung des E-Commerce haben sich für die Art der Kundenbeziehung die Unterscheidung nach Business-to-Business (B2B) sowie Business-to-Consumer (B2C) etabliert, welche auch auf weitere Branchen übertragen wurde.[500] Die Unterscheidung der Kundenbeziehung ist für die Gestaltung der Kooperation von gestaltender Relevanz, da das Start-up durch den Corporate-Kontext einschätzen kann, ob es mit dem Corporate einen Partner mit Erfahrung in Bezug auf die eigene Art der Kundenbeziehung (v. a. in Vertrieb und Marketing) gewinnt. Folglich wird der Kontextfaktor der Art der

[499] Vgl. Zentes, Schramm-Klein (2003), Einflussfaktoren der Kooperation, S. 267
[500] Vgl. Hadeler, Arentzen (2000), Wirtschafts-Lexikon, S. 602ff.

Kundenbeziehung in die Ausprägungen *Business-to-Business*, *Business-to-Consumer* sowie *beide* unterteilt.

**Finanzpotenzial**

Insbesondere vor dem Hintergrund des grundlegenden und phasenübergreifenden Kapitalbedarfs von Start-ups ist es für die Gestaltung der Kooperation von Relevanz, in welcher Höhe das Corporate über Finanzpotenzial verfügt. Zugleich führen große finanzielle Ressourcen zur Reduktion der Time-to-Market oder einem schnelleren finanziellen Return on Investment durch eine positive Entwicklung des Start-ups[501]. Das Finanzpotenzial des Corporates beeinflusst die Gestaltungsmöglichkeiten der Kooperation in signifikantem Maße. Zugleich kann das Corporate seine Attraktivität für eine Kooperation durch die verfügbaren finanziellen Ressourcen signalisieren und dem Start-up einen Vergleich mit institutionellen Kapitalgebern ermöglichen. Für das *Finanzpotenzial* im Corporate-Kontext werden die Ausprägungen *niedrig, mittel und hoch* gewählt[502]. Die Bewertung des Finanzpotenzials stellt stets eine subjektive, situationsspezifische Momentaufnahme dar und richtet sich nach der Bewertung sowie dem Bedarf des Start-ups.

**Kooperationserfahrung**

Die Kooperationserfahrung des Corporates stellt einen weiteren wichtigen Kontextfaktor für die Aufnahme und damit auch die Gestaltung der Kooperation dar[503]. Für Start-ups wird durch die Erfahrung des Corporates signalisiert, dass dieses dem Partner vertrauen kann und so Unvorhersehbarkeiten in der Kooperation reduziert[504]. Insbesondere in der Gestaltungsphase einer Kooperation stellt die Kooperationserfahrung des Corporates eine wichtige Ressource im Hinblick auf zeitlichen sowie inhaltlichen Umfang der Kooperation dar, weshalb Start-ups vor allem Kooperationen mit erfahrenen Corporates suchen[505]. Sie profitieren in asymmetrischen Partnerschaften von der Erfahrung des Corporate-Partners, der die Kooperation bedingt durch seine Erfahrung und das Know-how des Managements effizienter gestalten sowie durchführen kann[506].

---

[501] Vgl. Schwamborn (1994), Strategische Allianzen, S. 103; Barringer, Harrison (2000), Creating Value, S. 385; Weiblen, Chesbrough (2015), Corporate Innovation, S. 70; Kanbach, Stubner (2016), Corporate Accelerators, S. 1765

[502] Vgl. Fontanari (1996), Kooperationsgestaltungsprozesse, S. 195

[503] Vgl. Schrader (1993), Kooperation, S. 234

[504] Vgl. Mercandetti et al. (2017), Innovation, S. 24; Lavie, Rosenkopf (2006), Alliance Formation, S. 801

[505] Vgl. Schäper (1997), Zwischenbetriebliche Kooperation, S. 105

[506] Vgl. Borchert et al. (2005), Innovationsmanagement, S. 24; Liesebach (2017), Innovationsmanagement, S. 91; Hogenhuis et al. (2016), Collaborate with Ventures, S. 45

Im Verständnis des Corporate-Kontextes stellt sie eine Determinante der Kooperationsintensität und das Vertrauen zwischen Corporate und Start-up dar. Die Ausprägungen der *Kooperationserfahrung* unterscheiden sich qualitativ in *gering*, *mittel* und *viel*.

**Wertschöpfungsposition**

Die Branchenzugehörigkeit der Kooperationspartner stellt in der Literatur ein einflussreiches Kontextmerkmal dar[507]. Da jedoch Corporate und Start-up oft nicht derselben Branche zugehören, wird für die Gestaltung der Kooperation die Wertschöpfungsposition des Corporates als Kontextmerkmal herangezogen. Für Start-ups ist die Bewertung des Corporate-Kontextes von Gestaltungsrelevanz, da durch die Position des Corporates das Verhältnis in der Kooperation beeinflusst wird. So kann das Start-up ausgehend von der Wertschöpfungsposition einschätzen, ob der Partner ergänzende oder konkurrierende Leistungen anbietet, als Zulieferer oder aber als Kunde auftritt[508]. Das Corporate-Kontextmerkmal *Wertschöpfungsposition* wird in die Ausprägungen *Rohmaterial*, *Komponente*, *System* sowie *Endprodukt* eingeteilt und in Abbildung 4-8 als Pyramide der Wertschöpfung dargestellt.

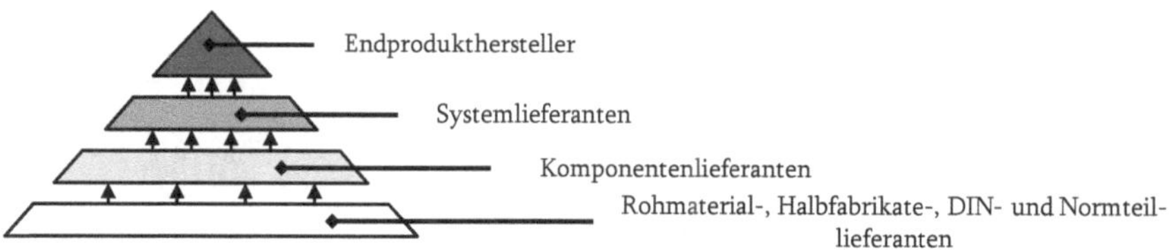


**Abbildung 4-8: Zulieferpyramide in der Industrie[509]**

4.1.2.3 Beschreibung gestaltungsrelevanter Kontextfaktoren von Start-ups

Wie im Kontextrahmenmodell abgeleitet, ist der Kontext des Start-ups in gleichem Maße relevant für die Kooperationsgestaltung wie der Corporate-Kontext. Um der Technologieunsicherheit des Start-ups gerecht zu werden, umfasst der Kontext des Start-ups auch Faktoren zur Beschreibung der Technologien. Nach Identifizierung von 25 Beschreibungscharakteristika des Start-up-Kontextes wurden diese hinsichtlich ihrer Relevanz für die Gestaltung aus Sicht des Corporates evaluiert (vgl. Anhang Tabelle A-3). Für den Start-up-Kontext wurden die gestaltungsrelevanten Faktoren *Art der Kundenbeziehung*, *Bestehender IP-Schutz*, *Finanzierungsstruktur*, *Wertschöpfungs-*

507 Vgl. Schäper (1997), Zwischenbetriebliche Kooperation, S. 109; Schrader (1993), Kooperation, S. 234
508 Vgl. Bolz (2008), Technologieunternehmungen, S. 42f.; Pinkwart (2001), Innovationen in KMU, S. 198
509 I.A.a. Arnold (1998), Strategische Allianzen, S. 62; Grunewald (2015), Beschaffungslogistik, S. 10

*position, Marktdurchdringung*, das *Einsatzgebiet* der Technologie sowie der *Technologiereifegrad* determiniert. Die Kontextfaktoren des Start-ups werden in Abbildung 4-9 zusammenfassend illustriert und nachfolgend detailliert.

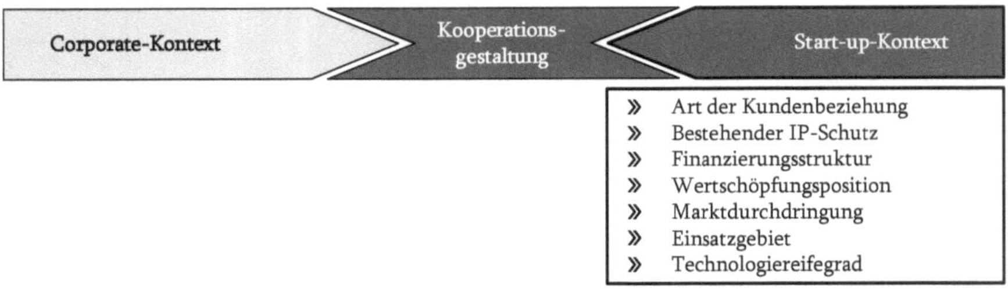


**Abbildung 4-9: Kontextfaktoren des Start-ups**

### Art der Kundenbeziehung

Da Start-ups selbstständig agierende Wirtschaftssubjekte sind, gestalten auch sie ihre Kundenbeziehungen analog zu Corporates. Folglich ist auch die *Art der Kundenbeziehung*, die das Start-up pflegt, für die Kooperationsgestaltung von Relevanz. Da Start-ups und Corporates im Rahmen dieser Arbeit als Unternehmen verstanden werden (vgl. Unterkapitel 2.1.1) wird die Art der Kundenbeziehung analog aus dem Corporate-Kontext übernommen[510]. Ist das Produkt des Start-ups bspw. auf eine B2B-Kundenbeziehung ausgelegt, erhöht sich die Wahrscheinlichkeit, dass das Corporate in der Kooperation als Kunde des Start-ups unterstützen kann[511]. Wenn das Start-up wiederum eine B2C-Kundenbeziehung hat, so kann ein Corporate, welches ebenfalls B2C-Kundenbeziehungen aufweist, Märkte oder Pilotkunden für das Start-up eröffnen[512].

### Bestehender IP-Schutz

Start-ups versuchen im Zuge von technologischen Innovationen durch *Intellectual Property* (IP) einen Schutz der Entwicklungen zu erlangen und stehen zugleich unter dem Druck, die Entwicklungen auch wirtschaftlich zu verwerten[513]. Als Kooperationspartner können Start-ups für Corporates an Bedeutung gewinnen, wenn sie über einen IP-Schutz für ihre Entwicklungen verfügen, da die Kooperation einem Corporate dann

[510] Zur Herleitung und Beschreibung des Kontextfaktors Art der Kundenbeziehung siehe Abschnitt 4.1.2.2.

[511] Vgl. Kohler (2016), Corporate Accelerators, S. 349

[512] Vgl. Hora et al. (2018), David and Goliath, S. 418

[513] Vgl. Graham et al. (2009), Patent Survey, S. 1288; Bolz (2008), Technologieunternehmungen, S. 93

exklusiven Zugang zu Technologien und Entwicklungen ermöglicht, die Wettbewerbern zunächst verborgen bleibt[514]. Alternativ kann es für Corporates besonders attraktiv sein, mit Start-ups ohne bestehenden IP-Schutz zusammenzuarbeiten und so eine Inspiration für eigene Entwicklungen zu erhalten[515]. Wenngleich bestehendes IP in den Händen des Start-ups verbleiben sollte, so beeinflusst dieses IP die Kooperation im Hinblick auf die Gestaltungsmöglichkeiten und die Verhandlungsmacht des Start-ups maßgeblich[516]. Patente und Lizenzen spielen eine große Rolle bei der Unternehmensanalyse, weshalb das Corporate die Attraktivität des Start-ups und damit sein eigenes Engagement in der Kooperation anhand der Qualität der Patente bewerten kann[517]. Im Rahmen der vorliegenden Dissertation wird der Kontextfaktor *bestehender IP-Schutz* in die Ausprägungen *ja* und *nein* unterteilt.

**Finanzierungsstruktur**

Die Indikation der *Finanzierungsstruktur* im Zuge der Kooperationsgestaltung kann für Start-ups aus zwei Gründen vorteilhaft sein: Erstens wird die Bewertung des Start-ups anhand der Finanzierungsstruktur und der Höhe der zuletzt getätigten Finanzierung festgelegt und ermöglicht somit die Formulierung von angemessenen Finanzierungsbedarfen gegenüber dem Corporate.[518] Zweitens wird durch die Finanzierungsstruktur aufgezeigt, welche Investoren am Start-up beteiligt sind. In der Praxis haben sich besonders erfolgreiche Investoren als Qualitätsindikatoren etabliert, was dazu führt, dass eine Beteiligung eines solchen Investors die Attraktivität des Start-ups steigert[519]. Die Finanzierungsstruktur eines Start-ups lässt sich über die Kapitalquellen bezüglich Herkunft (Innen-/Außenfinanzierung) sowie Rechtsstellung der Kapitalgeber bzw. Haftungsqualität (Eigen-/Fremdkapital) beschreiben[520]. Abbildung 4-10 illustriert die Finanzierungsstruktur eines Start-ups und zeigt mögliche Kapitalquellen auf.

---

[514] Vgl. Teece (1986), Technological Innovation, S. 297; Minshall et al. (2010), Partnerships, S. 57

[515] Weiblen, Chesbrough (2015), Corporate Innovation, S. 86

[516] Vgl. Minshall et al. (2010), Partnerships, S. 57; Kurpjuweit, Wagner (2020), Startup Supplier Programs, S. 78

[517] Vgl. Thommen et al. (2020), Strategisches Management, S. 588

[518] Vgl. Hahn (2018), Start-up Finanzierung, S. 33; Weitnauer (2016), Venture Capital, S. 144

[519] Vgl. Rothaermel (2002), Interfirm Cooperation, S. 395; Shan et al. (1994), Startup Innovation, S. 393

[520] Vgl. Hahn (2018), Start-up Finanzierung, S. 33; Werner, Kobabe (2005), Unternehmensfinanzierung, S. 7

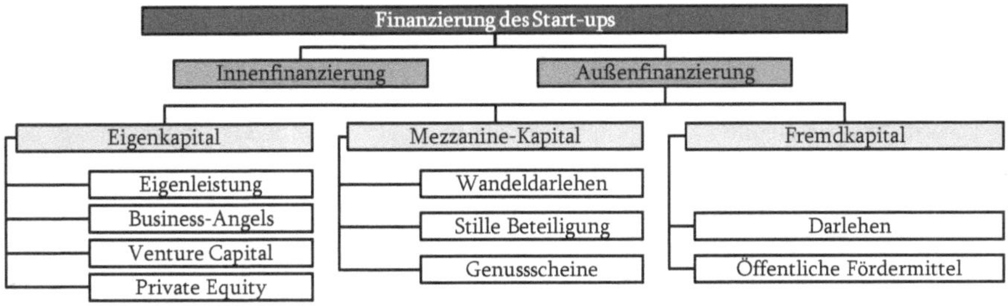


**Abbildung 4-10: Finanzierungsstruktur des Start-ups**[521]

Zunächst ist zwischen Innen- und Außenfinanzierung zu differenzieren. Die Innenfinanzierung beschreibt, dass die bisher notwendigen Finanzierungsmittel aus vom Start-up selbst erwirtschafteten Umsätzen resultieren und somit keine weiteren Stakeholder beteiligt sind. Die Außenfinanzierung beschreibt die Kapitalherkunft von außerhalb des Start-ups. Sie lässt sich in Eigen- und Fremdkapital unterteilen. Für Start-ups birgt die Aufnahme von Fremdkapital gegenüber Eigenkapital den Vorteil, dass es den Kapitalgebern keine Anteile abgibt und damit volle Kontrolle behält. Darüber hinaus gibt es mit dem Mezzanine-Kapital eine Mischform zwischen Eigen- und Fremdkapital. Da jedoch das Mezzanine-Kapital wirtschaftlich als Eigenkapital gesehen wird, profitieren Start-ups bei der Mezzanine-Finanzierung von einer verbesserten Quote zwischen Eigen- sowie Fremdkapital, ohne dabei in gleichem Maße Anteile abzugeben wie bei einer Eigenkapitalfinanzierung.[522] Für den gestaltungsrelevanten Kontext wird die Finanzierungsstruktur des Start-ups in die Ausprägungen *Innenfinanzierung*, *Außenfinanzierung-eigen* sowie *Außenfinanzierung-fremd* unterteilt. Die Außenfinanzierung durch Mezzanine-Kapital wird, je nach Finanzierungsart unter Außenfinanzierung-fremd oder Außenfinanzierung-eigen subsumiert. Wandeldarlehen stellen eine Schuld dar und werden im Kontext dieser Arbeit als Fremdkapital verstanden. Stille Beteiligungen sowie Genussscheine führen zur (Gewinn-)Beteiligung am Start-up und werden als Eigenkapital der Außenfinanzierung aufgefasst.

**Wertschöpfungsposition**

Um aus Corporate-Sicht ebenfalls einschätzen zu können, ob das Start-up ein geeigneter Partner für die Zielerreichung in der Kooperation ist, wird der Kontextfaktor *Wertschöpfungsposition* aus dem Corporate-Kontext übernommen (vgl. Abschnitt 4.1.2.2).

[521] I.A.a. Hahn (2018), Start-up Finanzierung, S. 34

[522] Vgl. Hahn (2018), Start-up Finanzierung, S. 40

Der Kontextfaktor ermöglicht Transparenz über die Beziehung der Kooperationspartner zueinander.

**Marktdurchdringung**

Je größer die Marktdurchdringung ist, desto geringer ist das damit verbundene Risiko und desto mehr kann das Start-up die Gestaltung und die Unterstützung durch das Corporate in der Kooperation beeinflussen[523]. Die *Marktdurchdringung* wird im Kontext dieser Arbeit i. A. a. SCHOLZ in den Ausprägungen *keine*, *gering* sowie *mittel* beschrieben[524]. Ausgangspunkt stellen Marktneuheiten dar, die keine Durchdringung sowie etablierte Technologien, die vollständige Durchdringung aufweisen[525]. In Abhängigkeit der Verbreitung sowie der Aktivitäten von Wettbewerbern wird von einer geringen Durchdringung gesprochen, wenn zwar Wettbewerber bekannt, aber kommerziell noch keine Anwendungen erschlossen sind. Bei einer mittleren Ausprägung sind folglich erste Anwendungen verbreitet. Da zur Erschließung der Erfolgspotenziale für Corporates vor allem neue Technologien und Märkte relevant sind (vgl. Unterkapitel 4.1.1), wird von einer hohen sowie vollständigen Marktdurchdringung in Kooperationen mit Start-ups abgesehen.

**Einsatzgebiet**

Für Corporates spielt der Anwendungskontext der zu Grunde liegenden Technologie des Start-ups eine große Rolle und wird als Kontextfaktor *Einsatzgebiet* beschrieben[526]. Der gestaltungsrelevante Kontextfaktor wird in den Ausprägungen *Materialtechnologie*, *Prozesstechnologie* sowie *Produkttechnologie* unterschieden. Materialtechnologien stellen Merkstoffe dar, die die Leistungsfähigkeit der Produkte eines Corporates hinsichtlich der Kundenwünsche (z. B. Umweltfreundlichkeit) erhöhen[527]. Dementsprechend findet eine Materialtechnologie des Start-ups in den Produkten des Corporates Anwendung. Prozesstechnologien werden von Corporates zur Wertschöpfung eingesetzt. Produkttechnologien finden Anwendung in der angebotenen Leistung, bzw. in den Produkten eines Corporates.[528] Das Einsatzgebiet der Technologie gibt dem Corporate Aufschluss über die Anwendungsbreite der Start-up-Technologie.

[523] Vgl. Australian Renewable Energy Agency (2014), Commercial Readiness Index, S. 2
[524] Vgl. Scholz (2021), Technologiebewertung, S. 78
[525] Vgl. Jolly (2012), High-tech Companies, S. 313
[526] Vgl. Gerpott (2005), Technologie- und Innovationsmanagement, S. 26
[527] Vgl. Schuh et al. (2011), Technologiemanagement, S. 36
[528] Vgl. Gerpott (2005), Technologie- und Innovationsmanagement, S. 26

**Technologiereifegrad**

Start-ups setzen in ihren Innovationen auf Technologien, die einen hohen Neuheitsgrad aufweisen. Deshalb stellt der *Technologiereifegrad* ein wichtiges Merkmal zur Bewertung der Attraktivität des Start-ups dar. In der Literatur wird der Technologiereifegrad zum einen referenziell zum Technologieumfeld in Lebenszyklusphasen und zum anderen über fest definierte Phasen und nachgewiesene Leistungsfähigkeit charakterisiert[529]. Aufgrund der weiten Verbreitung und guten Anwendbarkeit wird zur Beschreibung des Technologiereifegrads das Modell der *Technology Readiness Level* (TRL) aufgegriffen. Der Kontextfaktor wird in vier Ausprägungen differenziert: Die erste Ausprägung *TRL 1-2* schließt mit der Grundlagenforschung. Die zweite Ausprägung entspricht den *TRL 3-5* und wird mit der Technologieentwicklung abgeschlossen. Die dritte Ausprägung umfasst die Systementwicklung in *TRL 6-8*. Schließlich beschreibt *TRL 9* als Ausprägung die Systemanwendung, bzw. Skalierung der Technologie.[530] Abbildung 4-11 illustriert die TRL mit den entsprechenden Meilensteinen.

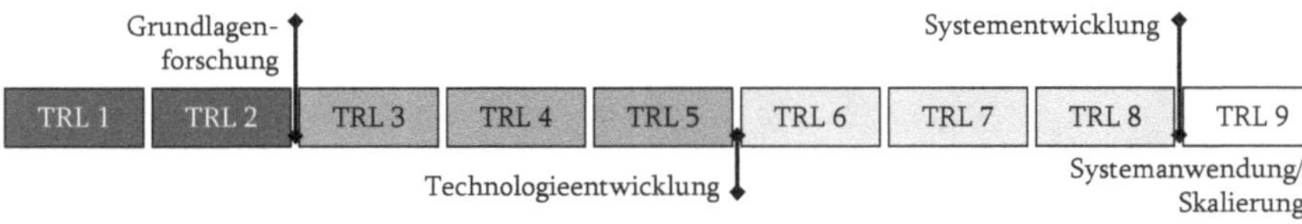


**Abbildung 4-11: Technology-Readiness-Level[531]**

### 4.1.3 Zusammenfassung der Erfolgspotenziale und Kontextfaktoren

Nachdem in diesem Kapitel zunächst die Erfolgspotenziale von Corporates und Start-ups sowie die gestaltungsrelevanten Kontextfaktoren der Kooperation hergeleitet und beschrieben wurden, bedarf es nun einer zusammenfassenden Darstellung der Ergebnisse. Im Sinne der formalen Anforderungen nach einer zweckbezogenen sowie leicht handhabbaren Ausarbeitung werden die hergeleiteten Erfolgspotenziale und Kontextfaktoren in einem morphologischen Kasten dargestellt. Diese Darstellung ermöglicht eine schnelle Erfassung und wird damit den an das Partialmodell gestellten Anforderungen zur Reduktion der Hidden Characteristics gerecht. Abbildung 4-12 zeigt

[529] Vgl. Basu, Ghosh (2017), Technology and Manufacturing Readiness, S. 235; Gerpott (2005), Technologie- und Innovationsmanagement, S. 26f.; Schuh et al. (2011), Technologiemanagement, S. 37

[530] Vgl. Mankins (2009), Technology Readiness, S. 1218; Basu, Ghosh (2017), Technology and Manufacturing Readiness, S. 235ff.

[531] I.A.a. Mankins (2009), Technology Readiness, S. 1218

die Erfolgspotenziale sowie Kontextfaktoren inklusive der zugehörigen Ausprägungen zum Abschluss der Entwicklung dieses Beschreibungsmodells.

| | Erfolgspotenziale | Ausprägungen | | | |
|---|---|---|---|---|---|
| | Corporate | Marktzugang | Technologiezugang | | |
| | Start-up | Technologie-unsicherheit | Produktunsicherheit | Wachstums-unsicherheit | |
| | **Kontextfaktoren** | **Ausprägungen** | | | |
| Corporate | Art d. Kundenbeziehung | B2B | B2C | Beide | |
| Corporate | Finanzpotenzial | gering | mittel | hoch | |
| Corporate | Kooperationserfahrung | gering | mittel | hoch | |
| Corporate | Wertschöpfungsposition | Rohmaterial | Komponente | System | Endprodukt |
| Start-up | Art d. Kundenbeziehung | B2B | B2C | Beide | |
| Start-up | Bestehender IP-Schutz | vorhanden | nicht vorhanden | | |
| Start-up | Finanzierungsstruktur | Innenfinanzierung | Außen-Eigen | Außen-Fremd | |
| Start-up | Wertschöpfungsposition | Rohmaterial | Komponente | System | Endprodukt |
| Start-up | Einsatzgebiet | Produkttechnologie | Prozesstechnologie | Materialtechnologie | |
| Start-up | Marktdurchdringung | keine | gering | mittel | |
| Start-up | Technologiereifegrad | TRL 1-2 | TRL 3-5 | TRL 6-8 | TRL 9 |

**Abbildung 4-12: Beschreibungsmodell der Erfolgspotenziale und Kontextfaktoren**[532]

### 4.1.4 Zwischenfazit: Erfolgspotenziale und Kontextfaktoren der Kooperation

Im Rahmen des Teilkapitels 4.1 wurde ein Modell zur Beschreibung von Erfolgspotenzialen und Kontextfaktoren der Kooperation zwischen Corporates und Start-ups erarbeitet. Die Hauptherausforderung stellte dabei die Formulierung von individuellem Kooperationserfolg und die Auswahl entsprechender Zielstellungen dar, die mittels kumulativer Erfolgsbestimmung zusammengeführt wurden. Als Bestandteil des potenzialorientierten Managements ermöglicht die Erschließung von Erfolgspotenzialen die Realisierung von Wettbewerbsvorteilen. Die Identifizierung möglicher Erfolgspotenziale für Corporates sowie für Start-ups erfolgte jeweils mittels einer Literaturanalyse. Basierend auf einer Bewertung der Auswirkungen auf den Wettbewerb sowie der Bewertung des Mehrwertes durch das Start-up konnten geeignete Erfolgspotenziale für Corporates bestimmt werden. Weiterhin zeigte die Literaturanalyse zu Motiven und Zielen von Start-ups, dass diese in Kooperationen vor allem Unsicherheiten reduzieren

532 Eigene Darstellung

möchten. Unter Berücksichtigung der inhaltlichen Anforderungen an die Lösung wurden die Erfolgspotenziale von Start-ups durch die Bewertung der individuellen Bedeutung für das Start-up sowie der möglichen Unterstützung durch ein Corporate determiniert. Weiterhin wurde ein Rahmenmodell zur Identifizierung gestaltungsrelevanter Kontextfaktoren der Kooperation zwischen Corporates und Start-ups hergeleitet und beschrieben. Im Zuge einer Literaturanalyse wurden in den Einflussbereichen des Corporates sowie des Start-ups zunächst 54 Beschreibungscharakteristika identifiziert. Hieraus wurden für Corporates vier und für Start-ups sieben als begründet gestaltungsrelevante Faktoren beschrieben. Die Definition geeigneter Ausprägungen der Kontextfaktoren vervollständigte das Erfolgspotenzial- und Kontextmodell.

Im Zuge der Bestimmung der Erfolgspotenziale zeigte sich, dass es für beide Kooperationspartner weitere, begründete Motive zur Kooperation gibt. Die Auswahl ist folglich nur unter Berücksichtigung der Eingrenzung der Kooperationspartner dieser Arbeit zu sehen. Sofern mit der Kooperation keine Wettbewerbsvorteile erzielt werden, gilt es, weitere Erfolgspotenziale zu evaluieren. Die begründete Bestimmung der Kontextfaktoren zeigte weiterhin, dass in dieser Arbeit aus Gründen der Handhabbarkeit eine sehr fokussierte Auswahl der Kontextfaktoren erfolgt ist. Um die Auswahl der Faktoren aus der Menge der identifizierten Beschreibungscharakteristika zu erweitern, bedarf es einer empirischen Überprüfung des Gestaltungseinflusses einzelner Faktoren. Die in diesem Teilkapitel bestimmten Erfolgspotenziale sowie die beschriebenen Kontextfaktoren schaffen die Voraussetzung für die weitere Detaillierung der Methodik. So werden die bestimmten Erfolgspotenziale zur Erfüllung der inhaltlichen Anforderungen in der Entwicklung geeigneter Kooperationstypen in Teilkapitel 4.4 berücksichtigt. Ferner kommt dem Erfolgspotenzial- und Kontextfaktorenmodell eine große Bedeutung bei der Ausarbeitung des Gestaltungsmodells zu (vgl. Teilkapitel 4.5). Hierfür gilt es zu analysieren und zu bewerten, in welchem Ausmaß die Erfolgspotenziale und Kontextfaktoren die Kooperationsgestaltung beeinflussen.

## 4.2 Charakterisierung der Kooperationsziele für Start-ups

Der Konzeption dieses Partialmodells folgend (vgl. Teilkapitel 3.4.2) fokussiert dieses Teilkapitel die grundlegende Charakterisierung geeigneter Kooperationsziele für Start-ups. So folgt aus der inhaltlichen Anforderung nach zeitpunkt- sowie partnerspezifischen Kooperationszielen, dass eine Kooperationsgestaltung nur unter Charakterisierung eines geeigneten Zielsystems erfolgen kann. Zur Vermeidung eines Hold-ups durch das Corporate zum Nachteil des Start-ups wird auf ein kollektives Zielsystem verzichtet und die Kooperationsziele des Start-ups zur Gestaltung der Kooperation zu

Grunde gelegt. Die Detaillierung in diesem Teilkapitel strebt die Charakterisierung von möglichen Kooperationszielen für Start-ups an und schafft damit die Voraussetzung zur Bestimmung eines Kooperationsunterstützungsfokus (vgl. Teilkapitel 4.3). Zur Überwindung des identifizierten Mangels an zeitpunktspezifischen Kooperationszielen wird zunächst ein Lebenszyklus für Start-ups entwickelt und anhand von Sub-Phasen beschrieben (vgl. Unterkapitel 4.2.1). Aufbauend darauf erfolgen in Unterkapitel 4.2.2 die Strukturierung des Kooperationszielmodells durch Modellierung von funktionalen Dimensionen eines Start-ups sowie die Ableitung eines Bezugsrahmens für das Kooperationszielmodell. Anschließend folgen eine litertaturbasierte Identifizierung und Auswahl möglicher Ziele von Start-ups, die als Kooperationsziele den entsprechenden Lebenszyklusphasen und Dimensionen zugeordnet werden können (vgl. Abschnitt 4.2.3.2). Abbildung 4-13 veranschaulicht den Aufbau des Teilkapitels und stellt das Vorgehen der Detaillierung dar.

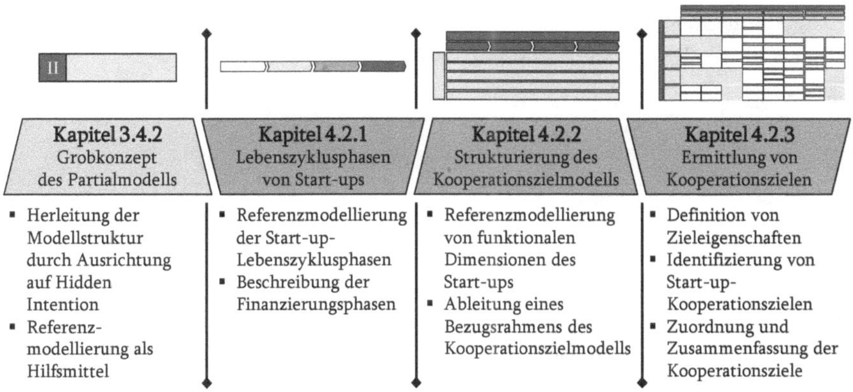


**Abbildung 4-13: Aufbau des Teilkapitels[533]**

### 4.2.1 Beschreibung der Start-up-Lebenszyklusphasen

Die Bestimmung von spezifischen Lebenszyklusphasen von Start-ups stellt das Grundgerüst zur Identifizierung von Kooperationszielen dar und ermöglicht darüber hinaus die eindeutige Situationsbestimmung im Rahmen der Kooperationsgestaltung. Gemäß der Konzeption dieses Partialmodells (vgl. Unterkapitel 3.4.2) folgt die Bestimmung der Lebenszyklusphasen von Start-ups dem Vorgehen der Referenzmodellierung nach SCHÜTTE[534]. Startpunkt hierfür stellt die Problemdefinition zur Charakterisierung und

[533] Eigene Darstellung

[534] Vgl. Schütte (1998), Referenzmodellierung, S. 184ff.

Ableitung der eingrenzenden Merkmale von Start-ups dar. Hiernach wird ein Referenzmodellrahmen der Lebenszyklusphasen konstruiert (vgl. Abschnitt 4.2.1.1). Die Durchführung der Modellierung führt zur Ableitung der Lebenszyklusphasenstruktur und wird durch das etablierte Verständnis der Finanzierungsphasen weiter strukturiert. Eine entsprechende Darstellung komplettiert die Beschreibung der Start-up-Lebenszyklusphasen (vgl. Abschnitt 4.2.1.2). Das Referenzmodell für Start-up-Lebenszyklusphasen besitzt Gültigkeit für die in dieser Arbeit definierten Start-ups und erfüllt damit die Anforderungen nach Gültigkeit für diese Modellierungssituation[535].

Start-ups sind in der Literatur breit erforscht und klar von anderen Unternehmenstypen abgegrenzt (vgl. Unterkapitel 2.1.3). Jedoch zeigt sich, dass Ziele von Start-ups allgemein und Kooperationsziele im Besonderen bisher nicht eineindeutig formuliert werden. Unter Berücksichtigung der Eingrenzung dieser Arbeit (vgl. Abschnitt 2.3.3.2) ergibt sich, dass sich die Ziele von Start-ups für eine Kooperation mangels eines strategischen Managements in den frühen Phasen nicht ohne Weiteres ableiten lassen. Das Problem für die Referenzmodellierung wird daher wie folgt definiert:

Es existiert kein geeignetes Lebenszyklusmodell, das die Entwicklung des Start-ups als Teil des Unternehmenslebenszyklus detailliert beschreibt und eine Zielbestimmung für Kooperationen ermöglicht.

#### 4.2.1.1 Referenzmodellierung der Start-up-Lebenszyklusphasen

In der Literatur existiert eine Vielzahl von Phasenmodellen zur Beschreibung von Unternehmenslebenszyklen sowie zur fokussierten Beschreibung von Start-up-Lebenszyklen[536]. Eine Adoption existierender Modelle zur Entwicklung eines Kooperationszielmodells wird als kritisch erachtet, da sie einerseits den Entwicklungsschwerpunkt von technologieorientierten Start-ups nicht ideal wiedergeben und andererseits den Fokus der Kooperationsgestaltung nicht hinreichend berücksichtigen. Daher erscheint es sinnvoll, zunächst ein Referenzrahmenmodell für Lebenszyklusphasen von Start-ups zu erarbeiten, um dieses anschließend mit möglichen Kooperationszielen zu detaillieren. Die Darstellung des Lebenszyklusmodells als Phasenmodell bietet eine hierfür ausreichende Informationstiefe[537].

---

[535] Vgl. Fettke, Loos (2002), Referenzmodelle, S. 9; Schütte (1998), Referenzmodellierung, S. 70

[536] Für Unternehmenslebenszyklen vgl. exemplarisch Höft (1992), Lebenszykluskonzepte, S. 16ff.; Für Start-up Lebenszyklen vgl. Klandt (2003), Unternehmenslebensphasen, S. 99ff.; Engelen (2007), Junge Unternehmen, S. 29ff.; Schuh et al. (2022), Life Cycle Model, S. 5ff.

[537] Vgl. Scheer (1999), Business Engineering, S. 6

Start-ups zeichnen sich dadurch aus, dass ihr Lebenszyklus eng mit dem Entwicklungsfortschritt der Technologien, Produkte und Geschäftsmodelle verbunden ist[538]. Ebenso eng verknüpft zeigen sich Start-ups aber auch mit Finanzierungsphasen an den Kapitalmärkten[539]. In diesem Kontext lassen sich drei maßgebliche Betrachtungsperspektiven von Lebenszyklen differenzieren: Start-up-Fokus, Finanzierungsfokus und Technologie-Start-up Fokus. Ansätze, die das Start-up allgemein fokussieren, beschreiben die Lebenszyklusphasen mit dem fokussierten Ziel der Entwicklung und Etablierung des Start-ups als Unternehmen. Vertreter dieser Perspektive sind bspw. PASSARO ET AL., LEACH & MELICHER oder HERING ET AL.[540]. Die Überlegungen fußen darauf, dass Start-ups in ihrer Entwicklung primär das Überleben sowie die Etablierung verfolgen. Ausgehend des Systemansatzes zur Erfolgsbestimmung (vgl. Abschnitt 4.1.1.1) wird dieser Aspekt als sehr relevant erachtet und für das Referenzrahmenmodell übernommen. Vertreter der Finanzierungsperspektive spiegeln in den Lebenszyklusphasen den Anspruch einer ausreichenden Finanzierung in jeder Phase der Entwicklung wider[541]. Dem liegt der Gedanken zu Grunde, dass sich Start-ups in Ermangelung eigener Mittel um externe Investments bemühen. Dies wird insbesondere in frühen und späten Phasen relevant und ebenso adoptiert. Schließlich gibt es jene Lebenszyklusmodelle, die in besonderem Maße auf Technologie-Start-ups ausgelegt sind. TECH oder auch GUGGEMOOS beschreiben, dass die Entwicklung der Technologie zentrale Bedeutung für die Entwicklung des Start-ups hat[542]. Es besteht folglich vor allem im Fokus auf lange Forschungs- und Entwicklungsphasen sowie Markteinführungs- und Wachstumsphasen eine große inhaltliche Nähe zu dieser Arbeit.

Zum Aufbau eines geeigneten Referenzrahmenmodells für diese Arbeit werden die verschiedenen Perspektiven integriert. Dies ermöglicht einerseits eine Ausrichtung des Lebenszyklusmodells auf mögliche Kooperationsziele und berücksichtigt andererseits das Start-up als Betrachtungssubjekt dieser Arbeit. Zur Berücksichtigung der initialen finanziellen Bedarfe wird für das Referenzmodell die Frühphase aus ACHLEITNER & BRAUN sowie HAHN übernommen. Hiernach folgt die ausgeprägte Phase der Forschung & Entwicklung, adoptiert aus den Modellen nach HERING ET AL. sowie GUGGEMOOS. Aus GUGGEMOOS wird ebenso die Wachstumsphase übernommen, die sich auch

[538] Vgl. Guggemoos (2012), Technologieunternehmen, S. 25; Pleschak (2001), Technologieunternehmen, S. 12f.

[539] Vgl. Leach, Melicher (2020), Entrepreneurial finance, S. 26

[540] Vgl. Passaro et al. (2016), Start-up Lifecycle, S. 8ff.; Leach, Melicher (2020), Entrepreneurial finance, S. 23ff.; Hering et al. (2018), Unternehmensgründung, S. 12ff.

[541] Siehe bspw. Achleitner, Braun (2018), Entrepreneurial Finance, S. 324; Hahn (2018), Start-up Finanzierung, S. 27

[542] Vgl. Guggemoos (2012), Technologieunternehmen, S. 25; Tech (2018), High-Tech Startups, S. 12

in den Lebenszyklen der Finanzierungsperspektive findet. Die vierte Phase des Referenzrahmenmodells wird durch die Spätphase, übernommen aus TECH sowie HAHN, beschrieben. Diese Phase integriert überdies inhaltlich die beiden Phasen „Rapid-Growth“ sowie „Early-Maturity“ aus LEACH & MELICHER. Das so entwickelte Start-up-Lebenszyklus-Referenzrahmenmodell wird in Abbildung 4-14 illustriert. Auf eine detaillierte Vorstellung und Beschreibung der Referenzphasen wird an dieser Stelle verzichtet, da sie bereits hinreichend in den entsprechenden Ansätzen beschrieben wurden. Eine Kurzbeschreibung zu Einordnung findet sich in Anhang A.3.

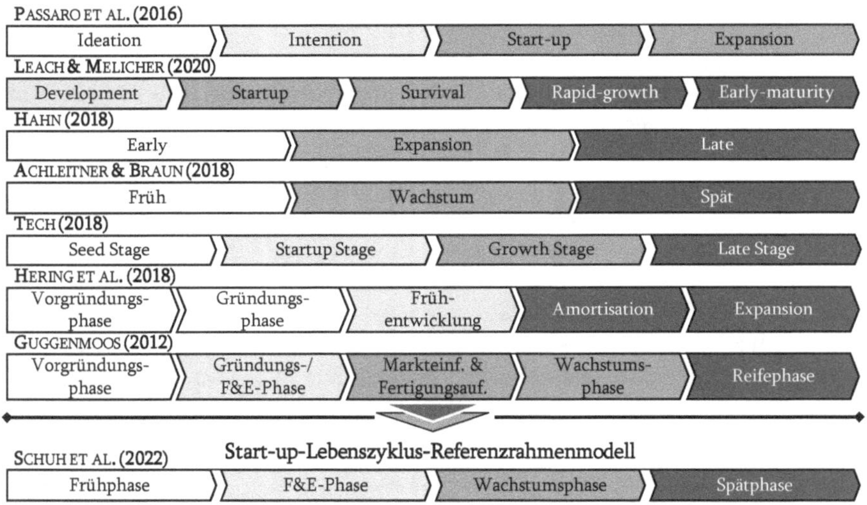


**Abbildung 4-14: Start-up-Lebenszyklus-Referenzrahmenmodell**[543]

Aufbauend auf der Konstruktion des Rahmens der Lebenszyklusphasen kann das Lebenszyklusmodell detailliert werden[544]. Hierfür wird im nachfolgenden Abschnitt mittels Strukturanalogien erläutert, wie Start-ups im Lebenszyklusmodell durch die einzelnen Phasen schreiten können.

[543] I.A.a. Passaro et al. (2016), Start-up Lifecycle, S. 8; Leach, Melicher (2020), Entrepreneurial finance, S. 23; Hahn (2018), Start-up Finanzierung, S. 27; Achleitner, Braun (2018), Entrepreneurial Finance, S. 324; Tech (2018), High-Tech Startups, S. 15; Hering et al. (2018), Unternehmensgründung, S. 15; Guggemoos (2012), Technologieunternehmen, S. 36; Schuh et al. (2022), Life Cycle Model, S. 9

[544] Vgl. Schütte (1998), Referenzmodellierung, S. 187f.

#### 4.2.1.2 Beschreibung der Finanzierungsphasen von Start-ups

Start-ups, die anstreben, ein physisches Produkt in einem neuen Markt zu etablieren, weisen lange Lebenszyklusphasen auf. Die Übergänge zwischen den Phasen sind sowohl für Start-ups als auch für mögliche Corporates als Kooperationspartner nicht immer trennscharf zu bewerten. Damit im Zuge der vorliegenden Arbeit die Gestaltung der Kooperation auf Basis von eineindeutigen und transparenten Kooperationszielen erfolgen kann, bedarf es der zielgerichteten Segmentierung der Lebenszyklusphasen eines Start-ups.

Zur Segmentierung der Lebenszyklusphasen eignen sich die etablierten Finanzierungsphasen, da Start-ups die notwendigen finanziellen Ressourcen für ihre Entwicklung nicht ausreichend selbst bereitstellen können und eine Aufnahme von Fremdkapital, bedingt durch die hohen Risiken, nicht möglich ist[545]. Grundlage der Finanzierungsphasen ist, dass Start-ups externes Kapital zur Finanzierung einwerben und dafür phasenspezifisch Nachweise über ihre Entwicklung erbringen. Die Finanzierungsphasen stehen den Lebenszyklusphasen kongruent gegenüber und ermöglichen somit eine komplementäre Segmentierung[546]. Dies bietet für die Modellentwicklung zwei grundlegende Vorteile: Erstens ist das Konzept der Finanzierungsphasen breit erforscht und ermöglicht sowohl Start-ups als auch Corporates im Rahmen einer Kooperation eine objektive Einschätzung der Herausforderungen und Ziele des Start-ups. Zweitens ermöglichen die Finanzierungsphasen als Segmentierungsstruktur eine vereinfachte Identifikation von geeigneten Kooperationszielen für Start-ups, da für ebendiese in Theorie sowie Praxis eindeutige Meilensteine und Bedarfe ausgewiesen werden. Die Verknüpfung von Lebenszyklus- und Finanzierungsphasen orientiert sich an einem in der Literatur verbreiteten Vorgehen[547]. Damit wird die Anforderung nach zeitpunktspezifischer Kooperationszielcharakterisierung erfüllt.

Nachfolgend werden die einzelnen Finanzierungsphasen beschrieben und die übergreifende Zielsetzung erläutert. Die *Frühphase* eines Start-ups lässt sich in die zwei Finanzierungsphasen *Seed* sowie *Startup* unterteilen (vgl. Abbildung 4-15).

[545] Vgl. Guggemoos (2012), Technologieunternehmen, S. 60 und die dort aufgeführten Quellen.

[546] Vgl. Achleitner, Braun (2018), Entrepreneurial Finance, S. 324; Leach, Melicher (2020), Entrepreneurial finance, S. 25; Hahn, Naumann (2018), Finanzierungs-/Gründungsphasen, S. 83

[547] Siehe hierfür u.a. Schultz (2011), Finanzierung, S. 56; Leach, Melicher (2020), Entrepreneurial finance, S. 25; Guggemoos (2012), Technologieunternehmen, S. 60

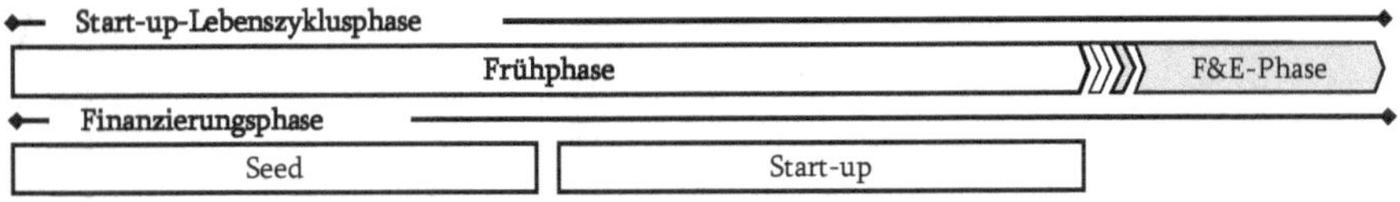


**Abbildung 4-15: Struktur der Frühphase[548]**

Die *Seed-Phase* beschreibt eine Phase vor der offiziellen Gründung des Unternehmens. Das Start-up benötigt in dieser Phase Kapital zur Finanzierung erster Entwicklungsaktivitäten. Ausgehend einer Idee werden sowohl die Technologie als auch das Geschäftsmodell exploriert. Die Entwicklung konzentriert sich auf den Nachweis der Machbarkeit sowie die Möglichkeit zur Übertragung in ein Produkt.[549] Zur Aufnahme von Kapital in der Seed-Phase weist das Start-up das Potenzial der Technologie sowie des Marktes in einem Gründungskonzept nach[550]. In der Finanzierungsphase *Start-up* erfolgt die Unternehmensgründung[551]. Dafür treibt das Start-up die Entwicklung der Technologie sowie des Produktes voran und sammelt Kapital zur Erstellung von Prototypen ein. Die Prototypen weisen technologische Funktionalitäten nach und dienen der experimentellen Validierung des Produktes sowie einer Marktexploration. Die analytischen Erkenntnisse der Technologie- und Marktvalidierung ermöglichen die Ausrichtung der Produkt- und Geschäftsmodellentwicklung.[552] Ferner wird hierdurch der Nachweis zur Aufnahme weiteren Kapitals für die folgende F&E-Phase erbracht.

Abbildung 4-16 stellt die Segmentierung der F&E-Phase dar und fokussiert dabei die *1. Runde* sowie die *2. Runde* der Serienfinanzierung. Die *1. Runde* der Serienfinanzierung markiert den Auftakt zur F&E-Phase des Start-ups. Neben fundamentalen, kapitalintensiven Investitionen in die Entwicklung der Technologie und des Produktes fallen vor allem Aufwände für das Marketing und den Aufbau der Ablauf- und Aufbauorganisationsstrukturen an[553]. Die Prototypen werden mit Pilotkunden markt- und kundenzentriert weiterentwickelt und je nach technologischer Komplexität in ein serienreifes Produkt überführt[554]. Daher bedarf es neben der Planung zur Aufnahme der

[548] Eigene Darstellung i. A. a. Hahn (2018), Start-up Finanzierung, S. 27; Bandulet (2005), Unternehmensgründungen, S. 10; Nathusius (2001), Gründungsfinanzierung, S. 56

[549] Vgl. Klandt (2006), Gründungsmanagement, S. 53; Tech (2018), High-Tech Startups, S. 13

[550] Vgl. Guggemoos (2012), Technologieunternehmen, S. 27; Schultz (2011), Finanzierung, S. 53; Tech (2018), High-Tech Startups, S. 13

[551] Vgl. Zemke (1995), Beteiligungskapital, S. 31; Schultz (2011), Finanzierung, S. 54

[552] Vgl. Nathusius (2001), Gründungsfinanzierung, S. 58; Tech (2018), High-Tech Startups, S. 13; Schultz (2011), Finanzierung, S. 54

[553] Vgl. Bandulet (2005), Unternehmensgründungen, S. 11; Nathusius (2001), Gründungsfinanzierung, S. 58f.; Leach, Melicher (2020), Entrepreneurial finance, S. 28; Pöchtrager, Wagner (2018), Businessplan, S. 127f.

[554] Vgl. Bandulet (2005), Unternehmensgründungen, S. 11

Produktion auch einer Strategie zur Markteinführung. Das Start-up muss nachweisen, dass es die notwendige Aufbau- und Ablauforganisation abbilden kann. Start-ups, die eine *2. Runde* der Serienfinanzierung aufnehmen zeichnen sich i. d. R. durch ein technologisch komplexes Produkt und/oder einen schwer zu erschließenden Absatzmarkt aus. Es gilt daher die Produktentwicklung abzuschließen und den Zielmarkt des Start-ups initial zu durchdringen, was den Nachweis eines tragfähigen Geschäftsmodells erfordert[555]. Insbesondere vor dem Hintergrund einer großen Gefahr des Markteintritts durch mögliche Konkurrenten muss das Start-up in der 2. Runde seine Kapitalbedarfe genau vorhersagen und die Aufbau- sowie Ablaufstruktur entsprechend ausrichten. Hiermit wird der Grundstein für ein exponentielles Wachstum gelegt, das von Seiten des Start-ups durch entsprechende Anstrengungen in allen Funktionsbereichen vorbereitet wird.[556]

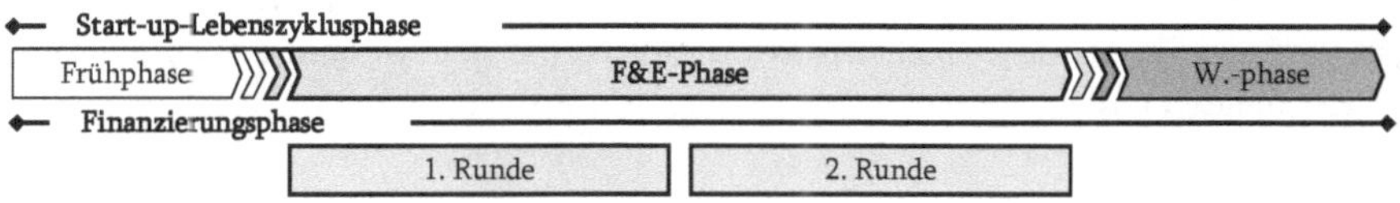


**Abbildung 4-16: Struktur der F&E-Phase[557]**

Die *Wachstumsphase* umfasst die *3. Runde* der Serienfinanzierung sowie daran anschließend die Finanzierungsphase *Bridge* und wird zusammenfassend in Abbildung 4-17 dargestellt. Zum Ende der Serienfinanzierung kann das Start-up erstmals die Gewinnschwelle überschreiten und tritt daraufhin in eine Phase exponentiellen Wachstums ein, die p. a. auch mehrere 100 % betragen kann[558]. Die Bridge-Phase dient zur Akkumulation von außerordentlichen Kapitalumfängen und ermöglicht weiteres expansives Wachstum der Start-ups.

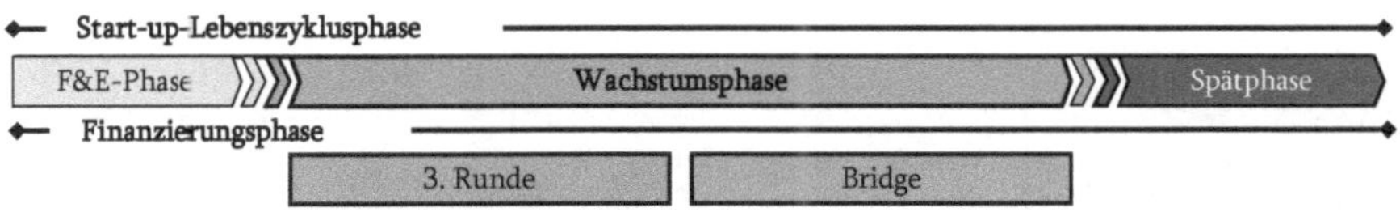


**Abbildung 4-17: Struktur der Wachstumsphase[559]**

[555] Vgl. Guggemoos (2012), Technologieunternehmen, S. 63; Nathusius (2001), Gründungsfinanzierung, S. 59; Hahn, Naumann (2018), Finanzierungs-/Gründungsphasen, S. 211

[556] Vgl. Nathusius (2001), Gründungsfinanzierung, S. 59

[557] Eigene Darstellung i. A. a. Nathusius (2001), Gründungsfinanzierung, S. 56

[558] Vgl. Nathusius (2001), Gründungsfinanzierung, S. 59

[559] Eigene Darstellung i. A. a. Nathusius (2001), Gründungsfinanzierung, S. 56

In der *3. Runde* der Serienfinanzierung wird eine nationale sowie internationale Expansion angestrebt. Da sich Start-ups nicht auf bestehende Wettbewerbsvorteile verlassen können, sind sie gezwungen, ihre Leistungsfähigkeit kontinuierlich zu steigern.[560] Der Finanzierungsbedarf liegt vor allem auf einer Marktdurchdringung und -diversifikation[561]. Hierfür bedarf es einer Erweiterung der Kapazitäten des Vertriebs- und Produktionssystems[562]. Da die internationale Expansion der eigenen Strukturen von Start-ups oft nicht aus eigenen Mitteln aufgebaut werden kann, weist es in der 3. Runde neben finanziellen Kennzahlen zum Unternehmenswachstum auch strategische Konzepte zur Erweiterung des Unternehmens nach[563]. Zur Vorbereitung eines IPO[564] wird in der *Bridge-Phase* das Wachstum des Start-ups weiter vorangetrieben[565]. Das Start-up weitet sein Angebot im Angesicht neuer Wettbewerber aus und bringt neue Produkte auf den Markt, die eine zusätzliche vertikale Diversifikation ermöglichen[566]. Hierfür werden die Ausbringungsmengen des Produktionssystems weiter gesteigert und Skaleneffekte realisiert sowie das Geschäftsmodell optimiert. Die Bridge-Phase dient vor allem der Akkumulation von weiterem Kapital für extensives Wachstum und Expansion[567].

Die Spätphase eines Start-ups wird als Phase der erfolgreichen Etablierung als Marktführer und Dominator in die beiden Finanzierungsphasen *Eroberung (IPO)* und *Bezwingen (Exit)* unterteilt. Abbildung 4-18 illustriert die Strukturierung der Spätphase.

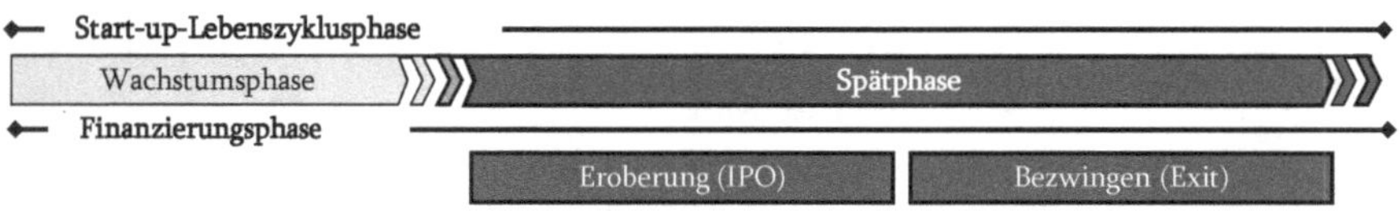


**Abbildung 4-18: Struktur der Spätphase**[568]

[560] Vgl. Klandt (2006), Gründungsmanagement, S. 54; Nathusius (2001), Gründungsfinanzierung, S. 59

[561] Vgl. Bandulet (2005), Unternehmensgründungen, S. 12

[562] Vgl. Schultz (2011), Finanzierung, S. 54; Brinkrolf (2002), VC-Gesellschaften, S. 14

[563] Vgl. Nathusius (2001), Gründungsfinanzierung, S. 59; Bandulet (2005), Unternehmensgründungen, S. 12; Schultz (2011), Finanzierung, S. 54f.

[564] Ein Initial Public Offering (IPO) beschreibt die erstmalige Emission von Aktien oder Anteilen privater Firmen am öffentlichen Kapitalmarkt und wird auch als Börsengang bezeichnet. Vgl. hierzu Salzer (2004), Investor Relations-Management, S. 16; Nathusius (2001), Gründungsfinanzierung, S. 60

[565] Vgl. Pöchtrager, Wagner (2018), Businessplan, S. 128; Hahn, Naumann (2018), Finanzierungs-/Gründungsphasen, S. 213; Guggemoos (2012), Technologieunternehmen, S. 64

[566] Vgl. Hahn, Naumann (2018), Finanzierungs-/Gründungsphasen, S. 213

[567] Vgl. Schultz (2011), Finanzierung, S. 55; Guggemoos (2012), Technologieunternehmen, S. 64

[568] Eigene Darstellung

In der Phase der *Eroberung* strebt das Start-up zur vollständigen Entfaltung des Technologiepotenzials in einem Produktportfolio sowie zur Übernahme der Marktführerschaft in den initial etablierten Segmenten einen IPO an. Der Verkauf von Eigenanteilen ermöglicht dem Start-up Zugang zu weiterem Kapital, um internationale Märkte zu erschließen und mittels Produktinnovationen Absatzmärkte zu erobern.[569] Für Gründer ist es in diesen Phasen besonders wichtig, durch Eigenkapitalfinanzierung eine weitere Finanzierungsquelle zu erschließen und so die Geschäftsentwicklung voranzutreiben[570]. Für den IPO wird eine Strukturierung der Ablauforganisation gefordert. Ferner erarbeitet das Start-up eine Strategie zur Intensivierung der Aktivitäten und zum weiteren Ausbau der Organisation.[571] In der Phase der Eroberung ermöglicht die Aufnahme von Eigenkapital nochmals ein starkes Wachstum des Start-ups mit exponentiellen Wachstumsraten[572]. Schließlich bereitet die Finanzierungsphase des *Bezwingens (Exit)* den Übergang vom Start-up zum Corporate vor. In dieser Phase strebt das Start-up an, gestaltender oder gar dominierender Marktakteur zu werden und sich mit einem umfassenden Produktportfolio national sowie international zu etablieren. Das Bezwingen der Märkte geht mit einer Gesellschafterumstrukturierung des Unternehmens und in vielen Fällen mit einem Exit einher.[573] Dabei beschreibt der Exit vor allem den Verkauf der Mehrheitsanteile der Gründer[574]. Das Start-up muss dafür ein stabiles Geschäftsmodell mit rentablen Margen und einer international agierenden Organisation zur Realisierung von Dichte- sowie Skalenvorteilen aufweisen[575]. Sobald sich das Start-up mit einem stabilen Geschäftsmodell als Marktführer mit Wettbewerbsvorteilen etabliert hat, gilt die Phase des Bezwingens als überwunden und das Start-up als etabliert[576].

Es bleibt festzuhalten, dass Start-ups vor allem in der Spätphase den Markt nicht immer über einen IPO gewinnen. Ferner können die Gründer bei einem geeigneten Angebot

[569] Vgl. Pott, Pott (2012), Entrepreneurship, S. 234; Tech (2018), High-Tech Startups, S. 14
[570] Vgl. Nathusius (2001), Gründungsfinanzierung, S. 60; Weitnauer (2019), Handbuch Venture Capital, S. 141
[571] Vgl. Schultz (2011), Finanzierung, S. 55; Hahn (2018), Start-up Finanzierung, S. 30; Zemke (1995), Beteiligungskapital, S. 35
[572] Vgl. Salzer (2004), Investor Relations-Management, S. 84
[573] Vgl. Brinkrolf (2002), VC-Gesellschaften, S. 64f.; Guggemoos (2012), Technologieunternehmen, S. 64; Schultz (2011), Finanzierung, S. 55
[574] Vgl. Bandulet (2005), Unternehmensgründungen, S. 12
[575] Vgl. Zemke (1995), Beteiligungskapital, S. 35; Guggemoos (2012), Technologieunternehmen, S. 32f.
[576] Vgl. Pfirrmann (1997), New Technology Based Firms, S. 14; Bandulet (2005), Unternehmensgründungen, S. 12f.

auch direkt einen Exit anstreben. Diese Entscheidungen sind immer von der individuellen Situation des Start-ups sowie äußeren Umständen abhängig und lassen sich schwer verallgemeinern.

### 4.2.2 Strukturierung des Kooperationszielmodells

Die Modellierung der Lebenszyklusphasen sowie der Finanzierungsphasen von Start-ups ermöglicht eine zeitpunktspezifische Strukturierung der Kooperationsziele, jedoch können so noch keine partnerspezifischen Ziele aufgeführt und ausgewählt werden. Zur Erfüllung der inhaltlichen Anforderung bedarf es im nächsten Schritt der Entwicklung und Beschreibung strukturgebender Dimensionen für Kooperationsziele in einzelnen Lebenszyklusphasen. In der Literatur wird neben der Finanzierungsperspektive vor allem die Perspektive des Unternehmenswachstums zur Strukturierung von Unternehmenszielen über die Entwicklung eingenommen. Die Perspektive des Unternehmenswachstums beschreibt die Ziele eines Start-ups über konsekutive, idealtypische Phasen der Entwicklung hinweg[577]. In diesen Phasen werden typischerweise die Herausforderungen von Start-ups anhand von spezifischen Variablen beschrieben[578]. Folglich stellt die Perspektive des Unternehmenswachstums eine geeignete zweite Dimension zur Strukturierung des Kooperationszielmodells dar. Ausgehend von dem Umstand, dass je nach Autor eine große Varianz in Anzahl und Art dieser Variablen besteht, müssen mittels einer Referenzmodellierung zunächst Start-up-Entwicklungsdimensionen hergeleitet werden (vgl. Abschnitt 4.2.2.1). Anschließend werden diese Dimensionen mit den Lebenszyklusphasen zu einem Ordnungsrahmen für das Kooperationszielmodell zusammengeführt (vgl. Abschnitt 4.2.2.2).

#### 4.2.2.1 Referenzmodellierung von funktionalen Dimensionen des Start-ups

Das Start-up sieht sich beim erstmaligen Durchschreiten der Lebenszyklusphasen nicht nur dem Aufbau einer Organisation, sondern auch vielen, oft parallel gestellten Herausforderungen ausgesetzt. Um diesen Herausforderungen im Rahmen einer Kooperation mit geeigneten Zielen begegnen zu können, bedarf es daher einer inhaltlichen Strukturierung. Aufbauend auf der formalen Struktur der modellierten Lebenszyklusphasen (vgl. Unterkapitel 4.2.1) wird in diesem Kapitel die Erarbeitung einer zweiten Dimension im Kooperationszielmodell angestrebt. In der Literatur existiert eine Vielzahl von Ansätzen und Abhandlungen darüber, wie Ziele von Unternehmen

---

[577] Vgl. hierzu Kazanjian, Drazin (1990), New Ventures, S. 139ff.; Brinkrolf (2002), VC-Gesellschaften, S. 58ff.; Galbraith (1982), Stages of Growth, S. 74

[578] Vgl. Engelen (2007), Junge Unternehmen, S. 29; Kazanjian (1988), New Ventures, S. 257

und damit auch von Start-ups im Kontext des Wachstums strukturiert werden können[579]. Jedoch zeigt sich, dass durch die bestehende Literatur keine geeignete Formulierung von Dimensionen zur Strukturierung eines Kooperationszielmodells für Start-ups existiert. Die nachfolgende Herleitung von geeigneten Dimensionen erfolgt unter Anwendung des Vorgehens zur Referenzmodellierung[580]. Ausgehend von der Analyse relevanter Literatur zum Management von Unternehmenswachstum wird das folgende Modellierungsproblem definiert:

Es existiert keine gültige Definition und Beschreibung von funktionalen Dimensionen zur Systematisierung des Start-up-Wachstums im Kontext der Kooperation mit Corporates.

Das Wachstum von Unternehmen ist in der Literatur eng mit dem Konzept der Unternehmenslebenszyklen verknüpft (vgl. Unterkapitel 2.1.1). Etablierte Modelle zu Unternehmenslebenszyklen sehen einheitlich das Marketing sowie die Produktion als funktionale Dimensionen des Unternehmenswachstums[581]. Darüber hinaus nennt JAMES noch die Finanzierung sowie die Administration als funktionale Dimensionen[582]. GALBRAITH integriert diese beiden Dimensionen und ergänzt in seinem Modell darüber hinaus das Engineering sowie die Mitarbeiterbeziehung[583]. KLOCKE stellt in seinem Ansatz zur Unternehmensentwicklung die drei Dimensionen F&E, Produktion sowie Marketing & Vertrieb vor. Dabei übernimmt der Autor implizit die eingeführten Dimensionen von KAZANJIAN & DRAZIN. Die Dimension F&E fokussiert dabei jedoch vor allem die Forschung und Entwicklung eines konkreten Produktes[584]. Insbesondere die Verknüpfung der zu Grunde liegenden Definition eines Start-ups mit der Ambition der Herstellung eines physischen Produktes unterstreicht die Bedeutung der einheitlich formulierten Dimension im Unternehmenswachstum, weshalb die *Produktion* als Referenzdimension übernommen wird. Ferner zeigt sich, dass die Fokussierung der Entwicklung von Technologien speziell für Start-ups und junge Unternehmen in einem

[579] Vgl. hierzu u.a. Schwenker, Spremann (2008), Wachstum Managen; Adizes (1979), Organizational Passages; Greiner (1989), Organizations; Pott, Pott (2012), Entrepreneurship

[580] Vgl. Schütte (1998), Referenzmodellierung, S. 184ff.

[581] Vgl. Galbraith (1982), Stages of Growth, S. 73; James (1973), Corporate Life Cycle, S. 51; Kazanjian, Drazin (1990), New Ventures, S. 142

[582] Vgl. James (1973), Corporate Life Cycle, S. 51

[583] Vgl. Galbraith (1982), Stages of Growth, S. 73

[584] Vgl. Klocke (2004), Unternehmens- und Netzwerkentwicklung, S. 112; Kazanjian, Drazin (1990), New Ventures, S. 142

(Hoch-)Technologieumfeld von großer Bedeutung ist[585]. Daher wird für das Kooperationszielmodell die Dimension der *Technologie* adoptiert. In seiner Definition eines High-Tech Start-ups greift TECH die Entwicklungsdimensionen Organisation, Produkt und Markt auf[586]. Aufgrund der definitorischen Nähe der High-Tech-Start-ups wird die Dimension der *Organisation* für die vorliegende Arbeit übernommen. Die anderen untersuchten Arbeiten greifen diesen Aspekt vor allem implizit auf oder begreifen unter der Organisationsentwicklung vor allem die Administration[587]. Die verbindenden Elemente der untersuchten Arbeiten sind einerseits die Zielsetzung von Start-ups, ein Produkt zu entwickeln und dieses Produkt andererseits erfolgreich in einem Markt zu etablieren und zu vertreiben. Die Entwicklung von Produkten wird wahlweise in den Dimensionen Production[588], Engineering[589], F&E[590] oder Product[591] verortet. Zur Vereinheitlichung dieser Dimension wird diese als Referenzdimension *Produkt* übernommen. Die erfolgreiche Entwicklung eines Marktes und Etablierung der Produkte von Start-ups wird in der Literatur überwiegend als funktionale Dimension des Marketings verstanden[592]. Im Sinne eines integrativen Verständnisses der Zielsetzungen wird diese Dimension in der vorliegenden Arbeit als *Markt* übernommen und folgt damit der Bezeichnung von TECH[593]. Unter Berücksichtigung der Definition und der charakteristischen Merkmale eines Start-ups (vgl. Unterkapitel 2.1.3) lassen sich damit die folgenden fünf funktionalen Dimensionen eines Start-ups identifizieren: Technologie, Produkt, Markt, Produktion und Organisation. Die Finanzierung von Start-ups wird in der vorliegenden Arbeit als dauerhafte Managementaufgabe begriffen und in der übergeordneten Strukturierung der Lebenszyklusphasen berücksichtigt (vgl. Abschnitt 4.2.1.2). Ziele, die Start-ups in Kooperationen verfolgen erfordern stets auch eine hinreichende Finanzierung, sodass die Sicherung dieser notwendigen Finanzierung dementsprechend implizit in allen Zieldimensionen berücksichtigt wird.

Die Gegenüberstellung der betrachteten Literatur sowie die Ableitung der Referenzdimensionen Technologie, Produkt, Markt, Produktion und Organisation werden in Abbildung 4-19 zusammenfassend dargestellt. Eine detaillierte Beschreibung des Umfanges sowie der Schwerpunkte der jeweiligen Dimensionen findet sich in Anhang A.3.2.

---

585 Vgl. Kazanjian, Drazin (1990), New Ventures, S. 142; Brinckmann (2007), New Technology-based Firms, S. 76; Guggemoos (2012), Technologieunternehmen, S. 38

586 Vgl. Tech (2018), High-Tech Startups, S. 12

587 Vgl. hierzu James (1973), Corporate Life Cycle, S. 51; Galbraith (1982), Stages of Growth, S. 73

588 Vgl. James (1973), Corporate Life Cycle, S. 51

589 Vgl. Galbraith (1982), Stages of Growth, S. 76

590 Vgl. Klocke (2004), Unternehmens- und Netzwerkentwicklung, S. 112

591 Vgl. Tech (2018), High-Tech Startups, S. 12

592 Vgl. James (1973), Corporate Life Cycle, S. 51; Galbraith (1982), Stages of Growth, S. 73

593 Vgl. Tech (2018), High-Tech Startups, S. 21

Die Beschreibung dient im weiteren Verlauf dem Abgleich der identifizierten Zielstellungen von Start-ups zur inhaltlichen Einordnung.

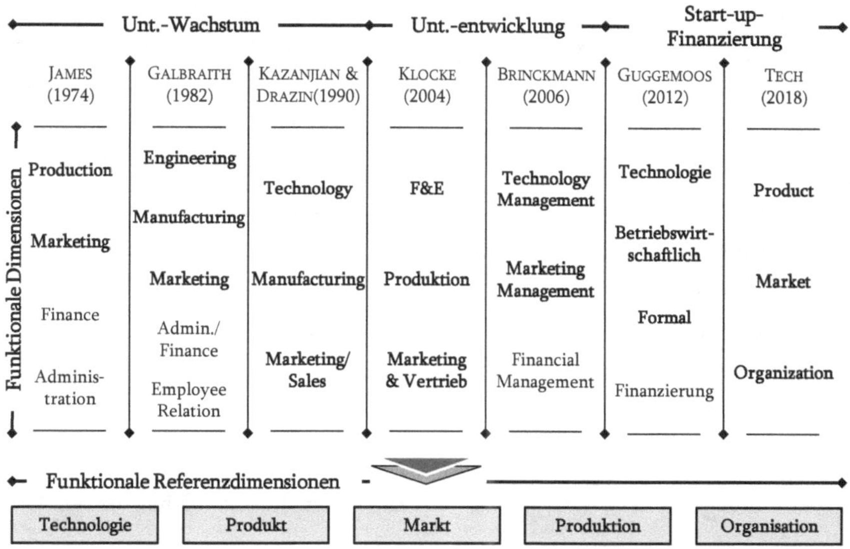


**Abbildung 4-19: Referenzmodellierung d. funktionalen Dimensionen von Start-ups**[594]

### 4.2.2.2 Ableitung des Bezugsrahmens des Kooperationszielmodells

Im nachfolgenden Abschnitt wird auf Basis der modellierten Lebenszyklusphasen (vgl. Abschnitt 4.2.1.1) sowie der modellierten funktionalen Dimensionen (vgl. Abschnitt 4.2.2.1) ein geeigneter Bezugsrahmen zum Aufbau und der Strukturierung des Kooperationszielmodells konzipiert.

Die Lebenszyklusphasen eines Start-ups ermöglichen im Rahmen der Kooperation Transparenz über die Entwicklung und intendierte Entwicklungsschritte des Start-ups. Ergänzend dazu geben die Finanzierungsphasen zusätzliche Informationen und ermöglichen eine zeitpunktspezifische Bewertung des Lebenszyklus. Die funktionalen Dimensionen stellen demgegenüber ein inhaltlich ordnendes Moment der Start-up-Entwicklung dar. Somit ergibt sich ein zweidimensionaler Bezugsrahmen, in welchem

[594] Vgl. James (1973), Corporate Life Cycle, S. 51; Galbraith (1982), Stages of Growth, S. 72ff.; Kazanjian, Drazin (1990), New Ventures, S. 142; Klocke (2004), Unternehmens- und Netzwerkentwicklung, S. 111f.; Brinckmann (2007), New Technology-based Firms, S. 76; Guggemoos (2012), Technologieunternehmen, S. 38; Tech (2018), High-Tech Startups, S. 12

die Kooperationsziele funktions- und phasenspezifisch zugeordnet werden können (vgl. Abbildung 4-20).

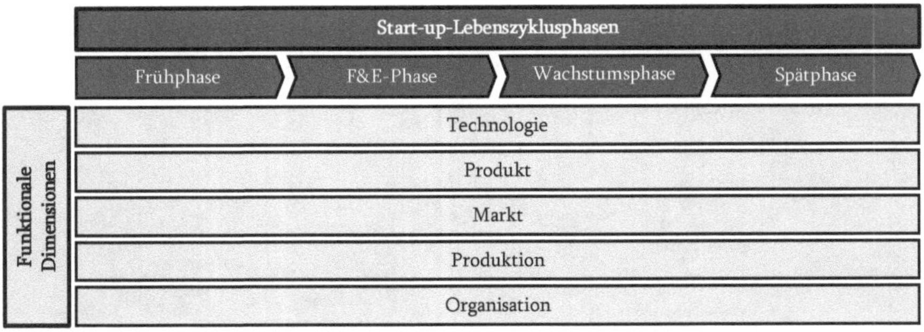


**Abbildung 4-20: Bezugsrahmen für das Kooperationszielmodell**[595]

Wenngleich der Bezugsrahmen impliziert, dass jede der funktionalen Dimensionen in jeder Phase repräsentiert ist, so bedeutet dies nicht notwendigerweise, dass Start-ups in jeder Lebenszyklusphase auch in jeder funktionalen Dimension Ziele verfolgen. Dementsprechend dient der hergeleitete Bezugsrahmen nachfolgend zunächst der Strukturierung von Kooperationszielen und ermöglicht die Entwicklung des Kooperationszielmodells.

### 4.2.3 Ermittlung von Kooperationszielen

Aufbauend auf dem zuvor entwickelten Bezugsrahmen für die Strukturierung werden in diesem Unterkapitel nun entsprechende Kooperationsziele identifiziert. Dies erfolgt auf Basis einer umfangreichen Literaturrecherche und unter Berücksichtigung der Zieleigenschaften. In Abschnitt 4.2.3.1 wird erläutert, welche Eigenschaften ein potenzielles Kooperationsziel aufweist, damit es im Rahmen der Analyse in Betracht kommt. Hiernach werden relevante Ziele mittels Recherche identifiziert (vgl. Abschnitt 4.2.3.2) sowie das Ergebnis abschließend im Kooperationszielmodell dargestellt.

#### 4.2.3.1 Abgrenzung Kooperationszieleigenschaften

Die Identifizierung von geeigneten Kooperationszielen eines Start-ups setzt die Definition und Charakterisierung von notwendigen Eigenschaften voraus. Daher werden diese Eigenschaften nachfolgend kurz abgegrenzt.

[595] Eigene Darstellung

Im Kontext der Zielsystembildung beschreibt HEINEN ein Ziel als „einen zukünftigen Zustand der Unternehmung […], der als erstrebenswert angesehen wird“[596]. Weiter stellen ABRAHAM & BÜSCHGES Ziele als die Richtschnur, den Erfolgsmaßstab sowie die Rechtfertigung für das Handeln eines Unternehmens vor und sprechen ihnen die Sicherung der Mittelbeschaffung und -verteilung zu[597]. Diese Verständnisperspektive integrierend definieren HUNGENBERG & WULF ein Ziel als einen angestrebten, zukünftigen Zustand und leiten hieraus die Definition eines Unternehmensziels ab. So beschreibt ein Unternehmensziel denjenigen angestrebten, zukünftigen Zustand, welchen ein Unternehmen zu einem definierten Zeitpunkt erreicht haben soll.[598] Weiterhin kann ohne konkrete Ziele kein gerichteter Einsatz von Ressourcen erfolgen, da unklar ist, welches Ergebnis angestrebt und erreicht werden soll[599]. Hieraus folgend beschreiben Kooperationsziele von Start-ups einen angestrebten, zukünftigen Zustand. Sie stellen die Richtschnur für die Unternehmenstätigkeit dar und beeinflussen den Mitteleinsatz des Start-ups.

Um geeignete Kooperationsziele eines Start-ups zu identifizieren, muss zunächst die Bildung der Ziele erläutert werden. Unternehmen verfolgen in der Regel ein Bündel von Zielen, das über die Zeit verändert wird und bei einer spezifischen Ausrichtung das Zielsystem darstellt[600]. Die Formulierung dieser Ziele erfolgt in Abhängigkeit des Anwendungsbereichs auf verschiedenen Ebenen: Allgemeine Wertevorstellung, Unternehmenszweck (Mission und Vision), Unternehmensziele, Funktionsbereichsziele für Geschäftsbereich, Aktionsfeldziele und schließlich Instrumentalziele. Die Konkretisierung der Ziele kann mittels einer Pyramide dargestellt werden und nimmt von oben nach unten zu, während die Mittel-Zweck-Beziehung der Ziele von unten nach oben verläuft[601]. Abbildung 4-21 illustriert eine Pyramide der Zielebenen und bringt die verschiedenen Ebenen in eine Mittel-Zweck-Beziehung.

[596] Heinen (1966), Zielsystem, S. 45

[597] Vgl. Abraham, Büschges (2009), Organisationssoziologie, S. 110

[598] Vgl. Hungenberg, Wulf (2015), Unternehmensführung, S. 43f.; Schmidt-Sudhoff (1967), Unternehmerziele, S. 16

[599] Vgl. Kreutzer (2013), Marketing, S. 131

[600] Vgl. Cyert, March (1963), Behavioral Theory, S. 20; Bidlingmaier (1964), Unternehmerziele, S. 84; Heinen (1992), Betriebswirtschaftslehre, S. 95; Hahn, Hungenberg (2001), PuK, S. 21

[601] Vgl. Becker (2013), Marketing, S. 28; Eisenbeis (2007), Ziele, S. 37; Meffert et al. (2019), Marketing, S. 280

**Abbildung 4-21: Zielpyramide für Unternehmen[602]**

Ausgehend von einer hierarchischen Mittel-Zweck-Beziehung können Ziele auch formal sowie inhaltlich charakterisiert werden. Im Zuge einer formalen Charakterisierung werden Ziele in Ober- und Unterziele differenziert, wobei Unterziele einen direkten Beitrag zur Erfüllung eines Oberziels leisten[603]. Die Zuordnung zu Ober- bzw. Unterzielen kann jedoch nur unternehmensindividuell in Bezug auf ein Zielsystem erfolgen. Damit wird die formale Charakterisierung von Zielen dem Anspruch der Allgemeingültigkeit für Start-ups nicht gerecht und ist daher für die vorliegende Arbeit ungeeignet. Die inhaltliche Charakterisierung unterscheidet Formal- sowie Sachziele[604]. Formalziele stellen übergeordnete Ziele des Unternehmens dar und bestimmen seinen Erfolg[605]. Charakteristisch für Formalziele ist die Indikation einer formalen Eigenschaft des Endzustandes, ohne diese eindeutig zu definieren und damit eine unterschiedliche Konkretisierung des Formalziels zu erlauben.[606] Im Kontext des strategischen Managements werden u. a. die Produktivität, die Rentabilität oder die Wirtschaftlichkeit als Formalziele von Corporates und Start-ups verstanden. Im Gegensatz dazu definieren Sachziele die Leistung eines Unternehmens nach Art sowie Menge und geben einen Zeitpunkt für die Leistung vor. Sachziele weisen einen direkten Bezug zum Produkt- und Leistungsprogramm eines Unternehmens auf, geben Märkte vor

[602] I.A.a. Becker (2013), Marketing, S. 28; Eisenbeis (2007), Ziele, S. 39

[603] In der Literatur werden in diesem Verständnis überdies auch Zwischenziele als Bindeglied zwischen Ober- und Unterzielen genannt. Vgl. Hahn, Hungenberg (2001), PuK, S. 21; Eisenbeis (2007), Ziele, S. 38

[604] Vgl. Eisenbeis (2007), Ziele, S. 24; Kosiol (1972), Unternehmung, S. 54

[605] Formalziele werden auch als Erfolgsziele bezeichnet und richten sich am betriebswirtschaftlichen Erfolg aus. Vgl. Thommen et al. (2020), Unternehmensziele, S. 47; Eisenbeis (2007), Ziele, S. 24

[606] Vgl. Laux et al. (2018), Entscheidungstheorie, S. 46; Eisenbeis (2007), Ziele, S. 24

und steuern damit die Aktivitäten zur Leistungserstellung im Unternehmen.[607] Weiterhin beschreiben Sachziele einen angestrebten Endzustand durch spezifische, sachliche Merkmale und richten sie sich direkt an den übergeordneten Formalzielen aus[608]. Sachziele können somit auch im Start-up-Kontext formuliert sowie den funktionalen Dimensionen zugeordnet werden. Formalziele eines Start-ups hingegen können weder durch das Corporate geprüft und in der Erreichung beobachtet noch kann die mögliche Unterstützung durch das Corporate anhand eines zu erreichenden Endzustandes determiniert werden. Um der Konzeption dieses Partialmodells gerecht werden zu können, werden als potenzielle Kooperationsziele somit nachfolgend lediglich Sachziele und Ziele mit Sachzielcharakter berücksichtigt.

Aus der Charakterisierung von Formal- sowie Sachzielen folgt, dass diese in einer Mittel-Zweck-Beziehung stehen. Folglich finden sich Formalziele auf Ebene der Vision, bzw. Unternehmensziele, während Sachziele auf der Ebene der Funktionsbereichs- sowie Aktionsfeldebene verortet werden (vgl. Abbildung 4-21). Start-ups formulieren auf Unternehmenszielebene im Rahmen der Lebenszyklusphase mit den Finanzierungsphasen sowie mit den Erfolgspotenzialen (vgl. Abschnitt 4.1.1.3) Formalziele. Dementsprechend werden Kooperationsziele als Sachziele verstanden, die der Erreichung der Finanzierungsphasen bzw. der Erfolgspotenziale dienen und die Gestaltung der Kooperation maßgeblich beeinflussen, da ihre Erreichung einen objektiven Zweck erfüllt. Die zu identifizierenden Kooperationsziele von Start-ups erfüllen die charakteristischen Eigenschaften von Sachzielen und in der Zielpyramide auf Ebene der Funktionsbereich- und Aktionsfeldziele sind. Voraussetzung hierfür ist, dass diese potenziellen Kooperationsziele komplementär zu den Formalzielen, bzw. Finanzierungsphasen und Erfolgspotenzialen sind.

#### 4.2.3.2 Identifizierung und Verortung von Kooperationszielen im Bezugsrahmen

Unter Berücksichtigung der zuvor definierten Eigenschaften der Kooperationsziele wurde das Vorgehen zur Identifizierung und Zuordnung dieser Ziele in drei Schritte gegliedert. Zunächst wurden in einer umfangreichen Literaturanalyse in den Themenbereichen *Start-up-Finanzierung*, *Unternehmenswachstum* sowie *Technologie- und Produktentwicklung* mögliche Zielstellungen von Start-ups recherchiert. Im zweiten Schritt wurden die identifizierten Ziele auf ihre Relevanz für ein Start-up geprüft und entsprechend ihrem Ursprung entweder direkt den Start-up-Lebenszyklusphasen oder aber den funktionalen Dimensionen des Start-ups zugeordnet. In einem dritten Schritt

[607] Vgl. Eisenbeis (2007), Ziele, S. 24; Thommen et al. (2020), Unternehmensziele, S. 46; Hungenberg, Wulf (2015), Unternehmensführung, S. 44

[608] Vgl. Laux et al. (2018), Entscheidungstheorie, S. 46

erfolgte schließlich die Zuordnung und Generalisierung im Bezugsrahmen des Kooperationszielmodells. Hierfür wurden die Ziele, die bereits den Lebenszyklusphasen bzw. Dimensionen auf Basis von Expertenwissen ausgewählt und unter Berücksichtigung der Kooperationszieleigenschaften verallgemeinert. Diese Ergebnisse wurden ferner im Austausch mit Praktikern diskutiert, kritisch adaptiert und vervollständigt. Das Vorgehen zur Identifizierung und Zuordnung wird in Abbildung 4-22 illustriert.

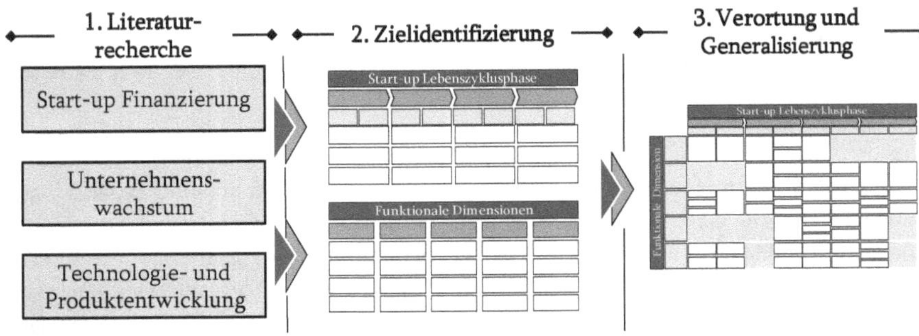


**Abbildung 4-22: Vorgehen zur Identifizierung und Verortung von Kooperationszielen des Start-ups**[609]

Im Zuge der Literaturanalyse in den für die vorliegende Arbeit relevanten Themenbereichen finden sich im ersten Schritt des Vorgehens zur Ermittlung von Kooperationszielen 298 Start-up-Ziele. Durch Entfernung von Redundanzen im zweiten Schritt verbleibenden 233 Start-up-Ziele, die ihrer Herkunft entsprechend sachlogisch den Lebenszyklusphasen bzw. den funktionalen Dimensionen zugeordnet werden (vgl. Anhang A.3.2). Hierbei werden nur die Start-up-Ziele berücksichtigt, die eine Mittel-Zweck-Beziehung zu den Erfolgspotenzialen oder den Finanzierungsphasen von Start-ups aufweisen. Durch Zusammenfassung ergeben sich in den Lebenszyklusphasen und funktionalen Dimensionen insgesamt 59 vorläufige Kooperationsziele von Start-ups. Der dritte Schritt fokussiert schließlich die Generalisierung sowie Verortung der Kooperationsziele eines Start-ups. Durch eine generalisierte Formulierung und sachlogische Reduktion auf Basis von Praxiserfahrungen des Autors sowie durch den Austausch mit Industrieexperten verbleiben insgesamt 53 Kooperationsziele im Bezugsrahmen (vgl. Abbildung A-1). Der Übersichtlichkeit halber werden die identifizierten Koope-

[609] Eigene Darstellung

rationsziele im Anhang A.3.2 in einzelnen Tabellen entsprechend der Lebenszyklusphase sowie unter Angabe der funktionalen Dimension verortet. Das auf diese Weise entwickelte Kooperationszielmodell wird in Abbildung 4-23 auszugsweise illustriert.

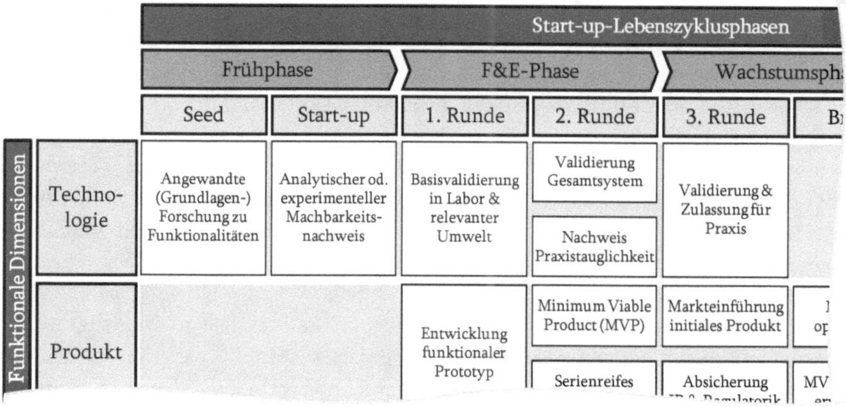


**Abbildung 4-23: Auszug aus dem Kooperationszielmodell (exemplarisch)**[610]

### 4.2.4 Zwischenfazit: Kooperationsziele von Start-ups

Das vorangegangene Teilkapitel fokussierte die Charakterisierung von Kooperationszielen der Start-ups mit dem Ziel, ein Modell zur Bestimmung und Auswahl von generalisierbaren Kooperationszielstellungen zu entwickeln. Aufbauend auf der Konzeption wurde die Detaillierung des Modells in einem Bezugsrahmen mittels zweier Dimensionen gegliedert: Zunächst wurden hierfür unter Nutzung des Vorgehens der Referenzmodellierung Lebenszyklusphasen eines Start-ups definiert (vgl. Abschnitt 4.2.1.1). Ferner wurden diese Lebenszyklusphasen durch die Allokation und Beschreibung der etablierten Finanzierungsdimensionen detailliert (vgl. Abschnitt 4.2.1.2). Die Beschreibung der Finanzierungsphasen ermöglicht einerseits eine transparente externe Perspektive auf die Start-up-Entwicklung und andererseits die zeitpunktspezifische Identifizierung von Kooperationszielen. Zur inhaltlichen Strukturierung der Identifizierung von Kooperationszielen wurden in Abschnitt 4.2.2.1 funktionale Dimensionen der Entwicklung eines Start-ups modelliert. Diese Dimensionen bieten die Grundlage zur partnerspezifischen Auswahl von Zielen einer Kooperation. Schließlich wurden in Unterkapitel 4.2.3 kooperationsrelevante Ziele eines Start-ups auf Basis einer initialen Abgrenzung der Kooperationszieleigenschaften sowie einer Literaturanalyse in den

[610] Das vollständige Kooperationszielmodell wird in Abbildung A-1 im Anhang dargestellt.

Bereichen Start-up-Finanzierung, Unternehmenswachstum sowie Technologie- und Produktentwicklung identifiziert. Die potenziellen Ziele wurden bei Erfüllung der Zieleigenschaften sowie nach Entfernung der Redundanzen im Kooperationszielmodell entsprechend der Lebenszyklusphase sowie der funktionalen Dimension verortet.

Das in diesem Teilkapitel entwickelte Kooperationszielmodell des Start-ups strukturiert und systematisiert mögliche Kooperationszielsetzung zur situationsentsprechenden Auswahl. Damit erfüllt das Modell durch seine Gestalt die inhaltliche Lösungsanforderung nach einer zeitpunkt- und partnerspezifischen Charakterisierung von geeigneten Kooperationszielen. Die, durch den Bezugsrahmen, geschaffene Transparenz über den Start-up-Lebenszyklus hilft vor allem Corporates und führt zu einem Abbau der Hidden Intention des Start-ups. Die Vielzahl an identifizierten Zielen wird als Kooperationsziele von Start-ups generalisiert formuliert und partiell zusammengefasst, um dem Anwender die Handhabbarkeit des Modells und zugleich eine Spezifizierung der Kooperationsziele zu gewährleisten. Da die Kooperationsziele des Modells rein theoriebasiert abgeleitet wurden, können in der Praxis weitere Kooperationsziele auftreten. Diese Ziele lassen sich jedoch im Bezugsrahmen verorten, der damit ein Grundgerüst darstellt. Weiterhin bleibt festzuhalten, dass Start-ups aus der Menge an Zielen in jeder Lebenszyklusphase nur eine begrenzte Anzahl an Kooperationszielen verfolgt und so fallspezifisch die Handhabbarkeit sichergestellt wird. Damit schafft das Modell die Grundlage zur Bestimmung eines Kooperationszielsystems und eine darauf ausgerichtete Gestaltung. Die Ergebnisse dieses Kapitel werden im folgenden Teilkapitel 4.3 zur Bestimmung des Kooperationsunterstützungsfokus aufgegriffen und dienen darüber hinaus im Gestaltungsmodell zur Kooperationsgestaltung (vgl. Teilkapitel 4.5).

## 4.3 Bestimmung der Unterstützungsmöglichkeiten in der Kooperation

In diesem Teilkapitel wird die Entwicklung eines Entscheidungsmodells zur Bestimmung der Unterstützungsmöglichkeiten des Start-ups durch das Corporate im Rahmen der Kooperation fokussiert (vgl. Unterkapitel 3.4.3). Unter Berücksichtigung der inhaltlichen Anforderung basiert die Bestimmung der Unterstützungsmöglichkeiten der Kooperation auf der Ermittlung der individuellen Unterstützungspräferenzen der Kooperationspartner. Der Aufbau des Teilkapitels orientiert sich entsprechend der Konzeption an der NWA nach ZANGEMEISTER als Verfahren zur Lösung multiattributiver Entscheidungsprobleme mittels einer gewichteten Summe (vgl. Unterkapitel 3.4.3)[611].

---

[611] Wie in Unterkapitel 3.3.1 aufgezeigt, liegt in dieser Arbeit ein multiattributives Entscheidungsproblem vor, welches sich durch eine endliche Anzahl an Zielen und Lösungsalternativen auszeichnet.

Die Grundstruktur der NWA lässt sich in fünf konsekutive Schritte unterteilen: Zunächst wird das Zielsystem der Entscheidungssituation festgelegt. Hierauf folgt die subjektive Ermittlung der Zielerträge, welche danach mittels Skalierung in Zielwerte überführt werden. Im vierten Schritt erfolgt die Bestimmung der Zielgewichte, bevor im abschließenden fünften Schritt die Wertsynthese zur Ermittlung der Präferenzwerte unter Nutzung einer Entscheidungsregel durchgeführt wird.[612] Ausgangspunkt der NWA stellt eine Systemanalyse dar, in der die zur Verfügung stehenden Handlungsalternativen theoretisch hergeleitet werden[613]. Übertragen auf diese Arbeit umfasst dieses Konzept alle Elemente einer multiattributiven Entscheidungsfindung unter Sicherheit (vgl. Unterkapitel 3.3.5). Die Entwicklung des Entscheidungsmodells zur Bestimmung der Unterstützungsmöglichkeiten setzt der NWA folgend zunächst die Herleitung der Unterstützungsalternativen der Kooperation in Unterkapitel 4.3.1 voraus, bevor dann die Bestimmung der individuellen Unterstützungspräferenzen des Start-ups sowie des Corporates zur Vorbereitung der Entscheidung ausgearbeitet werden kann (vgl. Unterkapitel 4.3.2). Schließlich wird in Unterkapitel 4.3.3 eine geeignete Visualisierung der Entscheidungssituation zur Bestimmung der Unterstützungsmöglichkeiten unter Berücksichtigung der individuellen Unterstützungspräferenzen entwickelt. Abbildung 4-24 illustriert den Aufbau des Teilkapitels zur Detaillierung des Entscheidungsmodells unter inhaltlicher Strukturierung der Unterkapitel.

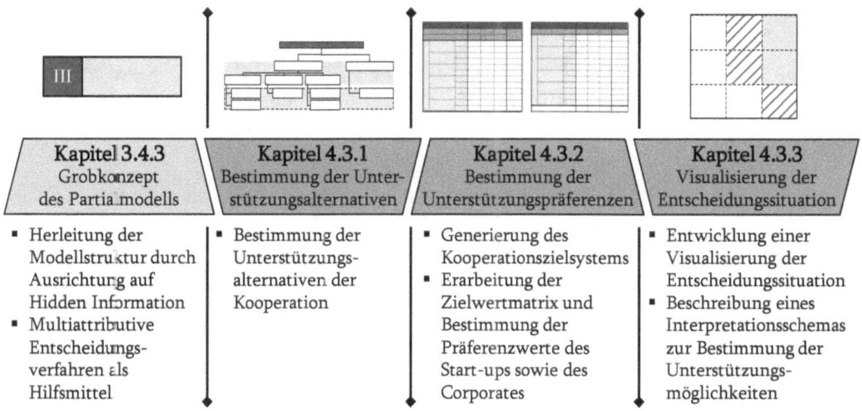


**Abbildung 4-24: Aufbau des Teilkapitels[614]**

---

612 Vgl. Riedl (2006), AHP vs. NWA, S. 111ff.; Zangemeister (2014), Nutzwertanalyse, S. 70ff.

613 Vgl. Zangemeister (2014), Nutzwertanalyse, S. 30f.

614 Eigene Darstellung

### 4.3.1 Bestimmung von Unterstützungsalternativen für das Start-up

Die Unterstützungsmöglichkeit der Kooperation muss aus einer finiten Menge an Handlungsalternativen bestimmt werden. Es zeigt sich, dass die Möglichkeiten der Unterstützung sehr vielfältig sind und unter anderem Informationen, Wissen, physische Ressourcen oder auch geistiges Eigentum umfassen [615]. Zum Aufbau des Entscheidungsmodells sowie zur zielgerichteten Bestimmung von Unterstützungsmöglichkeiten bedarf es zunächst der Bestimmung geeigneter Handlungsalternativen, nachfolgend Unterstützungsalternativen.

Die Bestimmung geeigneter Unterstützungsalternativen basiert auf einer eingehenden Systemanalyse im Kontext der Zielsetzung der vorliegenden Arbeit[616]. Wie im ersten Partialmodell erarbeitet, verfolgen Corporates und Start-ups in der Kooperation die übergeordnete Zielsetzung der Erschließung von Erfolgspotenzialen (vgl. Unterkapitel 4.1.1). Dem Verständnis des potenzialorientierten Managements folgend, stellen Fähigkeiten und Ressourcen die Grundlage zur Erschließung von Erfolgspotenzialen dar[617]. Dementsprechend können Start-ups ihre Erfolgspotenziale erschließen, wenn sie über die dafür notwendigen Fähigkeiten und Ressourcen verfügen. Corporates wiederum erschließen ihre Erfolgspotenziale durch adäquate Gestaltung der Kooperation in Verbindung mit einer positiven Entwicklung des Start-ups. Zur Erfüllung der inhaltlichen Anforderung nach Unterstützung des Start-ups durch das Corporate folgt aus dieser Argumentation, dass Fähigkeiten und Ressourcen die Grundlage der Unterstützungsalternativen bilden können. Nachfolgend werden diese für die Kooperationsgestaltung definiert und durch Klassifikation begründet abgegrenzt.

#### Ressourcen

Ressourcen sind in der Wissenschaftsliteratur sehr unterschiedlich definiert[618]. WERNERFELT definiert Ressourcen als „anything which could be thought of as a strength or weakness of a given firm. More formally, a firm's resource at a given time could be defined as those (tangible or intangible) assets which are tied semi-permanently to the firm."[619] Dieses Verständnis wird von WOLF aufgegriffen und eine Ressource als alles bezeichnet, „was (1) in die Wertschöpfung von Unternehmen eingeht, (2) wertvoll ist,

[615] Vgl. Bolz (2008), Technologieunternehmungen, S. 95; Pleschak (2001), Technologieunternehmen, S. 61; Carlsson, Stankiewicz (1995), Technological Systems, S. 36

[616] Vgl. Zangemeister (2014), Nutzwertanalyse, S. 30f.

[617] Vgl. Binder, Kantowsky (1996), Technologiepotentiale, S. 66

[618] Siehe neben den nachfolgend diskutierten Definitionen u. a. Bouncken (2003), Metakompetenzen; Barney (1991), Firm Resources; Amit, Schoemaker (1993), Strategic assets; Moldaschl (2006), Dynamic Capabilities; Hungenberg (2014), Management

[619] Wernerfelt (1984), Resource-based View, S. 172

(3) als Stärke oder Schwäche eines Unternehmens angesehen werden kann und (4) ihm Wettbewerbsvorteile verschafft"[620]. Im strategischen Management werden ausgehend von der grundlegenden Definition von Ressourcen eine Differenzierung und Charakterisierung der Ressourcen vorgenommen. Ressourcen werden generell in physische („physical capital resources"), humankapitalbezogene („human capital resources") und organisationale („organizational capital resources") Ressourcen unterschieden[621]. Diese Unterscheidung wird von GRANT um drei weitere Unterscheidungskategorien erweitert: finanzielle, physische, technologische, organisationale Ressourcen, Humanressourcen sowie Reputation[622]. Ferner werden Ressourcen neben den bisher dargestellten Kategorien vor allem zwischen materiellen (auch tangiblen) und immateriellen (auch intangiblen) Ressourcen differenziert[623]. Zu den materiellen Ressourcen zählen grundsätzlich Maschinen und Anlagen, Rohstoffe, Immobilien oder Kapital, während die immateriellen Ressourcen Patente, Mitarbeiter oder Image, bzw. Marken umfassen[624]. Ferner lassen sich insbesondere die immateriellen Ressourcen in personenabhängige sowie personenunabhängige Ressourcen differenzieren[625]. Für die vorliegende Dissertation werden Ressourcen ausgehend von der Diskussion wie folgt definiert:

Ressourcen umfassen alle materiellen sowie immateriellen, personenunabhängigen Vermögenswerte („assets") eines Unternehmens, die zur Wertschöpfung beitragen. Sie ermöglichen die Erschließung von Erfolgspotenzialen und sind semi-permanent an das Unternehmen gebunden. Ressourcen sind nicht unternehmensspezifisch und können somit auch unterstützend in Kooperationen eingebracht werden.

**Fähigkeiten**

Im Kontext der Diskussion von Ressourcen wird auch den Fähigkeiten[626] wesentliche Bedeutung beigemessen. Fähigkeiten werden nicht selten als Teil der Ressourcenbasis eines Unternehmens gesehen, im potenzialorientierten, strategischen Management je-

---

620 Wolf (2020), Unternehmensführung, S. 570

621 Vgl. Barney (1991), Firm Resources, S. 101; Eisenhardt, Martin (2000), Dynamic Capabilities, S. 1106f.

622 Vgl. Grant (1991), Resource-Based Theory, S. 119; Hofer, Schendel (1978), Strategy Formulation, S. 145ff.

623 Vgl. Hungenberg (2014), Management, S. 149; Knaese (1996), Kernkompetenzen, S. 17; Wernerfelt (1984), Resource-based View, S. 172

624 Vgl. Wernerfelt (1984), Resource-based View, S. 172; Hungenberg (2014), Management, S. 149

625 Vgl. Knaese (1996), Kernkompetenzen, S. 17

626 Fähigkeiten werden in der Literatur auch Synonym als „Capabilities" bezeichnet.

doch deutlich davon abgegrenzt. Einigkeit besteht darin, dass der immaterielle Charakter einer Fähigkeit ein notwendiges Abgrenzungsmerkmal darstellt[627]: Im Gegensatz zu Ressourcen liegen Fähigkeiten ausschließlich immateriell vor. WELGE ET AL. charakterisieren Fähigkeiten als dynamische, personenabhängige, immaterielle Ressourcen. Ferner stellen Fähigkeiten die Wissensbasis eines Unternehmens dar. Diese Wissensbasis und damit die Fähigkeiten lassen sich weiter in kodifizierbares und nicht kodifizierbares Wissen differenzieren.[628] HUNGENBERG sieht in Fähigkeiten eine Ergänzung der Ressourcen, wonach die Fähigkeit beschreibt, „inwieweit ein Unternehmen in der Lage ist, seine Ressourcen durch deren zielorientierte Ausrichtung und Koordination auch zu nutzen“[629]. Fähigkeiten des Unternehmens finden sich sowohl in Unternehmensorganisationen und -prozessen als auch in den zugehörigen Führungssystemen[630]. Aufbauend auf der Diskussion sowie der Definition der Ressourcen werden Fähigkeiten im Kontext dieser Arbeit im Verständnis des potenzialorientierten Managements wie folgt definiert:

Fähigkeiten sind immateriell und personenabhängig. Sie ermöglichen den Einsatz einer Ressource, sind unternehmensspezifisch und können nicht ohne die Einbindung der Person, die die spezifische Fähigkeit besitzt, zugänglich gemacht werden.

Konkludierend wird deutlich, dass zwar zahlreiche Vorschläge zur Kategorisierung existieren, jedoch keine dieser Einteilungen aufgrund der unterschiedlichen Detailtiefen für die Bestimmung von Unterstützungsalternativen geeignet ist. Hiervon ausgehend wird daher eine geeignete Klassifikation[631] abgeleitet, um die Unterstützungsalternativen entsprechend der Zielstellung dieses Partialmodells zu generalisieren. In der Literatur existieren Klassifikationen, die daher als Ausgangspunkt der Entwicklung genutzt werden[632]. Entsprechend den getroffenen Definitionen wird die Differenzierung zwischen Fähigkeiten und Ressourcen auf dem Verständnis der Abhängigkeit von Personen fundiert. Fähigkeiten sind personenabhängig, während Ressourcen einen personenunabhängigen Charakter aufweisen. Ressourcen werden in materiell, technolo-

[627] Vgl. Witt (2008), Dynamic Capabilities, S. 57
[628] Vgl. Welge et al. (2017), Management, S. 392
[629] Hungenberg (2014), Management, S. 149
[630] Vgl. Hungenberg (2014), Management, S. 149f.
[631] Die charakteristischen Merkmale einer Klasse sind die eindeutige und widerspruchsfreie Zuordnung der Elemente. Vgl. hierzu auch Kluge (1999), Typenbildung, S. 32
[632] Vgl. Grant (2019), Strategy analysis, S. 113ff.; Mangoldt (2018), Diversifikation, S. 136; Birke (2011), Technologische Kompetenz, S. 34; Hümmer (2001), Kernkompetenzen, S. 52ff.

gisch sowie immateriell klassifiziert. Zur Formulierung von Unterstützungsalternativen werden die übergeordneten Klassen in spezifische Kategorien eingeteilt. Die Klasse der materiellen Ressourcen wird in *finanzielle Ressourcen (1)* und *physische Ressourcen (2)* differenziert. Die finanziellen Ressourcen beschreiben und umfassen die Art sowie die Höhe des zur Verfügung stehenden Kapitals, welches zur Anschaffung weiterer Ressourcen eingesetzt werden kann[633]. Physische Ressourcen beschreiben Sachvermögenswerte eines Unternehmens, die im Rahmen der Wertschöpfung verwendet werden[634]. Hierzu zählen Anlagen, Maschinen und Werkzeuge, Roh-, Hilfs- und Betriebsstoffe, Ausstattung, Standorte, IT-Systeme oder auch Infrastruktur bzw. Gebäude[635]. Innerhalb der immateriellen Ressourcen werden die Kategorien der *organisationalen Ressourcen (3)* und der *immateriellen Vermögenswerte (4)* unterschieden. Organisationale Ressourcen umfassen alle (in-)formellen Strukturen, Prozesse, Systeme und Wissenselemente, die für die Handlungs- und Problemlösefähigkeit im Wettbewerbsumfeld eines Unternehmens bestimmend sind[636]. Die immateriellen Vermögenswerte umfassen alle vertraglichen sowie nicht-vertraglichen Verbindungen und inkludieren die Reputation eines Unternehmens, seiner Produkte und Marken[637]. Zu den immateriellen Vermögenswerten zählen darüber hinaus auch Patente, Urheberrechte oder Netzwerke, die gehalten bzw. betrieben werden[638]. Die *Technologien (5)* bilden eine Kategorie innerhalb der Klasse der technologischen Ressourcen. Technologien als Ressource beinhalten Produkt-, Produktions- sowie Materialtechnologien[639]. Als solche beschreiben die Technologien alle spezifischen technologischen Prozesse, Systeme, Software, Fertigkeiten, Funktionen und Anlagen, die in den diversen Unternehmensbereichen eingesetzt werden und sowohl materielle als auch immaterielle Elemente aufweisen[640]. Fähigkeiten werden durch die Kategorie des *Humankapitals (6)* beschrieben. Diese Kategorie erfasst alle Beschäftigten eines Unternehmens, ihre jeweilige Qualifikation, Kenntnisse, Erfahrungen sowie persönliche Beziehungen[641]. Da Fähigkeiten allein nicht transferiert werden können, sind sie immer in

---

633 Vgl. Fueglistaller et al. (2008), Entrepreneurship, S. 116

634 Vgl. Keller (2004), Strategische Allianzen, S. 95

635 Vgl. Burr et al. (2012), Unternehmensführung, S. 23; Barney (1991), Firm Resources, S. 101

636 Vgl. Barney (2013), Competitive Advantage, S. 125; Schreyögg, Eberl (2015), Kompetenzen, S. 40

637 Vgl. Grant (1991), Resource-Based Theory, S. 119; Burr et al. (2005), Unternehmensführung, S. 20

638 Vgl. Birke (2011), Technologische Kompetenz, S. 34; Hümmer (2001), Kernkompetenzen, S. 53

639 Vgl. Burr et al. (2012), Unternehmensführung, S. 23; Grant (1991), Resource-Based Theory, S. 119; Mangoldt (2018), Diversifikation, S. 136

640 Die Begründung basiert auf der in dieser Arbeit gewählten Definition. Siehe ebenfalls Mangoldt (2018), Diversifikation, S. 136

641 Vgl. Barney (1991), Firm Resources, S. 101; Amit, Schoemaker (1993), Strategic assets, S. 35; Javidan (1998), Core Competence, S. 62

Verbindung mit der Person, die die Fähigkeit hat und damit als Humankapital anzusehen. Die Klassifikation der Fähigkeiten und Ressourcen sowie die Kategorien der Unterstützungsalternativen im Kontext der vorliegenden Arbeit werden in Abbildung 4-25 illustriert.

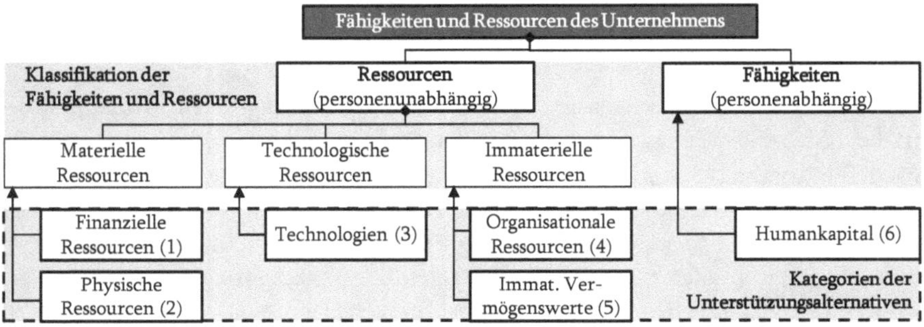


**Abbildung 4-25: Fähigkeiten und Ressourcen als Unterstützungsalternativen**[642]

Ausgehend von der Klassifikation werden die Unterstützungsalternativen des Entscheidungsmodells durch *physische Ressourcen*, *finanzielle Ressourcen*, *organisationale Ressourcen*, *immaterielle Vermögenswerte*, *Technologien* sowie *Humankapital* dargestellt. Auf einer übergeordneten Ebene sind diese sechs Unterstützungsalternativen für den Anwender gut handhabbar, jedoch spiegeln sie zur Kooperationsgestaltung nicht die richtige Ebene der Entscheidungsfindung wider: Die Struktur schafft für Start-ups nur die Voraussetzungen, um im Zuge der Kooperationsgestaltung konkrete Bedarfe der Unterstützungsalternativen zu spezifizieren. Abbildung 4-26 stellt die Aufnahme der spezifizierten Bedarfe in den Kategorien der Unterstützungsalternativen dar.

[642] Eigene Darstellung i. A. a. Mangoldt (2018), Diversifikation, S. 136; Birke (2011), Technologische Kompetenz, S. 34; Hümmer (2001), Kernkompetenzen, S. 56; Lippold (2015), Personalwirtschaft, S. 8; Grant (2019), Strategy analysis, S. 113

Spezifische Unterstützungsalternativen der Kooperation

| Unterstützungsalternative (UA) | Spezifische Fähigkeiten und Ressourcen | | |
|---|---|---|---|
| Finanzielle Ressourcen (1) | (UA 1.1) | (UA 1.2) | ... |
| Physische Ressourcen (2) | (UA 2.1) | (UA 2.2) | ... |
| Technologien (3) | (UA 3.1) | (UA 3.2) | ... |
| Organisationale Ressourcen (4) | (UA 4.1) | (UA 4.2) | ... |
| Immat. Vermögenswerte (5) | (UA 5.1) | (UA 5.2) | ... |
| Humankapital (6) | (UA 6.1) | (UA 6.2) | ... |

Legende - *UA - Unterstützungsalternative*

**Abbildung 4-26: Spezifische Unterstützungsalternativen der Kooperation**[643]

### 4.3.2 Bestimmung der Unterstützungspräferenzen

Ziel dieses Unterkapitels ist die Erarbeitung der Modellbestandteile zur Bestimmung der Unterstützungspräferenzen in Bezug auf die Unterstützungsalternativen. Dies umfasst zunächst die Gestaltung eines Kooperationszielsystems, die Aufstellung der Zielwertmatrix sowie die Durchführung der Wertsynthese zur Bestimmung der Unterstützungspräferenzwerte. Die Wertsynthese wird abweichend von der NWA in einer Unterstützungspräferenzwertmatrix zusammengefasst. Die Bestimmung der Unterstützungspräferenzwerte erfolgt unter Nutzung einer individuellen Präferenzfunktion als Entscheidungsregel und wird entsprechend der inhaltlichen Anforderung für Start-up sowie Corporate separat entwickelt. Dies begründet sich darin, dass das Start-up im Zuge des Entscheidungsmodells seine Unterstützungsbedarfe zur Erreichung der angestrebten Finanzierungsphase ermittelt, während das Corporate darauf ausgerichtet ein Angebot zur Unterstützung des Start-ups bestimmt. Nachfolgend wird daher in Abschnitt 4.3.2.2 das Kooperationszielsystem als Grundlage der Bestimmung der Unterstützungspräferenzen gestaltet. In Abschnitt 4.3.2.3 wird anschließend die Unterstützungspräferenzwertmatrix des Start-ups entwickelt, während in Abschnitt 4.3.2.3 die Unterstützungspräferenzwertmatrix zur Bestimmung der Corporate-Unterstützungsmöglichkeiten erarbeitet wird.

#### 4.3.2.1 Gestaltung des Kooperationszielsystems

Neben der Definition von Unterstützungsalternativen umfasst das Entscheidungsumfeld einer multiattributiven Entscheidung insbesondere die Zielgrößen. Diese werden

[643] Eigene Darstellung

der NWA folgend durch ein Zielsystem festgelegt[644]. Das Zielsystem einer multiattributiven Entscheidung setzt sich aus der Gesamtheit von Fundamentalzielen, also Zielen, die in der Entscheidungssituation einen eigenen Wert für den Entscheider darstellen, zusammen[645].

Die Identifizierung der Fundamentalziele sowie die Gestaltung eines Zielsystems für die Entscheidungssituation können durch Aufdeckung der Mittel-Zweck-Beziehung zwischen den Zielen erfolgen[646]. Abbildung 4-27 stellt den Mittel-Zweck-Zusammenhang zwischen Ober-, Fundamental- sowie Unterzielen in einem hierarchisch strukturierten Zielsystem eines multiattributiven Entscheidungsproblems dar. Diese Struktur wird nachfolgend genutzt, um ein Kooperationszielsystem zur Bestimmung von Unterstützungsmöglichkeiten zu generieren[647].

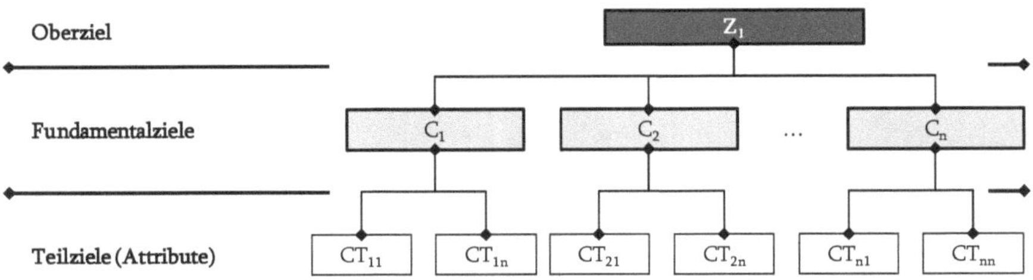


**Abbildung 4-27: Zielsystem eines multiattributiven Entscheidungsproblems[648]**

Die Generierung des Zielsystems zur Bestimmung der Unterstützungsmöglichkeiten setzt damit die Identifizierung von Fundamentalzielen, die die Anforderungen an ein Zielsystem[649] erfüllen, voraus. Hierfür werden in dieser Arbeit die zuvor charakterisierten Kooperationsziele von Start-ups herangezogen. Die Ableitung eines Zusam-

---

644 Vgl. Zangemeister (2014), Nutzwertanalyse, S. 73; Riedl (2006), AHP vs. NWA, S. 111

645 Vgl. Nitzsch (2021), Entscheidungslehre, S. 155; Zangemeister (2014), Nutzwertanalyse, S. 89

646 Vgl. Kupsch (1979), Unternehmungsziele, S. 2

647 Vgl. Nitzsch (2021), Entscheidungslehre, S. 158f.

648 Eigene Darstellung i. A. a. Nitzsch (2021), Entscheidungslehre, S. 158

649 Für die korrekte Ableitung und Formulierung von Zielsystemen zur Lösung eines multiattributiven Entscheidungsproblems werden die Anforderungen im Hinblick auf Vollständigkeit (Zielsystem beinhaltet alle, für den gegebenen Kontext alle wesentlichen Ziele), Redundanzfreiheit (es gibt nicht mehrere Ziele, die dasselbe bedeuten oder sich in ihrer Bedeutung überschneiden), Messbarkeit (Zielerreichung ist eindeutig messbar), Unabhängigkeit (Erreichung eines Ziels hat keinen positiven oder negativen Einfluss auf die Erreichung eines anderen Ziels) sowie Einfachheit (Wahl des Zielsystems mit der geringsten Anzahl an Zielen, die die weiteren Anforderungen erfüllen) herangezogen. Diese Anforderungen stellen dabei ein Mindestset dar, das im Sinne der Handhabbarkeit in der Praxis herangezogen wird. Vgl. Eisenführ, Weber (1993), Entscheiden, S. 58ff.; Nitzsch (1992), Entscheidung, S. 70f.

menhanges zwischen den Unterstützungsalternativen und den im vorherigen Partialmodell identifizierten Kooperationszielen von Start-ups ermöglicht die Generierung eines entsprechenden Zielsystems. Generell können die Unterstützungsalternativen der Fähigkeiten und Ressourcen mit zunehmendem Wert für das Unternehmen in einer Kompetenzhierarchie strukturiert werden. Verknüpft man die Kompetenzhierarchie mit der strategischen Zielhierarchie eines Unternehmens, zeigt sich, dass die Erreichung der Funktionsbereichsziele und die damit verbundene operative Umsetzung direkt auf die Nutzung der Fähigkeiten und Ressourcen eines Unternehmens abzielen[650]. Diese Verknüpfung wird in Abbildung 4-28 illustriert.

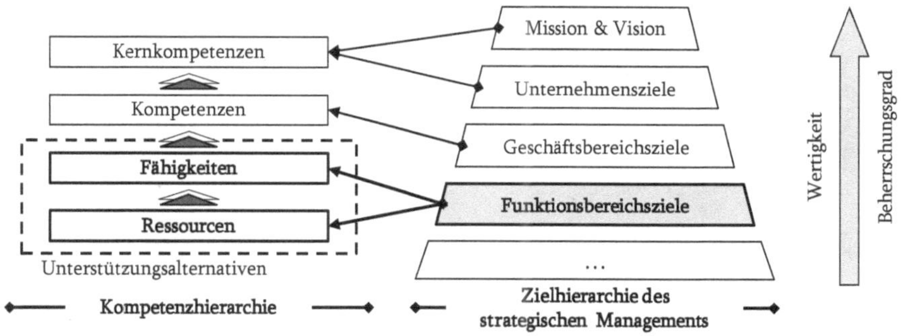


**Abbildung 4-28: Beziehung der Kompetenzhierarchie und der strategischen Ziele[651]**

Da die Kooperationsziele von Start-ups die Eigenschaften von Funktionsbereichszielen aufweisen, erfordert ihre Erreichung folglich den Zugang zu sowie die Nutzung von Fähigkeiten und Ressourcen[652]. Damit kann die Auswahl der Unterstützungsalternativen der Kooperation nur in Abhängigkeit der Kooperationsziele erfolgen (vgl. Abbildung 4-28). Entsprechend stellen die für die Entscheidungssituation relevanten Kooperationsziele von Start-ups die Fundamentalziele des Zielsystems zur Bestimmung der Unterstützungsmöglichkeiten dar. Die Auswahl geeigneter Kooperationsziele erfolgt innerhalb einer Finanzierungsphase, zu welcher die Kooperationsziele in einer Mittel-Zweck-Beziehung stehen. Folglich stellt die Finanzierungsphase das Oberziel des Zielsystems dar. Da innerhalb einer Finanzierungsphase nicht jedes Kooperationsziel eines Start-ups für die Kooperation relevant ist, obliegt es dem Entscheider, lediglich die für das situationsspezifische Entscheidungsproblem relevanten Ziele auszuwählen.

---

650 Vgl. Javidan (1998), Core Competence, S. 62f.

651 Eigene Darstellung i. A. a. Javidan (1998), Core Competence, S. 62f.; Becker (2013), Marketing, S. 28

652 Siehe hierzu Abschnitt 4.2.3.1 und Becker (2013), Marketing, S. 28

Gemäß der vorherigen Herleitung definiert das Start-up durch die angestrebte Finanzierungsphase das Oberziel ($Z_s$) des Kooperationszielsystems. Hierauf aufbauend werden aus der charakterisierten Menge der Kooperationsziele dieser Phase (vgl. Abschnitt 4.2.3.2) jene ausgewählt, die für das Start-up zur Gestaltung der Kooperation relevant sind. Diese Kooperationsziele stellen die Fundamentalziele ($C_i$) des Zielsystems dar und werden entsprechend ihrer originären funktionalen Dimension übernommen. Abbildung 4-29 illustriert die beschriebene Generierung des Kooperationszielsystems zur Bestimmung der Unterstützungsmöglichkeiten der Kooperation.

| Oberziel | Start-up-Finanzierungsphase | | | | |
|---|---|---|---|---|---|
| Fundamental-ziele | Technologie | Produkt | Markt | Produktion | Organisation |
| | $C_1$ | $C_2$ | ... | ... | ... |
| | ... | ... | ... | ... | ... |
| | ... | ... | ... | ... | $C_n$ |

Legende $C_{1...n}$ - *Fundamentalziele*

**Abbildung 4-29: Start-up-Kooperationszielsystem[653]**

#### 4.3.2.2 Unterstützungspräferenzen des Start-ups

Für Start-ups weist im Zuge der Kooperationsgestaltung nicht jedes Kooperationsziel die gleiche Bedeutung zur Erreichung des Oberziels auf. Damit das vorliegende Entscheidungsproblem mittels eines multiattributiven Entscheidungsmodells nach dem Verfahren der gewichteten Summe gelöst werden kann, wird eine relative Bewertung der Wichtigkeit der Ziele vorausgesetzt[654]. Dafür wird jedem Kooperationsziel $C_i$ ein eindeutiges Gewicht $w_i$ zugeordnet. Dieses Gewicht spiegelt die Bedeutung des zugeordneten Ziels auf einem kardinalen Skalenniveau wider und wird auf das Intervall [0,1] normiert. Es gilt (vgl. Formel (4-1)):

$$\sum_{i=1}^{n} w_i = 1 \qquad \textbf{(4-1)}$$

Die Ermittlung der spezifischen Gewichte $w_i$ für jedes der im Kooperationszielsystem aufgenommenen Kooperationsziele $C_i$ erfolgt entsprechend Unterkapitel 3.4.3 durch einen paarweisen Vergleich (vgl. Abbildung 4-30). Durch Vergleich zweier Ziele wird

[653] Eigene Darstellung

[654] Vgl. Zimmermann, Gutsche (1991), Multi-Criteria, S. 54

deren jeweilige Wichtigkeit herausgestellt und schließlich über alle Ziele hinweg bewertet. Die Komplexität und Subjektivität der Bewertung wird für den Entscheider durch den einfach ausführbaren direkten Vergleich zweier Ziele reduziert.[655]

**Legende**
*(2) Wichtiger*
*(1) Gleichbedeutend*
*(0) weniger wichtig*

| | | Kooperationsziele | | | | Summe | Gewichtung $w_i$ |
|---|---|---|---|---|---|---|---|
| | | $C_1$ | $C_2$ | … | $C_n$ | | |
| Kooperations-ziele | $C_1$ | | | | | | |
| | $C_2$ | | | | | | |
| | … | | | | | | |
| | $C_n$ | | | | | | |
| | | | | | Σ | | |

*Ci - Kooperationsziel*

**Abbildung 4-30: Bestimmung der Zielgewichte des Start-ups**[656]

Der paarweise Vergleich wird in einer quadratischen Matrix mit den Kooperationszielen als Zeilen sowie Spalten dargestellt. Zur Bewertung der Wichtigkeit im direkten Vergleich zweier Ziele wird eine Kardinalskala mit der Einteilung (0) „weniger wichtig", (1) „gleichwertig", (2) „wichtiger" genutzt.[657] Der Vergleich der beiden gewählten Ziele bezieht sich dabei auf die Bedeutung zur Erreichung der nächsten Finanzierungsphase in Kooperation mit dem Corporate. Damit keines der Kooperationsziele einem Gewichtungsfaktor von null erhält, obwohl der Entscheider dies als relevant in das Kooperationszielsystem aufgenommen hat, wird für den Vergleich zweier identischer Kooperationsziele eine gleichwertige Wichtigkeit angenommen[658]. Die Gewichtung der Kooperationsziele ergibt sich schließlich zeilenweise durch den Quotienten der ermittelten Zeilensumme sowie der Gesamtsumme der Bewertung.

Die Unterstützungspräferenzwertmatrix des Start-ups dient der Ermittlung der Unterstützungspräferenzen je Unterstützungsalternative und orientiert sich in ihrem Aufbau an einer Zielerreichungsmatrix (vgl. Unterkapitel 3.3.5). Der NWA folgend umfasst die Unterstützungspräferenzwertmatrix die Ermittlung der Zielerträge und Zielwerte sowie die Bestimmung der Unterstützungspräferenzwerte (Wertsynthese) mittels einer

---

655 Vgl. Kreutzer (2019), Nutzenpotenziale, S. 197; Untiedt (2009), Technologie Rating, S. 43f.; Eversheim et al. (2006), Service Engineering, S. 437

656 Eigene Darstellung auf Basis des paarweisen Vergleichs i. A. a. Eversheim et al. (2006), Service Engineering, S. 438

657 Vgl. Eversheim et al. (2006), Service Engineering, S. 438

658 Diese Bewertung führt zur Einheitsmatrix als Grundlage zur Bestimmung der Zielgewichte.

additiven Präferenzfunktion[659]. Ausgangspunkt der Entwicklung stellt die Gegenüberstellung des Kooperationszielsystems mit den bestimmten Unterstützungsalternativen in einer Matrix dar. Ergänzend werden den Zielen $C_i$ die bestimmten Gewichte $w_i$ zugeordnet und eine Spalte zur Berechnung der Unterstützungspräferenz ergänzt. Das so entwickelte Grundgerüst der Unterstützungspräferenzmatrix des Start-ups wird in Abbildung 4-31 illustriert.

| Oberziel | | | Start-up-Finanzierungsphase ($SF_i$) | | | |
|---|---|---|---|---|---|---|
| Fundamentalziel | | | $C_1$ | ... | $C_n$ | |
| Gewichte | | | $w_1$ | ... | $w_n$ | $\Sigma$ |
| Unterstützungsalternativen | Physische Ressourcen (1) | UA 1.1 | $x_{111}$ | ... | $x_{n11}$ | $UP_S(A_{11})$ |
| | | ... | ... | ... | ... | ... |
| | Finanzielle Ressourcen (2) | UA 2.1 | $x_{121}$ | ... | $x_{n21}$ | $UP_S(A_{21})$ |
| | | ... | ... | ... | ... | ... |
| | Technologien (3) | UA 3.1 | $x_{131}$ | ... | $x_{n31}$ | $UP_S(A_{31})$ |
| | | ... | ... | ... | ... | ... |
| | Organisationales Kapital (4) | UA 4.1 | $x_{141}$ | ... | $x_{n41}$ | $UP_S(A_{41})$ |
| | | ... | ... | ... | ... | ... |
| | Immaterielle Vermögenswert (5) | UA 5.1 | $x_{151}$ | ... | $x_{n51}$ | $UP_S(A_{51})$ |
| | | ... | ... | ... | ... | ... |
| | Humankapital (6) | UA 6.1 | $x_{161}$ | ... | $x_{n61}$ | $UP_S(A_{61})$ |
| | | ... | ... | ... | ... | ... |

**Präferenzfunktion**

$$UP_S(UA_j) = \sum_{i=1}^{n} w_i * x_{ij}$$

**Legende**

*0 – kein Bedarf*
*1 – grundlegender Bedarf*
*3 – existenzieller Bedarf*
*UA – Unterstützungs-alternative*
*UP – Unterstützungs-präferenz*
*$x_{ij}$ – Zielwert*

**Abbildung 4-31: Unterstützungspräferenzmatrix des Start-ups[660]**

Zur Bestimmung der Unterstützungspräferenzwerte werden in einem ersten Schritt zeilenweise für jede Unterstützungsalternative $UA_j$ die Zielwerte $x_{ij}$ des Entscheiders in Bezug auf jedes Kooperationsziel $C_i$ bestimmt und in die Matrix übertragen. Da vorab keine objektiven Informationen des Entscheiders vorliegen, wird die Ermittlung der Zielerträge sowie der Zielwerte integriert vorgenommen. Die integrierte Zielwertbestimmung erfolgt auf Basis einer rein subjektiven, zeitpunktspezifischen Bestimmung durch den Anwender aus dem Start-up. Die Zielwerte $x_{ij}$ geben an, ob für das Start-up in Bezug auf ein Kooperationsziel $C_i$ ein Bedarf nach der Unterstützungsalter-

[659] Vgl. Riedl (2006), AHP vs. NWA, S. 111ff.
[660] Eigene Darstellung

native $UA_j$ besteht. Hierfür werden die Zielwerte ordinal skaliert und durch den Entscheider mit (0) „kein Bedarf", (1) „grundlegender Bedarf" sowie (3) „existenzieller Bedarf" bewertet und an den entsprechenden Stellen in die Unterstützungspräferenzmatrix eingetragen.

Nach Bestimmung der Zielwerte des Start-ups kann auf Basis der Zielgewichtungen für jede Unterstützungsalternative die Präferenz des Entscheiders ermittelt werden[661]. Zur Bestimmung dieses Unterstützungspräferenzwerts wird eine Entscheidungsregel in Form einer additiven Präferenzfunktion aufgestellt, welche die Zielwerte jedes Ziels mit der entsprechenden Zielgewichtung multipliziert und schließlich über die Unterstützungsalternative aufsummiert. Der Start-up-Unterstützungspräferenzwert $UP_S$ einer Unterstützungsalternative $UA_j$ ergibt sich demnach mit (vgl. Formel (4-2))[662]:

$$UP_S(UA_j) = \sum_{i=1}^{n} w_i * x_{ij} \qquad mit\, j = 1, 2, \dots, m \tag{4-2}$$

Die so bestimmten Unterstützungspräferenzwerte werden abschließend ebenfalls in die Unterstützungspräferenzmatrix eingetragen (vgl. Abbildung 4-31). Die Unterstützungsalternative mit dem höchsten Unterstützungspräferenzwert stellt dabei die vom Start-up priorisierte Unterstützungsalternative in Form von Fähigkeiten oder Ressourcen dar und wird zur Vorbereitung der Entscheidungsfindung übernommen[663].

Da die Bestimmung der Unterstützungsmöglichkeiten in Kooperationen nicht vom bedarf des Start-ups, sondern auch vom Angebot des Corporates abhängt, wird nachfolgend die Unterstützungspräferenz des Corporates ermittelt.

#### 4.3.2.3 Unterstützungspräferenzen des Corporates

Zur Bestimmung der Unterstützungspräferenzen des Corporates wird äquivalent zum vorherigen Abschnitt eine entsprechende Unterstützungspräferenzmatrix entwickelt. Die Unterstützungspräferenzwerte des Corporates geben die Möglichkeit der Unterstützung als Anreiz im Rahmen der Kooperation auf Basis der bestimmten Unterstüt-

---

661 Vgl. Zimmermann, Gutsche (1991), Multi-Criteria, S. 62f.

662 Vgl. Zangemeister (2014), Nutzwertanalyse, S. 84; Riedl (2006), AHP vs. NWA, S. 114

663 Die mit der Matrix ermittelte Unterstützungspräferenz des Start-ups erfüllt die Anforderung nach Präferenzunabhängigkeit, da der Bedarf einer Unterstützungsalternative ausgehend von einem Kooperationsziel immer unabhängig vom Bedarf eines anderen Kooperationszieles ist. Darüber hinaus werden dem Entscheider im Rahmen der Aufstellung der Unterstützungspräferenzmatrix sowohl die Ausprägungsintervalle der Gewichte als auch der Zielwert transparent dargestellt und ein möglicher Bandbreiteneffekt so vermieden. Vgl. Eisenführ, Weber (1993), Entscheiden, S. 138

zungsalternativen (vgl. Unterkapitel 4.3.1) sowie des Kooperationszielsystems (vgl. Abschnitt 4.3.2.1) an. Die Unterstützungsalternativen sowie das Kooperationszielsystem als Entscheidungsfeld werden entsprechend der inhaltlichen Anforderung adoptiert.

Damit die Unterstützungspräferenzmatrix sowie die Berechnung der Unterstützungspräferenzwerte des Corporates mittels additiver Präferenzfunktion analog zum Start-up erfolgen können, bedarf es der Corporate-spezifischen Gewichtung der Kooperationsziele[664]. Aus der Voraussetzung der Unterstützung durch das Corporate sowie des an der Start-up-Finanzierungsphase ausgerichteten Kooperationszielsystems folgt, dass das Corporate grundsätzlich einer Gewichtung der Kooperationsziele indifferent gegenübersteht. Verstärkt durch den Anspruch, die Entwicklung des Start-ups durch die Gestaltung der Kooperation bestmöglich zu fördern, muss das Corporate die Unterstützungsmöglichkeiten objektiv und unabhängig von der Start-up-Gewichtung ermitteln. Folglich werden die Kooperationsziele zur Ermittlung der Unterstützungspräferenzen aus Perspektive des Corporates gleichgewichtet. Die Einzelgewichte $w_i$ der Kooperationsziele für das Corporates ergeben sich zu (vgl. Formel (4-3)):

$$w_i = \frac{1}{n} \qquad i = 1, \dots, n \tag{4-3}$$

Aufbauend darauf kann die Unterstützungspräferenzmatrix des Corporates entwickelt werden. Hierzu werden die Unterstützungsalternativen zeilenweise in einer Matrix den spaltenweisen Kooperationszielen sowie der entsprechenden Gewichtung gegenübergestellt. Analog zur Start-up-Präferenzmatrix wird eine zusätzliche Spalte zur Berechnung der Unterstützungspräferenz des Corporates mittels additiver Präferenzfunktion als Entscheidungsregel ergänzt.

Die Ermittlung der Unterstützungspräferenz des Corporates folgt dem Ansatz der NWA und wird durch Bestimmung der Zielwerte in Bezug auf die möglichen Unterstützungsalternativen des Start-ups initiiert[665]. Da auch für das Corporate a priori keine objektiven Informationen zu Zielerträgen vorliegen, erfolgt die Bestimmung der Zielerträge sowie Zielwerte integriert auf Basis der subjektiven Bewertung durch den Entscheider des Corporates. Die normierten und ordinal skalierten Zielwerte $x_{ij}$ des Corporates werden zeilenweise in Bezug auf die Kooperationsziele $C_i$ ermittelt. Die Bewertung (0) „keine Unterstützung", (1) „partielle Unterstützung" und (3) „volle Unterstützung" geben an, ob das Corporate in der Unterstützungsalternative $UA_j$ über Fähigkeiten und Ressourcen zur Unterstützung des Kooperationsziels $C_i$ des Start-ups

[664] Vgl. Zimmermann, Gutsche (1991), Multi-Criteria, S. 54
[665] Vgl. Riedl (2006), AHP vs. NWA, S. 112

verfügt. Abbildung 4-32 stellt die Unterstützungspräferenzmatrix des Corporates zusammenfassend dar.

| Oberziel | | | Start-up-Finanzierungsphase ($SF_i$) | | | |
|---|---|---|---|---|---|---|
| Fundamentalziel | | | $C_1$ | ... | $C_n$ | $\Sigma$ |
| Unterstützungsalternativen | Physische Ressourcen (1) | UA 1.1 | $x_{111}$ | ... | $x_{n11}$ | $UP_C(UA_{11})$ |
| | | ... | ... | ... | ... | ... |
| | Finanzielle Ressourcen (2) | UA 2.1 | $x_{121}$ | ... | $x_{n21}$ | $UP_C(UA_{21})$ |
| | | ... | ... | ... | ... | ... |
| | Technologien (3) | UA 3.1 | $x_{131}$ | ... | $x_{n31}$ | $UP_C(UA_{31})$ |
| | | ... | ... | ... | ... | ... |
| | Organisationales Kapital (4) | UA 4.1 | $x_{141}$ | ... | $x_{n41}$ | $UP_C(UA_{41})$ |
| | | ... | ... | ... | ... | ... |
| | Immaterielle Vermögenswert (5) | UA 5.1 | $x_{151}$ | ... | $x_{n51}$ | $UP_C(UA_{51})$ |
| | | ... | ... | ... | ... | ... |
| | Humankapital (6) | UA 6.1 | $x_{161}$ | ... | $x_{n61}$ | $UP_C(UA_{61})$ |
| | | ... | ... | ... | ... | ... |
| Gewichtung | | | 1/n | 1/n | 1/n | |

**Präferenzfunktion**

$$UP_C(UA_j) = \frac{1}{n}\sum_{i=1}^{n} x_{ij}$$

**Legende**

*0 – keine Unterstützung*
*1 – partielle Unterstützung*
*3 – volle Unterstützung*
*UA – Unterstützungsalternative*
*UP – Unterstützungspräferenz*
*$x_{ij}$ – Zielwert*

**Abbildung 4-32: Unterstützungspräferenzmatrix des Corporates**[666]

Die Berechnung der Unterstützungspräferenzen des Corporates erfolgt der NWA folgend durch eine additive Präferenzfunktion. So ergibt sich der Präferenzwert $UP_c$ je möglicher Unterstützungsalternative $UA_j$ bei einer Gleichgewichtung der Kooperationsziele in der Unterstützungspräferenzmatrix durch Summierung der Zielwerte $x_{ij}$ und einer anschließenden Multiplikation mit der Gewichtung $w_i$. Die Entscheidungsregel in Form der Präferenzfunktion für jede Unterstützungsalternative $UA_j$ ergibt sich zu (vgl. Formel (4-4)):

$$UP_c(UA_j) = w_i * \sum_{i=1}^{n} x_{ij} = \frac{1}{n} * \sum_{i=1}^{n} x_{ij} \quad (4\text{-}4)$$

666 Eigene Darstellung

Die Unterstützungspräferenzwerte UPc bewerten die Möglichkeiten zur Unterstützung durch Fähigkeiten und Ressourcen in der Kooperation. Dabei indizieren die Zielwerte in der Unterstützungspräferenzmatrix des Corporates die Möglichkeit zur Unterstützung in Bezug auf die Kooperationsziele (vgl. Abbildung 4-32)[667].

Zum Abschluss der Entwicklung des Entscheidungsmodells werden die individuell bestimmten Unterstützungspräferenzen des Start-ups sowie des Corporates nachfolgend als Grundlage zur Visualisierung der Entscheidungssituation herangezogen.

### 4.3.3 Visualisierung der Entscheidungssituation

Die vorherige Unterstützungspräferenzwertbestimmung auf Basis der individuellen Unterstützungspräferenzen analysiert die Entscheidungssituation und stellt die Grundlage der Visualisierung dar[668]. Die Lösung der Entscheidungssituation kann grundsätzlich über eine grafische Darstellung erfolgen, da diese das Problem veranschaulicht und eine für die involvierten Entscheider transparente Dokumentation ermöglicht[669]. Im Kontext der Entscheidungsprobleme haben sich *das Matrixformat*, das *alternativensalienz Format* sowie das *attributsalienz Format* als Darstellungsform von Informationen etabliert[670]. Jedoch eignen sich die Darstellungsformen von Entscheidungsproblemen nicht zur Bestimmung der Unterstützungsmöglichkeiten, da diese das Entscheidungsproblem selbst, nicht aber die Synthese von zwei vorbereiteten Entscheidungen darstellen können. Für die Entscheidungssituation der Unterstützungsmöglichkeiten einer Kooperation bedarf es folglich der Entwicklung einer geeigneten Visualisierung.

Übertragen auf die vorliegende Arbeit stellen die Unterstützungspräferenzen des Start-ups UPs sowie des Corporates UPc Größen dar, die relativ zueinander in Bezug gesetzt werden und durch beidseitige Berücksichtigung eine Entscheidungsfindung ermöglichen. Insofern erscheinen relationale Darstellungen als geeignet. Hierzu zählen gemäß EPPLER & PLATTS Säulen- oder Liniendiagramme, System-/Kausaldiagramme und Positionierungsmatrizen sowie aufgabenspezifische Darstellungen (z. B. S-Kurvenmodell oder Porter's Five Forces)[671]. Unter Berücksichtigung der Eingrenzung dieser Arbeit wird die Darstellungsform der *Positionierungsmatrix* genutzt, bei der zwei Positionsvariablen über Ordinate und Abszisse einen zweidimensionalen Raum aufspannen.

[667] Äquivalent zu Abschnitt 4.3.2.2 weisen auch die so ermittelten Unterstützungspräferenzen des Corporates Präferenzunabhängigkeit auf.

[668] Vgl. Zangemeister (2014), Nutzwertanalyse, S. 7

[669] Vgl. Eisenführ, Weber (2003), Entscheiden, S. 35

[670] Vgl. Sundstrom (1987), Information Displays, S. 171

[671] Vgl. Eppler, Platts (2009), Visual Strategizing, S. 48

Dieser wird in Segmente zur direkten Ableitung von Handlungsstrategien eingeteilt. Dabei erfolgt die Positionierung der Variablengrößen entlang der Dimensionen auf der aufgespannten zweidimensionalen Fläche.[672]

Die vorliegende Entscheidungssituation zur Bestimmung der Unterstützungsmöglichkeiten der Kooperation zwischen Corporates und Start-ups ist vergleichbar mit einer *Make-or-Buy-Entscheidung* (*MoB*)[673]. Folglich orientiert sich die Entwicklung der Positionierungsmatrix an etablierten MoB-Portfolios. Ferner gilt es für eine effektive Visualisierung der Entscheidungssituation das Gestaltungsprinzip der Relevanz, die Visualisierung aller zur Interpretation relevanten Informationen sowie das Prinzip eines angemessenen Kenntnisstandes, welches Bekanntheit der Darstellung beim Anwender fordert, zu berücksichtigen[674]. Unter Berücksichtigung dieser Gestaltungsprinzipien sowie analog zu den etablierten MoB-Portfolios werden die zuvor hergeleiteten Präferenzwerte des Start-ups sowie des Corporates als Positionierungsdimensionen der Entscheidungsmatrix zur Bestimmung der Unterstützungsmöglichkeiten genutzt. Entsprechend der, im vorherigen Unterkapitel, bestimmten Unterstützungspräferenzwerte ergibt sich damit eine Ordinalskala für beide Dimensionen[675]. Damit die Positionierungsdimensionen der Entscheidungsmatrix das Gestaltungsprinzip des angemessenen Kenntnisstandes des Anwenders erfüllen, wird neben der numerisch ordinalen Skalierung eine kongruente, verbal ordinale Skalierung konstruiert. In Anlehnung an gängigen Portfolios erfolgt die verbale Skalierung ordinal, diskret in die Kategorien *gering, mittel, hoch*[676]. Hiervon ausgehend lassen sich die Handlungsstrategien je Segment des Portfolios ableiten. Durch die Skalierung der Positionierungsdimensionen in drei verbale Kategorien ergibt sich die Entscheidungsmatrix zu einer neun-Felder-Matrix. Diese werden in drei Bereiche eingeteilt: Der Bereich, in dem das Corporate

[672] Vgl. Zerfaß, Volk (2019), Kommunikationsmanagement, S. 105; Schawel, Billing (2018), Management Tools, S. 255; Pfeiffer et al. (1991), Technologie-Portfolio, S. 80

[673] Im Kontext der Make-or-Buy-Entscheidungen werden häufig auch kooperative Arrangements in Betracht gezogen. Grundlage hierfür stellt das Markt-Hierarchie-Kontinuum dar, in dem der Markt die Buy-Entscheidung, während die Hierarchie eine Make-Lösung repräsentiert. Vgl. hierzu Pfaffmann (2001), Produktentwicklung, S. 322; Antlitz (1999), Unternehmensgrenzen, S. 94; Bräuner, Schneider (2001), Make-or-Buy-Portfolios, S. 85ff. oder auch Unterkapitel 2.2.1

[674] Die weiteren von KOSSLYN beschriebenen Prinzipen lassen sich den zwei übergeordneten Gruppen Aufmerksamkeit und Verständnis zuordnen. Die Prinzipien der Aufmerksamkeit werden hier vernachlässigt, da diese vor allem auf die grafische Gestaltung einzelner Bestandteile abzielen. Prinzipen zum Verständnis können vernachlässigt werden, da das Entscheidungsmodell in eine Methodik eingebettet wird. Vgl. Kosslyn (2006), Graph design, S. 6f.

[675] Stevens (1946), Theory of Scales, S. 678; Backhaus et al. (2021), Empirische Datenanalyse, S. 7

[676] Vgl. Pfaffmann (2001), Produktentwicklung, S. 322; Hahn (1990), Portfolio-Konzepte, S. 229

eine hohe Unterstützungspräferenz aufweist, wird in der Bestimmung des Unterstützungsfokus, unabhängig der Präferenz des Start-ups, grundsätzlich als primärer Fokusbereich in Betracht gezogen (*Primärer Unterstützungsbereich*). Der Bereich, in dem das Start-up einen mittleren bis hohen Unterstützungspräferenzwert, bzw. Unterstützungsbedarf hat, das Corporate aber nur ein mittleres Unterstützungsangebot aufweist, wird als selektiver Fokusbereich verstanden (*Selektiver Unterstützungsbereich*). Im dritten Bereich weisen entweder das Corporate oder das Start-up eine geringe Unterstützungspräferenz auf, weshalb dieser Bereich als Nicht-Fokusbereich interpretiert wird (*Keine Unterstützung*). Ausgehend von den Erläuterungen wird die Entscheidungsmatrix als Portfolio in Abbildung 4-33 dargestellt.

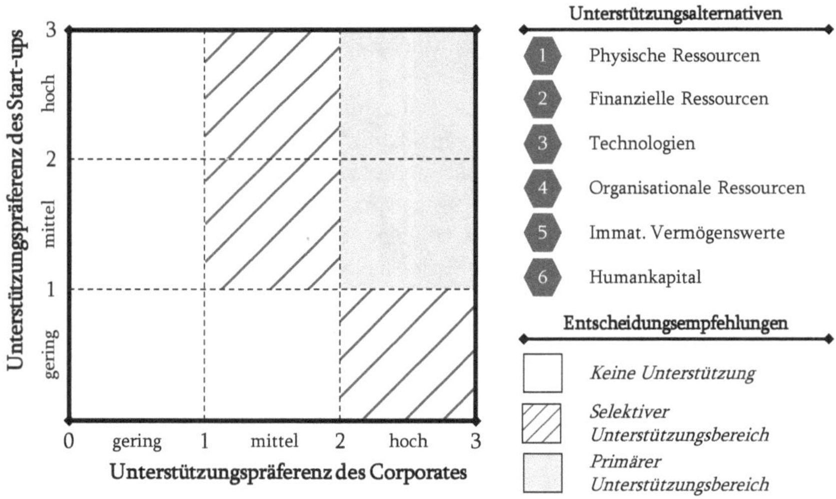


**Abbildung 4-33: Portfolio zur Bestimmung der Unterstützungsmöglichkeiten**[677]

Auf Basis der Neun-Felder-Matrix lassen sich nun die Unterstützungsalternativen mit den jeweiligen Präferenzwerten des Start-ups sowie des Corporates abtragen und mittels Punktierung verorten. Es gilt dabei zu berücksichtigen, dass nur Unterstützungsalternativen in das Portfolio eingetragen werden, für die beide Kooperationspartner jeweils einen Unterstützungspräferenzwert größer als Null ermittelt haben. Dieser Bedingung folgend werden Unterstützungsmöglichkeiten des Corporates nur dann im

[677] Eigene Darstellung

Entscheidungsportfolio aufgeführt, wenn das Start-up einen Bedarf in der entsprechenden Unterstützungsalternative ermittelt hat.

Neben der Unterscheidung in primären und selektiven Unterstützungsbereich sind, bedingt durch die Problemstellung sowie die Konzeption der vorliegenden Arbeit, zwei Sondersituationen zu berücksichtigen: Stellt die Unterstützungsalternative *Finanzielle Ressourcen* die einzige Unterstützungsalternative im primären und selektiven Unterstützungsbereich dar, ist von einer Unterstützung und damit von einer Kooperation abzusehen[678]. Start-ups steht zur Beschaffung von finanziellen Ressourcen eine Vielzahl von möglichen Partnern zur Verfügung[679]. Corporates sind unter diesen möglichen Investoren im Rahmen einer Kooperation diejenigen mit den größten Opportunitätskosten: Einerseits stellt eine Kooperation mit dem einzigen Ziel der Bereitstellung von finanziellen Ressourcen im Austausch gegen Anteile keine kooperative Transfaktionsform auf dem Markt-Hierarchie-Kontinuum dar (vgl. Abschnitt 2.2.2.1). Andererseits sind Corporates aus Sicht des Start-ups gegenüber unabhängigen Investoren (Independent VCs) sowie Corporate VCs kein vorzugswürdiger Investor[680]. Ferner ist es für Corporates unattraktiv ausschließlich finanzielle Ressourcen bereitzustellen, da diese nur wenige Möglichkeiten bieten, um direkt vom Start-up zu lernen[681]. Sofern keine Unterstützungsalternativen im primären oder selektiven Unterstützungsbereich des Entscheidungsportfolios positioniert wird, ist ebenfalls von einer Kooperation abzusehen, da das Corporate den Bedarf des Start-ups nicht hinreichend bedienen kann. Um zu vermeiden, dass das Start-up übervorteilt oder nicht vom Corporate in der Kooperation unterstützt werden kann, ist in diesem Fall eine kritische Prüfung der Unterstützungspräferenzen zu berücksichtigen.

### 4.3.4 Zwischenfazit: Unterstützungsmöglichkeiten der Kooperation

Das vorangegangene Teilkapitel verfolgt die Zielsetzung, ein Entscheidungsmodell zur Bestimmung der Unterstützungsmöglichkeiten in Kooperationen zwischen Corporates und Start-ups zu entwickeln. Ausgehend von der Konzeption des Partialmodells (vgl. Unterkapitel 3.4.3) wurde zur Modellentwicklung die NWA der Systemtechnik als multiattributives Entscheidungsverfahren genutzt. In Unterkapitel 4.3.1 wurden zunächst die Unterstützungsalternativen der Kooperation bestimmt. Hierauf erfolgte in

---

678 Vgl. Minshall et al. (2010), Partnerships, S. 58; Weiblen, Chesbrough (2015), Corporate Innovation, S. 70

679 Vgl. Katila et al. (2008), Swimming with Sharks, S. 301

680 Wie zahlreiche Studien zeigen, dass Start-ups die VC-Investitionen erhalten schneller und erfolgreicher wachsen als Start-ups ohne diese Investitionen. Im direkten Vergleich zeigt sich zudem, dass Independent VCs den Corporate VCs überlegen sind. Siehe auch Bertoni et al. (2013), VC Investor, S. 527; Audretsch, Lehmann (2004), High-Tech Growth, S. 342; Colombo, Murtinu (2017), VC Investments, S. 59

681 Vgl. Katila et al. (2008), Swimming with Sharks, S. 302

Unterkapitel 4.3.2 dann die Bestimmung der Unterstützungspräferenzen mittels Gestaltung eines Kooperationszielsystems sowie Entwicklung individueller Unterstützungspräferenzmatrizen für Start-ups und Corporates. Zur Interpretation der Entscheidungssituation wurde in Unterkapitel 4.3.3 eine Visualisierung zur Bestimmung der Unterstützungsmöglichkeiten entwickelt. In Anlehnung an etablierte zweidimensionale MoB-Portfolios wurde ein Entscheidungsportfolio mit geeigneter Segmentierung entwickelt, welches die Positionierung der Unterstützungsalternativen in Abhängigkeit der partnerspezifischen Unterstützungspräferenzwerte ermöglicht. Darauf aufbauend wurden abschließend Handlungsoptionen zur Interpretation definiert.

Das entwickelte Entscheidungsmodell bietet die Grundlage zur Bestimmung der Unterstützungsmöglichkeiten eines Start-ups durch ein Corporate im Rahmen einer Kooperation. Das Partialmodell umfasst mit der Bestimmung der Unterstützungsalternativen einer Kooperation, der Generierung eines Kooperationszielsystems sowie der visuellen Aufbereitung der Entscheidungssituation auf Basis der Präferenzwerte drei Kernelemente. Die kooperationsrelevanten Unterstützungsalternativen sowie das Kooperationszielsystem werden durch das Start-up determiniert und dem Corporate vorgegeben. Damit wird die Bestimmung der Unterstützungsmöglichkeiten strikt auf die Bedarfe und Anforderungen des Start-ups ausgerichtet. Dabei gilt es festzuhalten, dass über die Detaillierung der Präferenzermittlung sowohl die Unterstützungsalternativen (über Fähigkeiten und Ressourcen) als auch die Kooperationsziele (über Teilziele) des Entscheidungsmodells granularer gewählt werden können und somit die Möglichkeiten zur Differenzierung gegeben sind. Durch die Synthese der individuellen Unterstützungspräferenzen je vorgegebener Unterstützungsalternative in der Entscheidungsmatrix kann eine Bestimmung der Unterstützungsmöglichkeiten nur gemeinsam durch die Entscheider aus Corporate und Start-up erfolgen. Auf Basis der im Entscheidungsmodell entwickelten Unterstützungsmöglichkeiten erfolgt die Bestimmung des Unterstützungsfokus in der Kooperationsgestaltung zwischen Corporates und Start-ups. Die Ergebnisse der Detaillierung des Partialmodells werden im abschließend zu entwickelnden Gestaltungsmodell in Teilkapitel 4.5 aufgegriffen.

## 4.4 Bestimmung spezifischer Kooperationstypen zwischen Corporates und Start-ups

Dieses Teilkapitel verfolgt das in Unterkapitel 3.4.4 dargelegte Ziel, spezifische Typen der Kooperation zwischen Corporates und Start-ups herzuleiten und zu charakterisieren. Das damit entwickelte Partialmodell stellt ein Erklärungsmodell dar und folgt in seiner Struktur dem in Unterkapitel 3.3.3 vorgestellten Verfahren der Typisierung.

Ausgehend von der Abgrenzung des Untersuchungsbereichs in Teilkapitel 2.3 erfolgt in Unterkapitel 4.4.1 die Identifizierung von typenbildenden Merkmalen sowie darauf aufbauend die Bildung von Typen der Kooperation zwischen Corporates und Start-ups. Hieran anschließend erfolgt in Unterkapitel 4.4.2 die Bestimmung von Gestaltungsmerkmalen und dient der Entwicklung des Gestaltungsraumes zur Beschreibung der hergeleiteten Kooperationstypen. Die für die Kooperation zwischen Corporates und Start-ups relevanten Gestaltungsmerkmale werden hierfür zunächst identifiziert (vgl. Abschnitt 4.4.2.1), bevor durch eine Konsistenzprüfung etwaige Kombinationsverbote, bzw. -gebote herausgearbeitet werden (vgl. Abschnitt 4.4.2.2). Abschließend werden die Kooperationstypen anhand der Gestaltungsmerkmale in Unterkapitel 4.4.3 charakterisiert und durch grafische Darstellung vollständig beschrieben. Der Aufbau des Teilkapitels wird in Abbildung 4-34 dargestellt und verdeutlicht das Vorgehen zur Bestimmung der Kooperationstypen.

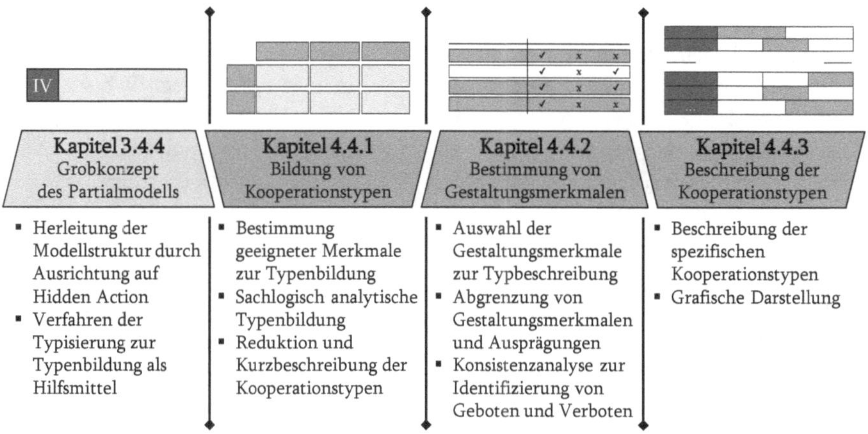


**Abbildung 4-34: Aufbau des Teilkapitels**[682]

### 4.4.1 Bildung von Kooperationstypen zwischen Corporates und Start-ups

Im Zuge dieses Unterkapitels erfolgt die Bildung von spezifischen Typen der Kooperation zwischen Corporates und Start-ups. Hierfür wird nachfolgend eine Kombination der retrograden und progressiven Typenbildung nach WELTER angewendet[683]. Zunächst erfolgt die Herleitung typenbildender Merkmale basierend auf Vorkenntnissen und -überlegungen zum Untersuchungsgegenstand (retrogrades Vorgehen). Durch die

[682] Eigene Darstellung

[683] Vgl. Welter (2006), Typisierung, S. 116

Kombination der Ausprägungen dieser Merkmale werden anschließend alle theoretisch möglichen Kooperationstypen gebildet (progressives Vorgehen). Nach der Typenbildung wird die Typologie mittels einer typologischen Reduktion auf jene Typen eingegrenzt, die auf Basis von sachlogischen Überlegungen in Frage kommen und auch in der Praxis beobachtbar sind.

Die Identifizierung von Merkmalen, die konstitutiv für das Vorliegen der Typen sind, stellt mithin eine Herausforderung dar. So wird in der Wissenschaftsliteratur kein allgemeingültiges Vorgehen zur zielführenden sowie kontextrelevanten Ermittlung von Merkmalen zur Typenbildung vorgeschlagen. Ferner sind jene Merkmale von besonderer Relevanz, welche einen ursächlichen Bezug zum Problem des Untersuchungsbereichs aufweisen.[684] Das Ziel der Identifizierung geeigneter Merkmale zur Bildung von Kooperationstypen besteht nicht darin, einen vollumfassenden und vollständigen Merkmalsraum zu konstruieren, sondern darin, die Typologie anhand weniger, wesentlicher Merkmale und Merkmalsausprägungen aufzubauen[685]. Es empfiehlt sich, entsprechend dem multidimensionalen Charakter von Typen bzw. Typologien die Mindestanzahl von zwei Merkmalen zur Typenbildung nicht wesentlich zu überschreiten[686]. Die zu bildenden Kooperationstypen zielen dabei auf eine möglichst erfolgreiche Gestaltung der Kooperation ab. In Unterkapitel 4.1.1 wurden hierfür die Erfolgspotenziale von Corporates und Start-ups literaturbasiert hergeleitet. Diese erfüllen in ihrer Auswahl sowohl die inhaltlichen Anforderungen an die Lösung als auch die einer Typologie. Somit ist es naheliegend, die Erfolgspotenziale von Corporate und Start-up als typenbildende Merkmale heranzuziehen. Der Merkmalsraum zur Typenbildung wird folglich von den beiden Merkmalen *Erfolgspotenzial Corporate* sowie *Erfolgspotenzial Start-up* aufgespannt. Das Merkmal Erfolgspotenzial Corporate liegt in den Merkmalsausprägungen *Technologie* sowie *Markt* vor (vgl. Abschnitt 4.1.1.2). Das typenbildende Merkmal *Erfolgspotenzial Start-up* wird durch die Ausprägungen *Technologieunsicherheit*, *Produktunsicherheit* sowie *Wachstumsunsicherheit* beschrieben (vgl. Abschnitt 4.1.1.3). Ausgehend von den beiden typenbildenden Merkmalen lässt sich über die Merkmalsausprägungen ein zwei-dimensionaler Merkmalsraum als Grundlage der Typenbildung aufspannen[687]. In Summe führt die sachlogisch analytische Kombination aller möglichen Ausprägungen im Merkmalsraum zu sechs

[684] Vgl. Hilchner (2012), Lösungsraum-Management, S. 94f.; Grosse-Oetringhaus (1974), Fertigungstypologie, S. 52f.

[685] Vgl. Barton (1955), Property-Space, S. 45; Welter (2006), Typisierung, S. 114; Kluge (1999), Typenbildung, S. 94f.

[686] Vgl. Unterkapitel 3.3.3 sowie Welter (2006), Typisierung, S. 113; Knoblich (1969), Warentypologie, S. 27

[687] Vgl. Kluge (1999), Typenbildung, S. 18; Barton (1955), Property-Space, S. 42

theoretischen Kooperationstypen. Die kombinationstheoretisch entstehende Typologie wird in Abbildung 4-35 illustriert.

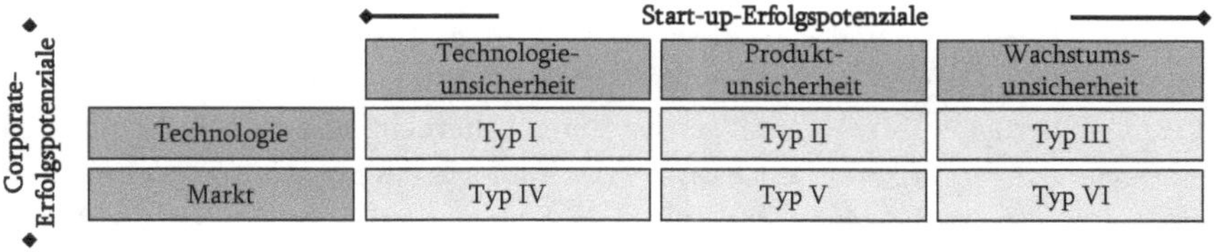


**Abbildung 4-35: Merkmalsraum und theoretische Typologie der Kooperation**[688]

Das kombinierte Verfahren zur Typenbildung erfordert, dass die Typologie nach Möglichkeit in der Praxis verifizierbar sein muss[689]. Zur Wahrung des Realitätsbezugs dürfen damit ausschließlich real beobachtbare Typen Berücksichtigung finden. Das begründete Vorverständnis des Untersuchungsbereich ermöglicht ausgehend der konstruierten Typen eine funktionale Reduktion der Kooperationstypen. Dabei wird die Typologie um diejenigen Kombinationen reduziert, die sachlogisch gebildet werden können, jedoch in der Realität gar nicht oder nur sehr selten vorkommen[690]. Eine kritische Prüfung der Merkmalskombinationen hinsichtlich ihrer Praxisrelevanz ergibt, dass *Typ III* aus logischen Überlegungen heraus im Hinblick auf die praktische Existenz kritisch zu sehen ist: Verfolgt ein Start-up die Erschließung des Erfolgspotenzials Wachstumsunsicherheit, gilt die Technologie des Start-ups als entwickelt und das darauf basierende Produkt wird bereits am Markt angeboten (vgl. Abschnitt 4.2.3.2). In dieser Situation, respektive Lebenszyklusphase, ermöglichen Start-ups Kooperationspartnern keinen Technologiezugang über die Kooperation, da sie Gefahr laufen, ihre eigenen Wettbewerbsvorteile an den Partner zu verlieren. Sofern Corporates über Start-ups Technologiezugang suchen, wird dieser Zugang bei Start-ups in der Wachstumsphase entweder über Lizenzierung bzw. Einkauf der Technologie (im Rahmen einer marktlichen Transaktion) oder über Mehrheitsbeteiligung (im Rahmen einer hierarchischen Transaktion) hergestellt. Folglich wird *Typ III* als Kombination im weiteren Verlauf nicht in der Typologie berücksichtigt.

Die Anforderungen der internen Homogenität sowie der externen Heterogenität einer Typologie fordern von den Kooperationstypen, dass sich diese abgrenzbar unterscheiden[691]. Hierfür wird durch die Benennung der Kooperationstypen indiziert, welchen

[688] Eigene Darstellung
[689] Vgl. Welter (2006), Typisierung, S. 116
[690] Vgl. Barton (1955), Property-Space, S. 49f.; Kluge (1999), Typenbildung, S. 103
[691] Vgl. Kluge (1999), Typenbildung, S. 27

Fokus der jeweilige Kooperationstyp hat und welches gemeinsame, grundsätzliche Interesse der Kooperationspartner dahinterliegt. Der Typ *Ressourcenteilung* (Typ I) fokussiert die Technologieentwicklung und -validierung durch das Start-up unter Nutzung von Fähigkeiten und Ressourcen des Corporates. Der Kooperationstyp *Gemeinsame Technologieentwicklung* (Typ II) dient ebenfalls dem Corporate-Erfolgspotenzial *Technologiezugang*. Mittels eines gemeinsamen Unternehmens wird die Entwicklung eines marktreifen Produkts auf Basis der Technologie des Start-ups fokussiert. Sucht das Corporate Marktzugang unterstützt es Start-ups mit Technologieunsicherheit durch den Kooperationstyp *Inkubationsbegleitung* (Typ III) durch expliziten und impliziten Rat bei der Entwicklung. Die *Kundenbeteiligung* (Typ IV) als Kooperationstyp beschreibt die Absicht, dass das Corporate als Kunde in der Kooperation das Start-up in der Produktentwicklung oder -validierung unterstützt. Die *Marktskalierung* (Typ V) schließlich zielt auf den Marktzugang des Corporates durch Befähigung zum Wachstum des Start-ups ab. Die resultierenden fünf, sachlogisch analytisch konstruierten Typen sind zusammenfassend in Abbildung 4-36 dargestellt.

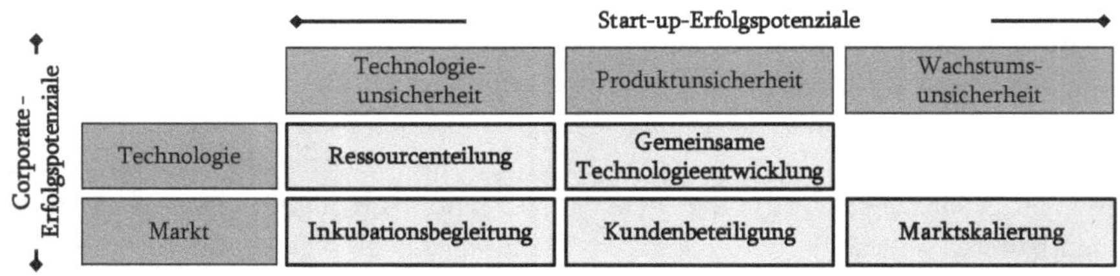


**Abbildung 4-36: Typologie der spezifischen Kooperationstypen[692]**

Die Herleitung der typenbildenden Merkmale, die Konstruktion des Merkmalsraums, die sachlogisch analytische Bildung sowie die anschließende Reduktion der Typen erfüllen die Anforderungen einer Typenbildung. Jedoch stellt die isolierte, ausschließlich über typenbildende Merkmale gewonnene Typologie noch keine vollständige Typisierung dar. Es bedarf der zusätzlichen Ermittlung weiterer, typenbeschreibender Merkmale sowie einer abschließenden grafischen Darstellung der Typen[693]. Daher werden nachfolgend geeignete Gestaltungsmerkmale zur Beschreibung der spezifischen Typen der Kooperation zwischen Corporates und Start-ups bestimmt.

[692] Eigene Darstellung

[693] Vgl. Welter (2006), Typisierung, S. 115

### 4.4.2 Bestimmung relevanter Gestaltungsmerkmale

Ausgangspunkt für die Bestimmung relevanter Gestaltungsmerkmale stellt eine vollumfängliche Sammlung von Merkmalen zur Beschreibung einer Kooperation in der bestehenden deutsch- sowie englischsprachigen Wissenschaftsliteratur im Themengebiet der Kooperationsforschung dar. Da die Recherche in der umfangreichen Literatur dieses Themengebiets eine Vielzahl von Merkmalen zur Beschreibung von Kooperationen hervorbringt, werden bedeutungsähnliche Merkmale unter einheitlichen Oberbegriffen zusammengefasst. Darüber hinaus werden Dopplungen entfernt, um eine erste Reduktion der Anzahl an möglichen Gestaltungsmerkmalen zu erreichen. Das Vorgehen zur Auswahl der Gestaltungsmerkmale wird in Abbildung 4-37 dargestellt.

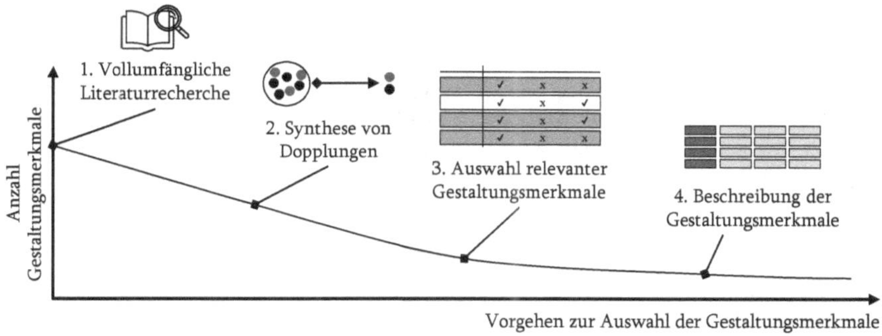


**Abbildung 4-37: Vorgehen zur Bestimmung relevanter Gestaltungsmerkmale**[694]

Nach eingehender Analyse der Literatur sowie Synthese von Dopplungen lassen sich auf diese Weise 16 potenziell geeignete Gestaltungsmerkmale für die Kooperation zwischen Corporates und Start-ups identifizieren (vgl. Anhang A.4.1). Um die Anzahl an Merkmalen weiter einzugrenzen und damit im Kontext der Typisierung die Ergebnisrelevanz zu erhöhen, werden die identifizierten Merkmale bezüglich ihrer Relevanz für die vorliegende Arbeit geprüft. Zugleich wird damit die formale Anforderung der Zweckmäßigkeit sowie Handhabbarkeit der Methodik berücksichtigt. Die Prüfung der potenziellen Gestaltungsmerkmale erfolgt anhand von drei Auswahlkriterien, die aus dem Betrachtungsbereich dieser Arbeit sowie den inhaltlichen Anforderungen abgeleitet wurden:

1. Relevanz des Merkmals für die Kooperation zwischen Corporates und Start-ups
2. Relevanz des Merkmals für die zielunterstützende Kooperationsgestaltung

[694] I.A.a. Schröder (2020), Integration von Lieferanten, S. 79; Barg (2018), Produktbaukästen, S. 113

3. Bidirektionale Gestaltbarkeit des Merkmals im Zuge der Modellanwendung

Durch die zielgerichtete Literaturanalyse weisen alle 16 identifizierten Merkmale Relevanz für die Kooperation zwischen Corporates und Start-ups auf. Bei Prüfung der weiteren Auswahlkriterien zeigt sich jedoch, dass sechs dieser Merkmale den Anforderungen nicht vollumfänglich entsprechen. Das Merkmal *Art der Kooperation* differenziert zwischen strategischen und operativen Kooperationen und beschreibt den Charakter sowie die Art der Tätigkeiten[695]. Da sowohl die Erfolgspotenziale als Grundlage der Typen als auch die Kooperationsziele strategischen Charakter haben, ist dieses Merkmal irrelevant für die fokusbasierte Gestaltung der Kooperation. Das identifizierte Merkmal *Aufgabenverteilung* beschreibt die Zuteilung der im Rahmen der Kooperation anfallenden Aufgaben zwischen den Partnern[696]. Bedingt durch den stark operativen Charakter ist es jedoch ungeeignet, um die Kooperation auf strategischer Ebene fokusbasiert zu gestalten. Die *Bindungsintensität* beschreibt das Verhältnis der Kooperationspartner zueinander[697]. Da die Bindungsintensität sowohl durch die Art der Unterstützung durch das Corporate als auch die Transaktionsform der Kooperation determiniert wird, ist sie gegen diese Rahmenbedingungen weder bidirektional gestaltbar noch relevant für die fokusbasierte Gestaltung. Ebenso nicht weiter berücksichtigt wird das beschreibende Merkmal *Form des ausgetauschten Wissens* in der Kooperation[698]. Grundsätzlich wird hierbei zwischen explizitem und implizitem Wissen unterschieden, was sich jedoch im Rahmen einer Kooperation zwischen Corporates und Start-ups nicht ohne weiteres exklusiv definieren und damit gestalten lässt. Das Merkmal *Innovationsrichtung* beschreibt den Ursprung und die Richtung des Innovationsflusses zwischen den Kooperationspartnern[699]. Da die Innovationsrichtung durch den Kontext determiniert wird, ist sie als gegeben anzusehen und damit weder gestaltbar noch explizit relevant für den Kooperationsfokus. Schließlich beschreibt das Merkmal *Zielstellung* die Art der Ziele, die im Rahmen einer Kooperation verfolgt werden[700]. Die Auswahl der Kooperationsziele erfolgt in dieser Arbeit anhand der Zielstellungen, die das Start-up verfolgt. Folglich ist die Zielstellung weder relevant für die Gestaltung noch im Rahmen der Anwendung bidirektional veränderlich. Es verbleiben zehn Gestaltungsmerkmale, die im Folgenden näher erläutert werden (vgl. Abschnitt 4.4.2.1).

[695] Vgl. Ermisch (2007), Strategische Kooperationen, S. 31; Teece (1992), Cooperation and Innovation, S. 19
[696] Vgl. Oelsnitz (2003), Kooperation, S. 195
[697] Vgl. Baum (2011), Morphologie der Kooperation, S. 77f.; Killich (2011), Unternehmenskooperation, S. 18; Becker et al. (2018), Kooperationen, S. 19
[698] Vgl. Teece (1986), Technological Innovation, S. 287
[699] Vgl. Steiber et al. (2021), Learning with startups, S. 160
[700] Vgl. Baum (2011), Morphologie der Kooperation, S. 64f.; Fontanari (1996), Kooperationsgestaltungsprozesse, S. 40

Abbildung 4-38 illustriert die Bewertung der identifizierten Merkmale und zeigt die Auswahl der Gestaltungsmerkmale einer Kooperation auf.

**Legende**

- ☐ *berücksichtigte Gestaltungsmerkmale*
- ■ *nicht berücksichtigte Merkmale*
- ✓ *Auswahlkriterium erfüllt*
- x *Auswahlkriterium nicht erfüllt*

**Auswahlkriterien** – Das Merkmal ist…

| Identifizierte Merkmale | … relevant für die Kooperation zwischen Corporates und Start-ups | … relevant für eine zielunterstützende Kooperationsgestaltung | … bidirektional im Rahmen der Anwendung gestaltbar |
|---|---|---|---|
| Art der Kooperation | ✓ | x | x |
| Aufgabenverteilung | ✓ | x | ✓ |
| Bindungsintensität | ✓ | x | ✓ |
| Form des ausgetauschten Wissens | ✓ | x | x |
| Funktionsbereiche | ✓ | ✓ | ✓ |
| Grad der technologischen Unterstützung | ✓ | ✓ | ✓ |
| Innovationsrichtung | ✓ | x | x |
| Kapitalbeteiligung | ✓ | ✓ | ✓ |
| Kooperationsauftritt | ✓ | ✓ | ✓ |
| Marktbearbeitung | ✓ | ✓ | ✓ |
| Marktverhältnis | ✓ | ✓ | ✓ |
| Strategische Logik | ✓ | ✓ | ✓ |
| Transaktionsform | ✓ | ✓ | ✓ |
| Unterstützung des Corporates | ✓ | ✓ | ✓ |
| Verwertung des Kooperationsoutputs | ✓ | ✓ | ✓ |
| Zielstellung | ✓ | x | x |

**Abbildung 4-38: Auswahl der typenbeschreibenden Gestaltungsmerkmale**[701]

#### 4.4.2.1 Beschreibung der Gestaltungsmerkmale

Nach Identifizierung geeigneter Gestaltungsmerkmale müssen diese für den Anwendungskontext operationalisiert werden, da die spezifischen Kooperationstypen nur so mittels Typisierung beschrieben werden können[702]. Die Operationalisierung für die

[701] Eigene Darstellung

[702] Vgl. Welter (2006), Typisierung, S. 115

vorliegende Arbeit wird durch definierende Beschreibung der Gestaltungsmerkmale sowie Festlegung der Gestaltungsausprägungen erreicht und führt zu einem detaillierten Verständnis der Gestaltungsmerkmale.

Das Gestaltungsmerkmal Funktionsbereiche beschreibt die in der Kooperation involvierten Bereiche eines Unternehmens[703] Nach PORTER werden die Funktionsbereiche eines Unternehmens entlang der Wertschöpfungskette in die zwei übergeordneten Kategorien primäre und unterstützende Aktivitäten eingeteilt (vgl. Abbildung 4-39)[704]. Die Untergliederung der Funktionsbereiche in Aktivitäten wird im Kontext dieser Arbeit zur Definition der Ausprägungen des Gestaltungsmerkmals herangezogen. Das Gestaltungsmerkmal *Funktionsbereich* wird damit in den Ausprägungen *primär, unterstützend* sowie *übergreifend* beschrieben, da in einer Kooperation unterschiedliche Funktionsbereiche zeitgleich involviert sein können.

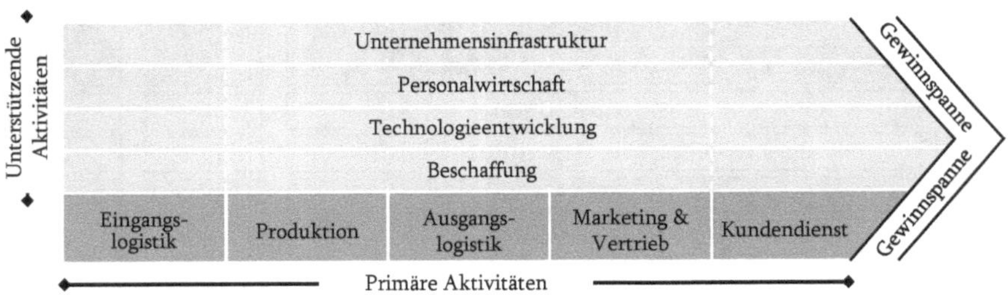


**Abbildung 4-39: Funktionsbereiche der Wertschöpfung nach PORTER[705]**

Das Gestaltungsmerkmal *Grad der technologischen Unterstützung* beschreibt in qualitativen Abstufungen den Umfang, in dem die Kooperationspartner innerhalb der Kooperation technologisch zusammenarbeiten[706]. Unter der technologischen Unterstützung wird im Rahmen der vorliegenden Arbeit insbesondere die Unterstützung bei der Entwicklung, Validierung und Optimierung von Prototypen sowie eines marktreifen Produktes oder aber bei Aufbau, Betrieb oder Nutzung von Produktionskapazitäten[707] verstanden. Diesem Gestaltungsmerkmal werden die Ausprägungen *niedrig, moderat* und *hoch* zugeordnet.

[703] Vgl. Killich (2011), Unternehmenskooperation, S. 18; Schuh et al. (2011), Kooperationsmanagement, S. 500f.

[704] Vgl. Schreyögg, Koch (2020), Management, S. 186; Porter (1998), Competitive Advantage, S. 37

[705] I.A.a. Porter (1998), Competitive Advantage, S. 37

[706] Vgl. Picot et al. (2020), Unternehmung, S. 115

[707] Die Produktionskapazitäten umfassen in diesem Kontext auch Technologien zur Fertigung von Gütern.

Die *Kapitalbeteiligung* als Gestaltungsmerkmal der Kooperation zwischen Corporates und Start-ups beschreibt, ob sich im Rahmen der Kooperation eine Kapitalbeteiligung des Corporates am Start-up ergibt. Im Falle einer Beteiligung stellt das Corporate dem Start-up finanzielle Ressourcen bereit und erhält im Gegenzug Anteile des Start-ups.[708] Darüber hinaus kann eine finanzielle Beteiligung durch ein Corporate eine mögliche Übernahme bzw. Integration im Erfolgsfall des Start-ups vorbereiten[709]. Die entsprechenden Ausprägungen dieses Gestaltungsmerkmals sind *ja* für eine Kapitalbeteiligung im Rahmen der Kooperation und *nein* für Kooperationen ohne Kapitalbeteiligung[710].

Als weiteres Gestaltungsmerkmal beschreibt der *Kooperationsauftritt*, inwiefern die Kooperation zwischen Corporate und Start-up nach außen kommuniziert und demnach für das Wettbewerbs- und Transaktionsumfeld sichtbar ist. Im Kontext der vorliegenden Dissertation wird lediglich die von den Kooperationspartnern intendierte Sichtbarkeit als Differenzierungsmerkmal herangezogen. Der *Kooperationsauftritt* wird in den Ausprägungen *öffentlich* sowie *verdeckt* beschrieben. Während öffentliche Kooperationen für das Transaktionsumfeld sichtbar sind, können verdeckte Kooperationen nicht unmittelbar durch Dritte von außen erkannt werden.[711]

Mittels des Gestaltungsmerkmals *Marktbearbeitung* wird die Lage und Ausdehnung des Marktes beschrieben, welchen die Kooperation zwischen Corporate und Start-up adressiert. Die geographische Herkunft der Partner ist in der Kooperation nicht gestaltbar und daher von der Marktbearbeitung abzugrenzen. So besteht bspw. die Möglichkeit, dass zwei international agierende Kooperationspartner im Rahmen einer Kooperation auf einem lokalen Markt agieren. In Bezug auf die Marktbearbeitung als Gestaltungsmerkmal wird zwischen den Ausprägungen *lokal, regional, national* sowie *international* differenziert.[712]

Das Gestaltungsmerkmal *Marktverhältnis* beschreibt das Verhältnis der Kooperationspartner zueinander entlang der Wertschöpfungskette sowie bezüglich ihrer Branchenzugehörigkeit. Es wird zwischen drei möglichen Ausprägungen differenziert: Ein *horizontales* Marktverhältnis beschreibt die Kooperation zweier potenzieller direkter Wettbewerber auf der gleichen Wertschöpfungsstufe und in der gleichen Branche. Ein

[708] Vgl. Mellewigt (2003), Kooperationen, S. 123; Fontanari (1996), Kooperationsgestaltungsprozesse, S. 40
[709] Vgl. Katila et al. (2008), Swimming with Sharks, S. 299
[710] Die Kapitalbeteiligung des Corporates umfasst in der vorliegenden Dissertation lediglich bis zu 50% der Anteile des Start-ups. Bei einer größeren Beteiligung würde das Start-up in den mehrheitlichen Besitz des Corporates übergehen und damit ein hierarchisches Verhältnis abhängiger Partner beschrieben.
[711] Vgl. Baum (2011), Morphologie der Kooperation, S. 83
[712] Vgl. Fontanari (1996), Kooperationsgestaltungsprozesse, S. 40; Rupprecht-Däullary (1994), Kooperation, S. 24

*vertikales* Marktverhältnis beschreibt die Zusammenarbeit zwischen Partnern in aufeinanderfolgenden Wertschöpfungsstufen in der gleichen Branche. Die Kooperationspartner stehen damit in einer Lieferanten-, bzw. Kundenbeziehung. Ein *laterales* Marktverhältnis beschreibt die Zusammenarbeit von Kooperationspartnern unterschiedlicher Branchen und/oder unabhängiger Wertschöpfungsstufen.[713]

Das Gestaltungsmerkmal der *strategischen Logik* einer Kooperation beschreibt, welche innovationsstrategische Bedeutung die Zusammenarbeit und das gemeinsame Vorgehen zwischen Corporate und Start-up dominiert. Eine *explorative Logik* beschreibt, dass die Kooperationspartner den Fokus der Kooperation auf strategische Erkundung und Erforschung von Markttrends und -opportunitäten sowie Innovationspotenzialen zur Erarbeitung neuer Möglichkeiten legen. Dem steht die *exploitative Logik* gegenüber, die den strategischen Fokus der Kooperation auf die Entwicklung von Absatzmärkten und die Skalierung des Start-ups durch Unterstützung des Corporates legt.[714]

In der Wissenschaftsliteratur werden Kooperationen häufig anhand der Transaktionsform gestaltet[715]. Ausgehend der rechtlichen Interpretationen haben sich mehrere Ausprägungen der Transaktionsform etabliert. Für die vorliegende Arbeit relevante Transaktionsformen und damit Merkmalsausprägungen stellen der *Lizenzvertrag*, der *Managementvertrag*, das *Contractual Joint Venture* (Contractual JV) das *Equity Joint Venture* (Equity-JV) sowie die *Equity-Beteiligung* dar. Die dargelegten Transaktionsformen sind in Abbildung 4-40 entlang des Markt-Hierarchie Kontinuums abgebildet.

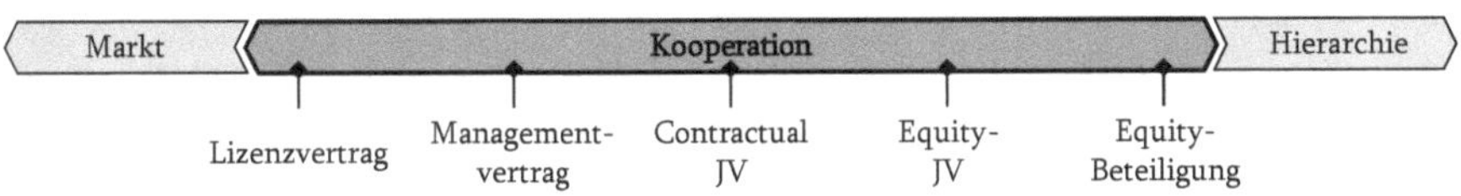


**Abbildung 4-40: Transaktionsformen der Kooperation[716]**

Mit einem Lizenzvertrag gibt der Lizenzgeber, welcher das Schutzrecht über bestimmte Fähigkeiten, Technologien oder Produkte besitzt, die wirtschaftlich verwertbaren Rechte an einen Lizenznehmer ab. Als Gegenleistung erhält der Lizenzgeber dafür eine Lizenzgebühr. Dem Lizenznehmer wird auf diese Weise die Leistungserstel-

[713] Vgl. Kraege (1997), Unternehmungskooperationen, S. 66; Drews (2001), Kooperationscontrolling, S. 49; Bruhn (2003), Kooperationen, S. 1194

[714] Vgl. Mercandetti et al. (2017), Innovation, S. 24; Kanbach, Stubner (2016), Corporate Accelerators, S. 1766

[715] Vgl. Theling, Loos (2004), Unternehmenskooperationen, S. 9; Zentes et al. (2003), Kooperationen, S. 21

[716] Eigene Darstellung i. A. a. Unterkapitel 2.2.1

lung unter Nutzung von geschützten Produkten, Technologien oder Kenntnissen ermöglicht.[717] *Managementverträge* dienen dem allgemeinen Austausch von Erfahrungen und Wissen gegen ein Entgelt in Form einer Vergütung oder Ertragsbeteiligung und sind nicht projektbezogen. Die Ausprägung *Contractual JV* beschreibt einen befristeten, projektbezogenen Vertrag, der die Zusammenarbeit im Rahmen einer Kooperation regelt.[718] Die Ausprägung *Equity JV* beschreibt die Gründung einer gemeinsamen Joint-Venture-Gesellschaft durch die Kooperationspartner (vgl. Unterkapitel 2.2.3)[719]. Diese Gesellschaft stellt ein eigenständiges Unternehmen mit Personal- und Entscheidungsautonomie dar, wobei im Kontext der Kooperation beide Kooperationspartner mit individuellen Anteilen entsprechend ihrer Einbringung beteiligt sind[720]. Schließlich umfasst die *Equity Beteiligung* als Transaktionsform der Kooperationsgestaltung im Gegenzug den Erwerb von Unternehmensanteilen und die damit einhergehende Bereitstellung von finanziellen Ressourcen[721].

Ein weiteres Gestaltungsmerkmal der Kooperation stellt die Art der in der Kooperation zur Verfügung gestellten Ressourcen dar [722]. Da im Verständnis der vorliegenden Arbeit lediglich das Corporate Fähigkeiten und Ressourcen zur Unterstützung des Startups bereitstellt, wird daraus das Gestaltungsmerkmal *Unterstützung des Corporates* abgeleitet. Dieses Gestaltungsmerkmal beschreibt in welchem Umfang das Corporate im Rahmen der Kooperation unterstützt. Die Ausprägung *dezidiert* beschreibt eine Unterstützung des Corporates durch genau eine der ermittelten Unterstützungsmöglichkeiten. Mit der Ausprägung *umfassend* wird eine Unterstützung in mehreren Unterstützungsmöglichkeiten beschrieben.

Schließlich beschreibt das Gestaltungsmerkmal *Verwertung des Kooperationsoutputs,* ob und inwiefern die Kooperationspartner die erzielten Kooperationsergebnisse verwenden können. Dabei wird vor allem beschrieben, ob eine Verwertung grundsätzlich möglich ist und ob sie gemeinsam oder getrennt erfolgt.[723] Das Gestaltungsmerkmal kann die Ausprägungen *beschränkte Verwertung, getrennte Verwertung* sowie *gemeinsame Verwertung* annehmen. Eine beschränkte Verwertung beschreibt die Verwertung des Outputs durch ausschließlich einen Kooperationspartner. Bei einer getrennten Verwertung realisieren beide Kooperationspartner die erzielten Ergebnisse

[717] Vgl. Friese (1998), Kooperation, S. 152
[718] Vgl. Baum (2011), Morphologie der Kooperation, S. 13f.; Mellewigt (2003), Kooperationen, S. 15
[719] Vgl. Weder (1989), Joint-Venture, S. 37; Kutschker (1994), Strategische Kooperationen, S. 127
[720] Vgl. Weder (1989), Joint-Venture, S. 37
[721] Vgl. Kutschker (1994), Strategische Kooperationen, S. 125
[722] Vgl. Mellewigt (2003), Kooperationen, S. 85; Fontanari (1996), Kooperationsgestaltungsprozesse, S. 40
[723] Vgl. Friese (1998), Kooperation, S. 102; Fontanari (1996), Kooperationsgestaltungsprozesse, S. 71f.

außerhalb der Kooperation individuell und unabhängig voneinander. Eine gemeinsame Verwertung beschreibt die kollektive Nutzung der Kooperationsergebnisse und damit auch die Verteilung des erzielten Gewinns auf die Kooperationspartner.

Abbildung 4-41 stellt den erläuterten Raum relevanter Gestaltungsmerkmale der Kooperation zwischen Corporates und Start-ups zusammenfassend dar.

<table>
<tr><th>Gestaltungsmerkmale</th><th colspan="60">Ausprägungen</th></tr>
<tr><td>Funktionsbereich</td><td colspan="20">primär</td><td colspan="20">unterstützend</td><td colspan="20">übergreifend</td></tr>
<tr><td>Grad der technologischen Unterstützung</td><td colspan="20">niedrig</td><td colspan="20">moderat</td><td colspan="20">hoch</td></tr>
<tr><td>Kapitalbeteiligung</td><td colspan="30">ja</td><td colspan="30">nein</td></tr>
<tr><td>Kooperationsauftritt</td><td colspan="30">verdeckt</td><td colspan="30">öffentlich</td></tr>
<tr><td>Marktbearbeitung</td><td colspan="15">lokal</td><td colspan="15">regional</td><td colspan="15">national</td><td colspan="15">international</td></tr>
<tr><td>Marktverhältnis</td><td colspan="20">horizontal</td><td colspan="20">vertikal</td><td colspan="20">lateral</td></tr>
<tr><td>Strategische Logik</td><td colspan="30">explorativ</td><td colspan="30">exploitativ</td></tr>
<tr><td>Transaktionsform</td><td colspan="12">Lizenz-vertrag</td><td colspan="12">Management-vertrag</td><td colspan="12">Contractual JV</td><td colspan="12">Equity-JV</td><td colspan="12">Equity-Beteiligung</td></tr>
<tr><td>Unterstützung des Corporates</td><td colspan="30">dediziert</td><td colspan="30">umfassend</td></tr>
<tr><td>Verwertung des Kooperationsoutputs</td><td colspan="20">beschränkt</td><td colspan="20">getrennt</td><td colspan="20">gemeinsam</td></tr>
</table>

**Abbildung 4-41: Gestaltungsmerkmalsraum der Kooperation**[724]

### 4.4.2.2 Ermittlung von Gestaltungskombinationsverboten sowie -geboten

Die Bildung und Beschreibung von Typen erfordern, dass diese logisch widerspruchsfrei und praktisch nutzbar sind. Zur Erfüllung dieser Anforderung ist eine Typenbeschreibung auf Basis einer rein logisch kombinatorischen Verknüpfung der Gestaltungsausprägungen jedoch nicht zielführend. Stattdessen muss vor Beschreibung der Typen geprüft werden, ob es Gestaltungsausprägungen gibt, die sich gegenseitig ausschließen oder wechselseitig bedingen.[725] Im Kontext der vorliegenden Arbeit bedarf es daher der Prüfung, ob der Gestaltungsraum Kombinationsgebote bzw. Kombinationsverbote aufweist, die die Beschreibung der spezifischen Kooperationstypen beein-

[724] Eigene Darstellung

[725] Vgl. Welter (2006), Typisierung, S. 115f.

flussen. Diese Prüfung kann mittels Methoden der systematisch-formalisierten Szenariotechnik erfolgen[726]. Während die Einflussanalyse vor allem die Stärke der Beziehung zwischen den Ausprägungen ermittelt, bestimmt die Cross-Impact-Analyse die Wechselwirkung auf Basis von Wahrscheinlichkeiten. Die Konsistenzanalyse untersucht die Konsistenz verschiedener Ausprägungen und ermittelt dabei, ob die Kombination der Ausprägungen für ein Szenario möglich ist. Sie eignet sich insbesondere, um kombinatorische Gebote und Verbote zu identifizieren.[727] Folglich wird zur Untersuchung des Gestaltungsraumes nachfolgend die Konsistenzanalyse genutzt.

Im Rahmen einer Konsistenzanalyse werden die ermittelten Gestaltungsmerkmale auf Ebene der einzelnen Ausprägungen paarweise hinsichtlich möglicher Abhängigkeiten bzw. Konsistenzen bewertet[728]. Jede Ausprägung wird dabei allen anderen Ausprägungen, die nicht zum selben Gestaltungsmerkmal gehören, gegenübergestellt. Von besonderer Bedeutung für die vorliegende Arbeit sind jene Ausprägungskombinationen, die zu einem Kombinationsverbot durch Inkonsistenz oder Kombinationsgebot durch starke Konsistenz führen. Kombinationsverbote stellen Ausprägungspaare dar, die in Kombination zu einer inkonsistenten Beschreibung eines Kooperationstypen führen und daher zwingend zu vermeiden sind. Kombinationsgebote sind literatur- oder anwendungsbasierte Forderungen nach Kombination eines Ausprägungspaares bei der Beschreibung von Kooperationstypen. Daher wird die Konsistenzanalyse lediglich anhand von zwei Ausprägungen auf einer binären Skala bewertet:

- x – Kombinationsverbot (Inkonsistenz)
- o – Kombinationsgebot (Starke Konsistenz)

Leere Zeilen werden als grundsätzlich kombinierbar interpretiert. Die Konsistenzanalyse führt in Summe zu 38 stark abhängige Ausprägungspaaren, von denen 17 wechselseitige sowie vier einseitige Abhängigkeiten aufweisen. Insgesamt resultieren aus der Analyse sieben Kombinationsgebote sowie 14 Kombinationsverbote. Das Ergebnis der Konsistenzanalyse wird in Abbildung 4-42 dargestellt. Nachfolgend werden die abhängigen Ausprägungskombinationen kurz erläutert.

[726] Vgl. Kosow, Gaßner (2008), Zukunfts- und Szenarioanalyse, S. 38

[727] Vgl. Kosow, Gaßner (2008), Zukunfts- und Szenarioanalyse, S. 38ff.

[728] Vgl. Gausemeier et al. (2017), Szenario-Management, S. 105; Kosow, Gaßner (2008), Zukunfts- und Szenarioanalyse, S. 41; Gausemeier et al. (1998), Scenario Management, S. 121

Legende

x – *Kombinationsverbot (Inkonsistent)*

o – *Kombinationsgebot (Starke Konsistenz)*

| Gestaltungsmerkmal | Ausprägung | Indizes | 1.a | 1.b | 2.a | 2.b | 2.c | 3.a | 3.b | 3.c | 4.a | 4.b | 5.a | 5.b | 5.c | 5.d | 6.a | 6.b | 6.c | 7.a | 7.b | 7.c | 7.d | 7.e | 8.a | 8.b | 9.a | 9.b | 10.a | 10.b | 10.c |
|---|---|---|---|---|---|---|---|---|---|---|---|---|---|---|---|---|---|---|---|---|---|---|---|---|---|---|---|---|---|---|---|
| | | | Kooperationsauftritt | | Funktionsbereiche | | | Grad der technologischen Unterstützung | | | Kapitalbeteiligung | | Marktbearbeitung | | | | Marktverhältnis | | | Transaktionsform | | | | | Strategische Logik | | Unterstützung des Corporate | | Verwertung des Kooperationsoutputs | | |
| Kooperationsauftritt | öffentlich | 1.a | | | | | | | | | | | | | | | | | | | | | | | | | | | | | |
| | verdeckt | 1.b | | | | | | | | | | | | | | | | | | | | | | | | | | | | | |
| Funktionsbereiche | primär | 2.a | | | | | | | | | | | | | | | | | | | | | | | | | | | | | |
| | unterstützend | 2.b | | | | | | | o | o | | | | | | | | | | | | | | | | | | | | | |
| | übergreifend | 2.c | | | | | | | | | | | | | | | | | | | | | | | | | | | | | |
| Grad der technologischen Unterstützung | niedrig | 3.a | | | | | | | | | | | | | | | x | | | | | | | | | | | | | | |
| | moderat | 3.b | | | | | | | | | | | | | | | | | | | | | | | | | | | | | |
| | hoch | 3.c | | | | | | | | | | | | | | | | | x | | | | | | | | | | x | | |
| Kapitalbeteiligung | ja | 4.a | | | | | | | | | | | | | | | | | | | | | o | o | | | | | | | |
| | nein | 4.b | | | | | | | | | | | | | | | | | | | | | x | x | | | | | | | |
| Marktbearbeitung | lokal | 5.a | | | | | | | | | | | | | | | | | x | | | | | | x | | | | | | |
| | regional | 5.b | | | | | | | | | | | | | | | | | | | | | | | x | | | | | | |
| | national | 5.c | | | | | | | | | | | | | | | x | | | | | | | | | | | | | | |
| | international | 5.d | | | | | | | | | | | | | | | | | | | | | | | o | x | | | | | |
| Marktverhältnis | horizontal | 6.a | | | | | | x | | | | | | | x | | | | | | | x | | | | o | | | | | |
| | vertikal | 6.b | | | | | | | | | | | | | | | | | | | | | | | | | | | | | |
| | lateral | 6.c | | | | | | | | x | | | x | | | | | | | | | | | | | | | | | | |
| Transaktionsform | Lizenzvertrag | 7.a | | | | | | | | | | | | | | | | | | | | | | | | | | | o | | |
| | Contractual JV | 7.b | | | | | | | | | | | | | | | | | | | | | | | | | | | | | |
| | Managementvertrag | 7.c | | | | | | | | x | | | | | | | | x | | | | | | | | | | | | | |
| | Equity-JV | 7.d | | | | | | | | | o | x | | | | | | | | | | | | | | | x | | x | | |
| | Equity-Beteiligung | 7.e | | | | | | | | | o | x | | | | | | | | | | | | | | | | | | | |
| Strategische Logik | exploitativ | 8.a | | | | | | | | | | | x | x | | o | | | | | | | | | | | | | | | |
| | explorativ | 8.b | | | | | | | | | | | | | | x | o | | | | | | | | | | | | | | |
| Unterstützung des Corporates | dezidiert | 9.a | | | | | | | | | | | | | | | | | | | | | x | | | | | | | | |
| | umfassend | 9.b | | | | | | | | | | | | | | | | | | | | | | | | | | | | | |
| Verwertung des Kooperationsoutputs | beschränkt | 10.a | | | | | | | | x | | | | | | | | | | | | | x | | | | | | | | |
| | getrennt | 10.b | | | | | | | | | | | | | | | | | | | | | | | | | | | | | |
| | gemeinsam | 10.c | | | | | | | | | | | | | | | | | | | | | | | | | | | | | |

**Abbildung 4-42: Konsistenzanalyse zur Untersuchung des Gestaltungsraumes**[729]

Das erste Kombinationsgebot betrifft das Gestaltungsmerkmal Funktionsbereich. Sofern die Kooperation durch *unterstützende Funktionsbereiche* beschrieben wird, zieht dies die Ausprägung *moderat*, bzw. *hoch* beim Gestaltungsmerkmal *Grad der technologischen Unterstützung* nach sich. Die Kombinationsgebote sind dadurch begründet, dass ein Start-up vor allem bei der Technologieentwicklung vom Corporate profitiert und eine Kooperation in unterstützenden Bereichen ohne technologische Unterstützung für Start-ups nicht zu einem Corporate als bevorzugten Partner führen würde. Sofern die Kooperation mit *Kapitalbeteiligung (ja)* beschrieben wird, so ist ein Gebot

[729] Eigene Darstellung

zur Kombination mit der *Transfaktionsform* in der Ausprägung *Equity-JV* oder *Equity-Beteiligung* gegeben. Dieses Gebot folgt aus der Tatsache, dass eine Kapitalbeteiligung stets als hierarchische Transaktionsform beschrieben ist[730]. Diese beiden Kombinationsgebote gelten dabei wechselseitig, d. h., dass auch bei einem Equity-JV oder einer Equity-Beteiligung stets eine Kapitalbeteiligung gefordert wird. Da ein marktreifes Produkt die Voraussetzung für eine *internationale Marktbearbeitung* darstellt, bedarf es der wechselseitigen Kombination dieser Ausprägung mit einer *exploitativen strategischen Logik*[731]. Im Gegensatz dazu wird ein *horizontales Marktverhältnis* der Kooperationspartner in der Kooperation stets mit einer *explorativen strategischen Logik* kombiniert. Andernfalls treten die Partner zum Nachteil des anderen in ein Konkurrenzverhältnis, was vermieden und wechselseitig berücksichtigt werden muss. Schließlich stellt das Ausprägungspaar *Lizenzvertrag* und *beschränkte Verwertung des Kooperationsoutputs* ein weiteres einseitiges Gebot dar. Die Regelung der Verwertung in Lizenzverträgen umfasst auch eine Beschränkung, welche mehr oder weniger strikt ausgelegt ist[732].

Das einzige nicht wechselseitige Kombinationsverbot stellt die Ausprägungspaarung *Managementvertrag* und *hoher Grad der technologischen Unterstützung* dar. Diese Kombination ist inkonsistent, da ein Managementvertrag den Austausch der Ergebnisse einer Kooperation nicht umfassend regelt und für das Start-up damit eine große Gefahr besteht, dass das Corporate durch die Kooperation befähigt wird, die Technologie des Start-ups zu adoptieren[733]. Die Analyse zeigt zwei weitere wechselseitige Kombinationsverbote bei Ausprägungspaarungen der Gestaltungsmerkmale Marktverhältnis und Grad der technologischen Unterstützung: Wird die Kooperation durch ein horizontales Marktverhältnis beschrieben, so darf die technologische Unterstützung des Corporates nicht niedrig ausfallen. Sofern die Kooperation mittels eines lateralen Marktverhältnisses beschrieben wird, darf die technologische Unterstützung des Corporates nicht hoch ausfallen. Dies begründet sich dadurch, dass das Corporate wegen mangelnder Fähigkeiten und Ressourcen im Marktumfeld des Start-ups die geforderte Unterstützung nicht leisten kann. Das Gestaltungsmerkmal *Marktverhältnis* weist in den beiden Ausprägungen *horizontal* sowie *lateral* Kombinationsverbote in der *Marktbearbeitung* mit den Ausprägungen *national* sowie *regional* auf. Wird die Kooperation mit einem horizontalen Marktverhältnis beschrieben, verhält sich dies aufgrund einer

730 Vgl. Morschett (2003), Kooperationen, S. 394f.; Fontanari (1996), Kooperationsgestaltungsprozesse, S. 48f.; Lubritz (1998), Strategische Allianzen, S. 51

731 Vgl. March (1991), Exploration and Exploitation, S. 85

732 Vgl. Das, Teng (2002), Theory of strategic alliances, S. 450

733 Vgl. Fontanari (1996), Kooperationsgestaltungsprozesse, S. 50

möglichen direkten Konkurrenzsituation inkonsistent zu einer nationalen Marktbearbeitung. Weist die Kooperation ein laterales Marktverhältnis auf, muss eine regionale Marktbearbeitung wegen Inkonsistenz vermieden werden, da das Corporate die notwendigen Anforderungen regionaler Märkte im Zweifel nicht bedienen kann. Bedingt durch die Definition der *Transaktionsformen* dürfen die Ausprägungen *Equity-JV* sowie *Equity-Beteiligung* nicht in Kombination mit der Ausprägung *nein* des Gestaltungsmerkmals *Kapitalbeteiligung* beschrieben werden. Dies folgt aus den zuvor erläuterten Kombinationsgeboten und gilt wechselseitig. Ferner besteht bei einem *vertikalen Marktverhältnis* die Gefahr der Übervorteilung des Start-ups, wenn diese Ausprägung mit dem *Managementvertrag* als *Transaktionsform* kombiniert wird. Weitere Kombinationsverbote weist die Ausprägung *exploitative strategische Logik* auf. Gepaart mit einer *lokalen* oder *regionalen Marktbearbeitung* kann keine Skalierung geleistet und folglich auch kombinatorisch in den Kooperationstypen nicht gewählt werden. Für die Ausprägung *explorativ* wird eine Inkonsistenz und damit ein Kombinationsverbot mit der internationalen Marktbearbeitung identifiziert, da Aktivitäten zur Exploration nicht direkt umfassend international oder global ausgerollt werden können[734]. Die Kombinationsverbote des Gestaltungsmerkmals *Strategische Logik* treten wechselseitig auf. Eine weitere Inkonsistenz besteht bei der *Ausprägungspaarung dezidierte Unterstützung des Corporates* und *Equity-JV*. Wie in Abschnitt 4.4.2.1 beschrieben, geht ein Equity-JV immer mit einer Unternehmensgründung einher, welche bedingt durch die limitierten Ressourcen des Start-ups umfassende Unterstützung durch das Corporate erfährt. Abschließend zeigt die Analyse beim Gestaltungsmerkmal *Verwertung des Kooperationsoutputs* zwei weitere wechselseitige Kombinationsverbote in der Ausprägung *beschränkte Verwertung*. Einerseits sollte bei einer beschränkten Verwertung ein hoher Grad der technologischen Unterstützung vermieden werden, andererseits darf die beschränkte Verwertung des Kooperationsoutputs auch nicht mit der Transfaktionsform Equity-JV einhergehen. In beiden Ausprägungskombinationen sind die entsprechenden Anreize für das Corporate nicht gegeben und würden sich somit nachteilig in auf die Kooperation auswirken[735].

Die Ergebnisse der Konsistenzanalyse und die damit beschriebenen Kombinationsgebote sowie Kombinationsverbote gilt es bei der Beschreibung der spezifischen Kooperationstypen entsprechend zu berücksichtigen. Damit wird sichergestellt, dass die bestimmten Typen sowohl die Anforderung nach externer Heterogenität als auch die

[734] Vgl. Greve (2007), Exploration and exploitation, S. 947

[735] Vgl. Sydow (1992), Strategische Netzwerke, S. 264

Anforderung nach interner Homogenität erfüllen[736]. Entsprechend werden Kombinationsgebote bei der Typenbeschreibung berücksichtigt und Kombinationsverbote ausgeschlossen.

### 4.4.3 Beschreibung der Kooperationstypen

Das nachfolgende Unterkapitel hat zum Ziel, die gebildeten Typen anhand der identifizierten Gestaltungsmerkmale zu beschreiben und durch grafische Darstellung der Kooperationstypen die Typisierung abzuschließen. Die endgültige Auswahl und Beschreibung der Typen werden im Rahmen der vorliegenden Dissertation auf Basis von theoretischen Überlegungen erfolgen. WEBER folgend handelt es sich dabei um deduktiv abgeleitete Idealtypen, die von real existierenden Einzelerscheinungen abstrahiert werden[737]. Zur Wahrung des geforderten Praxisbezugs sowie der Praxisrelevanz werden die charakterisierten Typen durch exemplarische, in der kooperativen Realität beobachtete Fallbeispiele verifiziert. In den folgenden Unterkapiteln werden die Typen anhand der Gestaltungsausprägungsprofile näher vorgestellt und grafisch dargestellt. Die deduktive Ableitung wurde durch praktische Verifizierung sowie entsprechende Adaption bei der Typenbeschreibung anhand einer Kurzstudie unterstützt. Dazu wurden im Rahmen von fünf Kooperationen zwischen Corporates und Start-ups Experteninterviews mit Vertretern mindestens eines Kooperationspartners geführt. Die Beschreibungen der anonymisierten Fallbeispiele zu den Kooperationstypen finden sich im Anhang dieser Arbeit (vgl. Anhang A.4.2).

#### 4.4.3.1 Kooperationstyp I – Ressourcenteilung

Der erste Kooperationstyp zur Gestaltung der Kooperation zwischen Corporate und Start-up ist die *Ressourcenteilung*. Dieser Kooperationstyp bildet sich aus, wenn das Start-up das Erfolgspotenzial Technologieunsicherheit und das Corporate Technologiezugang erschließen will. Im Fokus der Kooperation in Form der Ressourcenteilung stehen die Bereitstellung und Nutzbarmachung von spezifischen, dezidierten Fähigkeiten und Ressourcen durch das Corporate. Das Start-up nutzt diese Fähigkeiten und Ressourcen vor allem in einem frühen Lebenszyklusstadium zur Reduktion der technologischen Unsicherheit und macht dem Corporate damit die Technologie ebenfalls zugänglich. Abbildung 4-43 bildet den Kooperationstyp anhand der Ausprägungen ab.

[736] Vgl. Kuckartz (2020), Typenbildung, S. 799; Bailey (1994), Classification, S. 1

[737] Vgl. Kluge (1999), Typenbildung, S. 60ff.; Weber (1904), Objektivität, S. 64ff.

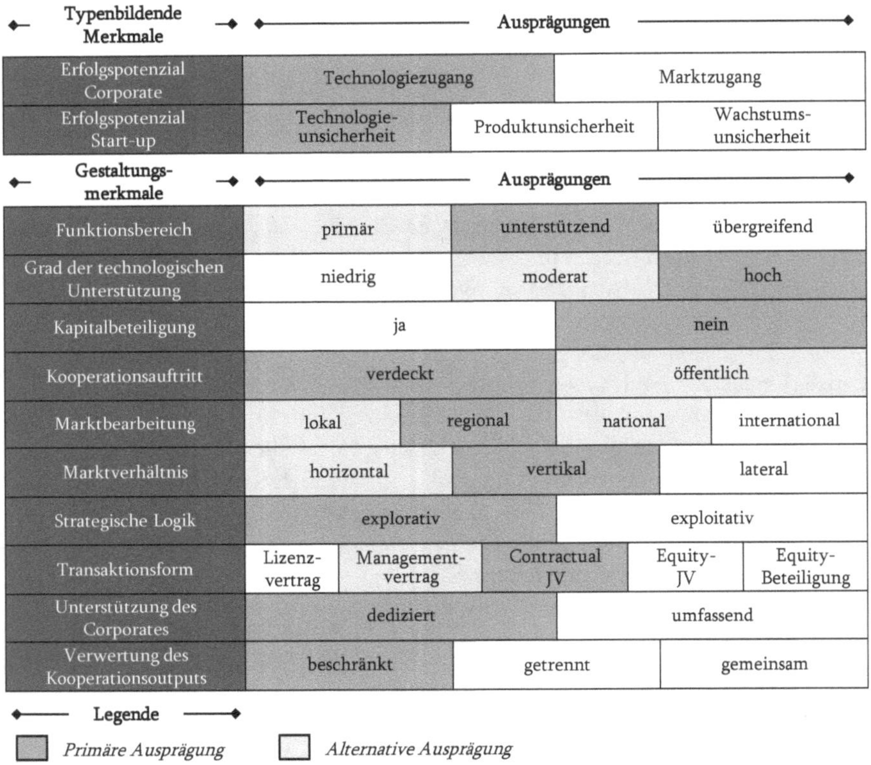


**Abbildung 4-43: Gestaltungsraum des Kooperationstyps Ressourcenteilung**

Die Ressourcenteilung zeichnet sich durch eine flexible und sehr spezifische Ausrichtung auf technologische Herausforderung aus. Dies zeigt sich insbesondere in der hohen technologischen Unterstützung des Corporates durch dedizierte Fähigkeiten und Ressourcen. Ferner konzentriert sich der Kooperationstyp auf unterstützende Funktionsbereiche. Dies liegt zum einen darin begründet, dass Start-ups, die das Erfolgspotenzial Technologieunsicherheit erschließen wollen, noch kein marktreifes Produkt aufweisen können und auch keine vollständige primäre Prozesskette etabliert haben. Zum anderen wollen auch Corporates Technologiezugang erlangen und fokussieren daher unterstützende Bereiche zur Technologieentwicklung. Der Typ Ressourcenteilung ist ob seines stark technologischen Fokus strategisch explorativ gestaltet und beschränkt sich dabei zunächst auf eine regionale Marktbearbeitung zur Etablierung bzw. Validierung der Technologie (vgl. Unterkapitel 4.2.3). Unter dieser Prämisse wird die Ressourcenteilung als Contractual JV gestaltet, welches meist ein spezifisches Projekt, eine spezifische Applikation und/oder ein dediziertes Projektteam umfasst. Das Contractual JV regelt auch die beschränkte Verwertung der Ergebnisse, da sich so das Start-up seinen potenziellen technologischen Wettbewerbsvorsprung sichert und die Grundlage für eine weitere, sich evolutionär entwickelnde Zusammenarbeit gegeben ist. Wegen der hohen technologischen Relevanz für beide Partner wird die Ressourcenteilung in ihrem Auftritt im Umfeld verdeckt gehalten. Jedoch führt das technologische Risiko im Kontext der Kooperation auch dazu, dass von einer Kapitalbeteiligung durch das Corporate abgesehen wird.

Die *Ressourcenteilung* als Kooperationstyp kann in der Praxis vor allem bei Corporates beobachtet werden, die neue Technologie außerhalb ihres Kerngeschäfts explorieren und dabei erste Erfahrungen mit Start-up Kooperationen sammeln. Dafür werden dem Start-up im Rahmen von Pilotprojekten die notwendigen Ressourcen zur Entwicklung bereitgestellt. So zeigt das Fallbeispiel zwischen der Automotive Industry AG und der Vehicle Telematics GmbH, dass das Corporate durch die Technologie des Start-ups ein bisher nicht beherrschtes Technologieumfeld exploriert.[738]

#### 4.4.3.2 Kooperationstyp II – Gemeinsame Technologieentwicklung

Der Kooperationstyp Gemeinsame Technologieentwicklung wird gestaltet, um dem Corporate das Erfolgspotenzial Technologiezugang und dem Start-up das Erfolgspotenzial Produktunsicherheit zu erschließen. Grundlage der gemeinsamen Technologieentwicklung bildet die Gründung eines Equity-JVs, an welchem beide Kooperationspartner beteiligt sind. Während das Start-up die Technologie sowie ein Produkt einbringt, stellt das Corporate Fähigkeiten und Ressourcen bereit und erhält dafür eine Kapitalbeteiligung am JV. Das JV wird eigens zum Zweck der gemeinsamen Technologieentwicklung gegründet und beschränkt den Einfluss des Corporates darauf. Das Start-up kann bei diesem Kooperationstyp beliebig viele Tochterunternehmen gründen und damit weitere Kooperationen eingehen. Der Kooperationstyp wird idealtypisch in Abbildung 4-44 dargestellt.

[738] Die praktische Verifizierung der Ressourcenteilung erfolgte anhand des Fallbeispiels 1 in Anhang A.4.2.1.

| Typenbildende Merkmale | Ausprägungen | | | | |
|---|---|---|---|---|---|
| Erfolgspotenzial Corporate | Technologiezugang | | Marktzugang | | |
| Erfolgspotenzial Start-up | Technologie-unsicherheit | Produktunsicherheit | Wachstumsunsicherheit | | |

| Gestaltungs-merkmale | Ausprägungen | | | | |
|---|---|---|---|---|---|
| Funktionsbereich | primär | unterstützend | übergreifend | | |
| Grad der technologischen Unterstützung | niedrig | moderat | hoch | | |
| Kapitalbeteiligung | ja | nein | | | |
| Kooperationsauftritt | verdeckt | öffentlich | | | |
| Marktbearbeitung | lokal | regional | national | international | |
| Marktverhältnis | horizontal | vertikal | lateral | | |
| Strategische Logik | explorativ | exploitativ | | | |
| Transaktionsform | Lizenz-vertrag | Management-vertrag | Contractual JV | Equity-JV | Equity-Beteiligung |
| Unterstützung des Corporates | dediziert | umfassend | | | |
| Verwertung des Kooperationsoutputs | beschränkt | getrennt | gemeinsam | | |

Legende

*Primäre Ausprägung* *Alternative Ausprägung*

**Abbildung 4-44: Gestaltungsraum des Kooperationstyps Gemeinsame Technologieentwicklung**

Eine gemeinsame Technologieentwicklung dient dem Zweck, Technologien und Produkte gemeinsam zu entwickeln und weist dabei eine explorative strategische Logik auf. Die Unterstützung des Corporates in einer gemeinsamen Technologieentwicklung ist umfassend und fokussiert insbesondere einen hohen Grad der technologischen Unterstützung. Damit umfasst die Kooperation vor allem unterstützende Funktionsbereiche. Falls das Corporate weder Fähigkeiten noch Ressourcen in die Kooperation einbringen kann, die die technologische Entwicklung beschleunigen, wird die gemeinsame Technologieentwicklung alternativ in übergreifenden Funktionsbereichen ausgelegt und die technologische Unterstützung als moderat beschrieben. Gemeinsame Technologieentwicklungen sollen sowohl für das Corporate als auch für das Start-up

Sichtbarkeit zur Reduktion der Technologie- und Produktunsicherheit schaffen und werden daher sowohl öffentlich kommuniziert als auch auf einen nationalen Markt ausgerichtet. Das Marktverhältnis der Partner in gemeinsamen Technologieentwicklungen ist vertikal, d. h., dass das Corporate und Start-up in derselben Branche in unterschiedlichen Stufen der Wertschöpfungsposition agieren. Horizontale Marktverhältnisse müssen in diesem Kooperationstyp vermieden werden, da die Partner andernfalls bereits in der Kooperation in ein Konkurrenzverhältnis treten, was bedingt durch die Asymmetrie nachteilig für das Start-up ist. Die Verwertung des Kooperationsoutputs der gemeinsamen Technologieentwicklung erfolgt in der Regel gemeinsam durch beide Kooperationspartner, die damit an den Gewinnen, die aus der Zusammenarbeit generiert werden, beteiligt werden. Diese Gewinnbeteiligung kann für das Corporate insbesondere auch durch eine Steigerung der Start-up-Bewertung und damit der Kapitalanteile des Corporates erfolgen. Überdies erlangen beide Partner durch die Kooperation auch die Rechte zur Nutzung der gemeinsamen Entwicklung. Unter Umständen kann die Verwertung auch ausschließlich getrennt realisiert werden.

Der Kooperationstyp *Gemeinsame Technologieentwicklung* gewinnt in der Praxis durch Deep-Tech-Start-ups in letzter Zeit in der Energiewirtschaft, im Mobilitätssektor, der Biotechnologie oder auch der Pharmaindustrie zunehmend an Bedeutung.[739] Das Praxisbeispiel zwischen der Implantate GmbH und Hightech Materials GmbH verdeutlicht, dass die gemeinsame Technologieentwicklung von Start-ups, die ein Portfolio verschiedener Anwendungsfälle oder eine Technologieplattform entwickeln, wegen der Möglichkeit zu simultaner Kooperation mit verschiedenen Corporates präferiert wird. Corporates profitieren so von einer Technologieentwicklung, die auf anvisierte Absatzmärkte ausgerichtet ist.[740]

#### 4.4.3.3 Kooperationstyp III – Inkubationsbegleitung

Der Kooperationstyp Inkubationsbegleitung ermöglicht dem Corporate in der Kooperation einen Marktzugang, während das Start-up sein Erfolgspotenzial der Technologieunsicherheit erschließen kann. Das Start-up profitiert dabei von den Fähigkeiten und Ressourcen sowie den marktseitigen Erfahrungen des Corporates. Die Inkubationsbegleitung wird von Corporates mehrheitlich als institutionalisiertes Programm (Accelerator) oder über eine eigene organisationale Einheit realisiert (Inkubator)[741].

---

739 Vgl. Graf et al. (2020), Deep Tech Solutions, S. 1ff.

740 Der Kooperationstyp wurde anhand von Fallbeispiel 2 praktisch verifiziert. Vgl. Anhang A.4.2.2

741 Vgl. Jung (2018), Cooperating with Start-ups, S. 290f.; Kohler (2016), Corporate Accelerators, S. 348; Lau (2019), Inkubatoren, S. 197ff.

Der Kooperationstyp Inkubationsbegleitung wird mittels Abbildung 4-45 in den primären und alternativen Ausprägungen grafisch illustriert.

| Typenbildende Merkmale | Ausprägungen | | | | |
|---|---|---|---|---|---|
| Erfolgspotenzial Corporate | Technologiezugang | Marktzugang | | | |
| Erfolgspotenzial Start-up | Technologie-unsicherheit | Produktunsicherheit | Wachstumsunsicherheit | | |
| **Gestaltungsmerkmale** | **Ausprägungen** | | | | |
| Funktionsbereich | primär | unterstützend | übergreifend | | |
| Grad der technologischen Unterstützung | niedrig | moderat | hoch | | |
| Kapitalbeteiligung | ja | nein | | | |
| Kooperationsauftritt | verdeckt | öffentlich | | | |
| Marktbearbeitung | lokal | regional | national | international | |
| Marktverhältnis | horizontal | vertikal | lateral | | |
| Strategische Logik | explorativ | exploitativ | | | |
| Transaktionsform | Lizenz-vertrag | Management-vertrag | Contractual JV | Equity-JV | Equity-Beteiligung |
| Unterstützung des Corporates | dediziert | umfassend | | | |
| Verwertung des Kooperationsoutputs | beschränkt | getrennt | gemeinsam | | |

Legende

*Primäre Ausprägung* *Alternative Ausprägung*

**Abbildung 4-45: Gestaltungsraum des Kooperationstyps Inkubationsbegleitung**

Die Inkubationsbegleitung fokussiert die Zusammenarbeit zwischen Corporate und Start-up vor allem in den unterstützenden Funktionsbereichen. Bei moderater technologischer Unterstützung profitiert das Start-up in der Inkubationsbegleitung vor allem in den Funktionsbereichen Technologieentwicklung, Organisationsentwicklung sowie Marktentwicklung (vgl. Abschnitt 4.2.2.1). Die umfassende Unterstützung des Corporates im Typ Inkubationsbegleitung kann auch finanzielle Ressourcen als Unterstützungsalternativen beinhalten, geht in der Regel jedoch nicht mit einer Kapitalbeteiligung am Start-up einher. Strategisch ist die Inkubationsbegleitung vor allem explorativ, also auf die Entdeckung neuer, bisher nicht existenter Technologien, Produkte und

Geschäftsmodelle ausgerichtet. Die explorative strategische Logik fördert ein laterales Marktverhältnis der Kooperationspartner, die mittels der Kooperation Absatzmöglichkeiten durch neue technologische Lösungen identifizieren können. Dadurch bedingt, fokussiert die Inkubationsbegleitung auch eine maßgeblich nationale Marktbearbeitung. Die Verwertung des Outputs der Kooperation erfolgt beschränkt, wobei das Start-up nach dem Kooperationsende weit umfassendere Rechte zur Verwertung hat. Der Auftritt der Inkubationsbegleitung ist primär verdeckt, da Corporates ihrem Wettbewerbsumfeld nicht direkt über die Kooperation mit Start-ups Einblicke in die strategischen Aktivitäten gewähren wollen. Sofern es sich um ein öffentlich bekanntes, renommiertes Inkubationsprogramm des Corporates handelt, wird die Kooperation jedoch häufig auch öffentlich gemacht, um so die Reputation des Start-ups zu steigern. Präferierte Transaktionsform der Inkubationsbegleitung ist ein Managementvertrag, der explizit regelt, in welchen Bereichen und zu welchen Konditionen das Corporate mit dem Start-up kooperiert. Je nach Bedeutung der Technologie des Start-ups für das Corporate kann die Transaktionsform aber auch als Contractual JV oder über eine Equity-Beteiligung realisiert werden.

In der Praxis ist der Kooperationstyp *Inkubationsbegleitung* in verschiedenen Konfigurationen bei Corporates mit eigenen Venturing-Einheiten oder Inkubationsprogrammen zu beobachten. Die Verifizierung der Inkubationsbegleitung am Beispiel der Kooperation zwischen Zug AG und IoT Sensoren GmbH zeigt, dass das Start-up in diesem Kooperationstyp von klaren organisationalen Strukturen und Prozessen beim Corporate profitiert. Zugleich kann das Corporate durch die Produktentwicklung des Start-ups einen gezielten Marktzugang erreichen und sich eine langfristige Partnerschaft mit dem Start-up aufbauen.[742]

#### 4.4.3.4 Kooperationstyp IV – Kundenbeteiligung

Die Kundenbeteiligung als Kooperationstyp wird gebildet, wenn das Corporate einen Marktzugang und das Start-up Produktunsicherheit erschließen will. Idealtypisch für die Kundenbeteiligung ist die vertikale Kunden-Lieferanten-Beziehung zwischen Corporate und Start-up. Das Corporate als Kunde des Start-ups hat langfristiges Interesse daran, das Produkt oder die Technologie des Start-ups in das eigene Portfolio zu integrieren und tritt als Partner zur Validierung auf. Das Start-up kann mit dem Corporate als Kunden einerseits die Produktentwicklung forcieren, damit die Produktunsicher-

[742] Das Fallbeispiel 3 wird im Anhang A.4.2.3 beschrieben. Die praktische Verifizierung wurde im Rahmen eines Interviews diskutiert.

heit reduzieren und andererseits seine Reputation steigern. Die Unterstützung des Corporates erfolgt im Rahmen der Kundenbeteiligung in einem dedizierten Ressourcen- und Fähigkeitsbereich, geht jedoch immer mit der Bereitstellung von finanziellen Ressourcen durch eine Kapitalbeteiligung des Corporates einher. So wird sichergestellt, dass das Corporate die Produkt- und Marktentwicklung nicht nur zu seinem eigenen Vorteil, sondern zum Entwicklungsvorteil des Start-ups unterstützt. In der Praxis hat sich die Kundenbeteiligung als erfolgreiches Modell zur Kooperation etabliert[743]. Der Kooperationstyp Kundenbeteiligung wird in Abbildung 4-46 idealtypisch grafisch abgebildet.

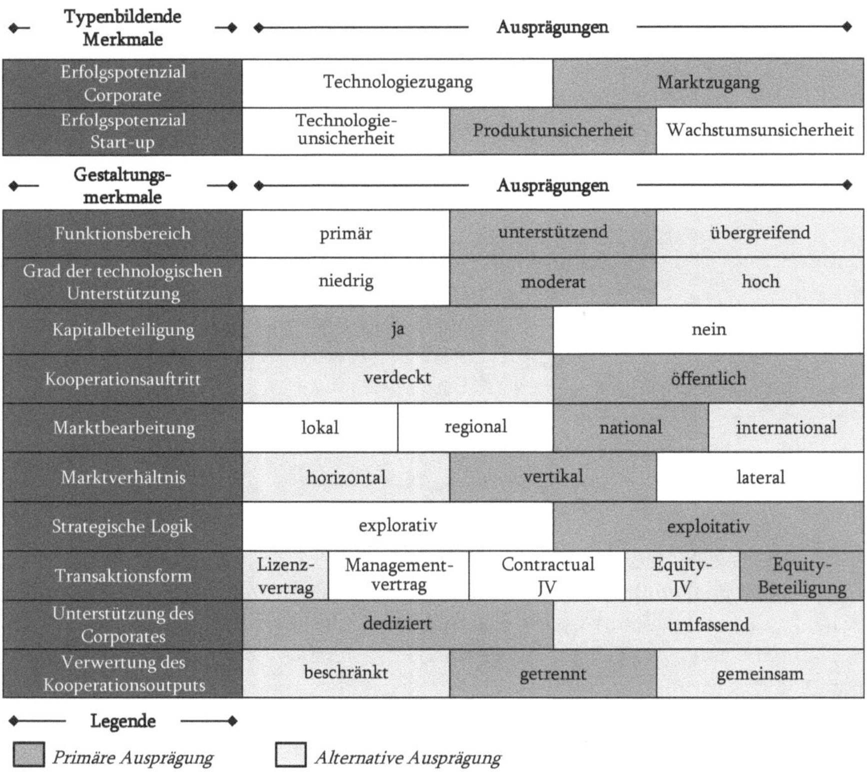


**Abbildung 4-46: Gestaltungsraum des Kooperationstyps Kundenbeteiligung**

---

[743] Vgl. Kurpjuweit, Wagner (2020), Startup Supplier Programs, S. 81f.

In einer Kundenbeteiligung sind durch die direkte Einbindung des Corporates in die Produktentwicklung vor allem unterstützenden Funktionsbereiche involviert. Je nach Entwicklungsstadium des Start-ups können jedoch übergreifend zusätzlich primäre Funktionsbereiche, wie z. B. in der Beschaffung, Produktion oder Eingangs- bzw. Ausgangslogistik unterstützt werden. In Abhängigkeit des Kontextes der Start-up-Technologie zum etablierten Portfolio des Corporates fällt die technologische Unterstützung in der Kundenbeteiligung moderat bis hoch aus. Dies ist explizit vorgesehen, da das Corporate als Anwender direkte, detaillierte Einblicke erhält. Zur Steigerung der Start-up-Reputation wird die Kundenbeteiligung im Außenfeld öffentlich kommuniziert. Dies führt u. a. auch dazu, dass die Bewertung des Start-ups steigt, da es nicht nur einen etablierten Kooperationspartner, sondern ebenfalls einen Kunden aufweisen kann. Die Marktbearbeitung der Kundenbeteiligung erfolgt mit nationalem Fokus zur Etablierung des Produktes und hat, bedingt durch die fortgeschrittene Entwicklung des Start-ups, der Technologie und des Produktes, einen exploitativen Charakter. Da hier die Fähigkeiten und Ressourcen des Corporates auf Basis der Erfahrung als Marktteilnehmer zum Tragen kommen wird die Kundenbeteiligung über die Transaktionsform einer Equity-Beteiligung beschrieben. Alternativ sind jedoch sogar zum Zweck der Produktvalidierung ein Equity-JV oder aber eine Lizenzvereinbarung denkbar. Die Verwertung des Kooperationsoutputs erfolgt getrennt – wie in Kunden-Lieferantenbeziehungen üblich. Die Rechte zur Verwertung erhält das Corporate über Abschluss eines Zuliefervertrags sowie über die Beteiligung am Start-up. Zugleich kann das Start-up seine Technologie und Produkte mit dem Corporate weiterentwickeln und die daraus gewonnenen Erkenntnisse ebenfalls für weitere Geschäfte verwenden. Eine explizit geschlossene Vereinbarung über Exklusivität wirkt sich negativ auf die mögliche Entwicklung des Start-ups aus und wird daher nicht vorgesehen.

Die *Kundenbeteiligung* als Kooperationstyp hat sich bei vielen produzierenden Unternehmen in der Wertschöpfungsposition des OEM etabliert. Die BMW AG bspw. nutzt ausschließlich den Kooperationstyp Kundenbeteiligung zur Zusammenarbeit mit Start-ups[744]. Zur Verifizierung des Kooperationstyps wurde Fallbeispiel 4 zwischen der HeißKalt Group und Digital Energy GmbH ausgearbeitet. In diesem Fallbeispiel wird deutlich, dass das Corporate als OEM die Produktentwicklung des Start-ups in der Kooperation als Kunde direkt unterstützen kann. Hierbei ist das Corporate vor allem an einem Marktzugang mittels des cyber-physischen Produktes des Start-ups interessiert. Die Digital Energy GmbH profitiert vom Kooperations-

[744] Vgl. Gimmy et al. (2017), BMW's Corporate VC; Prats et al. (2017), Corporate Venturing, S. 33

partner, der eine schnelle Marktetablierung ermöglicht. Zugleich schafft die Heiß-Kalt Group dem Start-up einen direkten Kundenzugang sowie die Basis, diesen durch direktes Feedback zu skalieren.[745]

#### 4.4.3.5 Kooperationstyp V – Marktskalierung

Die Marktskalierung stellt den fünften Kooperationstyp für die Kooperation zwischen Corporates und Start-ups dar. Sie ist auf die extensive Unterstützung des Start-ups in seiner Wachstums- oder Spätphase ausgerichtet (vgl. Unterkapitel 4.2.3) und vereint die Kooperationspartner in der Absicht, Märkte zu erobern und zu dominieren. Folglich bildet sich die Marktskalierung aus der Kombination des Erfolgspotenzials Marktzugang (Corporate) sowie des Erfolgspotenzials Wachstumsunsicherheit (Start-up). Start-ups weisen in der Regel bereits ein marktfähiges Produkt auf und verfolgen damit eine exponentielle Wachstumsstrategie, um sich als Corporate zu etablieren. Dementsprechend wird die Marktskalierung mit einer strikt exploitativen strategischen Logik beschrieben. Die Unterstützung der Skalierung ermöglicht dem Corporate einen direkten Marktzugang. Da Start-ups in der Wachstums- und Spätphase nicht nur besonders großen finanziellen Bedarf haben, sondern auch der Aufbau und die Skalierung der Geschäftsprozesse sowie der Produktion große Herausforderungen darstellen, fokussiert die Marktskalierung insbesondere primäre Funktionsbereiche (vgl. Abschnitt 4.2.1.2). Die Marktskalierung ist in Abbildung 4-47 anhand der primären und alternativen Ausprägungen dargestellt.

[745] Die Verifizierung der Kundenbeteiligung mittels Fallbeispiel 4 findet sich im Anhang A.4.2.4.

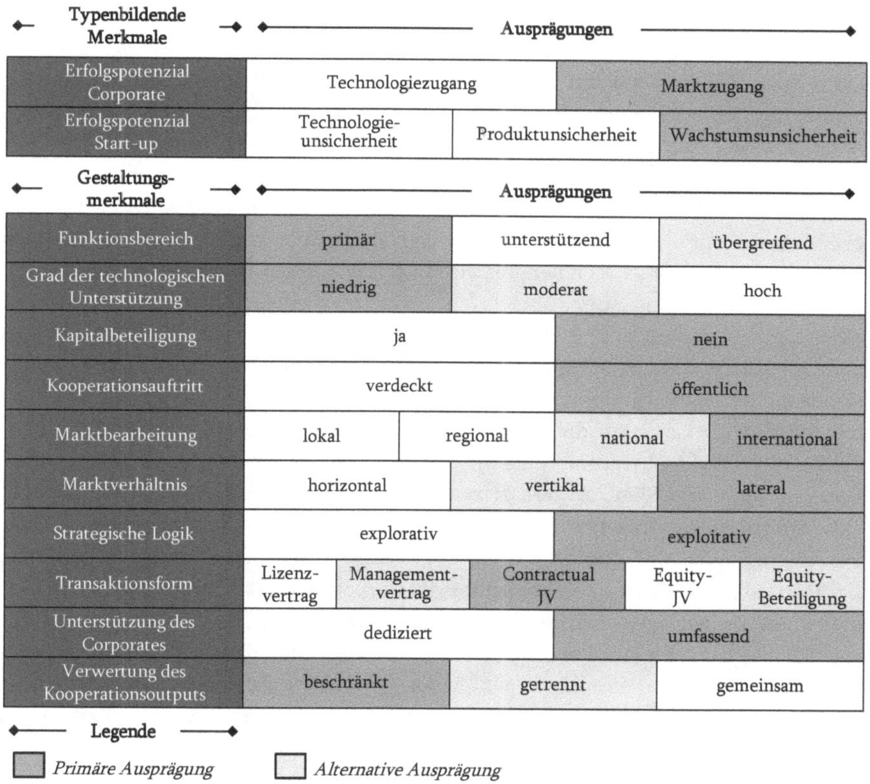


**Abbildung 4-47: Gestaltungsraum des Kooperationstyps Marktskalierung**

Bedingt durch die Reife des Start-ups stellt der Kooperationstyp Marktskalierung in Bezug auf das Markt-Hierarchie-Kontinuum eine Vorstufe zur hierarchischen Integration des Start-ups durch das Corporate dar. Im Rahmen der Marktskalierung ist die technologische Unterstützung durch das Corporate als niedrig anzusehen, da das Start-up sowohl die Technologie als auch das Produkt bereits vollständig entwickelt hat. Sofern das Corporate das Start-up in der Skalierung der Produktion unterstützt, kann die technologische Unterstützung jedoch auch einen größeren Umfang haben. Entsprechend den Skalierungsambitionen des Start-ups konzentriert sich dieser Kooperationstyp auf eine internationale Marktbearbeitung, damit das Start-up bestmöglich von den Fähigkeiten und Ressourcen des Corporates profitieren kann. Da Start-ups in der

Wachstums- und Spätphase zum einen über eine breite Investorenbasis verfügen, die i. d. R. Corporate-Investoren kritisch gegenüberstehen und zum anderen sehr hohe Unternehmensbewertung aufweisen, wird in der Marktskalierung von einer Kapitalbeteiligung abgesehen. Die Unterstützung des Corporates erfolgt in einer umfassenden Art und Weise, häufig direkt in der Produktions-, Markt- sowie Organisationsentwicklung (vgl. Abschnitt 4.2.1.2). Die dafür notwendigen Fähigkeiten und Ressourcen weisen international tätige Corporates auf, was sie vorteilhaft von anderen möglichen Kooperationspartnern abgrenzt. Zur Verstärkung des Einflusses auf das Wettbewerbsumfeld sowie zur Demonstration der gemeinsamen Ambitionen wird die Marktskalierung mit einem öffentlichen Auftritt beschrieben. Damit zeigen Corporates mit einem lateralen Marktverhältnis zum Start-up ihre strategischen Absichten an und vermitteln Sicherheit, in der Kooperation keine Übernahme, sondern ebenfalls Skalierungsambitionen zu verfolgen. Durch den Verzicht auf Kapitalbeteiligung am Start-up wird vermieden, dass das Corporate die operative Steuerung der Kooperation aus einer Position der Markterfahrung heraus übernimmt. Die Kooperationsergebnisse der Marktskalierung werden von beiden Partnern getrennt verwertet. Jedoch wird mittels der Transaktionsform genau geregelt, inwiefern das Corporate die durch das Start-up entwickelten Technologien und Produkte verwerten kann. Während die primäre Form des Contractual JV eine alleinige Verwertung des Corporates praktisch ausschließt und lediglich die technologische Entwicklung beim Corporate auf den Weg bringen kann, ermöglicht eine Lizenzvereinbarung die Verwertung durch das Corporate. Diese Verwertung kann sich auf einzelne Technologien, Produkte oder Absatzmärkte beziehen. Zur Vorbereitung eines potenziellen M&As besteht für Corporate und Start-up im Rahmen der Marktskalierung auch die Möglichkeit, eine Equity-Beteiligung zu schließen und dem Corporate so die Verwertung des Kooperationsoutputs zu ermöglichen.

Der Kooperationstyp *Marktskalierung* ist bisweilen vor allem in der Pharma- und Biotechnologieindustrie zu beobachten, bietet jedoch auch für produzierende Unternehmen anderer Industrien großes Potenzial. Das Fallbeispiel der Pharmaceuticals Inc. und Biomedical Technologies SE beschreibt, wie das Start-up im Rahmen der Kooperation bei der Skalierung unterstützt wird. Das Corporate profitiert dabei von der Eröffnung eines neuen Marktes durch die Technologieplattform des Start-ups. Dabei stellt das detaillierte Fallbeispiel die Weiterentwicklung einer vorherigen Kooperation zur Technologieentwicklung dar.[746]

[746] Die detaillierte Darstellung zur Verifizierung der Marktskalierung findet sich in Anhang A.4.2.5.

### 4.4.4 Zwischenfazit: Bestimmung von spezifischen Kooperationstypen

Das vierte Teilkapitel zur Detaillierung der Methodik zielt auf die Bestimmung spezifischer Kooperationstypen ab. Hierzu wurde der Konzeption in Unterkapitel 3.4.4 folgend das Verfahren der Typisierung nach WELTER angewendet. Die Herleitung von Kooperationstypen wurde dabei in den zwei Schritten der Typenbildung und Typenbeschreibung vorgenommen.

Die Konstruktion des Typenraums erfolgte durch Kombination des retrograden und progressiven Verfahrens zur Typenbildung. Dazu wurde mittels retrograder Reflexion der Merkmalsraum abgeleitet und anschließend progressiv sechs Kooperationstypen konstruiert. Die Forderung nach praktischer Verifizierbarkeit wurde durch eine typologische Reduktion auf Basis einer sachlogischen Prüfung erfüllt. In Summe ergeben sich durch die Typenbildung fünf verifizierbare Kooperationstypen zwischen Corporates und Start-ups. Anschließend folgte die Bestimmung relevanter Gestaltungsmerkmale zur Beschreibung der Typen. Diese Bestimmung erfolgte durch Beschreibung der Gestaltungsmerkmale in Abschnitt 4.4.2.1 sowie durch Ermittlung von Gestaltungskombinationsverboten und -geboten in Abschnitt 4.4.2.2. Im Rahmen einer Konsistenzanalyse konnten sieben Kombinationsgebote und 14 Kombinationsverbote identifiziert werden. Zum Abschluss der Typisierung wurden die Kooperationstypen in Unterkapitel 4.4.3 beschrieben, grafisch dargestellt und exemplarisch validiert. Die charakteristische Beschreibung der Kooperationstypen erfolgte ausgehend von den typenbildenden Merkmalen und stellt so den Zweck der Kooperation in den Fokus. Die Kooperationstypen wurden ferner anhand einer konsistenten primären Gestaltungsausprägung sowie unter Nennung von möglichen Alternativen dargestellt.

Zur Gewährleistung der praktischen Anwendbarkeit fordert das Verfahren der Typisierung eine praktische Verifizierbarkeit der Typen. Die in dieser Arbeit entwickelte Typologie wird dieser Anforderung in zweierlei Hinsicht gerecht: Einerseits wurden die Kooperationstypen mittels retrograder Praxisbeobachtungen belegt und damit das Vorliegen der Typen begründet. Andererseits erfolgte die Ausarbeitung von dedizierten Fallbeispielen, anhand derer die Ausprägungen der Gestaltungsmerkmale verdeutlicht wurden. Dabei zeigte sich, dass für jeden Kooperationstypen neben einer primären Ausprägung für viele Gestaltungsmerkmale ebenfalls alternative Ausprägungen möglich sind. Dies begründet sich im retrograden Vorgehen zur Typisierung und stellt eine gute Anwendbarkeit bei der kontextbasierten Ermittlung von Gestaltungsausprägungen sicher (vgl. Unterkapitel 4.5.1). Die zukünftige Nutzung der Typologie ermöglicht eine vertiefte Evaluierung der ermittelten primären und alternativen Gestaltungsausprägungen und damit die Weiterentwicklung der Kooperationstypen. Insgesamt stellen die beschriebenen Kooperationstypen durch die Auswahl der Gestaltungsmerkmale, welche stringent auf Start-ups und die Asymmetrie der Kooperation mit Corporates ausgelegt sind, die Grundlage zur Gestaltung der Kooperation sowie zur Überwindung der Defizite etablierter Kooperationsformen dar. Damit erfüllt die Typologie über die Merkmale zur Typenbildung und Beschreibung die an diese Arbeit gestellten inhaltlichen Anforderungen. In der folgenden Detaillierung des Gestaltungsmodells wird die Typologie dementsprechend aufgegriffen.

## 4.5 Gestaltung der Kooperation zwischen Corporates und Start-ups

Das fünfte Partialmodell dient dem Ziel, ein Modell zur Gestaltung der Kooperation zwischen Corporates und Start-ups zu entwickeln und damit dem Anwender ein Hilfsmittel zur Nutzung der gewonnenen Erkenntnisse zur Verfügung zu stellen. Das Gestaltungsmodell baut auf allen zuvor entwickelten Partialmodellen auf und integriert diese zu einem schrittweisen Lösungskonzept. Dabei wird in diesem Teilkapitel auch das Vorgehen zur Anwendung der Methodik beschrieben (vgl. Abbildung 4-48).

Ausgehend von der Kooperationstypenbildung im vorangegangenen Teilkapitel werden in Unterkapitel 4.5.1 zunächst die Bestimmung und Gestaltung eines geeigneten Kooperationstypen fokussiert. Die Typbestimmung erfolgt über die Erfolgspotenziale der Kooperationspartner. Zur Ermittlung der Ausprägungen der Gestaltungsmerkmale wird der Kontext der Kooperation herangezogen. Die Voraussetzung zur Bestimmung der Gestaltungsausprägungen (vgl. Abschnitt 4.5.1.3) wird durch eine Analyse der Gestaltungszusammenhänge zwischen Kontextfaktoren und Gestaltungsmerkmalen in Abschnitt 4.5.1.2 geschaffen. Daran anschließend fokussiert Unterkapitel 4.5.2 die Bestimmung des Kooperationsunterstützungsfokus. Dafür wird in Abschnitt 4.5.2.1 zunächst analysiert, inwiefern die Kooperationstypen die Möglichkeit zur Unterstützung durch Fähigkeiten und Ressourcen bieten. Hierauf aufbauend wird beschrieben, wie die Auswahl des Unterstützungsfokus auf Basis des zuvor ermittelten Kooperationstyps sowie der Unterstützungsalternativen erfolgt. Schließlich werden in Unterkapitel 4.5.3 Gestaltungsszenarien für die Kooperationspartner Corporate und Start-up abgeleitet, bevor dann in Unterkapitel 4.5.4 das Vorgehen zur Gestaltung der Kooperation zwischen Corporates und Start-ups beschrieben wird. Abbildung 4-48 illustriert den Aufbau des Teilkapitels zusammenfassend.

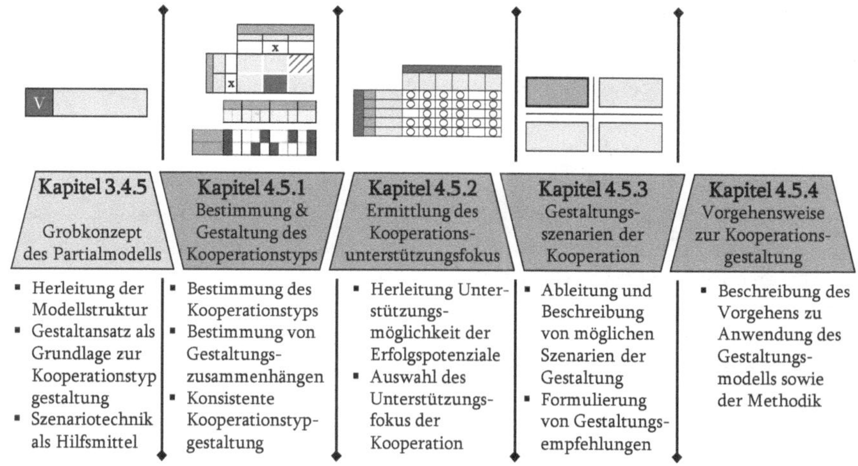


**Abbildung 4-48: Aufbau des Teilkapitels**[747]

## 4.5.1 Bestimmung und Gestaltung eines geeigneten Kooperationstypen

Dieses Unterkapitel dient der Erarbeitung der Voraussetzungen zur Bestimmung sowie Ausgestaltung eines geeigneten Kooperationstyps. Initial wird in Abschnitt 4.5.1.1 die Erarbeitung der Kooperationstypbestimmung beschrieben, bevor hiernach Gestaltungszusammenhänge ermittelt werden (vgl. Abschnitt 4.5.1.2). Die adaptierte Logik zur Lösung eines mehrdimensionalen Gestaltungsproblems bildet die Grundlage zur Kooperationstypgestaltung in Abschnitt 4.5.1.3. Abschließend wird eine Prüfung der konsistenten Kooperationstypgestaltung entwickelt.

### 4.5.1.1 Kooperationstypbestimmung

Den Startpunkt der Detaillierung des Modells zur Gestaltung der Kooperation zwischen Corporates und Start-ups stellt die Erarbeitung der Kooperationstypbestimmung dar. Wie in Unterkapitel 4.1.1 hergeleitet, streben Corporates und Start-ups in Kooperationen die Erschließung von Erfolgspotenzialen an. Diese Erfolgspotenziale ermöglichen nicht nur die Typisierung von Kooperationen, sondern auch die Bestimmung eines geeigneten Kooperationstyps für den konkreten Anwendungsfall. Zur Erfüllung der inhaltlichen Anforderungen nach Berücksichtigung beider Kooperationspartner werden die jeweiligen Erfolgspotenziale zur Kooperationstypbestimmung genutzt. Die Erfolgspotenziale stellen sicher, dass beide Kooperationspartner dem Anspruch einer

[747] Eigene Darstellung

erfolgreichen Kooperationsgestaltung gerecht werden und dabei mittels Interessenausgleich Informationsasymmetrien abbauen können[748]. Die Erarbeitung einer Matrix zur Bestimmung des Kooperationstyps basiert auf der zuvor entwickelten Typologie (vgl. Abbildung 4-36). Durch Ergänzung eines Feldes zur Angabe des Erfolgspotenzials wird ausgehend von der Typologie eine Matrix gebildet, welche die Bestimmung des Kooperationstyps durch die Schnittmenge der ausgeprägten Erfolgspotenziale ermöglicht. Abbildung 4-49 stellt die Matrix zur Bestimmung des Kooperationstypen anhand exemplarischer Erfolgspotenziale dar. Die derart entwickelte Matrix erfüllt die formalen Modellanforderungen nach Handhabbarkeit, Zweckbezogenheit sowie geringem Anwendungsaufwand[749].

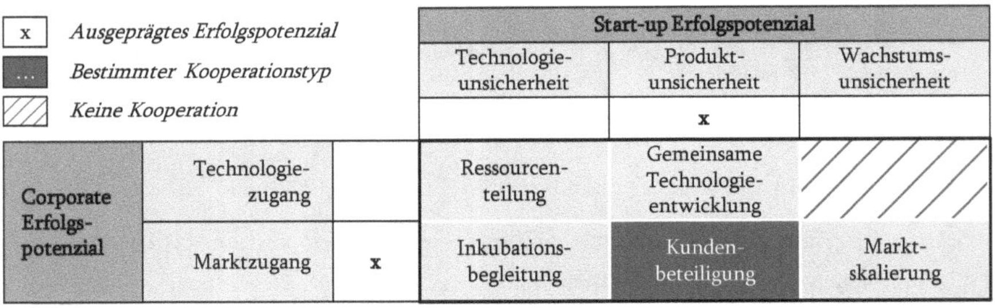


**Abbildung 4-49: Exemplarische Matrix zur Kooperationstypbestimmung[750]**

Wie in Unterkapitel 4.4.1 begründet, existiert für die Kombination der Erfolgspotenziale *Technologiezugang* (Corporate) sowie *Wachstumsunsicherheit* (Start-up) kein geeigneter Kooperationstyp. Tritt dieser Fall im Zuge der Kooperationstypbestimmung auf, ist von einer Kooperation zwischen Corporate und Start-up unter den vorliegenden Erfolgspotenzialen abzusehen. Stattdessen können Corporate und Start-up das Potenzial einer marktlichen oder hierarchischen Zusammenarbeit evaluieren.

Mit der Auswahl des Kooperationstyps auf Basis der Erfolgspotenziale wird im weiteren Verlauf des Gestaltungsmodells die kohärente und konsistente Gestaltung der Kooperation nach dem Fit-Ansatz ermöglicht.

#### 4.5.1.2 Ermittlung von Gestaltungszusammenhängen

In der kontingenztheoretischen Kooperationsforschung wird aufgezeigt, dass ein direkter Zusammenhang zwischen Kontextfaktoren, der Gestaltung der Kooperation und

[748] Vgl. Picot et al. (2020), Unternehmung, S. 28
[749] Vgl. Patzak (1982), Systemtechnik, S. 310
[750] Eigene Darstellung

dem Kooperationserfolg besteht. Die Kontextfaktoren beeinflussen dabei direkt die Auswahl und Ausprägung der Gestaltungsmerkmale einer Kooperation[751]. Im Zuge der Modellentwicklung bedarf es daher einer Analyse des Zusammenhanges der Kontextfaktoren und der Gestaltungsmerkmale. Dies ermöglicht die Gestaltung der Kooperation auf Basis der vorliegenden Kontextbedingungen der Kooperationspartner[752].

Zur Analyse der Gestaltungszusammenhänge wird die Wirkung der Kontextfaktorausprägungen auf die Ausprägungen der Gestaltungsmerkmale untersucht. Die Untersuchung erfolgt gem. der Konzeption (vgl. Unterkapitel 3.4.5) unter methodischer Adaption der Quality-Function-Deployment-Methode (QFD-Methode). Die zur Produktenwicklung eingesetzte QFD-Methode dient ursprünglich der Ermittlung und Bewertung von Wirkungszusammenhängen zwischen Kundenanforderungen und Produktmerkmalen[753]. Wenngleich die QFD-Methode für einen anderen Anwendungskontext entwickelt wurde, so bietet sie für die vorliegende Arbeit eine geeignete methodische Grundlage zur Analyse von Wirkungszusammenhängen zwischen Kontextfaktoren und Gestaltungsmerkmalen der Kooperation[754]. Die Bewertung und Darstellung dieser Gestaltungszusammenhänge erfolgt i. A. a. die QFD-Methode in einer Kreuztabellierung. In dieser wird die Ausprägung jedes einzelnen Kontextfaktors jeder Ausprägung der Gestaltungsmerkmale einer Kooperation gegenübergestellt. Die Ermittlung und Bewertung der Gestaltungszusammenhänge basiert sowohl auf einer inhaltlich-theoretischen Analyse der wissenschaftlichen Literatur als auch auf Beobachtungen der industriellen Praxis sowie Expertenbefragungen des Autors. Die Beschreibung der Richtung sowie der Stärke der Wirkung anhand des Assoziationsmaßes erfolgt in der Kreuztabellierung abweichend von den gängigen Bewertungsskalen der QFD-Methode. Da in der vorliegenden Dissertation von großer Relevanz ist, welche Ausprägungen der Gestaltungsmerkmale unter welchen Kontextbedingungen gewünscht sind oder aber vermieden werden müssen, werden die Gestaltungszusammenhänge wie folgend in Form einer ordinal deterministischen Skalierung differenziert:

- 1 - Gestaltungsausprägung gut geeignet bei ausgeprägtem Kontextfaktor
- -1 - Gestaltungsausprägung schlecht geeignet bei ausgeprägtem Kontextfaktor
- x - Gestaltungsausprägung ist bei ausgeprägtem Kontextfaktor auszuschließen

[751] Vgl. Schrader (1993), Kooperation, S. 225

[752] Vgl. Schröder (2020), Integration von Lieferanten, S. 182

[753] Vgl. Heinrich et al. (2014), Informationsmanagement, S. 522; Lindemann (2009), Entwicklung, S. 124; Saatweber (2016), QFD, S. 629; Schröder (2020), Integration von Lieferanten, S. 126

[754] Vgl. Schröder (2020), Integration von Lieferanten, S. 176

Leere Zeilen haben keine direkte Wirkung auf die Ausprägung des Gestaltungsmerkmals, sind jedoch in einer Kooperation grundsätzlich umsetzbar. Die Analyse des Gestaltungszusammenhangs wird für den Corporate-Kontext (vgl. Abschnitt 4.1.2.2) sowie für den Start-up-Kontext (vgl. Abschnitt 4.1.2.3) separat durchgeführt. Dabei wird im ersten Schritt geprüft, ob ein Zusammenhang zwischen der Kontextfaktorausprägung und der Ausprägung des Gestaltungsmerkmals beseht. Im zweiten Schritt wird bewertet, ob dieser Zusammenhang positiv, bzw. negativ ausfällt oder gänzlich vermieden werden sollte. Aus Gründen der Nachvollziehbarkeit werden nachfolgend lediglich die Kombinationen von Kontextausprägungen und Gestaltungsausprägungen, die zu Ausschlüssen führen, detailliert erläutert. Beginnend mit dem Corporate-Kontext illustriert Abbildung 4-50 die entsprechende Kreuztabellierung.

Wirkzusammenhang Corporate-Kontext & Gestaltung (Wirkung auf)

| Wirkung auf | | Kooperations-auftritt | | Funktions-bereiche | | | Grad der tech. Unterstützung | | | Kapital-beteiligung | | Markt-bearbeitung | | | | Markt-verhältnis | | | Transaktions-form | | | | | Strategische Logik | | Unterstützung des Corporates | | Verwertung d. Kooperations-outputs | | |
|---|---|---|---|---|---|---|---|---|---|---|---|---|---|---|---|---|---|---|---|---|---|---|---|---|---|---|---|---|---|---|
| | | öffentlich | verdeckt | primär | unterstützend | übergreifend | niedrig | moderat | hoch | ja | nein | lokal | regional | national | international | horizontal | vertikal | lateral | Lizenzvereinbarung | Contractual JV | Managementvertrag | Equity-JV | Equity-Beteiligung | exploitativ | explorativ | dezidiert | umfassend | beschränkt | getrennt | gemeinsam |
| Art der Kunden-beziehung | B2B | | 1 | | | | | | | | | | | | | 1 | | 1 | | | | 1 | | | 1 | | 1 | 1 | | |
| | B2C | 1 | | | | | | | | 1 | | | | | | -1 | 1 | 1 | 1 | | | | 1 | | | | | | | |
| | Beide | | | | | | | | | | | | | | | | | | | | | | | | | | | -1 | | |
| Finanz-potenzial | niedrig | | | | | -1 | | | | x | 1 | 1 | | | -1 | | | | | | | -1 | x | -1 | | | -1 | | | |
| | mittel | | | | | | | | | | | | | | | | | | | | | -1 | 1 | | | | | | | |
| | hoch | | | | | | | | | | -1 | | | | | | | | | | | 1 | 1 | 1 | | | 1 | | | |
| Kooperations-erfahrung | gering | -1 | 1 | | | -1 | | | | -1 | | | 1 | -1 | x | | | -1 | | | | | | | | 1 | -1 | | | -1 |
| | mittel | | | | | 1 | | | | | | | | 1 | | | | | | | | | | | | 1 | 1 | | 1 | |
| | hoch | 1 | 1 | | | 1 | | | | | | | | 1 | 1 | | | | | | | | | | | 1 | 1 | | 1 | 1 |
| Wert-schöpfungs-position | Rohmaterial | | | | | -1 | | | | | | | | | | 1 | x | -1 | | | | | | | 1 | | | x | 1 | |
| | Komponente | | | | 1 | | | | 1 | | | | | | | | -1 | 1 | | | | | | -1 | | | | -1 | | |
| | System | | | | 1 | 1 | | | 1 | | | | | | | | 1 | 1 | | | | | | 1 | | | | -1 | | 1 |
| | Endprodukt | | | 1 | | | | | | | | | | | | | 1 | | | | | | | 1 | | | | | | 1 |

Legende
1 – *Gestaltungsausprägung gut geeignet bei vorherrschendem Kontextfaktor*
-1 – *Gestaltungsausprägung schlecht geeignet bei vorherrschendem Kontextfaktor*
x – *Gestaltungsausprägung ist bei vorherrschendem Kontextfaktor auszuschließen*

**Abbildung 4-50: Kreuztabellierung der Wirkung des Corporate-Kontextes**[755]

[755] Eigene Darstellung

Der Kontextfaktor *Finanzpotenzial* weist zwei Ausschlüsse bei Gestaltungsmerkmalausprägungen der Kooperation auf: Sofern das Corporate über *niedrige finanzielle Ressourcen* verfügt, sollte eine *Kapitalbeteiligung* im Rahmen der Kooperation vermieden werden. Kapitalbeteiligungen stellen einen Austausch von Anteilen des Start-ups gegen die Bereitstellung von finanziellen Ressourcen dar, welche ein Corporate mit niedrigen finanziellen Ressourcen nicht in entsprechendem Umfang bereitstellen kann[756]. Folglich wird damit auch die *Equity Beteiligung* als Ausprägung der Transaktionsform ausgeschlossen[757]. Verfügt ein Corporate über *wenig Kooperationserfahrung*, so darf keine *internationale Marktbearbeitung* im Rahmen der Kooperation erfolgen, da unerfahrene Corporates i. d. R. mit den Anforderungen einer internationalen Kooperation und der dafür notwendigen Geschwindigkeit sowie den volatilen Rahmenbedingungen des Start-ups überfordert sind[758]. Schließlich gilt es für Corporates, die die Wertschöpfungsposition *Rohmaterial* einnehmen sowohl eine *vertikale Marktbearbeitung* mit dem Start-up als auch eine *beschränkte Verwertung des Kooperationsoutputs* zu vermeiden. Wenn Corporates als Rohmaterialhersteller auftreten, nimmt das Start-up vertikal stets die Kunden- bzw. Abnehmerrolle ein. Dies gestaltet sich in der Praxis jedoch als aussichtslos, da Start-ups dem Corporate in der Kooperation nicht die gewohnten Anforderungen oder Lastenhefte bereitstellen können. Darüber hinaus bieten die starren, langfristigen Entwicklungszyklen des Corporates als Zulieferer dem Start-up nicht die notwendige Flexibilität und Anpassungsgeschwindigkeit, die es in der Entwicklung benötigt[759]. Schließlich stellen technologische Entwicklungen und Ergebnisse einer Kooperation für Corporates als *Rohmaterialhersteller* entscheidende Wettbewerbsvorteile dar. Daher darf die *Verwertung des Kooperationsoutputs nie beschränkt* werden – beide Partner müssen gleichermaßen von der Kooperation profitieren, da sich die notwendigen Investitionen in die Kooperation insb. für Corporates nicht rechnet[760].

Die Wirkanalyse der Start-up-Kontextfaktoren auf die Gestaltungsausprägungen zeigt in Summe 16 auszuschließende Ausprägungskombinationen, die nachfolgend kurz erläutert werden. Das Gesamtergebnis der Wirkanalyse des Start-up-Kontextes wird in Abbildung 4-51 illustriert.

---

[756] Vgl. Weiblen, Chesbrough (2015), Corporate Innovation, S. 70; Tech (2018), High-Tech Startups, S. 17; Katila et al. (2008), Swimming with Sharks, S. 301

[757] Vgl. Kutschker (1994), Strategische Kooperationen, S. 125; Fontanari (1996), Kooperationsgestaltungsprozesse, S. 49; Doz (1987), Partnerships, S. 32; Katila et al. (2008), Swimming with Sharks, S. 323

[758] Vgl. Hogenhuis et al. (2016), Collaborate with Ventures, S. 44; Kurpjuweit, Wagner (2020), Startup Supplier Programs, S. 81

[759] Vgl. Weiblen, Chesbrough (2015), Corporate Innovation, S. 76

[760] Vgl. Liesebach (2017), Innovationsmanagement, S. 54f.; Koller et al. (2006), Innovationsnetzwerke, S. 67f.

| Wirkzusammenhang Start-up-Kontext & Gestaltung (Wirkung auf) | | Kooperationsauftritt | | Funktionsbereiche | | | Grad d. tech. Unterstützung | | | Kapitalbeteiligung | | Marktbearbeitung | | | | Marktverhältnis | | | Transaktionsform | | | | | Strategische Logik | | Unterstützung des Corporates | | Verwertung d. Kooperationsoutputs | | |
|---|---|---|---|---|---|---|---|---|---|---|---|---|---|---|---|---|---|---|---|---|---|---|---|---|---|---|---|---|---|---|
| | | öffentlich | verdeckt | primär | unterstützend | übergreifend | niedrig | moderat | hoch | ja | nein | lokal | regional | national | international | horizontal | vertikal | lateral | Lizenzvereinbarung | Contractual JV | Managementvertrag | Equity-JV | Equity-Beteiligung | exploitativ | explorativ | dezidiert | umfassend | beschränkt | getrennt | gemeinsam |
| Art der Kundenbeziehung | B2B | 1 | | | | | | 1 | 1 | 1 | | | 1 | 1 | | 1 | 1 | -1 | 1 | | | 1 | 1 | | | | | 1 | | |
| | B2C | 1 | | 1 | | | | 1 | | | | | | | | -1 | | 1 | 1 | 1 | 1 | | | | | | | | | 1 |
| | Beide | 1 | | | | 1 | | | | | | | | 1 | 1 | | | 1 | 1 | 1 | | | | | | | 1 | -1 | | |
| Bestehender IP-Schutz | vorhanden | | | 1 | | | | | 1 | | | | | 1 | 1 | | | | | | | | | | | | | | | x |
| | n. vorhanden | -1 | 1 | | | | | | -1 | | | | | | -1 | -1 | | | 1 | -1 | | -1 | | 1 | | | 1 | 1 | -1 | |
| Finanzierungsstruktur | innen | | 1 | | | | | | | 1 | | | | | | | | | 1 | | | 1 | 1 | | | | 1 | | | |
| | außen-eigen | 1 | | 1 | 1 | | | | | -1 | | | | 1 | 1 | -1 | | | 1 | 1 | | 1 | -1 | 1 | | | | 1 | -1 | 1 |
| | außen-fremd | 1 | | | | 1 | | | | | | | | 1 | 1 | | | | 1 | | 1 | 1 | | | 1 | | | 1 | | 1 |
| Wertschöpfungsposition | Rohmaterial | | | | -1 | 1 | | | | | | 1 | | | 1 | 1 | -1 | 1 | 1 | 1 | | | | | 1 | 1 | | 1 | -1 | 1 |
| | Komponente | -1 | 1 | | -1 | | | 1 | 1 | | 1 | | 1 | 1 | | | 1 | -1 | | | | 1 | 1 | | | 1 | | 1 | 1 | |
| | System | | 1 | | | 1 | -1 | 1 | 1 | 1 | | 1 | | 1 | 1 | -1 | 1 | 1 | 1 | 1 | | 1 | | 1 | | | 1 | 1 | -1 | 1 |
| | Endprodukt | 1 | | 1 | 1 | 1 | | | | 1 | | -1 | | 1 | 1 | | | 1 | 1 | 1 | 1 | -1 | | | | | 1 | | 1 | 1 |
| Einsatzgebiet | Produkttech. | -1 | 1 | 1 | | 1 | | 1 | -1 | | 1 | | | 1 | 1 | -1 | 1 | -1 | | 1 | | 1 | 1 | 1 | | | 1 | -1 | 1 | 1 |
| | Prozesstech. | 1 | -1 | | 1 | | x | | | 1 | | | 1 | 1 | | x | | 1 | 1 | 1 | | | 1 | | 1 | 1 | | 1 | -1 | 1 |
| | Materialtech. | | 1 | | 1 | 1 | -1 | 1 | 1 | 1 | | 1 | | | 1 | -1 | 1 | 1 | 1 | -1 | 1 | 1 | 1 | | 1 | 1 | | 1 | 1 | -1 |
| Marktdurchdringung | keine | -1 | 1 | -1 | 1 | -1 | | 1 | 1 | -1 | 1 | | 1 | x | x | 1 | 1 | -1 | | 1 | | 1 | | x | 1 | | 1 | 1 | -1 | |
| | gering | | | -1 | | 1 | | 1 | 1 | | | -1 | | 1 | x | 1 | 1 | | 1 | 1 | | 1 | | x | 1 | | | 1 | -1 | |
| | mittel | 1 | | 1 | | 1 | | | | 1 | | x | -1 | 1 | 1 | | 1 | 1 | 1 | | 1 | | 1 | 1 | | 1 | | | 1 | 1 |
| Technologiereifegrad | TRL 1-2 | x | 1 | x | 1 | -1 | -1 | | 1 | -1 | 1 | 1 | | -1 | -1 | 1 | | x | -1 | | -1 | | -1 | x | 1 | 1 | | 1 | | |
| | TRL 3-4 | | 1 | -1 | 1 | -1 | -1 | 1 | 1 | | 1 | 1 | 1 | -1 | -1 | 1 | 1 | x | | 1 | -1 | 1 | -1 | x | 1 | | 1 | 1 | | |
| | TRL 6-8 | | | | | 1 | | 1 | | 1 | | -1 | 1 | 1 | | -1 | 1 | | 1 | | 1 | 1 | | 1 | -1 | | 1 | | 1 | |
| | TRL 9 | 1 | | 1 | | 1 | 1 | | x | 1 | | -1 | | 1 | 1 | -1 | 1 | 1 | 1 | | 1 | | 1 | 1 | -1 | | | | 1 | |

**Legende**

**1** – *Gestaltungsausprägung gut geeignet bei vorherrschendem Kontextfaktor*

**-1** – *Gestaltungsausprägung schlecht geeignet bei vorherrschendem Kontextfaktor*

**x** – *Gestaltungsausprägung ist bei vorherrschendem Kontextfaktor auszuschließen*

**Abbildung 4-51: Kreuztabellierung der Wirkung des Start-up-Kontextes**[761]

Hält das Start-up einen *IP-Schutz* auf seine Technologie oder das Produkt, so darf der *Kooperationsoutput* in der Gestaltung *nicht gemeinsam verwertet* werden. Wäre eine gemeinsame Verwertung möglich, könnte das Start-up den Schutz nicht rechtlich aufrechterhalten und es bestünde die Gefahr, dass das Corporate unter Nutzung der Kooperationsergebnisse in direkte Konkurrenz zum Start-up tritt[762]. Stattdessen wird der

[761] Eigene Darstellung

[762] Vgl. Doz (1987), Partnerships, S. 39; Allmendinger, Berger (2020), Collaborative Innovation, S. 5

Kooperationsoutput bei bestehendem IP-Schutz des Start-ups beschränkt oder getrennt verwertet, was bspw. über eine Lizenzierung erfolgen kann[763]. Ist das Einsatzgebiet der Start-up-Technologie als *Prozesstechnologie* ausgeprägt, so darf der *Grad der technologischen Unterstützung* des Corporates in der Kooperation nicht *niedrig* ausfallen. Dies liegt darin begründet, dass das Start-up seine Prozesstechnologie in der Kooperation vor allem durch das Implementieren und Validieren beim Corporate oder bei Kunden des Corporates zur Marktreife bringen kann[764]. Bedingt durch den hohen Neuheitsgrad der Start-up Technologie erfordert dies stets die technologische Unterstützung des Corporates. Weiterhin darf das Marktverhältnis im Falle der Ausprägung Prozesstechnologie nicht horizontal ausfallen, da sonst die Gefahr besteht, dass das Corporate in der Kooperation vom Start-up lernt oder die Entwicklung bewusst verlangsamt und nach Beendigung der Kooperation in Konkurrenz zum Start-up tritt[765]. Sofern die Technologie noch keine Marktdurchdringung erzielt hat, ergeben sich in Summe drei auszuschließende Gestaltungsausprägungen: Kooperationen dürfen im Kontext von Technologien *ohne Marktdurchdringung* nicht in einer *nationalen* oder gar *internationalen Marktbearbeitung* ausgestaltet sein, da die Technologien noch den Marktnachweis schulden. Weiterhin kann die Gestaltung der Kooperation keine *exploitative strategische Logik* aufweisen, da dies eine grundlegende Marktdurchdringung und Wissen bei beiden Kooperationspartnern erfordert[766]. Die Kontextfaktorausprägung *geringe Marktdurchdringung* führt ebenfalls zu einem Ausschluss der *internationalen Marktbearbeitung* sowie der *exploitativen strategischen Logik*. Wenngleich eine geringe Marktdurchdringung die Bearbeitung von nationalen Absatzmärkten ermöglicht, kann aufgrund unklarer Aussichten auf Erfolg keine ausschließlich exploitative strategische Logik verfolgt werden[767]. Überdies wird eine *internationale* Marktbearbeitung bei *geringer Marktdurchdringung* ebenfalls ausgeschlossen. Liegt eine *mittlere Marktdurchdringung* der Start-up-Technologie vor, so wird eine *lokale Marktbearbeitung* im Rahmen der Kooperation ausgeschlossen, da dies in der Regel die Zielsetzung des Start-ups nicht unterstützt und daher in diesem Bereich keine Ressourcen gebunden werden dürfen[768]. Schließlich bedingt der Kontextfaktor Technologiereifegrad insgesamt sieben Ausschlüsse in den Gestaltungsausprägungen. Sofern die

[763] Vgl. Katila et al. (2008), Swimming with Sharks, S. 303; Hora et al. (2018), David and Goliath, S. 423; Kurpjuweit, Wagner (2020), Startup Supplier Programs, S. 78

[764] Vgl. Kurpjuweit, Wagner (2020), Startup Supplier Programs, S. 70; Mercandetti et al. (2017), Innovation, S. 25; Minshall et al. (2010), Partnerships, S. 61

[765] Vgl. Doz (1987), Partnerships, S. 39; Hashai, Markovich (2017), High Tech Startups, S. 141

[766] Vgl. Hogenhuis et al. (2016), Collaborate with Ventures, S. 43f.; Hashai, Markovich (2017), High Tech Startups, S. 143; Greve (2007), Exploration and exploitation, S. 947

[767] Vgl. Greve (2007), Exploration and exploitation, S. 947; Danneels (2002), Product Innovation, S. 1104

[768] Vgl. Picken (2017), Scalable Enterprise, S. 588

Technologie im Stadium *TRL 1-2* ausgeprägt ist, sollte aus einer Wettbewerbsperspektive bedingt durch die hohe technologische Unsicherheit von einem *öffentlichen Kooperationsauftritt* abgesehen werden. Weiterhin darf keine Unterstützung in den *primären Funktionsbereichen* erfolgen, da in diesem Technologiereifegrad noch keine Wertschöpfung stattfindet[769]. Aus diesem Grund kann die Kooperation bei dieser Ausprägung des Technologiereifegrads auch nicht in einer *exploitativen strategischen Logik* gestaltet sein[770]. Ferner schließt die Kontextausprägung *TRL 1-2* aus, dass die Kooperationspartner in einem *lateralen Marktverhältnis* stehen, da so der notwendige technologische Schwerpunkt nicht vorteilhaft durch das Corporate unterstützt werden kann. Weist der Technologiereifegrad die Ausprägung *TRL 3-4* auf, so ist die Gestaltungsausprägung *laterales Marktverhältnis* ebenfalls auszuschließen. Die Technologie hat in diesem Reifegrad noch keine Anwendungs- bzw. Markttauglichkeit nachgewiesen, weshalb es der Unterstützung eines Corporates mit Erfahrung im gegebenen Technologiekontext bedarf. Daraus folgend ist auch die Gestaltungsausprägung *exploitative strategische Logik* auszuschließen. Abschließend zeigt die Analyse, dass die Gestaltungsausprägung *hohe technologische Unterstützung* im Rahmen der Kooperation ausgeschlossen ist, wenn die Technologie im Reifegrad *TRL 9* vorliegt. Dies begründet sich darin, dass eine Technologie mit TRL 9 ausentwickelt und technologische Unterstützung nur noch bei der Produktion bzw. Optimierung der Technologie notwendig ist.[771]

Die Ergebnisse der Wirkungsanalyse der Kontextfaktoren aus den Bereichen Corporate sowie Start-up bilden die Grundlage, um die Auswahl der Gestaltungsausprägungen auf Basis des Kontextes zu treffen. Das methodische Vorgehen zur Gestaltung des ermittelten Kooperationstyps wird im nächsten Abschnitt detailliert vorgestellt.

#### 4.5.1.3 Kooperationstypgestaltung

Der Konzeption dieses Partialmodells folgend bieten das Fit-Konzept nach VENKATRAMAN sowie die Logik zur Lösung eines mehrdimensionalen Gestaltungsproblems nach SCHRÖDER eine geeignete inhaltliche sowie formale Grundlage zur Gestaltung des ermittelten Kooperationstyps[772]. Gemäß diesen Lösungsansätzen können ausgehend von der vorliegenden Kontextsituation der beiden Kooperationspartner mittels der ermittelten Gestaltungszusammenhänge kohärente Ausprägungskonfigurationen bestimmt werden. Die Berücksichtigung des Fit-Konzepts bedingt anschließend die Prüfung der

[769] Vgl. Mankins (2009), Technology Readiness, S. 1217f.; Minshall et al. (2010), Partnerships, S. 57

[770] Vgl. Danneels (2002), Product Innovation, S. 1105

[771] Vgl. Mankins (2009), Technology Readiness, S. 1218ff.; Frerking, Beauchamp (2016), Technology Readiness, S. 3f.

[772] Vgl. Venkatraman (1989), Concept of Fit, S. 440; Schröder (2020), Integration von Lieferanten, S. 182ff.

Konsistenz zu den in Unterkapitel 4.4.3 beschriebenen Kooperationstypen und ermöglicht die Auswahl konsistenter Gestaltungsausprägungen. Die kohärente sowie konsistente Kooperationstypgestaltung gliedert sich somit in die Aufnahme und Bewertung der Kontextsituation, Ermittlung kohärenter Ausprägungen sowie Prüfung der Konsistenz zur Auswahl der Gestaltungsausprägung. Nachfolgend werden die Bestandteile zur Kooperationstypgestaltung hergeleitet.

**Gewichtung der Kontextfaktoren**

Die kohärente Gestaltung des Kooperationstyps auf Basis des gegebenen Kontextes erfüllt zwar die Anforderung nach Berücksichtigung beider Kooperationspartner, jedoch können diese als Anwender keinen individuellen Einfluss auf die Gestaltung nehmen. Die Erfüllung der Anforderung nach anwenderspezifischer Kooperationsgestaltung wird den Anwendern durch Gewichtung der vorliegenden Kontextsituation des jeweiligen Gegenübers ermöglicht. Eine geeignete Methode hierfür stellt der paarweise Vergleich dar[773].

Zur Ermittlung der relativen Gewichtung werden die Kontextfaktoren in einer Matrix gegenübergestellt und paarweise miteinander verglichen. Die Bewertung erfolgt zeilenweise durch Bildung einer Relation zum Kontextfaktor einer Spalte. Nachdem die zeilenweise Bewertung aller Kontextfaktoren erfolgt ist, wird je relevantem Kontextfaktor $KF_i$ die Zeilensumme $S_{KFi}$ gebildet und anschließend in Gesamtsumme $S_{ges}$ zusammengefasst. Die relative Gewichtung eines Kontextfaktors $g_{KFI}$ ergibt sich durch Normierung der Zeilensumme. Die Berechnung der relativen Gewichtung $g_{KFi}$ erfolgt mittels Division der Zeilensumme durch die Gesamtsumme $S_{ges}$ (vgl. Formel (4-5)):[774]

$$g_{KFi} = 100\% * \frac{S_{KFi}}{S_{ges}} \tag{4-5}$$

mit:

| | |
|---|---|
| $g_{KFi}$ | Relative Gewichtung des Kontextfaktors $i$ |
| $S_{KFi}$ | Zeilensumme Kontextfaktor $i$ |
| $S_{ges}$ | Gesamtsumme der Zeilen |

Das Ergebnis der Summe aller, durch paarweisen Vergleich ermittelten relativen Gewichte entspricht stets einer Gesamtsumme von 100 %. Bei Bedarf besteht die Möglichkeit, die relativen Gewichtungsfaktoren nachträglich individuell anzupassen, um

[773] Zur detaillierten Erläuterung des paarweisen Vergleichs siehe Abschnitt 4.3.2.2 und Breiing, Knosala (1997), Technische Systeme, S. 158; Kreutzer (2019), Nutzenpotenziale, S. 197; Untiedt (2009), Technologie Rating, S. 43f.

[774] Vgl. Breiing, Knosala (1997), Technische Systeme, S. 236

eine stärkere individuelle Gewichtung einzubringen. Die ermittelten Kontextfaktoren der Kooperation umfassen einerseits den Corporate-Kontext und andererseits den Start-up-Kontext. Da sowohl Corporate als auch Start-up den Kontext des Kooperationspartners gewichten ist, unter Berücksichtigung der Prinzipal-Agent-Theorie eine gemeinsame, gesamtheitliche Durchführung der Kontextgewichtung nur schwer möglich und überdies auch nicht zielführend. Stattdessen erfolgt die Ermittlung der Gewichtungsfaktoren separat je Kooperationspartner. Das Start-up gewichtet die Kontextfaktoren des Corporates je nach Bedeutung für die Ausgangssituation und das vorliegende Kooperationszielsystem. Das Corporate gewichtet die Kontextfaktoren des Start-ups vor dem Hintergrund des eigenen Erfolgspotenzials der Kooperation. Die Bestimmung der Gewichtungsfaktoren beider Kooperationspartner erfolgt parallel und wird im Vorgehensmodell in der Ermittlung der Gestaltungsausprägungen zusammengeführt (vgl. Unterkapitel 4.5.4). Die Ermittlung der relativen Kontextfaktorgewichtung mittels paarweisen Vergleichs wird in Abbildung 4-52 exemplarisch illustriert.

**Legende**
(2) *Zeile wichtiger als Spalte*
(1) *Gleichbedeutend*
(0) *Spalte wichtiger als Zeile*

$KF_i$ – *Kontextfaktor i*
$S_{KFi}$ – *Zeilensumme Kontextfaktor i*
$g_{KFi}$ – *Relative Gewichtung Kontextfaktor i*
$S_{ges}$ – *Gesamtsumme Zeilen*

| Kontextfaktoren | KF1 | KF2 | KF3 | KFi | Summe $S_{KFi}$ | Relatives Gewicht $g_{KFi}$ |
|---|---|---|---|---|---|---|
| KF1 | | 2 | 1 | 2 | 5 | 41,67% |
| KF2 | 0 | | 1 | 1 | 2 | 16,67% |
| KF3 | 1 | 1 | | 1 | 3 | 25,00% |
| KFi | 0 | 1 | 1 | | 2 | 16,67% |
| Gesamtsumme $S_{ges}$ | | | | | 12 | 100% |

**Abbildung 4-52: Partnerspezifische Gewichtung der Kontextfaktoren**[775]

Die in diesem Schritt ermittelte Gewichtung bildet zusammen mit den vorliegenden Ausprägungen der Kontextfaktoren die wesentlichen Eingangsgrößen zur kontextbasierten Bestimmung des Gestaltungsausprägungsprofils des Kooperationstyps. Ergänzend zur Gewichtung müssen daher die Ausprägungen der Kontextfaktoren individuell durch die beiden Kooperationspartner unter Zuhilfenahme des in Unterkapitel 4.1.2 entwickelten Beschreibungsmodells ausgewählt werden. Abbildung 4-53 stellt exemplarisch die Gewichtung und Wahl der Kontextfaktorausprägung durch den Anwender dar.

[775] Eigene Darstellung i.A. a. Breiing, Knosala (1997), Technische Systeme, S. 166

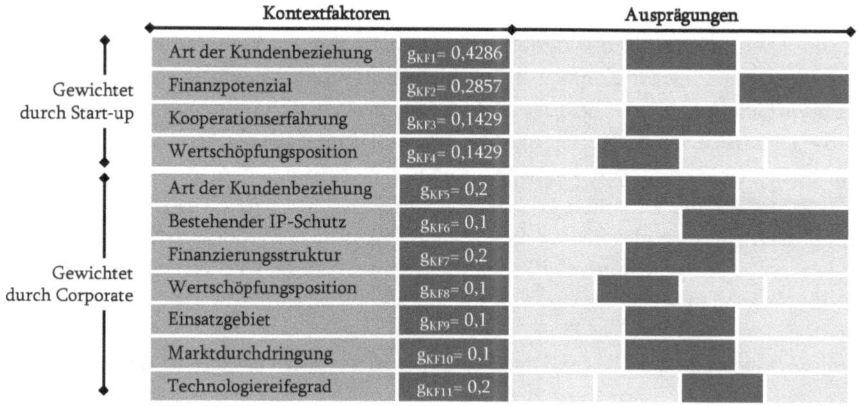


**Abbildung 4-53: Exemplarische Aufnahme und Gewichtung der Kontextfaktoren**[776]

Mit der Gewichtung der Kontextfaktoren, der Wahl der Ausprägungen sowie der Analyse der Gestaltungszusammenhänge sind die Grundlagen zur Ermittlung der Gestaltungsausprägung geschaffen.

**Ermittlung der Gestaltungsausprägungen**

Dem Äquifinalitätsprinzip folgend (vgl. Unterkapitel 3.3.2) kann der spezifische Endzustand eines Systems ausgehend von unterschiedlichen Ausgangspunkten erreicht werden[777]. Im Kontext der vorliegenden Arbeit folgt hieraus, dass zur Gestaltung des Kooperationstyps zwischen Corporate und Start-up nicht nur eine ideale Ausprägungskonfiguration der Gestaltungsmerkmale, sondern vielmehr verschiedene, ebenfalls geeignete Ausprägungsprofile in Frage kommen können. Das begründet sich dadurch, dass die Kooperation zwischen Corporates und Start-ups in unterschiedlichen Entwicklungs- bzw. Kontextsituationen gestaltet werden. Je nach Corporate als potenziellem Kooperationspartner kann ein Kooperationstyp für ein und dasselbe Start-up daher unterschiedlich ausgestaltet sein. Es gilt daher aus der Menge an möglichen Gestaltungsausprägungen diejenige Gestaltungskonfiguration der Kooperation zwischen Corporate und Start-up zu ermitteln, die im gegebenen Kontext ideal ist.

Begründet wird dieser Anspruch durch das Fit-Konzept des Gestaltansatzes, welches organisationalen Erfolg als Passung von mindestens zwei Variablen beschreibt (vgl.

[776] Eigene Darstellung

[777] Vgl. Doty et al. (1993), Configurational Theories, S. 1201; Meyer et al. (1993), Organizational Analysis, S. 1178

Unterkapitel 3.3.2). Die zwei Variablen werden in der vorliegenden Arbeit durch die Kontextfaktoren sowie die Gestaltungsmerkmale der Kooperation repräsentiert. Im Forschungsfeld des Fit-Konzepts haben sich sechs Varianten zur Bestimmung des Fits von Variablen etabliert. Diese lassen sich vor allem danach unterscheiden, ob ein spezifisches Zielkriterium verankert ist oder nicht. Da im Zuge der Ermittlung der Gestaltungsausprägung zunächst kein spezifisches Zielkriterium vorgegeben ist, sind nach VENKATRAMAN die Varianten *Fit-as-Matching*, *Fit-as-Covariation* sowie *Fit-as-Gestalts* grundsätzlich von Relevanz für diese Arbeit.[778] Unter Berücksichtigung der Tatsache, dass mit den Ausprägungen der Kontextfaktoren sowie der Gestaltungsmerkmale eine große Anzahl an Variablenkombinationen untersucht wird, folgt, dass das Fits-as-Gestalts-Konzept als einziges eine geeignete Grundlage zur Ermittlung der idealen Gestaltungsausprägungen bietet. Dem Fit-as-Gestalts-Ansatz folgend ist der Fit definiert als Grad der inneren Kohärenz zwischen einer Reihe von theoretischen Variablen. Dabei entspricht der Fit der Passung von konsistenten sowie intern kohärenten Variablen mit mehreren Entsprechungen.[779] Auf Basis der zuvor ermittelten Gestaltungszusammenhänge ist der *Fit-as-Gestalts*-Ansatz für die Ermittlung einer in sich konsistenten Konfiguration von Gestaltungsausprägungen der Kooperation in Abhängigkeit des vorliegenden Kontextes geeignet und kann auf diese Arbeit übertragen werden[780].

Die in Abschnitt 4.5.1.2 eruierten Gestaltungszusammenhänge erklären die Eignung der Ausprägungen der Gestaltungsmerkmale für die jeweilige Ausprägung der Kontextfaktoren und stellen die Grundlage zur Bestimmung des Fits dar. Die Gestaltungszusammenhänge sind dabei als idealtypische bzw. zu vermeidende Ausprägungskombinationen von Kontextfaktoren und Gestaltungsmerkmalen zu verstehen. Wie die Analyse gezeigt hat, liegen keine Kombinationszwänge vor: jedoch wurden einige Kombinationsausschlüsse von Kontextfaktoren und Gestaltungsmerkmalen identifiziert und detailliert begründet.

Bedingt durch die inhaltlichen Anforderungen basiert die Ermittlung der Gestaltungsausprägungen des Kooperationstyps auf der zuvor bestimmten relativen Gewichtung des Corporate- sowie des Start-up-Kontextes. Dabei werden die Gewichtungsfaktoren beider Kooperationspartner als bedeutungsgleich angesehen, um sicherzustellen, dass der Kontext beider Kooperationspartner äquivalent in die Ermittlung der Gestaltungsausprägung eingeht. Die Bestimmung der Gestaltungsausprägungen für eine gegebene Kontextsituation bei relativer Gewichtung erfolgt mittels einer additiven Funktion.

[778] Vgl. Venkatraman (1989), Concept of Fit, S. 425
[779] Vgl. Venkatraman (1989), Concept of Fit, S. 432
[780] Vgl. Wolf (2000), Gestaltansatz, S. 50

Die additive Funktion berechnet einen gewichteten Summenwert je Gestaltungsauprägung. Für diese Berechnung wird spaltenweise je Gestaltungsausprägung der Wert des Gestaltungszusammenhang zur situativ aufgenommenen Ausprägung des Kontextfaktors mit der Gewichtung dieses Kontextfaktors multipliziert und dann über alle Kontextausprägungen aufsummiert. So kann für jede Gestaltungsausprägung der Kooperation ein gewichteter Summenwert für die aufgenommene Kontextsituation ermittelt und die Eignung bzw. der Fit der Gestaltungsausprägungen miteinander verglichen werden. Da die relative Gewichtung der Kontextfaktoren durch das Corporate und das Start-up separat erfolgt, wird auch die Ermittlung der gewichteten Summen je Gestaltungsmerkmalsausprägung für beide Partner separiert. Dies dient der Reduktion der Komplexität für den Anwender. Die gewichtete Summe je Merkmalsausprägung abhängig vom Corporate-Kontext ergibt sich nach Formel (4-6):

$$S_{GM_{k.l}}^{CK} = \sum_{i=1}^{n} g_{KF_i} * w_{KF_{i.j},GM_{k.l}} \qquad \textbf{(4-6)}$$

$$w_{KF_{i.j},GM_{k.l}} \in [-1,0,1]$$

mit:

| | |
|---|---|
| $S_{GM_{k.l}}^{C}$ | Gewichtete Summe des Corporate-Kontextes für Ausprägung *l* von Gestaltungsmerkmal *k* |
| $g_{KF_i}$ | Relative Gewichtung des Kontextfaktors (KF) *i* |
| $w_{KF_{i.j},GM_{k.l}}$ | Bewertung des Gestaltungszusammenhangs zwischen Ausprägung *j* des Kontextfaktors *i* und der Ausprägung *l* des Gestaltungsmerkmals *k* |
| $i,j$ | Laufzahl der Kontextfaktoren *i* und Ausprägung *j* |
| $k,l$ | Laufzahl der Gestaltungsmerkmale *k* und Ausprägungen *l* |

Die gewichtete Summe je aufgenommener Merkmalsausprägung für den Start-up-Kontext ergibt sich analog zur Ermittlung der gewichteten Summe des Corporate-Kontextes und wird mit Formel (4-7) berechnet. Dabei wird die relative Gewichtung der Start-up-Kontextfaktoren durch das Corporate berücksichtigt.

$$S^{SK}_{GM_{k.l}} = \sum_{i=1}^{n} g_{KF_i} * w_{KF_{i.j},GM_{k.l}} \tag{4-7}$$

$$w_{KF_{i.j},GM_{m.n}} \in [-1,0,1]$$

mit:

| | |
|---|---|
| $S^{SK}_{GM_{k.l}}$ | Gewichtete Summe des Start-up-Kontextes für Ausprägung *l* von Gestaltungsmerkmal *k* |
| $g_{KF_i}$ | Relative Gewichtung des Kontextfaktors (*KF*) *i* |
| $w_{KF_{i.j},GM_{k.l}}$ | Bewertung des Gestaltungszusammenhangs zwischen Ausprägung *j* des Kontextfaktors *i* und der Ausprägung *l* des Gestaltungsmerkmals *k* |
| $i, j$ | Laufzahl der Kontextfaktoren *i* und Ausprägung *j* |
| $k, l$ | Laufzahl der Gestaltungsmerkmale *k* und Ausprägungen *l* |

Bei der Berechnung der gewichteten Summenwerte wird ein besonderes Augenmerk auf die in Abschnitt 4.5.1.2 ermittelten Kombinationsausschlüsse zw. Kontextfaktorausprägungen und Gestaltungsmerkmalsausprägungen gelegt. Sofern durch die ausgeprägten Kontextfaktoren einer dieser Ausschlüsse in der Berechnung der gewichteten Summe auftritt, wird die zugehörige Gestaltungsausprägung für die weitere Betrachtung ausgeschlossen. Diese Forderung gilt jeweils für die separate Berechnung der gewichteten Summen des Corporates und des Start-ups und führt zu einer Exklusion der entsprechenden Gestaltungsmerkmalsausprägung.

Zur Ermittlung der idealen Gestaltungsausprägung einer Kooperation müssen die separat ermittelten gewichteten Summen anschließend zusammengeführt werden. Die angenommene Gleichverteilung der gewichteten Summen der Kooperationspartner ermöglicht die Summierung zur Bestimmung der Gesamtsumme je Ausprägung des Gestaltungsmerkmals der Kooperation zu (vgl. Formel (4-8)):

$$S^{Ges}_{k.l} = S^{CK}_{GM_{k.l}} + S^{SK}_{GM_{k.l}} \tag{4-8}$$

mit:

| | |
|---|---|
| $S^{CK}_{GM_{k.l}}$ | Gewichtete Summe des Corporate-Kontextes für Ausprägung *l* von Gestaltungsmerkmal *k* |
| $S^{SK}_{GM_{k.l}}$ | Gewichtete Summe des Start-up-Kontextes für Ausprägung *l* von Gestaltungsmerkmal *k* |
| $S^{Ges}_{k.l}$ | Gesamtsumme der Ausprägung *l* von Gestaltungsmerkmal *k* |

Durch Addition der gewichteten Summe zu einer Gesamtsumme wird impliziert, dass die Eignung einer Gestaltungsausprägung der Kooperation mit zunehmendem Summenwert ebenfalls zunimmt. Daraus folgt, dass die ideale Gestaltungsausprägung für die Kooperation bei der vorliegenden Kontextausprägung durch den maximalen Gesamtsummenwert je Gestaltungsmerkmal gegeben ist. Dabei sind alle positiven Gesamtsummenwerte für die ausgeprägte Kontextsituation geeignet. Bedingt durch die negativ bewerteten Gestaltungszusammenhänge kann es jedoch auch zu negativen Gesamtsummen kommen. Aus einer negativen Gesamtsumme folgt kein Ausschluss der Gestaltungsausprägungen. Sie sollten jedoch im Zuge der Kooperationsgestaltung ob ihrer geringen Eignung vermieden werden. Die abschließende Empfehlung einer für die ausgeprägte Kontextsituation ideale Gestaltungsausprägung der Kooperation kann durch Formel (4-9) ermittelt werden.

$$GA_{k,erm} \stackrel{\text{def}}{=} \max_{l} S_{k.l}^{Ges} \qquad \textbf{(4-9)}$$

mit:

| | |
|---|---|
| $GA_{k,erm}$ | Ermittelte, ideale Ausprägung $l$ des Gestaltungsmerkmals $k$ |
| $S_{k.l}^{Ges}$ | Gesamtsumme der Ausprägung $l$ von Gestaltungsmerkmal $k$ |

Zur Illustration wird in Abbildung 4-54 exemplarisch die Ermittlung der idealen Gestaltungskonfiguration unter Nutzung der beschriebenen Logik für eine zufällig ausgeprägte Kontextsituation dargestellt. Die idealen Gestaltungsausprägungen sind basierend auf den Gestaltungszusammenhängen und relativen Gewichtungen der Kontextfaktoren des Corporates sowie des Start-ups berechnet worden und stellen eine initiale, vom Kooperationstyp unabhängige, kohärente Gestaltungsempfehlung dar.

**Ausprägungsermittlung**

KFA~i~ – *Ausgeprägter Kontextfaktor*

0,xx – *Empfohlene Gestaltungsausprägung*

$g_{Ai}$ – *Gewichtung des Kontextfaktors*
1 – *Gute Eignung*
-1 – *Schlechte Eignung*
x – *Auszuschließen*

| Kontext | Kontextfaktor | | | Kooperationsauftritt | | Funktionsbereiche | | | Grad der tech. Unterstützung | | | Kapitalbeteiligung | | Marktbearbeitung | | | |
|---|---|---|---|---|---|---|---|---|---|---|---|---|---|---|---|---|---|
| | | | | öffentlich | verdeckt | primär | unterstützend | übergreifend | niedrig | moderat | hoch | ja | nein | lokal | regional | national | International |
| Corporate-Kontext | Art der Kundenbeziehung | $KFA_1$ | $g_{A1}$ | 1 | | | | | | | | 1 | | | | | |
| Corporate-Kontext | Finanzpotenzial | $KFA_2$ | $g_{A2}$ | | | | | -1 | | | | x | 1 | | | | x |
| Corporate-Kontext | Kooperationserfahrung | $KFA_3$ | $g_{A3}$ | 1 | 1 | | | 1 | | | | | | | | 1 | 1 |
| Corporate-Kontext | Wertschöpfungsposition | $KFA_4$ | $g_{A4}$ | | | | 1 | 1 | | | 1 | | | | | | |
| | Durch Start-up gewichtete Summe $S_{sk}$ | | | 0,21 | 0,25 | 0,97 | 0,11 | 0,59 | 0,58 | 0,22 | 0,02 | x | 0,15 | 0,62 | 0,88 | 0,63 | 0,39 |
| Start-up-Kontext | Art der Kundenbeziehung | $KFA_5$ | $g_{A5}$ | 1 | | | | | | 1 | 1 | 1 | | | 1 | 1 | |
| Start-up-Kontext | Bestehender IP-Schutz | $KFA_6$ | $g_{A6}$ | -1 | 1 | | | | | | -1 | | | | | | -1 |
| Start-up-Kontext | Finanzierungsstruktur | $KFA_7$ | $g_{A7}$ | 1 | | 1 | 1 | | | | | -1 | | | | 1 | 1 |
| Start-up-Kontext | Wertschöpfungsposition | $KFA_8$ | $g_{A8}$ | 1 | | 1 | 1 | 1 | | | | 1 | | -1 | | 1 | 1 |
| Start-up-Kontext | Einsatzgebiet | $KFA_9$ | $g_{A9}$ | -1 | 1 | 1 | | 1 | | 1 | -1 | | 1 | | | 1 | 1 |
| Start-up-Kontext | Marktdurchdringung | $KFA_{10}$ | $g_{A10}$ | | | -1 | | 1 | | 1 | 1 | | | -1 | | 1 | x |
| Start-up-Kontext | Technologiereifegrad | $KFA_{11}$ | $g_{A11}$ | | 1 | -1 | 1 | -1 | -1 | 1 | 1 | | 1 | 1 | 1 | -1 | -1 |
| | Durch Corporate gewichtete Summe $S_{ck}$ | | | 0,55 | 0,2 | -0,82 | 0,12 | 0,51 | -0,46 | 0,44 | 0,72 | 0,35 | 0,68 | -0,32 | 0,65 | 0,76 | x |
| | Ermittelte Gesamtausprägung $S_{ges}$ | | | 0,76 | 0,45 | 0,15 | 0,23 | 1,1 | 0,12 | 0,66 | 0,74 | x | 0,83 | 0,3 | 1,53 | 1,39 | x |

**Abbildung 4-54: Exemplarische Ermittlung der Gestaltungsausprägungen auf Basis zufälliger Kontextfaktorausprägung**

### Konsistenzprüfung

Die Kooperationstypbestimmung (vgl. Abschnitt 4.5.1.1) sowie die Ermittlung einer idealen Gestaltungsausprägung für die Kooperation erfolgen zunächst unabhängig voneinander. Somit erfordert die Gestaltung eines geeigneten Kooperationstyps abschließend die Prüfung der Konsistenz zwischen den ermittelten kohärenten Gestaltungsausprägungen und den beschriebenen idealtypischen Ausprägungen des Kooperationstyps (vgl. Unterkapitel 4.4.3). Die Grundlage zur Prüfung der Konsistenz des geeigneten Kooperationstyps und der kohärenten Gestaltungsausprägungen stellt auch in diesem Fall das Fit-Konzept des Gestaltansatzes dar. Insbesondere der darin beschriebene

Ansatz der Fit-as-Profile-Deviation ist auf die Problemstellung in der vorliegenden Arbeit übertragbar. Der Fit-as-Profile-Deviation-Ansatz wird den Ansätzen mit Verankerung an einem spezifischen Zielkriterium zugeordnet und definiert den Fit als Grad der Übereinstimmung eines Sets an Variablen mit einem von außen vorgegebenem Profil. Voraussetzung zur Bestimmung der Fit-as-Profile-Deviation stellt ein Zielkriterium in Form eines Idealprofils dar.[781] In der vorliegenden Arbeit entsprechen die in Teilkapitel 4.4 bestimmten Kooperationstypen ebendiesen Idealprofilen bzw. Zielkriterien. Das ermittelte Profil der ermittelten Gestaltungsausprägungen für die vorliegende Kontextsituation kann folglich mittels des Fit-as-Profile-Deviation Ansatzes auf seine Konsistenz zum ermittelten Kooperationstypen geprüft werden.

Die Erarbeitung einer Vorlage zur Konsistenzprüfung erfolgt ausgehend von der Bestimmung des Kooperationstyps (vgl. Abschnitt 4.5.1.1). In einer Tabelle werden die Gestaltungsmerkmale sowie die entsprechenden Ausprägungen zeilenweise aufgenommen. Spaltenweise werden die primären und die alternativen Ausprägungen des bestimmten Kooperationstyp aufgetragen. Weiterhin werden die im vorangegangenen Schritt ermittelten Gestaltungsausprägungen auf Basis der gewichteten Kontextfaktoren als abzugleichendes Profil ebenfalls spaltenweise aufgeführt. Beide Profile, das Idealprofil des geeigneten Kooperationstypen sowie das Profil aus ermittelten Gestaltungsausprägungen werden einander gegenübergestellt und durch den Anwender ausgefüllt, um so inkonsistente Abweichungen zu identifizieren. Sofern die ermittelte Ausprägung in einem Gestaltungsmerkmal mit der Ausprägung des Idealprofils des bestimmten Kooperationstyps übereinstimmt, wird dies in der Vorlage zur Konsistenzprüfung markiert (vgl. Abbildung 4-55)

Die Prüfung muss im Ergebnis zur konsistenten Gestaltung des Kooperationstyps unter Berücksichtigung der ermittelten Gestaltungsausprägungen führen. Sofern die ermittelte Gestaltungsausprägung nicht der primären, jedoch aber einer der alternativ möglichen Ausprägungen des bestimmten Kooperationstyps entspricht, kann die Konsistenz der Gestaltung unter Auswahl der alternativen Ausprägung gewahrt werden. Entspricht die ermittelte Gestaltungsausprägung weder der primären noch der alternativen Ausprägung des geeigneten Kooperationstyps, liegt eine Inkonsistenz vor. In diesem Fall muss der Anwender zur Wahrung der konsistenten Kooperationstypgestaltung von der empfohlenen Ausprägung abweichen und eine der möglichen Ausprägungen des Kooperationstyps wählen. Sofern aufgrund der identifizierten kombinatorischen Ausschlüsse der Gestaltungszusammenhänge keine konsistente Ausprägung

[781] Vgl. Venkatraman (1989), Concept of Fit, S. 433f.

des Kooperationstyps identifiziert wird, muss abgewogen werden, ob die Kooperation beim vorliegenden Kontext grundsätzlich gestaltet werden kann.

Abbildung 4-55 illustriert die aus der Diskussion hergeleitete Tabelle zur Prüfung der Konsistenz der ermittelten Gestaltungausprägungen zu dem zuvor bestimmten Kooperationstyp. Als bestimmter Kooperationstyp wird exemplarisch der Kooperationstyp *Marktskalierung* dargestellt. Die Nutzung der Vorlage zur Konsistenzprüfung erfordert vom Anwender die Übertragung der ermittelten Gestaltungsausprägungen.

**Idealtypisches Profil des bestimmten Kooperationstyps**

| Bestimmter Kooperationstyp |
|---|
| **Marktskalierung** |

X *Idealtypische Ausprägung des Kooperationstyps*

X *Ermittelte Ausprägung*

... *Konsistente Ausprägung*

| | | Ermittelte Gestaltungsausprägung | Primäre Ausprägung | Alternative Ausprägung |
|---|---|---|---|---|
| Kooperations-auftritt | öffentlich | | X | |
| | verdeckt | | | |
| Funktions-bereiche | primär | | X | |
| | unterstützend | | | |
| | übergreifend | | | X |
| Grad der tech. Unterstützung | niedrig | | X | |
| | moderat | | | X |
| | hoch | | | |
| Kapital-beteiligung | ja | | | |
| | nein | | X | |
| Markt-bearbeitung | lokal | | | |
| | regional | | | |
| | national | | | X |
| | international | | X | |

| | | Ermittelte Gestaltungsausprägung | Primäre Ausprägung | Alternative Ausprägung |
|---|---|---|---|---|
| Marktverhältnis | horizontal | | | |
| | vertikal | | | X |
| | lateral | | X | |
| Transaktions-form | Lizenzvertrag | | | |
| | Contractual JV | | X | |
| | Managementvertrag | | | |
| | Equity-JV | | | |
| | Equity-Beteiligung | | | X |
| Strategische Logik | exploitativ | | X | |
| | explorativ | | | |
| Unterstützung des Corporates | dezidiert | | | |
| | umfassend | | X | |
| Verwertung des Kooperations-outputs | beschränkt | | X | |
| | getrennt | | | X |
| | gemeinsam | | | |

**Vom Anwender auszufüllen**

**Abbildung 4-55: Exemplarische Vorlage zur Konsistenzprüfung zwischen dem Kooperationstyp „Marktskalierung" und den ermittelten Gestaltungsausprägungen**[782]

[782] Eigene Darstellung

Die Konsistenzprüfung mittels Fit-as-Profile-Deviation ermöglicht die Gestaltung eines konsistenten Kooperationstyps bei gegebenem Kontext. Ist ein konsistenter Kooperationstyp gestaltet, muss ein dazu passender Unterstützungsfokus gewählt werden.

### 4.5.2 Ermittlung des Kooperationsunterstützungsfokus

In diesem Unterkapitel wird die Ermittlung des Kooperationsunterstützungsfokus in Abhängigkeit des bestimmten Kooperationstyps fokussiert. Dies erfordert die Entwicklung eines Modells, welches prüft, ob der Kooperationstyp die Unterstützung durch das Corporate in den präferierten Unterstützungsalternativen gewährleisten kann. Zur fallspezifischen Auswahl des Kooperationsunterstützungsfokus wird zunächst in Abschnitt 4.5.2.1 hergeleitet, welche Unterstützungsalternativen die Erschließung der Erfolgspotenziale unterstützen. Hieran anschließend wird durch Verknüpfung der Wirkungsanalysen eine Matrix zur Auswahl des Kooperationsunterstützungsfokus auf Basis des ermittelten Kooperationstyps erarbeitet (vgl. Abschnitt 4.5.2.2).

#### 4.5.2.1 Herleitung der Unterstützungsmöglichkeiten der Erfolgspotenziale

Die Gestaltungsempfehlung einer Kooperation umfasst neben der Gestaltung des Kooperationstyps auch die Bestimmung des Unterstützungsfokus der Kooperation. Jedoch lassen sich durch den hergeleiteten Gestaltungsraum und die entsprechenden Gestaltungsmerkmale keine direkten Rückschlüsse auf die Unterstützungsalternativen in Form von Fähigkeiten und Ressourcen ziehen. Da eine Kooperation die Unterstützung des Start-ups durch das Corporate voraussetzt, bedarf es der begründeten Herleitung der Unterstützungsalternativen, welche die Erschließung von Erfolgspotenzialen unterstützen.

Die Herleitung der Unterstützungsmöglichkeiten greift auf die definierten Erfolgspotenziale von Corporates und Start-ups zurück. Die Erschließung dieser Erfolgspotenziale wird durch Fähigkeiten und Ressourcen eines Unternehmens ermöglicht[783]. In der vorliegenden Arbeit werden Fähigkeiten und Ressourcen als Unterstützungsalternativen der Kooperation aufgefasst. Folglich kann mittels einer Wirkungsanalyse identifiziert werden, welche Unterstützungsalternativen die Erschließung eines spezifischen Erfolgspotenzials unterstützen und damit die Unterstützungsmöglichkeiten der Kooperation darstellen.

Die Identifizierung der Unterstützungsmöglichkeit in Bezug auf die im Rahmen einer Kooperation angestrebten Erfolgspotenziale mittels einer Wirkungsanalyse wird in Kreuztabellierung dargestellt. Durch den direkten Vergleich wird eine Prüfung der

[783] Vgl. Abegglen, Bleicher (2021), Management, S. 171f.; Binder, Kantowsky (1996), Technologiepotentiale, S. 59

Unterstützungsalternativen in Bezug auf die Erschließung der Erfolgspotenziale ermöglicht. Ein positives Ergebnis indiziert, dass eine Unterstützungsmöglichkeit für das Erfolgspotenzial vorliegt. Bedingt durch die gleichwertige Berücksichtigung beider Kooperationspartner wird auf eine Unterscheidung zw. Corporate und Start-up-Erfolgspotenzial verzichtet. Die Untersuchung basiert auf einer sachlogischen Deduktion aus der Wissenschaftsliteratur[784] sowie aus Expertenbefragungen und praktischem Erfahrungswissen des Autors. Im Folgenden wird die deduzierte Unterstützungsmöglichkeit der Unterstützungsalternative je Erfolgspotenzial erläutert und begründet.

Die Erschließung von Technologiezugang zielt auf einen Technologietransfer in Form von Wissen oder technologischen Entwicklungen ab[785]. Corporates stellen dazu Know-how, also Humankapital, physische und finanzielle Ressourcen sowie immaterielle Vermögenswerte als potenzielle Unterstützung bereit[786]. Das Erfolgspotenzial Marktzugang beschreibt vor allem die Überwindung von Markteintrittsbarrieren[787]. Damit verbunden sind i. d. R. Produktentwicklungen und -einführungen für die es vor allem Humankapital, finanzielle sowie organisationale Ressourcen und immaterielle Vermögenswerte als Fähigkeiten und Ressourcen bedarf[788]. Folglich stellen diese Unterstützungsalternativen die Unterstützungsmöglichkeit des Marktzugangs dar. Für die Erschließung des Erfolgspotenzials Technologieunsicherheit sind vor allem finanzielle Ressourcen, organisationale Ressourcen und immaterielle Vermögenswerte als Unterstützung relevant. Durch finanzielle Ressourcen kann die Entwicklung finanziert werden, während organisationale Ressourcen und immaterielle Vermögenswerte vor allem die notwendigen Informationen, Abläufe und Sicherheiten ermöglichen[789]. Im Fokus des Erfolgspotenzials Produktunsicherheit steht vor allem die Erzielung der Marktreife. Damit sind alle Fähigkeiten und Ressourcen, die die Produktentwicklung, -zulassung und -herstellung unterstützen, grundsätzlich geeignet. Konkret unterstützen

[784] Vgl. Becker et al. (2018), Kooperationen; Rotering (1993), Kooperation; Fontanari (1996), Kooperationsgestaltungsprozesse; Mellewigt (2003), Kooperationen; Bolz (2008), Technologieunternehmungen; Kuckertz (2017), Corporate Entrepreneurship; Bandulet (2005), Unternehmensgründungen; Jung (2018), Cooperating with Start-ups; Gupta et al. (2021), Startup Collaboration; Grimpe et al. (2019), High-tech Startups; Gutmann, Lang (2022), Startup Collaboration; Kohler (2016), Corporate Accelerators; Viscuso, Steiger (2021), Innovation; Schuh et al. (2018), Producing Start-ups

[785] Vgl. Becker et al. (2018), Kooperationen, S. 24

[786] Vgl. Mellewigt (2003), Kooperationen, S. 17; Rotering (1993), Kooperation, S. 45

[787] Vgl. Mellewigt (2003), Kooperationen, S. 17; Fontanari (1996), Kooperationsgestaltungsprozesse, S. 140

[788] Vgl. Bolz (2008), Technologieunternehmungen, S. 53

[789] Vgl. Kuckertz (2017), Corporate Entrepreneurship, S. 76; Jung (2018), Cooperating with Start-ups, S. 294

damit physische und finanzielle Ressourcen, immaterielle Vermögenswerte, Technologien und Humankapital die Erzielung des Erfolgspotenzials[790]. Die Erschließung des Erfolgspotenzials Wachstumsunsicherheit setzt Fähigkeiten und Ressourcen, die die Wachstumsambitionen unterstützen voraus. Hierfür eignen sich insbesondere finanzielle sowie physische Ressourcen zur Marktetablierung und zum Produktionsaufbau. Darüber hinaus ermöglichen organisationale Ressourcen und Humankapital den Aufbau entsprechender Prozesse und Netzwerke[791]. Schließlich unterstützen immaterielle Vermögenswerte die Diffusion im Markt und damit die Erzielung des Erfolgspotenzials[792]. Abbildung 4-56 stellt die erarbeitete Wirkungsanalyse dar und gibt die identifizierten Unterstützungsmöglichkeiten zur Erschließung der Erfolgspotenziale wieder.

X: *Identifizierte Unterstützungsmöglichkeit*

| | | Unterstützungsalternativen | | | | | |
|---|---|---|---|---|---|---|---|
| | | Physische Ressourcen | Finanzielle Ressourcen | Technologien | Organisationale Ressourcen | Immaterielle Vermögenswerte | Humankapital |
| Erfolgspotenziale | Technologiezugang | X | X | | | X | X |
| | Marktzugang | | X | | X | X | X |
| | Technologieunsicherheit | | X | | X | X | |
| | Produktunsicherheit | X | X | X | | X | X |
| | Wachstumsunsicherheit | X | X | | X | X | X |

**Abbildung 4-56: Wirkungsanalyse zur Ermittlung der Unterstützungsmöglichkeiten zwischen den Unterstützungsalternativen und den Erfolgspotenzialen**[793]

#### 4.5.2.2 Auswahl des Unterstützungsfokus

Nachdem die Unterstützungsmöglichkeiten zur Erschließung von Erfolgspotenzialen der Kooperation hergeleitet wurden, wird in diesem Abschnitt eine Matrix entwickelt, um zur Auswahl des Unterstützungsfokus auf Basis des ermittelten Kooperationstyps zu befähigen. Zur Überwindung der Hidden Intention durch Interessenausgleich ist es von grundlegender Bedeutung für die Kooperationsgestaltung, dass der Unterstützungsfokus der Kooperation nicht auf alle möglichen Unterstützungsalternativen gelegt wird. Stattdessen gilt es, den Unterstützungsfokus entsprechend dem bestimmten Kooperationstyp auszuwählen.

[790] Vgl. Bandulet (2005), Unternehmensgründungen, S. 25; Grimpe et al. (2019), High-tech Startups, S. 369; Gutmann, Lang (2022), Startup Collaboration, S. 23; Schuh et al. (2018), Producing Start-ups, S. 3

[791] Vgl. Viscuso, Steiger (2021), Innovation, S. 36; Kohler (2016), Corporate Accelerators, S. 351

[792] Vgl. Gupta et al. (2021), Startup Collaboration, S. 127

[793] Eigene Darstellung

Startpunkt der Auswahl des Unterstützungsfokus ist die Frage, ob der bestimmte und gestaltete Kooperationstyp für die präferierten Unterstützungsalternativen von Corporate und Start-up geeignet ist. Zur Beantwortung dieser Frage wird über die Erfolgspotenziale von Corporate und Start-up eine Auswahlmatrix aufgebaut. Die Grundlage dafür stellt die Kooperationstypologie als erste Wirkungsanalyse zwischen den Erfolgspotenzialen und den Kooperationstypen dar (vgl. Unterkapitel 4.4.1). In der zuvor hergeleiteten zweiten Wirkungsanalyse wird aufgezeigt, welche Unterstützungsalternativen die Erschließung der einzelnen Erfolgspotenziale unterstützen (vgl. Abschnitt 4.5.2.1) Aus der Verknüpfung der ersten und der zweiten Wirkungsanalyse resultiert eine Wirkungsmatrix, die einen direkten Zusammenhang zwischen den Kooperationstypen und den Unterstützungsmöglichkeiten herstellt. Die beschriebene Entwicklung der Wirkungsmatrix zur Auswahl des Unterstützungsfokus wird zusammenfassend in Abbildung A-2 im Anhang illustriert.

Zur Erfüllung der formalen Anforderungen nach Handhabbarkeit und geringem Anwendungsaufwand, wird die Wirkungsmatrix zur Auswahl des Unterstützungsfokus für das Gestaltungsmodell extrahiert und in Abbildung 4-57 illustriert. Ausgehend dieser Matrix kann der Anwender unter Angabe des bestimmten Kooperationstyps und der Unterstützungspräferenz den Unterstützungsfokus der Kooperation auswählen.

**Legende**
x *Bestimmter Kooperationstyp*
○ *Unterstützungsmöglichkeit des Kooperationstyp*
✓ *Unterstützungspräferenz des Anwenders*
✓○ *Potenzieller Unterstützungsfokus der Kooperation*

| Kooperationstyp | Unterstützungsalternativen: Physische Ressourcen | Finanzielle Ressourcen | Technologien | Orga. Ressourcen | Immat. Vermögenswerte | Human-kapital |
|---|---|---|---|---|---|---|
| Ressourcenteilung | ○ | ○ | | ○ | ○ | ○ |
| Gem. Technologieentwicklung | ○ | ○ | ○ | ○ | ○ | ○ |
| Inkubationsbegleitung | | ○ | | ○ | ○ | ○ |
| Kundenbeteiligung | ○ | ○ | ○ | ○ | ○ | ○ |
| Marktskalierung | ○ | ○ | | ○ | ○ | ○ |

**Abbildung 4-57: Matrix zur Auswahl des Unterstützungsfokus**[794]

Mit der Entwicklung der Matrix zur Auswahl des Unterstützungsfokus der Kooperation und der zuvor entwickelten Kooperationstypbestimmung sowie der konsistenten

[794] Eigene Darstellung

Gestaltungsausprägungsermittlung sind alle Bausteine beschrieben, um dem Anwender die Gestaltung der Kooperation zwischen Corporates und Start-ups zu ermöglichen.

### 4.5.3 Gestaltungsszenarien der Kooperation

Dieses Unterkapitel zielt darauf ab, das Gestaltungsmodell durch die Beschreibung von Gestaltungsempfehlungen zu finalisieren. Ausgehend der Konzeption des Gestaltungsmodells (vgl. Unterkapitel 3.4.5) umfasst dieses transparente Gestaltungsempfehlungen für den Anwender. Die Ableitung der Gestaltungsempfehlungen erfordert abschließend die Beschreibung möglicher Gestaltungsszenarien.

Als methodische Grundlage zur Ableitung und Beschreibung möglicher Gestaltungsszenarien eignet sich die kreativ-narrative Szenariotechnik. Diese Art der Szenariotechnik basiert auf implizitem Wissen und eignet sich zur Entwicklung normativer Szenarien[795]. Damit eignet sie sich für die Ableitung von Gestaltungsszenarien auf Basis der bisher ausgearbeiteten Partialmodelle sowie des Erfahrungswissens des Autors. Als Variante der kreativ-narrativen Szenariotechnik ermöglicht die vollständige Permutation die Beschreibung weniger normativer Möglichkeiten durch Kombination aller vorliegender Ausprägungen der Schlüsselfaktoren. Die vollständige Permutation bietet sich vor allem dann an, wenn zwei Schlüsselfaktoren mit jeweils zwei definierten Ausprägungen kombiniert werden[796]. So ergibt sich ein Raster mit vier Feldern entlang der zwei Schlüsselfaktoren. Führt man die vollständige Permutation als kreativ-narrative Szenariotechnik für das in diesem Teilkapitel entwickelte Gestaltungsmodell durch, stellen die Kooperationsziele einerseits sowie die Erfolgspotenziale und Kontextfaktoren andererseits die zwei Schlüsselfaktoren der Kooperationsgestaltung dar. Diese Faktoren werden in Zuge der vollständigen Permutation in die für die Gestaltung relevanten Ausprägungen *passend* und *nicht passend* unterteilt. Damit entsteht ein Portfolio, das sich in vier mögliche Gestaltungsszenarien einteilen lässt:

- Szenario 1: Vollständig konsistente Kooperationsgestaltung
- Szenario 2: Kompatibler Unterstützungsfokus
- Szenario 3: Kompatible Kooperationstypgestaltung
- Szenario 4: Inkonsistente Kooperationsgestaltung

Die entwickelten und erläuterten Gestaltungsszenarien werden in Abbildung 4-58 im resultierenden Portfolio illustriert und nachfolgend kurz diskutiert.

[795] Vgl. Kosow, Gaßner (2008), Zukunfts- und Szenarioanalyse, S. 46
[796] Vgl. Kosow, Gaßner (2008), Zukunfts- und Szenarioanalyse, S. 46f.

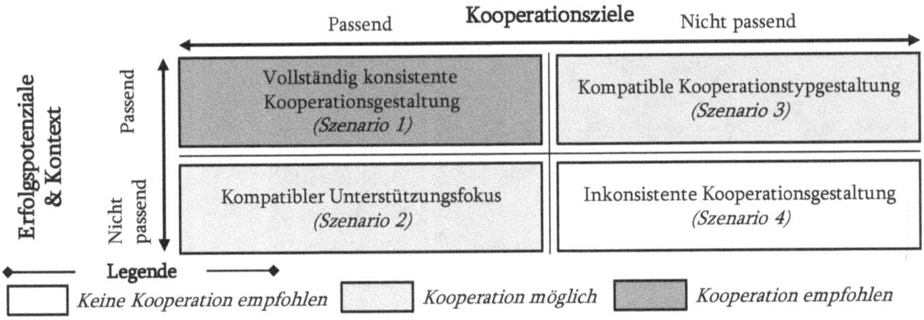


**Abbildung 4-58: Gestaltungsszenarien der Kooperation zwischen Corporates und Start-ups**[797]

Szenario 1 tritt ein, wenn die Prüfung des bestimmen Kooperationstyps auf Basis der Erfolgspotenziale und der Gestaltungsausprägungen auf Basis des Kooperationskontextes zu einer konsistenten Kooperationstypgestaltung führt. Zusätzlich zeigt sich, dass die präferierten Unterstützungsalternativen durch den geeigneten Kooperationstyp als Unterstützungsfokus möglich sind. Damit ergibt sich in diesem Szenario keine weitere Gestaltungsnotwendigkeit für den Anwender und die Kooperationsgestaltung wird als vollständig konsistent empfohlen. Szenario 2 beschreibt das Szenario eines kompatiblen Unterstützungsfokus. In diesem Szenario weisen die ermittelten Gestaltungsausprägungen eine Inkonsistenz zum bestimmten Kooperationstyp auf. Da jedoch der Kooperationsunterstützungsfokus durch den bestimmten Kooperationstyp ermöglicht werden kann, empfiehlt sich in diesem Szenario eine Anpassung der ermittelten Gestaltungsausprägungen hin zu einer konsistenten Auslegung. Der Anwender kann dabei von den kontextbasiert ermittelten Gestaltungsausprägungen abweichen und muss beachten, keine Ausprägungen, die durch Ausschlüsse gekennzeichnet sind auszuwählen (vgl. Abschnitt 4.5.1.3). Im dritten Szenario erfolgt, basierend auf Kooperationskontext und Erfolgspotenziale, eine konsistente und damit kompatible Kooperationstypauswahl und -gestaltung. Jedoch zeigt sich bei der Ermittlung des Kooperationsunterstützungsfokus, dass der geeignete Kooperationstyp den Fokus der Präferenzen nicht leisten kann. In diesem Fall gilt es für den Anwender, kritisch zu prüfen, ob die Kooperation mit einem anderen Unterstützungsfokus dennoch aufgenommen werden kann. Hier ist insbesondere das Start-up in der Position zur Entscheidung. Falls es keinen alternativ geeigneten Unterstützungsfokus gibt, ist die Aufnahme einer Kooperation zu verwerfen und stattdessen in einer späteren Start-up-Lebenszyklusphase oder

[797] Eigene Darstellung

bei anderen Kooperationszielen erneut zu eruieren. Szenario 4 tritt bei der Kombination einer inkonsistenten Gestaltungsermittlung des Kooperationstyps sowie eines nicht passenden Unterstützungsfokus auf. Dies bedeutet, dass die Ermittlung des geeigneten Kooperationstyps zu einer Inkonsistenz mit den ermittelten Gestaltungsausprägungen führt. Zugleich kann der bestimmte Kooperationsunterstützungsfokus des geeigneten Kooperationstyps nicht ermöglicht werden, was eine inkonsistente Kooperationsgestaltung zur Folge hat. In diesem Szenario besteht nur unter Auswahl von alternativen Erfolgspotenzialen die Möglichkeit zur Aufnahme der Kooperation. Da dies jedoch nicht kurzfristig möglich ist, soll bei Auftritt dieses Falls von einer Kooperation abgesehen werden.

#### 4.5.4 Vorgehensweise zur Gestaltung der Kooperation

In diesem Unterkapitel wird die Vorgehensweise zur Gestaltung der Kooperation zwischen Corporates und Start-ups unter Nutzung der zuvor entwickelten Partialmodelle erläutert. Die Vorgehensweise beschreibt die Anwendung der Methodik dabei aus Anwenderperspektive und gliedert sich in drei konsekutive Phasen. Gemäß der Eingrenzung innerhalb des Kooperationsmanagementprozesses ist das Vorgehen ein Teil der Kooperationsgestaltung (vgl. Unterkapitel 2.2.3) und wird von jeweils einem Team aus Corporate und Start-up gemeinschaftlich durchgeführt. Neben fachlich verantwortlichen Anwendern sind bedingt durch die rechtlichen und organisatorischen Implikationen zwingend weitere Fachexperten einzubinden.

Die erste Phase des Vorgehens wird individuell von Corporate und Start-up durchgeführt und dient der Vorbereitung der Kooperationsgestaltung. In dieser Phase sollten alle relevanten Entscheidungsträger aus den Fachbereichen und dem Management involviert werden. In den individuellen Teams erfolgt unter Nutzung des Erfolgspotenzial- und Kontextmodells die Auswahl der relevanten Ausprägungen der Erfolgspotenziale und Kontextfaktoren. Das Start-up gibt dabei ebenfalls die Kontextfaktorausprägungen der Technologie an. Darüber hinaus bestimmen beide Partner für den Kontext des jeweils anderen ihre relativen Gewichtungen der Kontextfaktoren mittels paarweisen Vergleichs (vgl. Abbildung 4-52). Die dafür notwendigen Informationen müssen vorab bereitgestellt werden.

In der zweiten Phase (Unterstützungsmöglichkeiten) stellt das Managementteam des Start-ups das Kooperationszielsystem auf und erfasst die zur Zielerreichung nötigen Fähigkeiten und Ressourcen als mögliche Unterstützungsalternativen. Dafür muss das Start-up seine Lebenszyklusphase offenlegen und die zur Entwicklung verfolgten Kooperationsziele aus dem Kooperationszielmodell wählen (vgl. Abbildung A-1). Auf Basis der Kooperationsziele definiert das Start-up Managementteam die notwendigen

Unterstützungsalternativen auf Sub-Ebene der Fähigkeiten und Ressourcen (vgl. Abbildung 4-26). Mittels Anwendung des Entscheidungsmodells werden die Start-up Unterstützungspräferenzen berechnet und seitens des Start-ups wird damit die Vorbereitung der Gestaltungsphase abgeschlossen. Die Informationen zum Kooperationszielsystem sowie den ungewichteten Unterstützungsalternativen werden an das Corporate übermittelt. Das Corporate wiederum nutzt die Informationen des Start-ups und bestimmt mittels der Präferenzwertmatrix des Entscheidungsmodells seine Unterstützungspräferenzen (vgl. Abbildung 4-32). Unter Anleitung der Moderation erfolgt hiernach der Aufbau des Portfolios zur Bestimmung der Kooperationsunterstützungsmöglichkeiten. Durch Verortung der ermittelten Unterstützungspräferenzen des Start-ups sowie des Corporates im entwickelten Portfolio wird die Entscheidung vorbereitet. Abbildung 4-59 stellt die Bestimmung der Unterstützungsmöglichkeiten in der entwickelten Entscheidungsportfolio exemplarisch dar.

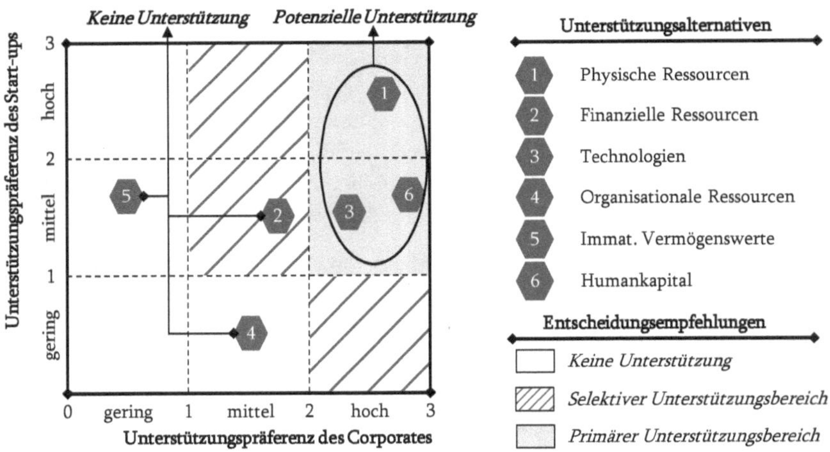


**Abbildung 4-59: Exemplarische Bestimmung der Unterstützungsmöglichkeiten**

Die dritte Phase der Vorgehensweise dient der Kooperationsgestaltung und wird von den Managementteams beider Partner in einem gemeinsamen Workshop durchgeführt. Es empfiehlt sich, die Durchführung dieses Workshops von einem externen, unabhängigen Moderator mit Fachexpertise im Themenfeld begleiten zu lassen. In diesem Setting wird unter Nutzung der in der ersten Phase erarbeiteten Informationen ein Kooperationstyp bestimmt (vgl. Abschnitt 4.5.1.1) und die Gestaltungsausprägungen unter Nutzung der entwickelten Logik (vgl. Abschnitt 4.5.1.3) ermittelt. Mit diesen

Ergebnissen wird unter Einbindung des Moderators die Konsistenzprüfung des bestimmten Kooperationstyps und der ermittelten Gestaltungsausprägungen durchgeführt. Anschließend erfolgt basierend auf Ergebnissen des Portfolios der Unterstützungsmöglichkeiten und durch Nutzung der Matrix die Auswahl des Unterstützungsfokus der Kooperation (vgl. Abbildung 4-57).

Schließlich wird begleitet durch den Moderator eine Prüfung der Gestaltungsszenarien durchgeführt und darauf aufbauend die nächsten Schritte zur Gestaltung der Kooperation elaboriert. Dies erfolgt auf Basis der Empfehlung und sollte in jedem Fall durch ein autorisiertes und rechtlich erfahrenen Expertenteam unterstützt werden.

### 4.5.5 Zwischenfazit: Gestaltung von Kooperationen zwischen Corporates und Start-ups

Im Zuge des fünften Partialmodells wurde ein Modell für die Gestaltung von Kooperationen zwischen Corporates und Start-ups entwickelt. Im Unterkapitel der Modelldetaillierung wurde hierfür auf die in Teilkapitel 4.1 erarbeiteten Erfolgspotenziale zurückgegriffen und damit die Bestimmung des Kooperationstyps aufgebaut. Ausgehend von einer Gestaltungszusammenhangsanalyse zwischen Kontextfaktoren und Gestaltungsmerkmalen wurde eine Logik zur kontextbasierten Gestaltung eines konsistenten Kooperationstyps erarbeitet. Unter Integration der in Teilkapitel 4.3 erarbeiteten Unterstützungsalternativen der Kooperation und durch Verknüpfung der Erfolgspotenziale mit denselben wurde in Unterkapitel 4.5.2 die Ermittlung des Unterstützungsfokus der Kooperation erarbeitet. Im Anschluss daran wurden Gestaltungsszenarien der Kooperation, die die Auswahl und Gestaltung des Kooperationstyps sowie den Kooperationsunterstützungsfokus in direkten Bezug zueinander stellen, abgeleitet und beschrieben (vgl. Unterkapitel 4.5.3). Abschließend wurde das Vorgehen zur Modellanwendung vorgestellt. Dieses Vorgehen stellt eine Synthese der erarbeiteten Partialmodelle und Werkzeuge dar und ist auf die zuvor begründet eingegrenzten Betrachtungsbereiche ausgelegt. Entsprechend der prädikatbezogenen Eingrenzung wurde die Vorgehensweise vereinfachend in einem linearen Prozess beschrieben, der den Anwender aus Start-up und Corporate integriert und im Ergebnis zur bidirektionalen Gestaltung der Kooperation zwischen Corporates und Start-ups befähigt.

Im Zuge der Detaillierung des Gestaltungsmodells werden die Gestaltungszusammenhänge zwischen Kontextfaktoren und Gestaltungsausprägungen in Ermangelung einer statistisch signifikanten Datenbasis hergeleitet. Dieses Vorgehen ist möglich, da auch die notwendige Bedingung der statistischen Ableitung von Zusammenhängen stets die Berücksichtigung sachlogischer Überlegungen erfordert. Weiterhin wird im Zuge der Konsistenzprüfung zwischen den idealtypischen Ausprägungen des Kooperationstyps und den kontextbasiert ermittelten Gestaltungsausprägungen die Möglichkeit zur Diskussion und alternativen Auswahl der Ausprägungen eingeräumt. Dies dient vor allem der Schaffung von Transparenz zwischen den Kooperationspartnern und ermöglicht damit im Zuge der Kooperationsgestaltung die Reduktion der Hidden Characteristics.

Die Entscheidung über Aufnahme und Gestaltung einer Kooperation ist sowohl für Corporates als auch insbesondere für Start-ups ein risikobehaftetes Vorhaben, das von einer Vielzahl externer Variablen abhängt. Die Ausrichtung der Arbeit auf die Gestaltung der Kooperation intendiert, dass die Kooperation zwar bestmöglich gestaltet werden kann, jedoch die erfolgreiche Aufnahme und Durchführung garantiert ist. Daher ist neben der beschriebenen ablauforientierten Vorgehensweise die Aufbaustruktur beider Kooperationspartner in Bezug auf Entscheidungsgewalt, Erfahrung und Ressourcenzugriff von elementarer Bedeutung. Insbesondere die Ermittlung des Kooperationstyps sowie die Bestimmung des Kooperationsunterstützungsfokus werden durch die Erfolgspotenziale und die charakterisierten Kooperationsziele bestmöglich beschrieben, zugleich ist jedoch die Einbindung von Fachexperten zwingend empfohlen. Darüber hinaus erfordert die Gestaltung einer Kooperation einen Vertragsabschluss zwischen den beiden Partnern, der nur mit entsprechender Kompetenz sowie unter fachspezifischer, externer Beratung erfolgen kann.

## 4.6 Reflexion: Methodik zur Gestaltung von Kooperationen zwischen Corporates und Start-ups

Zielstellung dieses Kapitels war die Detaillierung der in Teilkapitel 3.4 konzipierten Methodik zur Gestaltung von Kooperationen zwischen Corporates und Start-ups. Die Grundlage hierfür bilden die abgeleiteten Partialmodelle, die im Rahmen von Kapitel 4 mittels geeigneter Instrumente sukzessive erarbeitet wurden. Beginnend mit Teilkapitel 4.1 sind die Erfolgspotenziale sowie Kontextfaktoren der Kooperation beschrieben worden. Während die Erfolgspotenziale von Corporates und Start-ups im Weiteren sowohl der Bildung von Kooperationstypen als auch der Kooperationstypbestimmung dienen, ermöglichen die Kontextfaktoren von Corporates und Start-ups eine Charakterisierung der Ausgangssituation zur Gestaltung des Kooperationstyps.

Teilkapitel 4.2 zielte auf die Charakterisierung von geeigneten Kooperationszielen für Start-ups ab. Bedingt durch den Anspruch, die Entwicklung des Start-ups durch Kooperationsziele bestmöglich zu fördern, wurden unter Nutzung der Referenzmodellierung Start-up-Lebenszyklusphasen definiert. Ferner wurden diese Lebenszyklusphasen durch in der Praxis etablierte Finanzierungsphasen detailliert. Die Finanzierungsphasen dienen einerseits zur Bewertung der Entwicklungssituation des Start-ups und andererseits zur Auswahl dieser Situation entsprechender Kooperationsziele. Zur systematischen Charakterisierung von Kooperationszielen wurden in einem zweiten Schritt funktionale Dimensionen des Start-up-Lebenszyklus abgeleitet. Die Entwicklung eines Bezugsrahmens aus Finanzierungsphasen und funktionalen Dimensionen ermöglichte die Identifizierung und Zuordnung von Kooperationszielen des Start-ups.

Neben der Bewertung der Start-up-Entwicklung stellen die Kooperationsziele des Start-ups vor allem die Basis zur Bestimmung der Unterstützungsmöglichkeiten durch das Corporate im Rahmen der Kooperation dar. Hierzu wurde in Teilkapitel 4.3 ein Entscheidungsmodell entwickelt. Ausgehend von der Definition von Fähigkeiten und Ressourcen als Unterstützungsalternativen sowie der Gestaltung eines Kooperationszielsystem wurde die Bestimmung der individuellen Unterstützungspräferenzen mittels gewichteter Summen erarbeitet. Die Fähigkeiten und Ressourcen als Unterstützungsalternativen wurden durch Verknüpfung mit den Erfolgspotenzialen abgeleitet und richten damit die Unterstützung der Kooperation neben der Erreichung der Kooperationsziele auch auf deren Erschließung aus. Zur Synthese der individuellen Bewertungen und Vorbereitung der Entscheidungsfindung wurde abschließend eine Visualisierung der Unterstützungsmöglichkeiten in einem Portfolio entwickelt.

In Teilkapitel 4.4 wurden spezifische Kooperationstypen für die Kooperation zwischen Corporates und Start-ups gebildet, beschrieben und grafisch dargestellt. Mit den Erfolgspotenzialen des Corporates sowie des Start-ups wurden zwei typenbildende Merkmale identifiziert und auf Basis des kombinierten Verfahrens der Typisierung fünf Kooperationstypen hergeleitet. Die weitere Literaturrecherche von Merkmalen ermöglichte das Aufspannen eines Gestaltungsraums zur Beschreibung der Typen. Ausgehend von einer Ermittlung von Gestaltungsgeboten und -verboten wurden die Kooperationstypen anschließend konsistent beschrieben. Die abschließende grafische Darstellung diente dem Zweck einer der leichten Interpretation durch den Anwender.

Dem Ziel der vorliegenden Dissertation entsprechend diente Teilkapitel 4.5 der Entwicklung eines Modells zur Gestaltung der Kooperation unter Integration der zuvor entwickelten Partialmodelle. Dazu wurden ein Modell zur Bestimmung eines geeigneten Kooperationstypen auf Basis der vorliegenden Erfolgspotenziale sowie eine Logik zur konsistenten Ermittlung der Gestaltungsausprägungen des Kooperationstyps auf Basis der vorliegenden Kontextsituation entwickelt. Ferner wurde durch die Kooperationstypbestimmung die Erarbeitung eines Ansatzes zur Auswahl des Kooperationsunterstützungsfokus auf Basis der präferierten Unterstützungsalternativen ermöglicht. Zur Interpretation der Ergebnisse des Gestaltungsmodells wurden für den Anwender valide Gestaltungsszenarien in Bezug auf die Kooperationsziele sowie die Erfolgspotenziale und Kontextfaktoren abgeleitet. Abschließend erfolgte die Beschreibung des Vorgehens zur Gestaltung der Kooperation.

Konkludierend ermöglicht die ausgearbeitete Methodik damit eine Gestaltung der Kooperation zwischen Corporates und Start-ups ausgehend von den Erfolgspotenzialen sowie dem vorliegenden Kontext. Im Fokus der Gestaltung stehen für den Anwender dabei die Bestimmung eines geeigneten Kooperationstyps sowie dessen Ausgestaltung. Überdies wird insbesondere der Anwender aus den Start-ups befähigt die Unterstützung durch das Corporate im Rahmen der Kooperation auf Basis geeigneter Kooperationsziele festzulegen. Aus einer praktischen Perspektive heraus findet vor allem das Start-up Berücksichtigung in der Kooperationsgestaltung, was im Hinblick auf die Asymmetrie zum Corporate einen großen Mehrwert für den Anwender darstellt. Zugleich wird der Anwender aus dem Corporate befähigt, die Fähigkeiten und Ressourcen zielgerichtet zur Unterstützung des Start-ups einzusetzen. Durch die kumulative Ausrichtung der Kooperation auf die Erfolgspotenziale wird auch das Corporate in der Erreichung der übergeordneten Zielsetzung unterstützt. Die stringente Auslegung der Kooperationsgestaltung auf das Start-up markiert einen wesentlichen Beitrag zur Weiterentwicklung bestehender wissenschaftlicher Literatur. Insbesondere das im Gestaltungsmodell begründete Vorgehen und die damit erzielten Gestaltungsszenarien unterstützen die Überwindung der Asymmetrie der Partner in einem besonderen Maße.

Ungeachtet des Mehrwertes für die Anwender und die Wissenschaft darf das Ergebnis der Methodik nur als Gestaltungsempfehlung verstanden werden. Empfehlung deshalb, da die Kooperationsgestaltung nicht nur auf das Start-up, seine Ziele und Bedarfe ausgerichtet ist, sondern auch maßgeblich durch das Start-up beeinflusst wird. Dies zeigt sich einerseits in der Auswahl der notwendigen Fähigkeiten und Ressourcen zu Unterstützung der Kooperationszielerreichung und andererseits in der Gewichtung der Kontextfaktoren zur Ermittlung der Gestaltungsausprägungen. Je weniger Erfahrung der Anwender aus dem Start-up hat, desto größer ist die Gefahr, dass die Bedarfe zur Zielerreichung oder die notwendigen Kontextbedingungen des Corporates falsch eingeschätzt werden und die Gestaltung damit negativ beeinflusst wird. Da die Kooperationsziele des Corporates zur Gestaltung der Kooperation nicht berücksichtigt werden, bleibt abschließend zu prüfen, ob die ermittelte Gestaltung der Kooperation kongruent zu den Zielen des Corporates ist. Insbesondere bei der Auswahl des Unterstützungsfokus kann berücksichtigt werden, dass nur jene Unterstützungsalternativen ausgewählt werden, die für beide Kooperationspartner in Bezug auf die Zielerreichung vorteilhaft sind.

# 5 Validierung und kritische Reflexion

Das fünfte Kapitel dieser Arbeit dient der Validierung und kritischen Reflexion der entwickelten Methodik zur Gestaltung der Kooperation zwischen Corporates und Start-ups. ULRICH folgend wird die Validierung der Phase „Prüfung der Regeln und Modelle im Anwendungszusammenhang" zugeordnet[798]. Dabei besteht das Ziel der Validierung im Sinne der angewandten Forschung nicht darin, die Gültigkeit von Theorien nachzuweisen. Vielmehr steht die Überprüfung der praktischen Anwendbarkeit der Methodik und des dadurch entstehenden Nutzens im Fokus. Kennzeichnend für diesen Test ist, dass dieser nicht in einem für diesen Zweck qualifizierten Beispiel, sondern in einem Anwendungsfall in der Praxis erfolgt.[799] Die Methodik wird daher bei einer Kooperationsgestaltung zwischen einem Technologiekonzern aus der Werkzeugindustrie sowie einem innovativen Start-up zur Digitalisierung der Produktionslogistik angewendet. Da die Anwendung der Methodik die Nutzung sensibler Unternehmensinformationen erfordert, erfolgt die Vorstellung zum Schutz dieser Informationen sowie zur Wahrung der strategischen Wettbewerbsabsichten anonymisiert. Das Corporate wird nachfolgend als „Elektrowerkzeuge AG" bezeichnet, während das Start-up als „Digital Production Logistics GmbH" benannt wird. Zur Validierung und kritischen Reflexion wird zunächst das Fallbeispiel dargestellt (vgl. Teilkapitel 5.1), bevor die Anwendung der Methodik erfolgt (vgl. Teilkapitel 5.2). Abschließend wird die Anwendungserfahrung zusammengefasst und kritisch reflektiert (vgl. Teilkapitel 5.3).

## 5.1 Darstellung des Fallbeispiels

Die Elektrowerkzeuge AG ist ein global agierender Technologiekonzern mit ca. 32.000 Beschäftigten und befindet sich seit der Gründung in den 1940er Jahren vollständig in Familienbesitz. Neben einem weltweiten Vertriebsnetz verfügt das Corporate als Technologiekonzern über eine Vielzahl internationaler Produktionsstandorte und ein umfassendes Lieferantennetzwerk. Die Elektrowerkzeuge AG gliedert sich in die strategischen Geschäftsbereiche der Elektrowerkzeuge sowie der Direktbefestigungen, jedoch

[798] Ulrich (2001), Betriebswirtschaftslehre, S. 45

[799] Vgl. Ulrich (2001), Betriebswirtschaftslehre, S. 24

stellen leistungsstarke Handelektrowerkzeuge für die Bauindustrie die Kernprodukte dar. Im Fokus der strategischen Geschäftstätigkeiten der Elektrowerkzeuge AG stehen Innovationen, die Qualität der Produkte und direkte Kundenbeziehungen. Die Lösungen und Produkte der Elektrowerkzeuge AG sollen dazu beitragen, professionelle Bauarbeiten einfacher, schneller sowie sicherer zu machen. Der Vertrieb der Produkte erfolgt über einen eigenen Kundenservice, einen eigenen Online-Shop sowie physische Filialen. Neben einer Technologieführerschaft strebt die Elektrowerkzeuge AG vor allem eine Qualitätsführerschaft zur Wettbewerbsdifferenzierung an. Die Basis dafür bildet ein sehr breites Technologie-Know-how sowie die strategisch durchdachte Abdeckung der Wertschöpfungskette. Ein breites Produktspektrum ermöglicht die Erzielung von Skalen- sowie Synergieeffekten bei der Realisierung von Innovationen und garantiert durch die Mehrfachanwendung von Technologien Flexibilitäts- sowie Produktionsvorteile gegenüber den Wettbewerbern.

Die Digital Production Logistics GmbH ist ein Technologie-Start-up, welches im Jahr 2021 als Spin-off aus einem produktionstechnischen Forschungsinstitut gegründet wurde. Die Innovation des Start-ups zielt auf die Digitalisierung der Produktionslogistik von Unternehmen ab und besteht neben einer Softwarelösung aus einer Retrofit-Hardware zur Positionserfassung von Waren und Produktionsmittel. Im Fokus der Innovation steht dabei vor allem die Erfassung, Verfolgung und Optimierung von A- sowie B-Teilen in der Intralogistik produzierender Unternehmen. Die Systemlösung der Digital Production Logistics GmbH zielt auf eine Effizienzsteigerung der Produktionslogistikprozesse ab. Dies umfasst neben einer Verbesserung der Produktivität die Vermeidung von Produktionsengpässen, eine kontinuierliche Optimierung der Abläufe sowie die Flexibilisierung der Produktionssteuerung. Durch Kombination der Retrofit-Hardware mit einer KI-basierten Software kann die technologische Innovation der Digital Production Logistics GmbH für produzierende Unternehmen jeder Größe adaptiert werden. Ausgangspunkt des Fallbeispiels stellt die Erwägung einer Zusammenarbeit zwischen der Elektrowerkzeuge AG und der Digital Production Logistics GmbH dar.

## 5.2 Anwendung der Methodik

Die Anwendung der Methodik zur Gestaltung der Kooperation zwischen der Elektrowerkzeuge AG und der Digital Production Logistics GmbH gliedert sich in die beschriebenen Phasen der Vorgehensweise (vgl. Unterkapitel 4.5.4). Zuerst werden individuell die Erfolgspotenziale und Kontextfaktoren aufgenommen (vgl. Unterkapitel 5.2.1). Hiernach erfolgen die Aufnahme der Kooperationsziele und die Bestimmung der Unterstützungsmöglichkeiten (vgl. Unterkapitel 5.2.2). Abschließend werden die Kooperationstypgestaltung und die Auswahl des Unterstützungsfokus nebst einer abschließenden Empfehlung durchgeführt (vgl. Unterkapitel 5.2.3).

### 5.2.1 Aufnahme der Erfolgspotenziale und Kontextfaktoren

Den Ausgangspunkt der Gestaltung der Kooperation zwischen der Elektrowerkzeuge AG und der Digital Production Logistics GmbH stellt die individuelle Aufnahme der Erfolgspotenziale sowie der Kontextfaktoren dar. Unabhängig voneinander werden von beiden Kooperationspartnern die jeweiligen Ausprägungen im Erfolgspotenzial- und Kontextmodell angegeben. Abbildung 5-1 illustriert die erfassten Angaben.

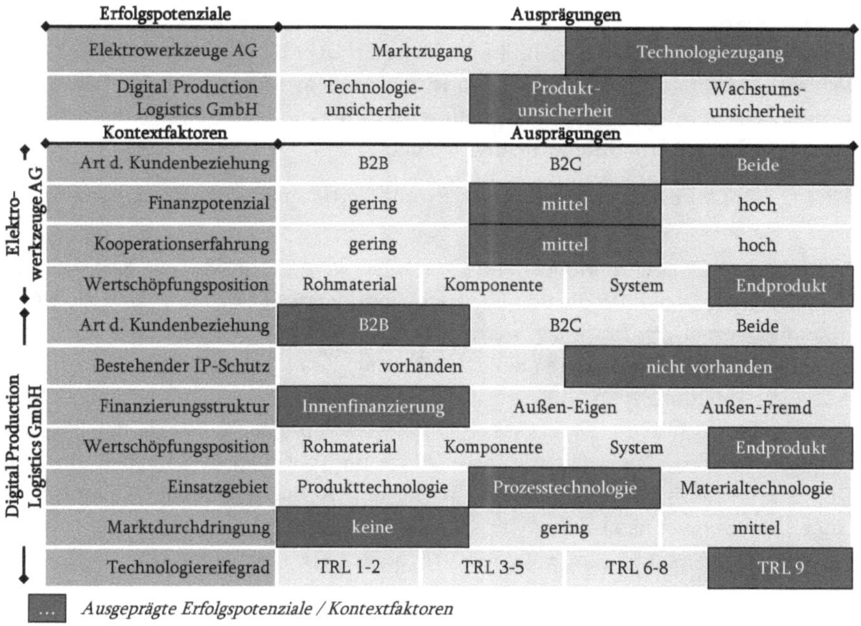


**Abbildung 5-1: Aufnahme der Erfolgspotenziale und Kontextfaktoren**

Wie eingangs dargelegt, strebt die Elektrowerkzeuge AG durch Innovationen eine Stärkung der Wettbewerbsposition an. Im Rahmen der Kooperation verfolgt sie damit das Erfolgspotenzial des *Technologiezugangs*, um sich mittels Produktionsvorteilen weiter vom Wettbewerb zu distanzieren. Die Elektrowerkzeuge AG pflegt sowohl

B2B- als auch B2C-Kundenbeziehungen und befindet sich dabei auf der Wertschöpfungsposition des Endproduktes. Des Weiteren verfügt die Elektrowerkzeuge AG über ein mittleres Finanzpotenzial und kann auch bereits signifikante Kooperationserfahrung mit Start-ups nachweisen.

Die Digital Production Logistics GmbH gibt an, dass sie in der Kooperation mit der Elektrowerkzeuge AG das Erfolgspotenzial *Produktunsicherheit* erschließen will. Dabei pflegt die Digital Production Logistics GmbH ausschließlich B2B-Kundenbeziehungen und tritt in der Wertschöpfungsposition ebenfalls mit einem Endprodukt auf – dies gilt sowohl für die Software als auch insbesondere für die Hardware der Lösung. Zum Zeitpunkt der Kooperationsgestaltung ist die Digital Production Logistics GmbH innenfinanziert und verfügt über keinerlei IP-Schutz ihrer Innovation bzw. Technologie. Wie beschrieben kommt die Technologie der Digital Production Logistics GmbH als Prozesstechnologie zum Einsatz und wird mit einem TRL von 9 angegeben. Ferner indiziert das Start-up, dass es, abseits einzelner Pilotkunden zur Technologievalidierung, über keine Marktdurchdringung verfügt.

### 5.2.2 Aufnahme der Kooperationsziele und Bestimmung der Unterstützungsmöglichkeiten

In der zweiten Phase der Kooperationsgestaltung werden zunächst die Kooperationsziele durch die Digital Production Logistics GmbH ausgewählt, bevor dann die Unterstützungsalternativen festgelegt werden. Die Auswahl der Kooperationsziele erfolgt unter Nutzung des im Rahmen der Detaillierung entwickelten Kooperationszielmodells (vgl. Abbildung A-1). Ausgehend von der Entwicklung strebt die Digital Production Logistics GmbH in der Kooperation den Abschluss der 2. Runde der Finanzierungsphasen an. Daher werden in dieser Phase im Kooperationszielmodell durch die Digital Production Logistics GmbH sechs relevante Kooperationsziele in vier funktionalen Dimensionen identifiziert:

- Nachweis Praxistauglichkeit ($C_1$) – Technologie
- Serienreifes Produkt ($C_2$) – Produkt
- Validierung mit Testkunden ($C_3$) – Markt
- Identifizierung Geschäftsmodell ($C_4$) – Markt
- Marketing & Vertrieb ($C_5$) – Markt
- Rekrutierung Personal ($C_6$) – Organisation

Auf Basis dieser Kooperationsziele wird das Kooperationszielsystem der Digital Production Logistics GmbH generiert und in Abbildung 5-2 zusammengefasst.

| Kooperationszielsystem | | | |
|---|---|---|---|
| Oberziel (Finanzierungsphase) | | | 2. Runde |
| Fundamentalziele | | | |
| Technologie | Nachweis Praxistauglichkeit ($C_1$) | | |
| Produkt | Serienreifes Produkt ($C_2$) | | |
| Markt | Validierung mit Testkunden ($C_3$) | Identifizierung Geschäftsmodell ($C_4$) | Marketing & Vertrieb ($C_5$) |
| Organisation | Rekrutierung Personal ($C_6$) | | |

**Abbildung 5-2: Kooperationszielsystem der Digital Production Logistics GmbH**

Zur Vorbereitung der Unterstützungspräferenzermittlung werden von der Digital Production Logistics GmbH die relevanten, spezifischen Unterstützungsalternativen bestimmt. Unter Nutzung der Überkategorien indiziert das Start-up in Summe sechs spezifische Fähigkeiten und Ressourcen, die zum Zeitpunkt der Kooperationsgestaltung in der limitierten Ressourcenbasis ergänzt bzw. durch die Unterstützung des Kooperationspartners erweitert werden müssten. Neben einer Testumgebung (UA 1.1) als physische Ressource werden die Marktreputation (UA 2.1) sowie das interne Unternehmensnetzwerk (UA2.2) als immaterieller Vermögenswert genannt. Weiterhin wird in der Kategorie Technologien die Ressource technologisches System zur Einbettung des Produktes (UA 3.1) genannt. Schließlich bestimmt die Digital Production Logistics GmbH in der Kategorie Humankapital die Unterstützungsalternativen nach Kenntnissen und Erfahrungen für Produktfeedback (UA 4.1) sowie Kontakte zu Kunden oder Partnern (UA 4.2). Die spezifischen Unterstützungsalternativen der Digital Production Logistics GmbH sind in Abbildung 5-3 zusammenfassend illustriert. Das Kooperationszielsystem wird zusammen mit diesen Unterstützungsalternativen an die Elektrowerkzeuge AG übermittelt.

| Spezifische Unterstützungsalternativen (Fähigkeiten & Ressourcen) der Kooperation | | |
|---|---|---|
| Physische Ressourcen (1) | Testumgebung (UA 1.1) | |
| Immat. Vermögenswerte (2) | Marktreputation (UA 2.1) | Internes Unternehmensnetzwerk (UA 2.2) |
| Technologien (3) | Technologisches System zur Einbettung des Produkts (UA 3.1) | |
| Humankapital (4) | Kenntnisse und Erfahrungen für Produktfeedback (UA 4.1) | Kontakte zu Kunden od. Partnern (UA 4.2) |

Legende - *UA - Unterstützungsalternative*

**Abbildung 5-3: Unterstützungsalternativen der Digital Production Logistics GmbH**

Unter Berücksichtigung des Kooperationszielsystems sowie der Unterstützungsalternativen werden anschließend sowohl von der Digital Production Logistics GmbH als auch von der Elektrowerkzeuge AG individuell die Unterstützungspräferenzen der einzelnen Unterstützungsalternativen ermittelt. Zur Berechnung werden die Unterstützungspräferenzwertmatrizen mit den entsprechenden Präferenzfunktionen genutzt (vgl. Unterkapitel 4.3.2). Die Berechnung der Unterstützungspräferenzen der Digital Production Logistics GmbH erfolgt unter vorheriger Gewichtung der Kooperationsziele (vgl. Abbildung A-3). Die Präferenzwertmatrix wird im Anhang in Abbildung A-4 detailliert dargestellt. Die Ermittlung der Unterstützungspräferenzen der Elektrowerkzeuge AG in Bezug auf die Unterstützungsalternativen erfolgt unter Gleichgewichtung der Kooperationsziele. Die Berechnung mittels Unterstützungspräferenzmatrix ist ebenfalls im Anhang durch Abbildung A-5 illustriert. Zur Übersicht wird in Abbildung 5-4 ein Ausschnitt der Berechnung der Unterstützungspräferenzen dargestellt.

| Oberziel | | Runde | | l | 2. Runde | |
|---|---|---|---|---|---|---|
| Fundamentalziel | $C_1$ | | $UP_S(UA_j)$ | l | $C_1$ | $UP_C(UA_j)$ |
| Gewichte ($w_i$) | 0, | ) | $\Sigma$ | ) | 0,167 | $\Sigma$ |
| Unterstützungsalternativen: Testumgebung (UA 1.1) | 3 | 0 | 2,367 | 1) | 3 | 1,84 |
| Marktreputation (UA 2.1) | 0 | | 0,9 | 1) | 1 | 2 |
| Internes Unternehmensnetzwerk(UA 2.2) | 0 | | 0,7 | 2) | 3 | 1 |
| Techno. System zur Einbettung des Produkts (UA 3.1) | 3 | | 2,067 | 1) | 3 | 1,67 |
| Kenntnisse u. Erfahrungen für Produktfeedback (UA 4.1) | 3 | ) | 2,8 | 1) | 3 | 2 |
| Kontakte zu Kunden od. Partnern (UA 4.2) | ( | 3 | 1,5 | 2) | 3 | 2,67 |

**Abbildung 5-4: Ausschnitt aus der Berechnung der Start-up-Unterstützungspräferenzen (links) und der Corporate-Unterstützungspräferenzen (rechts)**

Im Anschluss an die individuelle Berechnung der Unterstützungspräferenzen durch die Elektrowerkzeuge AG und die Digital Production Logistics GmbH werden die Unterstützungsmöglichkeiten bestimmt. Hierzu wird ein gemeinsamer Workshop durchgeführt und die Unterstützungsmöglichkeiten durch Kombination der Präferenzwerte in das entwickelte Portfolio übertragen. Abbildung 5-5 stellt das resultierende Portfolio der Unterstützungsmöglichkeiten zwischen der Digital Production Logistics GmbH und der Elektrowerkzeuge AG dar. Im Ergebnis wird deutlich, dass lediglich in Bezug auf das interne Unternehmensnetzwerk (UA 2.2) keine Unterstützungsmöglichkeit im

Rahmen der Kooperation gegeben ist. Die weiteren Unterstützungsmöglichkeiten finden sich im selektiven, respektive primären Unterstützungsbereich wieder und stellen damit einen potenziellen Unterstützungsfokus der Kooperation dar.

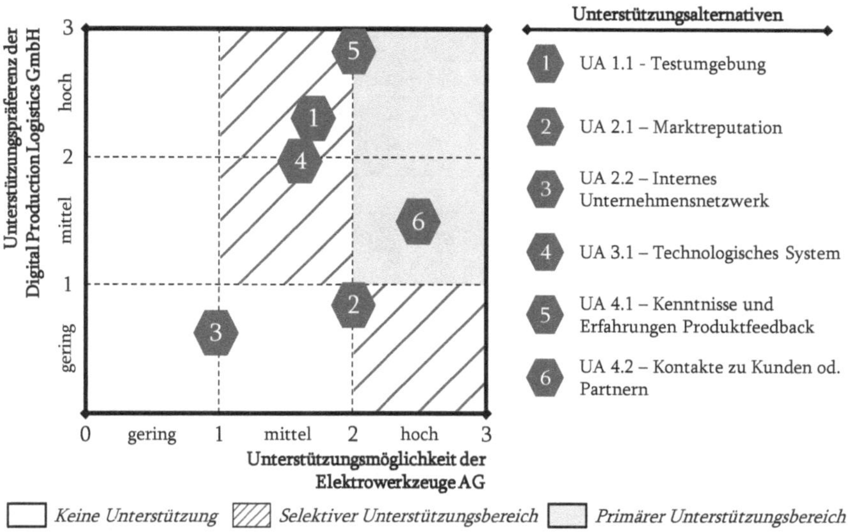


**Abbildung 5-5: Portfolio der Unterstützungsmöglichkeiten zwischen der Digital Production Logistics GmbH und der Elektrowerkzeuge AG**

Durch die Bestimmung der Unterstützungsmöglichkeiten wird die zweite Phase der Vorgehensweise im Zuge der Anwendung erfolgreich abgeschlossen. Dabei zeigt sich, dass neben einem Kooperationszielsystem auch Unterstützungsmöglichkeiten der Kooperation gegeben und die Elektrowerkzeuge AG und die Digital Production Logistics GmbH grundsätzlich für eine gemeinsame Kooperation geeignet sind.

### 5.2.3 Kooperationstypgestaltung, Unterstützungsfokusermittlung und Gestaltungsempfehlung

In der abschließenden dritten Phase der Anwendung der Methodik zur Gestaltung der Kooperation fokussieren die Elektrowerkzeuge AG und die Digital Production Logistics GmbH die Bestimmung sowie Gestaltung eines geeigneten Kooperationstyps und die darauf aufbauende Auswahl des Unterstützungsfokus. Die Durchführung des mehrtägigen Workshops zur Erarbeitung einer Gestaltungsempfehlung wird durch unabhängige und erfahrene Moderatoren begleitet.

Initial wird ausgehend von den aufgenommenen Erfolgspotenzialen der Elektrowerkzeuge AG und der Digital Production Logistics GmbH ein geeigneter Kooperationstyp bestimmt. Die Kombination der avisierten Erfolgspotenziale *Technologiezugang* sowie *Produktunsicherheit* resultiert im Kooperationstyp *gemeinsamen Technologieentwicklung*. Abbildung 5-6 stellt die Kooperationstypbestimmung illustrativ dar.

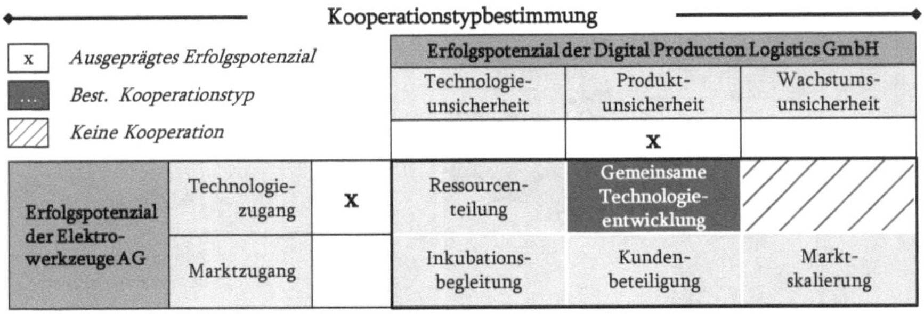


**Abbildung 5-6: Kooperationstypbestimmung auf Basis der Erfolgspotenziale**

Im Anschluss an die Kooperationstypbestimmung erfolgt die Ermittlung der Gestaltungsausprägungen auf Basis der zuvor aufgenommenen Kontextfaktoren. Die Grundlage hierfür bilden die erarbeiteten Gestaltungszusammenhänge der Kontextfaktoren und der Gestaltungsmerkmalausprägungen (vgl. Abschnitt 4.5.1.2). Weiterhin werden die aufgenommenen Kontextfaktoren wechselseitig gewichtet: Die Elektrowerkzeuge AG gewichtet die ausgeprägten Kontextfaktoren der Digital Production Logistics GmbH und umgekehrt (vgl. Anhang Abbildung A-6). Anschließend wird in einem gemeinsamen Vorgehen die Ausprägungsermittlung entsprechend der entwickelten Kooperationstypgestaltung durchgeführt. Die ausführliche Kalkulation zur Ausprägungsermittlung und die Ergebnisse werden in Abbildung A-7 im Anhang dargelegt.

Zur abschließenden Prüfung der Konsistenz der ermittelten Ausprägungen zum zuvor bestimmten Kooperationstyp wird unter Experteneinbindung ein Workshop zur Diskussion der Ergebnisse durchgeführt. Dafür wird die ermittelte Ausprägung und die primäre sowie alternative Ausprägungen für jedes Gestaltungsmerkmal des Kooperationstyps *Gemeinsame Technologieentwicklung* in die entwickelte Vorlage übertragen. Abbildung 5-7 illustriert die Konsistenzprüfung zur Kooperationstypgestaltung auf Basis des vorliegenden Kontextes. Dabei zeigte sich, dass die Ermittlung der Ausprägungen zwischen der Elektrowerkzeuge AG und Digital Production Logistics GmbH zu einer Inkonsistenz mit dem Kooperationstyp in Bezug auf das Gestaltungsmerkmal *Transaktionsform* führt, die weder durch eine primäre noch durch eine alternative

Ausprägung zu überwinden ist. Diese Inkonsistenz wird folglich in einem Workshop gemeinsam adressiert und hinsichtlich der Lösungsmöglichkeiten durch die Entscheider aus Corporate und Start-up diskutiert.

| Bestimmter Kooperationstyp |
|---|
| **Gemeinsame Technologieentwicklung** |

X *Idealtypische Ausprägung des Kooperationstyps*

X *Ermittelte Ausprägung*

... *Konsistente Ausprägung*

| | | Ermittelte Ausprägung | Primäre Ausprägung | Alternative Ausprägung |
|---|---|---|---|---|
| Kooperationsauftritt | **öffentlich** | X | X | |
| | verdeckt | | | |
| Funktionsbereiche | primär | | | |
| | unterstützend | | X | |
| | **übergreifend** | X | | X |
| Grad der tech. Unterstützung | niedrig | | | |
| | **moderat** | X | X | |
| | hoch | | | X |
| Kapitalbeteiligung | **ja** | X | X | |
| | nein | | | |
| Marktbearbeitung | lokal | | | |
| | **regional** | X | | X |
| | national | | X | |
| | international | | | X |

| | | Ermittelte Ausprägung | Primäre Ausprägung | Alternative Ausprägung |
|---|---|---|---|---|
| Marktverhältnis | horizontal | | | X |
| | **vertikal** | X | X | |
| | lateral | | | |
| Transaktionsform | Lizenzvertrag | X | | |
| | Contractual JV | | X | |
| | Managementvertrag | | | |
| | Equity-JV | | | X |
| | Equity-Beteiligung | | | |
| Strategische Logik | exploitativ | | | X |
| | **explorativ** | X | X | |
| Unterstützung des Corporates | dezidiert | | | |
| | **umfassend** | X | X | |
| Verwertung des Kooperationsoutputs | beschränkt | | | |
| | getrennt | | | X |
| | **gemeinsam** | X | X | |

**Abbildung 5-7: Kooperationstypgestaltung auf Basis des Kontextes**

Die Ermittlung der Gestaltungsausprägungen führt dazu, dass die Ausprägung *Lizenzvertrag* das Optimum von beiden Partnern darstellt. Allerdings würde die Wahl dieser Gestaltungsausprägung zu einer Inkonsistenz mit dem Kooperationstyp *Gemeinsame Technologieentwicklung* führen. Aus der individuellen Betrachtung folgt, dass die Digital Production Logistics GmbH bei gegebenem Kontext eine Equity-Beteiligung durch die Elektrowerkzeuge AG bevorzugt, wohingegen ein Equity-JV als Transaktionsform einen negativen Summenwert aufweist. Somit wird das Equity-JV als Transaktionsform zum Schutz des Start-ups ausgeschlossen. Die Elektrowerkzeuge AG will keine Equity-Beteiligung eingehen, da dies bedingt durch die fehlende Marktdurchdringung der Digital Production Logistics GmbH für sie mit einem zu hohen Risiko verbunden ist. Stattdessen präferiert sie eine Lizenzierung, um das Produkt der Digital

Production Logistics GmbH selbstständig weiterzuentwickeln. Bedingt durch den großen Bedarf zur Unterstützung der Produktentwicklung und den Anspruch, die Erkenntnisse aus der Kooperation für sich nutzen zu können, lehnt die Digital Production Logistics GmbH eine Lizensierung ab. Daraus folgend einigen sich die Kooperationspartner in der Verhandlung auf die Transaktionsform *Contractual JV* zur Gestaltung der Kooperation. Eine Kapitalbeteiligung der Elektrowerkzeuge AG ist damit ebenso möglich wie eine Lizenzierung des Produktes. Der Lösungskompromiss ist im Rahmen der Kooperationsgestaltung für beide Partner tragbar und wird als konsistente Kooperationstypgestaltung festgehalten.

Im letzten Schritt der Kooperationsgestaltung wird geprüft, ob ausgehend des Kooperationstyps *Gemeinsame Technologieentwicklung* ein Unterstützungsfokus für die Kooperation determiniert werden kann. Hierzu werden die ermittelten Unterstützungsmöglichkeiten aus dem Portfolio (vgl. Abbildung 5-5) in ihren übergeordneten Unterstützungsalternativen mit den Unterstützungsmöglichkeiten des Kooperationstyps verglichen. Die physischen Ressourcen umfassen UA 1.1, die immateriellen Vermögenswerte UA 2.1 sowie UA 2.2, die Technologien UA 3.1 sowie das Humankapital UA 4.1 und UA 4.2. Folglich besteht in den Kategorien Finanzielle Ressourcen sowie Organisationale Ressourcen kein Unterstützungsbedarf. Der Abgleich der Unterstützungsmöglichkeiten mit dem Kooperationstyp zeigt, dass der Fokus der Kooperation theoretisch in allen von der Digital Production Logistics GmbH priorisierten Bereichen möglich ist. Abbildung 5-8 fasst das Ergebnis zusammen.

**Legende**

- X *Bestimmter Kooperationstyp*
- ○ *Unterstützungsmöglichkeit des Kooperationstyp*
- ✓ *Unterstützungspräferenz des Anwenders*
- ✓○ *Potenzieller Unterstützungsfokus der Kooperation*

| Kooperationstyp | | Unterstützungsalternativen: Physische Ressourcen | Finanzielle Ressourcen | Techno-logien | Orga. Ressourcen | Immat. Vermögens-werte | Human-kapital |
|---|---|---|---|---|---|---|---|
| | Ressourcenteilung | ○ | ○ | | ○ | ○ | ○ |
| X | **Gem. Technologieentwicklung** | ✓○ | ○ | ✓○ | ○ | ✓○ | ✓○ |
| | Inkubationsbegleitung | | ○ | | ○ | ○ | ○ |
| | Kundenbeteiligung | ○ | ○ | ○ | ○ | ○ | ○ |
| | Marktskalierung | ○ | ○ | | ○ | ○ | ○ |

**Abbildung 5-8: Potenzieller Unterstützungsfokus der Kooperation zwischen der Elektrowerkzeuge AG und der Digital Production Logistics GmbH**

Da ein Kooperationsfokus in allen durch den Kooperationstyp ermöglichten Unterstützungsalternativen vor dem Hintergrund der Lebenszyklusphase der Digital Production

Logistics GmbH weder sinnvoll noch der Erzielung der Erfolgspotenziale förderlich ist, wird von den Kooperationspartnern eine Diskussion zur Auswahl des Kooperationsfokus geführt. Unter Zuhilfenahme des Portfolios der Unterstützungsmöglichkeiten (vgl. Abbildung 5-5) sowie unter Berücksichtigung der Kooperationsziele einigen sich die Elektrowerkzeuge AG und die Digital Production Logistics GmbH auf einen Unterstützungsfokus der Kooperation, welcher sich auf die *physischen Ressourcen* sowie das *Humankapital* beschränkt. Damit werden in der Kooperation die Unterstützungsmöglichkeiten der Testumgebung (UA 1.1), Kenntnisse und Erfahrungen für Produktfeedback (UA 4.1) sowie Kontakte zu Kunden oder Partnern (UA 4.2) fokussiert und in der Kooperation durch die Elektrowerkzeuge AG unterstützt.

Im Ergebnis führen die Bestimmung und Gestaltung des Kooperationstyps somit zu einer konsistenten Auslegung auf Basis der Erfolgspotenziale und des Kontextes. Weiterhin wird durch die Auswahl des Unterstützungsfokus gezeigt, dass der Kooperationstyp die Wahl des Unterstützungsfokus passend zu den Kooperationszielen ermöglicht. Damit resultiert die Kooperationsgestaltung zwischen der Elektrowerkzeuge AG und der Digital Production Logistics GmbH in *Gestaltungsszenario 1*: Eine Kooperationsgestaltung auf Basis der Erfolgspotenziale, der Kooperationsziele, des Kontextes sowie der Unterstützungsmöglichkeiten kann dementsprechend als vollständig konsistent empfohlen werden und bildet die Grundlage für weiterführende Verhandlungen über die Vertragsgestaltung zwischen den Kooperationspartnern.

## 5.3 Kritische Reflexion der Anwendungserfahrung

Die erfolgreiche Anwendung der Methodik lässt den Schluss zu, dass diese eine grundsätzlich zweckmäßige Unterstützung zur Gestaltung der Kooperation für Anwender aus Corporates und Start-ups darstellt. Insbesondere für die in der Praxis auftretenden Probleme des mangelnden gemeinsamen strategischen Horizontes der Kooperation, einer nicht auf die Zielerreichung ausgerichteten Unterstützung sowie einer Kooperationsgestaltung zum Nachteil des Start-ups wurden zielgerichtete Gestaltungsempfehlungen entwickelt. Zugleich wurde durch die Anwendungserfahrung verdeutlicht, inwiefern die entwickelte Methodik Potenziale zur Optimierung bietet. Hiernach werden die Ergebnisse der Anwendung reflektiert und Optimierungspotenziale diskutiert. Abschließend erfolgt die Prüfung der inhaltlichen und formalen Anforderungen.

Wie bei der Gewichtung der Kooperationsziele sowie der Kontextfaktoren für die Kooperationstypgestaltung gezeigt, wurde den Anwendern vor Bewertung das Gewichtungsintervall des Direct-Ratio-Verfahrens vorab dargelegt. Insofern wurde einem etwaigen Bandbreiteffekt bei der Bestimmung der Gewichte entgegengewirkt und der

Einsatz des Direct-Ratio-Verfahrens sichergestellt[800]. Alternativ könnte ein anderes Gewichtungsverfahren, wie insb. Trade-off- oder Swing-Verfahren, zur Bestimmung der Gewichte eingesetzt werden. Im Kontext der vorliegenden Arbeit stellt sich jedoch die Frage, inwiefern die Gewichtung unter Nutzung der alternativen Verfahren mit überschaubaren Mitteln durch den Anwender erfolgen kann.

Die entwickelte Methodik sieht die Definition der Unterstützungsalternativen durch das Start-up vor. In der Praxis weisen Start-ups jedoch häufig unvollständige bzw. mangelnde Erfahrungen in Bezug auf eine erfolgreiche Realisierung ihrer Innovationen und damit der Entwicklung der Organisation auf. So zeigt sich auch im Fallbeispiel, dass die formulierten Unterstützungsalternativen keine, über die aktuelle Zielstellung hinausgehende, Bedeutung für das Start-up haben. Dieser Umstand könnte durch die Formulierung von strategisch relevanten Unterstützungsalternativen für Start-ups gelöst werden. Voraussetzung hierfür wäre jedoch die Identifizierung von Kontextmerkmalen des Start-ups, die eine spezifische Zuordnung ermöglichen. Eine generische Formulierung von Unterstützungsalternativen würde dem Anspruch der Gültigkeit der Lösung für den Betrachtungsbereich nicht hinreichend genügen.

Die Anwendung der Methodik zeigt, dass auftretende Inkonsistenzen in der Kooperationstypgestaltung nicht zwangsläufig zur Beendigung der Kooperationsgestaltung führen. Stattdessen schafft die Methodik eine Grundlage zur Diskussion sowie zur bewussten Gestaltungsentscheidung zwischen den Kooperationspartnern. Wie auch in der Reflexion der Detaillierung diskutiert (vgl. Teilkapitel 4.6), kann die mangelnde Erfahrung auf Seiten des Start-ups oder des Corporates eine inkonsistente Ausprägung zur Folge haben. Durch mehrmalige Anwendung der Methodik steigt das Erfahrungswissen und die Interpretation der Summenwerte wird erleichtert. Das kumulierte Anwendungswissen kann somit in die Weiterentwicklung der Methodik einfließen. Jedoch werden stets die Diskussion sowie gemeinsame Gestaltungsentscheidung der Anwender das numerisch ermittelte Ergebnis überstimmen.

Im Anschluss an die kritische Reflexion der Anwendungserfahrung werden schließlich die inhaltlichen sowie formalen Anforderungen an die Methodik im Kontext der Anwendung überprüft. Die Aufnahme der Erfolgspotenziale und Kontextfaktoren zur Bestimmung und Gestaltung des Kooperationstyps wurde durch die Berücksichtigung von sowohl Corporate als auch Start-up gewährleistet. Durch die Auswahl der relevanten Kooperationsziele innerhalb der Lebenszyklusphase wurde die zeitpunktspezifi-

---

[800] Vgl. Eisenführ, Weber (2003), Entscheiden, S. 142

sche Charakterisierung der Kooperationsziele des Start-ups ermöglicht. Das Erfolgspotenzial des Corporates wiederum stellte die zeitpunktspezifische Charakterisierung der Kooperationsziele des Corporates sicher. Mittels Auswahl des Kooperationsfokus auf Basis der Unterstützungsmöglichkeiten wurde dafür Sorge getragen, dass das Corporate das Start-up in der Kooperation unterstützt. Ferner ermöglichte die Bestimmung der Erfolgspotenziale und des Unterstützungsfokus zur Kooperationszielerreichung die Auswahl eines diese Ziele unterstützenden Kooperationstyps. Schließlich wurde durch Einbindung von Anwendern aus Corporate und Start-up in die Gestaltung des Kooperationstyps sowie in die Auswahl des Unterstützungsfokus garantiert, dass die Kooperation nur unter dem Einfluss beider Kooperationspartner und damit bidirektional erfolgt. Resümierend bleibt damit festzuhalten, dass die inhaltlichen Anforderungen an die Methodik vollumfänglich erfüllt wurden (vgl. Unterkapitel 3.1.2).

Ebenso ist die vollständige Erfüllung der formalen Anforderungen an die Methodik festzustellen (vgl. Unterkapitel 3.1.1). So wurde durch die Anwendung der Methodik im Rahmen des Fallbeispiels gezeigt, dass die einzelnen Phasen der Kooperationsgestaltung eine hohe Konformität zur Realität aufweisen und damit empirisch richtig sind. Darüber hinaus wurde nachgewiesen, dass die Methodik übertragbar und die Partialmodelle jeweils in der Praxis reproduzierbar sind. Folglich ist die entwickelte Methodik auch formal richtig. Aus den Anwendungsergebnissen folgt, dass die Methodik ebenfalls dem Kriterium der Zweckbezogenheit gerecht wurde. Weiterhin wurde deutlich, dass die Methodik leicht anzuwenden ist und somit die Handhabbarkeit nachgewiesen. Schließlich zeigte sich, dass die Nutzung der Methodik auf Seiten der Anwender nur wenig Vorbereitung benötigt und auch bei der Durchführung mit einem geringen Aufwand verbunden ist.

Dem Ziel der Validierung entsprechend konnte durch die Anwendung an einem realen Fallbeispiel sowie die kritische Reflexion der Anwendungsergebnisse aufgezeigt werden, dass die Methodik einen praktischen Nutzen ermöglicht. In Verbindung mit der bestätigten Anwendbarkeit folgt daraus eine Nicht-Falsifikation der Ergebnisse dieser Arbeit. Gemäß der Strategie der angewandten Forschung stellt diese Forschungsarbeit keinen abgeschlossenen Prozess dar, sodass die diskutierten Potenziale zur Optimierung sowie Ansätze für anknüpfende Forschungsaktivitäten im Ausblick dieser Dissertation aufgegriffen und diskutiert werden.

# 6 Zusammenfassung, Reflexion und Ausblick

Entsprechend der *„Strategie angewandter Forschung"* nach ULRICH endet die vorliegende Dissertation dort, wo sie ihren Ursprung hat – in der Praxis. Im Anschluss an die praktische Validierung der entwickelten Methodik werden die gesammelten Erkenntnisse zusammengefasst und durch kritische Reflexion ein Resümee zur zukünftigen Beratung in der Praxis gezogen. Ferner wird hiervon ausgehend ein Ausblick auf zukünftige Forschungspotenziale gegeben. Ausgangspunkt dieser Arbeit stellte das in der Praxis zu beobachtende Scheitern von Kooperationen zwischen Technologiekonzernen und Technologie-Start-ups dar. So zeigte sich, dass vor allem die Definition eines gemeinsamen Planungshorizontes auf Basis geeigneter Kooperationsziele sowie die systematische Wahl und Gestaltung der Kooperationsform große Herausforderungen darstellen. Diese Herausforderungen werden durch die Abhängigkeit des Start-ups vom Kooperationspartner sowie eine mangelnde Fähigkeit des Technologiekonzerns zur Unterstützung des Start-ups zusätzlich verstärkt. In Summe führt dies häufig zu einem Scheitern aufgrund nicht erfüllbarer Erwartungshaltungen in der Kooperation.

In diesem Zusammenhang bestand die Zielsetzung der vorliegenden Dissertation in der Entwicklung einer Methodik zur Gestaltung der Kooperation zwischen Technologiekonzernen und Start-ups. Das Kernstück der erarbeiteten Methodik repräsentieren die Ermittlung und Gestaltung eines Kooperationstyps unter Berücksichtigung der partnerindividuellen Erfolgspotenziale und Kontextbedingungen sowie die dazu kongruente Bestimmung des Unterstützungsfokus. Die Anwendung der Methodik befähigt Technologiekonzern und Start-up, eine qualifizierte Entscheidung zur Gestaltung ihrer Kooperation zu treffen, um damit die jeweilige Wettbewerbsposition zu verbessern.

Auf Basis dieser Zielsetzung wurden in Kapitel 1 zunächst die Forschungskonzeption, der initiale heuristische Bezugsrahmen des Forschungsvorhabens sowie der Aufbau der Arbeit dargelegt. In Kapitel 2 erfolgte neben der begrifflichen sowie inhaltlichen Abgrenzung von Corporates als Technologiekonzerne und Start-ups auch die Erläuterung theoretischer Grundlagen der Kooperation. Dabei wurde insbesondere ein theoretischer Bezugsrahmen zur Entstehung und Gestaltung von Kooperationen geschaffen sowie darüber hinaus etablierte Kooperationsformen vorgestellt. Hieran anschließend wurde der Betrachtungsbereich der Arbeit mit der Kooperation als Objekt, der Kooperationsgestaltung als Prädikat und den Corporates sowie den Start-ups als Untersuchungssubjekte eingegrenzt. Die anschließende Analyse und kritische Würdigung wissenschaftlicher Arbeiten ermöglichten einerseits die Positionierung der vorliegenden Arbeit und andererseits die Identifizierung theoretischer Defizite.

Ausgehend von der praktischen Zielstellung sowie der ermittelten Defizite in der Theorie erfolgte in Kapitel 3 die Ableitung inhaltlicher Anforderungen an die Methodik. Durch Ergänzung um formale Anforderungen sowie um Grundlagen der Konzeption wurde die Basis zur Entwicklung eines Grobkonzepts der Methodik geschaffen. Dabei bildet neben der Modellierungs- vor allem die Systemtheorie das wissenschaftlich-formale Gerüst zur Konzeption. Aufbauend auf den Erkenntnissen der theoretisch-inhaltlichen Grundlagen wurde das Grobkonzept der Methodik erarbeitet. Die fünf konzeptionierten Partialmodelle wurden in Kapitel 4 detailliert.

Den Ausgangspunkt für die Detaillierung der Methodik zur Gestaltung von Kooperationen stellt die Kenntnis der übergeordneten Zielstellung sowie der Kontextbedingungen der Kooperationspartner dar. Dafür wurden in einem ersten Schritt Erfolgspotenziale sowie Kontextfaktoren der Kooperation von Corporates und Start-ups identifiziert und im Hinblick auf die grundlegende Bedeutung beschrieben (vgl. Teilkapitel 4.1). Hiernach wurden in einem zweiten Schritt die Kooperationsziele von Start-ups charakterisiert. Einerseits diente diese Charakterisierung der strukturierten Ermittlung von geeigneten Start-up Zielen, andererseits wurde damit die Basis zur Überwindung der asymmetrischen Beziehung der Kooperation durch Fokussierung der Start-up-Ziele gelegt. Aufbauend auf dieser Charakterisierung erfolgte in Teilkapitel 4.3 die Bestimmung der Unterstützungsmöglichkeiten der Kooperation. Mittels einer additiven Präferenzfunktion wurde ein Entscheidungsmodell erarbeitet. Ferner wurde ein Portfolio zur Visualisierung der Entscheidungssituation entwickelt. Im Zuge des vierten Partialmodells fokussierte die Detaillierung die Bestimmung spezifischer Kooperationstypen. Dem Anspruch nach zielunterstützenden Kooperationstypen folgend wurden die Erfolgspotenziale von Corporates und Start-ups als Merkmale zur Bildung der Typologie definiert. Weiterhin wurde im Anschluss an die Typenbildung der Gestaltungsraum hergeleitet sowie durch Identifizierung von Inkonsistenzen die Beschreibung und grafische Darstellung der Typen ermöglicht. Schließlich erfolgte in Teilkapitel 4.5 die Entwicklung eines Modells zur Auswahl und Gestaltung des Kooperationstyps sowie zur Bestimmung des zu wählenden Unterstützungsfokus. Die Beschreibung des Vorgehens zur Anwendung des Gestaltungsmodells komplettierte die Entwicklung der Methodik und beschließt die Detaillierung.

Das fünfte Kapitel diente der Validierung der erarbeiteten Methodik anhand eines anonymen Fallbeispiels. Die Grundlage hierfür bildete die Anbahnung einer Kooperation zwischen der Elektrowerkzeuge AG als Corporate, bzw. Technologiekonzern und der Digital Production Logistics GmbH als Start-up. Auf die Beschreibung der praktischen Anwendung folgend wurden die erzielten Ergebnisse hinsichtlich der dieser Arbeit zu Grunde liegenden Zielsetzungen sowie Anforderungen diskutiert und kritisch reflektiert. Im Ergebnis zeigte sich, dass eine Gestaltungsempfehlung gegeben und die Methodik damit erfolgreich angewendet werden konnte.

Basierend auf der Anwendungserfahrung ist zu konstatieren, dass die entwickelte Methodik eine Gestaltung der Kooperation zwischen Corporates und Start-ups maßgeblich unterstützt und dabei insbesondere Start-ups befähigt werden, die Kooperation orientiert an ihre positive Entwicklung auszurichten. Die charakterisierten Kooperationstypen befähigen die Anwender zur Kooperationsgestaltung ausgehend von ihrer Kontextsituation und stellen durch ihre Gestalt einen Lösungsbaustein zur Überwindung der strukturellen Asymmetrie der Kooperationspartner dar. Ausdrücklich hervorzuheben ist dabei, dass die stringente Fokussierung der Start-up-Kooperationsziele sowie die Bestimmung der Unterstützungsmöglichkeiten vor dem Hintergrund der limitierten Fähigkeiten und Ressourcen die Entwicklung des Start-ups unterstützen. Auf diese Weise wird der Anwender dazu befähigt, die Gestaltung der Kooperation unter Unterstützung durch das Corporate vorzunehmen. Zugleich werden Corporate und Start-up durch die Erfolgspotenziale sowie die Ermittlung der Gestaltungsausprägungen gleichberechtigt in die Kooperationsgestaltung eingebunden. Im Ergebnis trägt die entwickelte Methodik maßgeblich dazu bei, die Gestaltung und Aufnahme einer Kooperation nur dann zu verfolgen, wenn beide Partner eine Verbesserung der Wettbewerbsposition erreichen und zugleich die gemeinsame Evolution durch Unterstützung des Start-ups gefördert wird.

Die kritische Auseinandersetzung mit der Anwendungserfahrung der Methodik offenbart im Hinblick auf die getroffene Eingrenzung des Betrachtungsbereichs Limitationen der erarbeiteten Lösung. Aus diesen Limitationen ergibt sich weiterer Forschungsbedarf. So bedingt die Fokussierung der Gestaltungsphase im Kooperationsprozess, dass die Neuausrichtung der Kooperation nach Kooperationszielerreichung nicht betrachtet wird. Folglich ist in einem zukünftigen Forschungsvorhaben zu untersuchen, welche Optionen der Weiterentwicklung einer Kooperation bestehen. Hierbei müssen sowohl die Erfolgspotenziale als Maßstab zur Bewertung der Kooperation inkludiert als auch geeignete Ko-Entwicklungspfade von Corporates und Start-ups ausgearbeitet werden. Nach initialer Gestaltung der Kooperation ist weiterhin keine Möglichkeit zur

Anpassung im Rahmen der Durchführung vorgesehen. Dafür ist ein Modell zu entwickeln, welches während der operativen Durchführung der Kooperation prüft, ob die Auswahl des Unterstützungsfokus nach wie vor zu den Bedarfen des Start-ups passt. Es gilt einerseits zu prüfen, ob die Unterstützung durch das Corporate in der Art die Zielerreichung des Start-ups unterstützt. Andererseits muss kritisch evaluiert werden, ob die, zumeist auf Hypothesen basierenden, Unterstützungsalternativen des Start-ups auch tatsächlich zur Zielerreichung beitragen. Bezugnehmend auf die grundlegende Annahme, dass die Entwicklung des Start-ups im Vordergrund der Kooperation steht, ist ferner ein Forschungsbedarf nach Berücksichtigung der Zielerreichung und Entwicklung des Corporates abzuleiten. Dies ermöglicht die Erweiterung der Bestimmung der Unterstützungsmöglichkeiten durch Integration der Kooperationsziele sowie Unterstützungsalternativen von Corporates. Folglich unterstützt nicht nur das Corporate das Start-up in seiner Zielerreichung, sondern erfährt reziprok auch das Corporate vom Start-up Unterstützung. Alternativ kann auch ein Modell zur Generierung eines kollektiven Zielsystems und zur Bestimmung einer redistributiven Fähigkeits- und Ressourcenbasis die Grundlage der Kooperation darstellen. Darauf aufbauend zeigt sich in der Validierung weiterhin das Potenzial zur vertieften Exploration der gestaltungsrelevanten Kontextfaktoren der Kooperation zwischen Corporates und Start-ups. Hierdurch ist eine weitaus spezifischere Kooperationsgestaltung möglich. Dafür kann neben einer theoriegeleiteten Ausarbeitung insbesondere die empirische Untersuchung und Bewertung des Einflusses der Kontextfaktoren auf die Kooperation unterstützen. In diesem Zusammenhang bergen die Kooperationstypen ebenfalls Potenzial zur weiteren Untersuchung. So stellen die stark generalisierten Gestaltungsmerkmale eine Limitation hinsichtlich der Differenzierung einer möglichen Kooperation dar. Zukünftige Forschungsaktivitäten müssen mittels empirischer Überprüfung des Gestaltungsraums die Validität der Kooperationstypen belegen sowie die Wirkungsbeziehungen zu den Kontextbedingungen evaluieren. Dies spezifiziert die Gestaltung der Kooperation zwischen Corporates und Start-ups und schafft den Rahmen zu einer inhaltlich fokussierten sowie für beide Partner erfolgreichen Kooperation.

# 7 Literaturverzeichnis

*Abegglen, C.; Bleicher, K.*, Das Konzept Integriertes Management - Visionen - Missionen - Programme, 10., vollst. akt. u. erw. Aufl., Campus Verlag, Frankfurt, New York, 2021.

*Abernathy, W.; Utterback, J.*, Patterns of industrial innovation, Technology review, Nr. 7, 80. Jg., 1978, S. 41-47.

*Abraham, M.; Büschges, G.*, Einführung in die Organisationssoziologie, 4. Aufl., VS Verl. für Sozialwiss, Wiesbaden, 2009.

*Achleitner, A.-K.; Braun, R.*, Entrepreneurial Finance, In: Faltin, G. (Hrsg.): Handbuch Entrepreneurship, Springer Gabler, Wiesbaden, 2018, S. 319-342.

*Adizes, I.*, Organizational passages—Diagnosing and treating lifecycle problems of organizations, Organizational Dynamics, 1979, S. 3-25.

*Akerlof, G.*, The Market for "Lemons": Quality Uncertainty and the Market Mechanism, The Quarterly Journal of Economics, Nr. 3, 84. Jg., 1970, S. 488-500.

*Albers, A.; Lohmeyer, Q.*, Advanced Systems Engineering - Towards a Model-Based and Human-Centered Methodology, Proceedings of TMCE 2012, 2012, S. 407-416.

*Albers, S.; Gassmann, O.*, Technologie-und Innovationsmanagement, In: Albers, S.; Gassmann, O. (Hrsg.): Handbuch Technologie- und Innovationsmanagement - Strategie - Umsetzung - Controlling, Gabler Verlag, Wiesbaden, 2005, S. 3-23.

*Alchian, A.; Demsetz, H.*, Production, information costs, and economic organization, The American economic review, Nr. 5, 62. Jg., 1972, S. 777-795.

*Alchian, A.; Demsetz, H.*, The Property Right Paradigm, The Journal of Economic History, Nr. 1, 33. Jg., 1973, S. 16-27.

*Allmendinger, M.; Berger, E.*, Selecting Corporate Firms for Collaborative Innovation - Entrepreneurial Decision Making in Asymmetric Partnerships, International Journal of Innovation Management, Nr. 01, 24. Jg., 2020, S. 1-34.

*Amit, R.; Schoemaker, P.*, Strategic assets and organizational rent, Strategic Management Journal, Nr. 1, 14. Jg., 1993, S. 33-46.

*Ansoff, H.*, Strategic issue management, Strategic Management Journal, Nr. 2, 1. Jg., 1980, S. 131-148.

*Antlitz, A.*, Unternehmensgrenzen und Kooperationen - Make-cooperate-or-buy im Zusammenspiel von Kompetenz- und Strategieentwicklung, Deutscher Universitätsverlag, Wiesbaden, 1999.

*Arnold, U.*, Strategische Allianzen in der Industrie, In: Olesch, G. (Hrsg.): Kooperation im Wandel - Zur Bedeutung und Entwicklung der Verbundgruppen ; Jubiläumsschrift anläßlich des 50-jährigen Bestehens des Zentralverbandes Gewerblicher Verbundgruppen e.V., ZGV, Dt. Fachverl., Frankfurt am Main, 1998, S. 55-82.

*Artner, S.; Kreutzer, K.*, Investieren in Startups - Überblick und Investmentformen, In: Artner, S.; Kreutzer, K. (Hrsg.): Startup Investing - Praxishandbuch für Investorinnen und Investoren, Linde; EBSCO Publ, Wien, Ibswich, Mass., 2019, S. 1-22.

*Audretsch, D.; Lehmann, E.*, Financing High-Tech Growth: The Role of Banks and Venture Capitalists, Schmalenbach Business Review, Nr. 4, 56. Jg., 2004, S. 340-357.

*Australian Renewable Energy Agency*, (Hrsg.), Commercial Readiness Index for Renewable Energy Sectors, 2014. https://arena.gov.au/assets/2014/02/Commercial-Readiness-Index.pdf [Stand: 17.04.2023].

*Backhaus, K.; Erichson, B.; Gensler, S.; Weiber, R.; Weiber, T.*, Einführung in die empirische Datenanalyse, In: Backhaus, K.; Erichson, B.; Gensler, S.; Weiber, R.; Weiber, T. (Hrsg.): Multivariate Analysemethoden - Eine anwendungsorientierte Einführung, 16., vollst. überarb. u. erw. Aufl., Springer Gabler, Wiesbaden, 2021, S. 1-60.

*Backhaus, K.; Erichson, B.; Gensler, S.; Weiber, R.; Weiber, T.*, Kontingenzanalyse, In: Backhaus, K.; Erichson, B.; Gensler, S.; Weiber, R.; Weiber, T. (Hrsg.): Multivariate Analysemethoden - Eine anwendungsorientierte Einführung, 16., vollst. überarb. u. erw. Aufl., Springer Gabler, Wiesbaden, 2021, S. 383-411.

*Backhaus, K.; Piltz, K.*, Strategische Allianzen - eine neue Form kooperativen Wettbewerbs?, In: Backhaus, K.; Piltz, K. (Hrsg.): Strategische Allianzen, Verl.-Gruppe Handelsblatt, Düsseldorf, 1990, S. 1-10.

*Baier, W.; Pleschak, F.*, Marketing und Finanzierung junger Technologieunternehmen - Den Gründungserfolg sichern, Gabler Verlag, Wiesbaden, 1996.

*Bailey, K. D.*, Typologies and taxonomies - An introduction to classification techniques, [Nachdr.], Sage Publ, Thousand Oaks, Calif., 1994.

*Bandulet, F.*, Finanzierung technologieorientierter Unternehmensgründungen - Wirtschaftshistorische und institutionenökonomische Erklärungsansätze von Schumpeter bis Williamson, Deutscher Universitätsverlag, Wiesbaden, 2005.

*Barg, S. J.*, Kontextbezogene Auslegung von Produktbaukästen, Ergebnisse aus der Produktionstechnik; Bd. 13/2018, Apprimus Verlag, Aachen, 2018. – Zugl.: Aachen, Techn. Hochsch., Diss., 2017.

*Barney, J.*, Firm Resources and Sustained Competitive Advantage, Journal of Management, Nr. 1, 17. Jg., 1991, S. 99-120.

*Barney, J. B.*, Gaining and Sustaining Competitive Advantage, 4. Auflage, Pearson Education Limited, Harlow, 2013. Pearson New International Edition.

*Barringer, B.; Harrison, J.*, Walking a Tightrope: Creating Value Through Interorganizational Relationships, Journal of Management, Nr. 3, 26. Jg., 2000, S. 367-403.

*Barton, A.*, The concept of property-space in social research, In: Lazarsfeld, P.; Rosenberg, M. (Hrsg.): The Language of Social Research., Free Press, New York, 1955, S. 40-53.

*Basu, B.; Ghosh, S.*, Assessment of Technology and Manufacturing Readiness Levels, In: Basu, B.; Ghosh, S. (Hrsg.): Biomaterials for Musculoskeletal Regeneration, Springer Singapore, Singapore, 2017, S. 235-246.

*Bauernhansl, T.*, Bewertung von Synergiepotenzialen im Maschinenbau, Deutscher Universitätsverlag, Wiesbaden, 2003. – Zugl.: Aachen, Techn. Hochsch., Diss., 2002.

*Bauernhansl, T.; Hompel, M.* ten; *Vogel-Heuser, B.*, Industrie 4.0 in Produktion, Automatisierung und Logistik - Anwendung, Technologien, Migration, Springer Vieweg, Wiesbaden, 2014.

*Baum, H.*, Morphologie der Kooperation als Grundlage für das Konzept der Zwei-Ebenen-Kooperation, 1. Aufl., Gabler, Wiesbaden, 2011. – Zugl.: Chemnitz, Techn. Univ., Diss., 2008.

*Beck, T. C.*, Kosteneffiziente Netzwerkkooperation - Optimierung komplexer Partnerschaften zwischen Unternehmen, Dt. Univ.-Verl.; Gabler, Wiesbaden, 1998. – Zugl.: Stuttgart, Univ., Diss., 1998.

*Becker, J.*, Marketing-Konzeption - Grundlagen des ziel-strategischen und operativen Marketing-Managements, 10., überarb. und erw. Aufl., Vahlen, München, 2013.

*Becker, W.; Ulrich, P.; Botzkowski, T.; Fibitz, A.; Stradtmann, M.*, Kooperationen zwischen Mittelstand und Start-up-Unternehmen, Springer Fachmedien Wiesbaden, Wiesbaden, 2018.

*Bender, B.; Gericke, K.*, Entwickeln der Anforderungsbasis: Requirements Engineering, In: Bender, B.; Gericke, K. (Hrsg.): Pahl/Beitz Konstruktionslehre, Springer, Berlin, Heidelberg, 2021, S. 169-209.

*Benkenstein, M.; Stenglin, A.* von, Die Besonderheiten des Gründungsmarketings für Technologieunternehmen, In: Freiling, J.; Kollmann, T. (Hrsg.): Entrepreneurial Marketing, Gabler, Wiesbaden, 2008, S. 185-199.

*Berman, S.*, Digital transformation: opportunities to create new business models, Strategy & Leadership, Nr. 2, 40. Jg., 2012, S. 16-24.

*Bertoni, F.; Colombo, M.; Grilli, L.*, Venture capital investor type and the growth mode of new technology-based firms, Small Business Economics, Nr. 3, 40. Jg., 2013, S. 527-552.

*Bidlingmaier, J.*, Unternehmerziele und Unternehmerstrategien, Gabler Verlag, Wiesbaden, 1964.

*Bidlingmaier, J.; Jacobi, H.; Uherek, E. W.*, Absatzpolitik und Distribution, Gabler Verlag, Wiesbaden, 1967.

*Binder, V. A.; Kantowsky, J.*, Technologiepotentiale - Neuausrichtung der Gestaltungsfelder des Strategischen Technologiemanagements, Deutscher Universitätsverlag, Wiesbaden, s.l., 1996.

*Birke, F.*, Technologische Kompetenz und Erfolg junger Unternehmen - Eine Analyse der Einflussfaktoren, 1., neue Ausg, Betriebswirtschaftlicher Verlag Gabler, Wiesbaden, 2011. Zugl.: Berlin, Techn. Univ., Diss., 2010.

*Blank, S.*, Why the Lean Start-up Changes Everything, Harvard Business Review, Nr. 91, 2013, S. 63-72.

*Blank, S. G.; Dorf, B.*, The startup owner's manual - The step-by-step guide for building a great company, K & S Ranch, Pescadero, Calif., 2012.

*Bleicher, K.; Hermann, R.*, Joint-Venture-Management - Erweiterung des eigenen strategischen Aktionsradius, Schäffer Verl. für Wirtschaft und Steuern; Verl. Neue Zürcher Zeitung, Stuttgart, Zürich, 1991.

*Bogott, N.; Rippler, S.; Woischwill, B.*, Phasen von Startups, In: Bogott, N.; Rippler, S.; Woischwill, B. (Hrsg.): Im Startup die Welt gestalten - Wie Jobs in der Gründerszene funktionier-en, Springer Gabler, Wiesbaden, 2017, S. 111-119.

*Bolz, A. E.*, Innovation, Kooperation und Erfolg junger Technologieunternehmungen - Konzept, Panelstudie, Gestaltungsempfehlungen, 1. Aufl., Gabler, Wiesbaden, 2008. – Zugl.: Hannover, Univ., Diss., 2007.

*Borchert, J.; Goos, P.; Hagenhoff, S.*, Empirische Erhebung zum Innovationsmanagement in Netzwerken - Eine explorative Studie bei innovativen DAX und MDAX Unternehmen, Georg-August-Universität Inst. f. Wirtschaftsinformatik WI2, Göttingen, 2005.

*Bouncken, R. B.*, Organisationale Metakompetenzen - Theorie, Wirkungszusammenhänge, Ausprägungsformen und Identifikation, Deutscher Universitätsverlag, Wiesbaden, 2003. – Zugl.: Lüneburg, Univ., Habil.-Schr., 2002.

*Bowman, C.; Asch, D.*, Strategic Management, Macmillan Education UK, London, 1987.

*Bräuner, T.; Schneider, D.*, Make-or-Buy-Portfolios für die Wahl zwischen Insourcing und Outsourcing, In: Schneider, D.; Pflaumer, P. (Hrsg.): Power Tools - Management-, Beratungs- und Controllinginstrumente, Gabler Verlag, Wiesbaden, 2001, S. 83-90.

*Breiing, A.; Knosala, R.*, Bewerten technischer Systeme - Theoretische und methodische Grundlagen bewertungstechnischer Entscheidungshilfen, Springer, Berlin, Heidelberg, 1997.

*Brettel, M.; Heinemann, F.; Sander, T.; Spieker, M.; Strigel, M.; Weiß, K.*, Erfolgreiche Unternehmerteams - Teamstruktur - Zusammenarbeit - Praxisbeispiele, 1. Aufl., Gabler, Wiesbaden, 2009.

*Brigl, M.; Gross-Selbeck, S.; Dehnert, N.; Simon, S.; Schmieg, F.*, After the Honeymoon Ends - Making Corporate-Startup Relationships Work, Boston Consulting Group, 2019. https://www.bcg.com/publications/2019/corporate-startup-relationships-work-after-honeymoon-ends [Stand: 06.05.2023].

*Brinckmann, J.*, Competence of top management teams and the success of new technology-based firms - A theoretical and empirical analysis concerning competencies of entrepreneurial teams and the development of their ventures, 1. Aufl., Deutscher Universitäts-Verlag, Wiesbaden, 2007. – Zugl.: Berlin, Techn. Univ., Diss., 2006.

*Brinkrolf, A.*, Managementunterstützung durch Venture-Capital-Gesellschaften, Deutscher Universitätsverlag, Wiesbaden, 2002. – Zugl.: St. Gallen, Univ., Diss., 2002.

*Bronder, C.; Pritzl, R.*, Ein konzeptioneller Ansatz zur Gestaltung und Entwicklung Strategischer Allianzen, In: Bronder, C. (Hrsg.): Wegweiser für strategische Allianzen - Meilen- und Stolpersteine bei Kooperationen, Frankfurter Allgemeine Zeitung; Gabler, Frankfurt am Main, Wiesbaden, 1992, S. 15-46.

*Bruderl, J.; Schussler, R.*, Organizational Mortality: The Liabilities of Newness and Adolescence, Administrative Science Quarterly, Nr. 3, 35. Jg., 1990, S. 530-547.

*Bruhn, M.*, Kooperationen im Dienstleistungssektor - Grundlagen - Ansätze - Perspektiven, In: Zentes, J.; Swoboda, B.; Morschett, D. (Hrsg.): Kooperationen, Allianzen und Netzwerke - Grundlagen - Ansätze - Perspektiven, Gabler Verlag, Wiesbaden, 2003, S. 1181-1206.

*Brunner, J.*, The Good, the Bad and the Ugly of Corporate-Startup Partnerships, In: Weber, J.; Elz, A. (Hrsg.): Corporate-Startup-Partnerschaften, Springer, Berlin, Heidelberg, 2022, S. 47-56.

*Bruns, M.*, Systemtechnik - Ingenieurwissenschaftliche Methodik zur interdisziplinaren Systementwicklung, Springer, Berlin, Heidelberg, 1991.

*Bülow, S.*, Netzwerk-Organisation für Allfinanzanbieter - Ein organisationstheoretischer Vorschlag auf Grundlage der Neuen Institutionenökonomie, Dt. Univ.-Verl.; Gabler, Wiesbaden, 1995. – Zugl.: Berlin, Techn. Univ., Diss., 1995.

*Bundesministerium der Justiz* (Hrsg.), § 267 Umschreibung der Größenklassen, Handelsgesetzbuch, 2022. https://www.gesetze-im-internet.de/hgb/__267.html

*Burr, W.; Musil, A.; Stephan, M.; Werkmeister, C.*, Unternehmensführung - Strategien der Gestaltung und des Wachstums von Unternehmen, Vahlen, München, 2005.

*Burr, W.; Stephan, M.; Werkmeister, C.*, Unternehmensführung - Strategien der Gestaltung und des Wachstums von Unternehmen, 2., vollst. überarb. u. erw. Aufl., Vahlen, München, 2012.

*Buse, S.*, Wettbewerbsvorteile durch Kooperationen - Erfolgsvoraussetzung für Biotechnologieunternehmen, Deutscher Universitätsverlag, Wiesbaden, 2000. – Zugl.: Hamburg, Univ., Diss., 2000.

*Byers, T. H.; Dorf, R. C.; Nelson, A. J.*, Technology ventures - From idea to enterprise, 4. ed., internat. student ed., McGraw-Hill Education, New York, NY, 2015.

*Callahan, J.; Lasry, E.*, The importance of customer input in the development of very new products, R and D Management, Nr. 2, 34. Jg., 2004, S. 107-120.

*Carlsson, B.; Stankiewicz, R.*, On the Nature, Function and Composition of Technological Systems, In: Carlsson, B. (Hrsg.): Technological Systems and Economic Performance: The Case of Factory Automation, Springer, Dordrecht, 1995, S. 21-56.

*Casadesus-Masanell, R.; Ricart, J.*, From Strategy to Business Models and onto Tactics, Long range planning, Nr. 2-3, 43. Jg., 2010, S. 195-215.

*Chen, S.-J.; Hwang, C.-L.*, Fuzzy Multiple Attribute Decision Making, Springer, Berlin, Heidelberg, 1992.

*Chesbrough, H. W.*, Open innovation - The new imperative for creating and profiting from technology, Harvard Business School Press, Boston, Mass., 2003.

*Coase, R.*, The Nature of the Firm, Economica, Nr. 16, 4. Jg., 1937, S. 386-405.

*Colombo, M.; Murtinu, S.*, Venture Capital Investments in Europe and Portfolio Firms' Economic Performance: Independent Versus Corporate Investors, Journal of Economics & Management Strategy, Nr. 1, 26. Jg., 2017, S. 35-66.

*Conti, A.; Thursby, M.; Rothaermel, F.*, Show Me the Right Stuff: Signals for High-Tech Startups, Journal of Economics & Management Strategy, Nr. 2, 22. Jg., 2013, S. 341-364.

*Criscuolo, P.; Nicolaou, N.; Salter, A.*, The elixir (or burden) of youth? Exploring differences in innovation between start-ups and established firms, Research Policy, Nr. 2, 41. Jg., 2012, S. 319-333.

*Cyert, R. M.; March, J. G.*, A behavioral theory of the firm, Prentice-Hall, Englewood Cliffs, N.J., 1963.

*Dahm, M.; Thorenz, D.*, Kooperation statt Konfrontation - Vertrauen und Kontrolle in zwischenbetrieblichen Kooperationen, zfo – Zeitschrift Führung + Organisation, Nr. 2, 79. Jg., 2010, S. 82-89.

*Danneels, E.*, The dynamics of product innovation and firm competences, Strategic Management Journal, Nr. 12, 23. Jg., 2002, S. 1095-1121.

*Das, T.; He, I.*, Entrepreneurial firms in search of established partners: review and recommendations, International Journal of Entrepreneurial Behavior & Research, Nr. 3, 12. Jg., 2006, S. 114-143.

*Das, T.; Teng, B.-S.*, A Resource-Based Theory of Strategic Alliances, Journal of Management, Nr. 1, 26. Jg., 2000, S. 31-61.

*Das, T.; Teng, B.-S.*, A social exchange theory of strategic alliancesCooperative strategies and alliances, Pergamon, an imprint of Elsevier Science, 2002, Amsterdam, 2002.

*Demsetz, H.*, Toward a theory of property rights, The American economic review, Nr. 2, 57. Jg., 1967, S. 347-359.

*Denoo, L.; Yli-Renko, H.; Clarysse, B.*, The impact of customer ties and industry segment maturity on business model adaptation in an emerging industry, Strategic Entrepreneurship Journal, Nr. 3, 16. Jg., 2022, S. 602-632.

*Deshpande, R.*, "Paradigms Lost": On Theory and Method in Research in Marketing, Journal of Marketing, Nr. 4, 47. Jg., 1983, S. 101-110.

*Despres, C.*, Clients, consultants and the social cognition of organizational change, Strategic Change, Nr. 1, 3. Jg., 1994, S. 29-44.

*Diehm, J.*, Controlling in Start-up-Unternehmen - Praxisbuch für junge Unternehmen und Existenzgründungen, Springer Gabler, Wiesbaden, 2014.

*Dörner, K.; Flötotto, M.; Henz, T.; Stralin, T.*, You can't buy love - Reimagining corporate-startup partnerships in the DACH region, McKinsey online, 2020. https://www.mckinsey./capabilities/mckinsey-digital/our-insights/cant-buy-love-corporate-start-up-partnerships-in-the-dach-region [Stand: 16.04.2023].

*Doty, D.; Glick, W.*, Typologies as a Unique Form of Theory Building: Toward Improved Understanding and Modeling, The Academy of Management Review, Nr. 2, 19. Jg., 1994, S. 230-251.

*Doty, D.; Glick, W.;* Huber G., Fit, Equifinality, and Organizational Effectiveness: A Test of Two Configurational Theories, Academy of Management Journal, Nr. 6, 36. Jg., 1993, S. 1196-1250.

*Doz, Y.*, Technology Partnerships between Larger and Smaller Firms: Some Critical Issues, International Studies of Management & Organization, Nr. 4, 17. Jg., 1987, S. 31-57.

*Drews, H.*, Instrumente des Kooperationscontrollings - Anpassung bedeutender Controllinginstrumente an die Anforderungen des Managements von Unternehmenskooperationen, Deutscher Universitätsverlag, Wiesbaden, 2001. – Zugl.: Trier, Univ., Diss., 2000.

*Duden*, Das Fremdwörterbuch - Auf der Grundlagen der aktuellen amtlichen Rechtschreibregeln, 11., vollst. überarb. u. akt. Aufl., Dudenverlag, Berlin, 2015.

*Duschek, S.*, Innovation in Netzwerken - Renten - Relationen - Regeln, Deutscher Universitätsverlag, Wiesbaden, 2002. – Zugl.: Berlin, Freie Univ., Diss., 2001.

*Duschek, S.; Sydow, J.*, Ressourcenorientierte Ansätze des strategischen Managements - Zwei Perspektiven auf Unternehmungskooperation, WiSt - Wirtschaftswissenschaftliches Studium, Nr. 8, 31. Jg., 2002, S. 426-431.

*Dussauge, P.; Garrette, B.*, Determinants of Success in International Strategic Alliances: Evidence from the Global Aerospace Industry, Journal of International Business Studies, Nr. 3, 26. Jg., 1995, S. 505-530.

*Dyer, J.; Singh, H.*, The Relational View: Cooperative Strategy and Sources of Interorganizational Competitive Advantage, The Academy of Management Review, Nr. 4, 23. Jg., 1998, S. 660.

*Ebertz, P.*, Kooperation als Instrument des strategischen Risikomanagements, Arbeitspapiere 54, IfG, Münster, 2006.

*Eggers, T.; Engelbrecht, A.*, Kooperation - Gründe und Typologisierung, In: Wiendahl, H.-P. (Hrsg.): Erfolgreich kooperieren - Best-Practice-Beispiele ausgezeichneter Zusammenarbeit, Physica-Verlag, Heidelberg, 2005, S. 1-12.

*Ehrlenspiel, K.; Meerkamm, H.*, Integrierte Produktentwicklung - Denkabläufe, Methodeneinsatz, Zusammenarbeit, 5., überarb. und erw. Aufl., Hanser, München, 2013.

*Eisenbeis, U.*, Ziele, Zielsysteme und Zielkonfigurationen von Medienunternehmen - Ein Beitrag zur Realtheorie der Medienunternehmen, Hampp, München, 2007. Zugl.: Saarbrücken, Univ., Diss., 2007.

*Eisenführ, F.; Weber, M.*, Rationales Entscheiden, Springer, Berlin, Heidelberg, 1993.

*Eisenführ, F.; Weber, M.*, Rationales Entscheiden, 4. neu bearb. Auflage, Springer, Berlin, Heidelberg, 2003.

*Eisenhardt, K.; Martin, J.*, Dynamic capabilities: what are they?, Strategic Management Journal, Nr. 10-11, 21. Jg., 2000, S. 1105-1121.

*Eisenhardt, K.; Schoonhoven, C.*, Resource-based View of Strategic Alliance Formation: Strategic and Social Effects in Entrepreneurial Firms, Organization Science, Nr. 2, 7. Jg., 1996, S. 136-150.

*Engelen, A.*, Marktorientierung junger Unternehmen - Einflussgrößen und Wirkung im interkulturellen Vergleich zwischen Deutschland, Thailand und Indonesien, 1. Aufl., Deutscher Universitäts-Verlag, Wiesbaden, 2007. – Zugl.: Aachen, RWTH, Diss., 2007.

*Engels, B.; Röhl, K.-H.*, Start-ups und Mittelstand - Potenziale und Herausforderungen von Kooperationen, IW-Analyse: Nr. 134, Institut der deutschen Wirtschaft Köln Medien GmbH, Köln, 2019.

*Eppler, M.; Platts, K.*, Visual Strategizing, Long range planning, Nr. 1, 42. Jg., 2009, S. 42-74.

*Ermisch, R.*, Management strategischer Kooperationen im Bereich Forschung und Entwicklung - Eine empirische Untersuchung von Technologieunternehmen in Deutschland und den USA, 1. Aufl., Deutscher Universitäts-Verlag, Wiesbaden, 2007. – Zugl.: Karlsruhe, Techn. Univ., Diss., 2007.

*Etemad, H.; Wright, R.; Dana, L.*, Symbiotic International Business Networks: Collaboration between Small and Large Firms, Thunderbird International Business Review, Nr. 4, 43. Jg., 2001, S. 481-499.

*Euchner, J.*, Emerging Models for Corporate Innovation, Research-Technology Management, Nr. 1, 59. Jg., 2016, S. 56-60.

*Eversheim, W.; Liestmann, V.; Winkelmann, K.*, Anwendungspotenziale ingenieurwissenschaftlicher Methoden für das Service Engineering, In: Bullinger, H.-J.; Scheer, A.-W. (Hrsg.): Service Engineering, Springer-Verlag, Berlin/Heidelberg, 2006, S. 423-442.

*Faria, P. de; Lima, F.; Santos, R.*, Cooperation in innovation activities: The importance of partners, Research Policy, Nr. 8, 39. Jg., 2010, S. 1082-1092.

*Fettke, P.; Loos, P.*, Methoden zur Wiederverwendung von Referenzmodellen – Übersicht und Taxonomie, In: Becker, J. (Hrsg.): Referenzmodellierung 2002 - Methoden - Modelle - Erfahrungen, Inst. für Wirtschaftsinformatik, Münster, 2002, S. 9-34.

*Flamholtz, E.*, Managing organizational transitions: Implications for corporate and human resource management, European Management Journal, Nr. 1, 13. Jg., 1995, S. 39-51.

*Flamholtz, E. G.; Randle, Y.*, Growing Pains - Building Sustainably Successful Organizations, 5th ed., John Wiley & Sons Incorporated, Somerset, 2015.

*Fontanari, M.*, Kooperationsgestaltungsprozesse in Theorie und Praxis, Betriebswirtschaftliche Schriften: H. 138, Duncker & Humblot, Berlin, 1996. – Zugl.: Trier, Univ., Diss., 1994.

*Freiling, J.; Harima, J.*, Entrepreneurship - Gründung und Skalierung von Startups, Springer Gabler, Wiesbaden, 2019.

*Frerking, M.; Beauchamp, P.*, JPL technology readiness assessment guideline2016 IEEE Aerospace Conference, IEEE, 2016, S. 1-10.

*Friese, M.*, Kooperation als Wettbewerbsstrategie für Dienstleistungsunternehmen, Deutscher Universitätsverlag, Wiesbaden, 1998. – Zugl.: Hohenheim, Univ., Diss., 1998.

*Fuchs, M.; Apfelthaler, G.*, Management internationaler Geschäftstätigkeit, 2., vollst. überarb. und erw. Aufl., Springer, Wien, 2009.

*Fueglistaller, U.; Müller, C.; Volery, T.*, Entrepreneurship - Modelle, Umsetzung, Perspektiven; mit Fallbeispielen aus Deutschland, Österreich und der Schweiz, 2., überarb. und erw. Aufl., Gabler, Wiesbaden, 2008.

*Furubotn, E.; Pejovich, S.*, Property rights and economic theory - A survey of recent literature, Journal of economic literature, Nr. 4, 10. Jg., 1972, S. 1137-1162.

*Galbraith, J.*, The Stages of Growth, Journal of Business Strategy, Nr. 1, 3. Jg., 1982, S. 70-79.

*Gälweiler, A.; Malik, F.*, Strategische Unternehmensführung, 3. Auflage, Campus Verlag, Frankfurt, New York, 2005.

*Gassmann, O.; Enkel, E.*, Towards a Theory of Open Innovation - Three Core Process Archetypes, R&D Management Conference (RADMA) 2004, 2004, S. 1-18.

*Gausemeier, J.; Fink, A.; Schlake, O.*, Scenario Management - An Approach to Develop Future Potentials, Technological Forecasting and Social Change, Nr. 2, 59. Jg., 1998, S. 111-130.

*Gausemeier, J.; Pfänder, T.; Lehner, A.-C.*, Strategische Unternehmensführung mit Szenario-Management, In: Spath, D.; Westkämper, E.; Bullinger, H.-J.; Warnecke, H.-J. (Hrsg.): Neue Entwicklungen in der Unternehmensorganisation, Springer, Berlin, Heidelberg, 2017, S. 97-109.

*George, N. M.*, Entrepreneurial Opportunity Exploitation for New Venture Performance, Luleå University of Technology, Diss., 2018.

*Gericke, K.; Bender, B.; Pahl, G.; Beitz, W.; Feldhusen, J.; Grote, K.-H.*, Der Produktentwicklungsprozess, In: Bender, B.; Gericke, K. (Hrsg.): Pahl/Beitz Konstruktionslehre, Springer, Berlin, Heidelberg, 2021, S. 57-93.

*Gerpott, T. J.*, Strategisches Technologie- und Innovationsmanagement, 2., überarbeitete und erweiterte Auflage, Schäffer-Poeschel Verlag, Stuttgart, 2005.

*Gerybadze, A.*, Strategic alliances and process redesign - Effective management and restructuring of cooperative projects and networks, de Gruyter Studies in Organization; Bd. 59, Walter de Gruyter, Berlin etc., 1995.

*Giardino, C.; Unterkalmsteiner, M.; Paternoster, N.; Gorschek, T.; Abrahamsson, P.*, What Do We Know about Software Development in Startups?, IEEE Software, Nr. 5, 31. Jg., 2014, S. 28-32.

*Gimmy, G.; Kanbach, D.; Stubner, S.; Konig, A.; Enders, A.* (2017), What BMW's Corporate VC Offers That Regular Investors Can't. URL: https://hbr.org/2017/07/what-bmws-corporate-vc-offers-that-regular-investors-cant [Stand: 07.03.2023].

*Glock, C.; Jaber, M.; Zolfaghari, S.*, Production planning for a ramp-up process with learning in production and growth in demand, International Journal of Production Research, Nr. 20, 50. Jg., 2012, S. 5707-5718.

*Glücksman, S.*, Entrepreneurial experiences from venture capital funding: exploring two-sided information asymmetry, Venture Capital, Nr. 4, 22. Jg., 2020, S. 331-354.

*Göcke, L.*, Geschäftsmodellentwicklung im Spannungsfeld multinationaler Unternehmen - Fallstudie zur Elektromobilität in der Automobilindustrie, Springer Gabler, Wiesbaden, 2016. – Zugl.: Clausthal, Techn. Univ., Diss., 2015.

*Graf, L.; Mockel, P.; Nedayvoda, A.*, Deep Tech Solutions for Emerging Markets, Emerging Markets Compass, Note 94, 2020, S. 1-8.

*Graham, S.; Merges, R.; Samuelson, P.; Sichelman, T.*, High Technology Entrepreneurs and the Patent System: Results of the 2008 Berkeley Patent Survey, Berkeley Technology Law Journal, Nr. 4, 24. Jg., 2009, S. 1255-1327.

*Grant, R.*, The Resource-Based Theory of Competitive Advantage: Implications for Strategy Formulation, California Management Review, Nr. 3, 33. Jg., 1991, S. 114-135.

*Grant, R.; Baden-Fuller, C.*, A Knowledge-based Theory Of Inter-Firm Collaboration, Academy of Management Proceedings, Nr. 1, 1995, S. 17-21.

*Grant, R. M.*, Contemporary strategy analysis, Tenth Edition, Wiley, Hoboken, NJ, 2019.

*Greco, S.; Figueira, J.; Ehrgott, M.*, Multiple Criteria Decision Analysis, Springer New York, New York, NY, 2005.

*Greiner, L.*, Evolution and Revolution as Organizations Grow, In: Asch, D. (Hrsg.): Readings in strategic management, Macmillan, Basingstoke, 1989, S. 373-387.

*Greve, H.*, Exploration and exploitation in product innovation, Industrial and Corporate Change, Nr. 5, 16. Jg., 2007, S. 945-975.

*Grimaldi, R.; Grandi, A.*, Business incubators and new venture creation: an assessment of incubating models, Technovation, Nr. 2, 25. Jg., 2005, S. 111-121.

*Grimpe, C.; Murmann, M.; Sofka, W.*, Organizational design choices of high-tech startups: How middle management drives innovation performance, Strategic Entrepreneurship Journal, Nr. 3, 13. Jg., 2019, S. 359-378.

*Grochowski, E.; Warschat, J.; Dasher, R.*, The impact of collaboration with big companies on entrepreneurial technology innovation2016 Portland International Conference on Management of Engineering and Technology (PICMET), IEEE, 2016, S. 410-419.

*Groote, J. de; Backmann, J.*, Initiating Open Innovation Collaborations between Incumbents and Startups - How can David and Goliath Get Along?, International Journal of Innovation Management, Nr. 02, 24. Jg., 2020, S. 1-33.

*Grosse-Oetringhaus, W. F.*, Fertigungstypologie unter dem Gesichtspunkt der Fertigungsablaufplanung, Betriebswirtschaftliche Forschungsergebnisse; Bd.65, Duncker & Humblot, Berlin, 1974.

*Grunewald, M.*, Planung von Milkruns in der Beschaffungslogistik der Automobilindustrie - Ein Ansatz zur Integration von Bestandsmanagement und Tourenplanung, Springer Fachmedien Wiesbaden, Wiesbaden, 2015. – Zugl.: Braunschweig, Techn. Univ., Diss., 2014.

*Grunwald, W.*, Konflikt - Konkurrenz - Kooperation: Eine theoretisch-empirische Konzeptanalyse, In: Grunwald, W.; Lilge, H.-G. (Hrsg.): Kooperation und Konkurrenz in Organisationen, Haupt, Stuttgart, 1981, S. 50-96.

*Guba, E.; Lincoln, Y.*, Competing Paradigms in Qualitative Research, In: Denzin, N. K.; Lincoln, Y. S. (Hrsg.): Handbook of Qualitative Research, 1st ed., Sage Publ, Thousand Oaks, 1994, S. 105-117.

*Guggemoos, P. G.*, Unterstützung der Unternehmensentwicklung junger wachstumsorientierter Technologieunternehmen durch Venture Capital-Gesellschaften in der Betreuungsphase, Springer, Dordrecht, 2012.

*Günterberg, B.; Wolter, H.-J.*, Unternehmensgrößenstatistik 2001/2002 - Daten und Fakten, Inst. für Mittelstandsforschung, Bonn, 2002.

*Gupta, V.; Rubalcaba, L.; Fernandez-Crehuet, J.; Pereira, L.*, Innovation Through Startup Collaboration - Build a Relationship With Your Peer Startups, IEEE Engineering Management Review, Nr. 3, 49. Jg., 2021, S. 126-135.

*Gutenberg, E.*, Grundlagen der Betriebswirtschaftslehre, Springer, Berlin, Heidelberg, 1970.

*Gutmann, T.; Lang, C.*, Unlocking the Magic of Corporate-Startup Collaboration: How to Make It Work, IEEE Engineering Management Review, Nr. 2, 50. Jg., 2022, S. 19-25.

*Haberfellner, R.; Weck, O.* de; *Fricke, E.; Vössner, S.*, Systems Engineering - Grundlagen und Anwendung, 12., völlig neu bearb. und erw. Aufl., Orell Füssli, Zürich, 2012.

*Haberfellner, R.; Weck, O.* de; *Fricke, E.; Vössner, S.*, Systems Engineering - Fundamentals and Applications, Birkhäuser, Cham, 2019.

*Hadeler, T.; Arentzen, U.*, Gabler Wirtschafts-Lexikon, Gabler Verlag, Wiesbaden, 2000.

*Haedrich, G.; Jenner, T.*, Strategische Erfolgsfaktoren in Konsumgütermärkten, Die Unternehmung, Nr. 1, 50. Jg., 1996, S. 13-26.

*Hagenhoff, S.*, Kooperationen: Grundtypen und spezielle Ausprägungsformen, Arbeitsbericht Nr. 4/2004, Hrsg.: Matthias Schumann, Georg-August-Universität Inst. f. Wirtschaftsinformatik WI2, Göttingen, 2004.

*Hagenloch, T.; Söhnchen, W.*, Entscheidungstheoretische Grundlagen, 1. Aufl., Service-Agentur des HDL, Brandenburg, 2006.

*Hahn, C.*, Teil I Einführung, In: Hahn, C. (Hrsg.): Finanzierung von Start-up-Unternehmen, 2., vollst. akt. u. überarb. Aufl., Springer Gabler, Wiesbaden, 2018, S. 3-15.

*Hahn, C.*, Teil II Die Finanzierung von Start-ups, In: Hahn, C. (Hrsg.): Finanzierung von Start-up-Unternehmen, 2., vollst. akt. u. überarb. Aufl., Springer Gabler, Wiesbaden, 2018, S. 19-81.

*Hahn, C.; Naumann, D.*, Teil III Finanzierungs-/Gründungsphasen, In: Hahn, C. (Hrsg.): Finanzierung von Start-up-Unternehmen, 2., vollst. akt. u. überarb. Aufl., Springer Gabler, Wiesbaden, 2018, S. 85-236.

*Hahn, D.*, Zweck und Entwicklung der Portfolio-Konzepte in der strategischen Unternehmungsplanung, In: Hahn, D.; Taylor, B. (Hrsg.): Strategische Unternehmungsplanung / Strategische Unternehmungsführung, Physica-Verlag HD, Heidelberg, 1990, S. 221-253.

*Hahn, D.; Hungenberg, H.*, PuK - Planung und Kontrolle, Planungs- und Kontrollsysteme, Planungs- und Kontrollrechnung: PuK ; wertorientierte Controllingkonzepte ; Unternehmungsbeispiele von DaimlerChrysler AG, Stuttgart, Siemens AG, München, Franz Haniel & Cie. GmbH, Duisburg, 6., vollst. überarb. und erw. Aufl., Gabler, Wiesbaden, 2001.

*Hambrick, D.*, Taxonomic Approaches to Studying Strategy: Some Conceptual and Methodological Issues, Journal of Management, Nr. 1, 10. Jg., 1984, S. 27-41.

*Hamel, G.; Prahalad, C. K.*, Competing for the future, Harvard Business School Press, Boston, Mass., 1994.

*Hanks, S.*, The Organization Life Cycle - Integrating Content and Process, Journal of Small Business Strategy, Nr. 1, 1. Jg., 1990, S. 1-12.

*Hashai, N.; Markovich, S.*, Market Entry by High Technology Startups: The Effect of Competition Level and Startup Innovativeness, Strategy Science, Nr. 3, 2. Jg., 2017, S. 141-160.

*Heinen, E.*, Das Zielsystem der Unternehmung, Die Betriebswirtschaft in Forschung und Praxis; Bd. 1, Gabler Verlag, Wiesbaden, 1966.

*Heinen, E.*, Zum Wissenschaftsprogramm der entscheidungsorientierten Betriebswirtschaftslehre, Journal of business economics, Nr. 4, 39. Jg., 1969, S. 207-220.

*Heinen, E.*, Einführung in die Betriebswirtschaftslehre, Gabler Verlag, Wiesbaden, 1992.

*Heinrich, L. J.; Riedl, R.; Stelzer, D.*, Informationsmanagement - Grundlagen, Aufgaben, Methoden, 11., vollst. überarb. Aufl., De Gruyter Oldenbourg, Berlin, 2014.

*Hering, T.; Vincenti, A. J. F.; Gerbaulet, D.*, Unternehmensgründung, 2., vollständig überarbeitete und erweiterte Auflage, De Gruyter Oldenbourg, Berlin, Boston, 2018.

*Hess, T.*, Netzwerkcontrolling - Instrumente und ihre Werkzeugunterstutzung, Deutscher Universitätsverlag, Wiesbaden, 2002. – Zugl.: Göttingen, Univ., Habil.-Schr., 2001.

*Heupel, T.*, Produkt-/Unternehmenslebenszyklus, In: Jäger, C.; Heupel, T. (Hrsg.): Management Basics - Grundlagen der Betriebswirtschaftslehre – dargestellt im Unternehmenslebenszyklus, Springer Gabler, Wiesbaden, 2020, S. 9-16.

*Hilchner, R.*, Typenorientiertes Lösungsraum-Management in der Fabrikplanung, Ergebnisse aus der Produktionstechnik; Bd. 2012,13, 1. Aufl., Apprimus-Verl., Aachen, 2012. – Zugl.: Aachen, Techn. Hochsch., Diss., 2012.

*Hilse, H.; Susemihl, I.*, Erfolgreiche Kooperationen von Corporates und Start-ups - Wie David und Goliath gemeinsam die Geschäfte von morgen entwickeln, Organisationsentwicklung, Nr. 1, 37. Jg., 2018, S. 18-24.

*Hofer, C. W.; Schendel, D.*, Strategy formulation - Analytical concepts, West Publishing Company, St. Paul, 1978.

*Höft, U.*, Lebenszykluskonzepte - Grundlage für das strategische Marketing- und Technologiemanagement, Schmidt, Berlin, 1992. Zugl.: Berlin, Freie Univ., Diss.

*Hogenhuis, B.; van den Hende, E.; Hultink, E.*, When Should Large Firms Collaborate with Young Ventures?, Research-Technology Management, Nr. 1, 59. Jg., 2016, S. 39-47.

*Hogenhuis, B.; van den Hende, E.; Hultink, E.*, Unlocking the Innovation Potential in Large Firms Through Timely and Meaningful Interactions with Young Ventures, International Journal of Innovation Management, Nr. 01, 21. Jg., 2017, S. 1-29.

*Holtbrügge, D.; Welge, M. K.*, Internationales Management - Theorien, Funktionen, Fallstudien, 6., vollständig überarbeitete Auflage, Schäffer-Poeschel Verlag Stuttgart, Stuttgart, 2015.

*Hora, W.; Gast, J.; Kailer, N.; Rey-Marti, A.; Mas-Tur, A.*, David and Goliath: causes and effects of coopetition between start-ups and corporates, Review of Managerial Science, Nr. 2, 12. Jg., 2018, S. 411-439.

*Hub, H.; Fischer, K.; Reinstadler, F.; Demske, I.; Henkel, P.; Hecker, R.; Müller, F.; Siegert, W.; Ebert, G.*, Unternehmensführung im Industriebetrieb, Gabler Verlag, Wiesbaden, 1990.

*Huber, W.*, Industrie 4.0 kompakt – Wie Technologien unsere Wirtschaft und unsere Unternehmen verändern - Transformation und Veränderung des gesamten Unternehmens, Springer Gabler, Wiesbaden, 2018.

*Hümmer, B.*, Strategisches Management von Kernkompetenzen im Hyperwettbewerb - Operationalisierung kernkompetenzorientierten Managements für dynamische Umfeldbedingungen, 1. Aufl., Dt. Univ.-Verl.; Gabler, Wiesbaden, 2001. Zugl.: Regensburg, Univ., Diss., 2001.

*Hungenberg, H.*, Strategisches Management in Unternehmen - Ziele – Prozesse –Verfahren, 8., aktualisierte Aufl., Springer Gabler, Wiesbaden, 2014.

*Hungenberg, H.; Wulf, T.*, Grundlagen der Unternehmensführung, 5., aktualisierte Aufl., Springer, Berlin, Heidelberg, 2015.

*Hutzschenreuter, T.*, Allgemeine Betriebswirtschaftslehre - Grundlagen mit zahlreichen Praxisbeispielen. 6., überarb. Aufl., Springer Gabler, Wiesbaden, 2015.

*Hwang, C.-L.; Yoon, K.*, Multiple Attribute Decision Making - Methods and Applications, Springer, Berlin, Heidelberg, 1981.

*Iwamoto, T.*, Management of Deep Technology Startups in Japan, 2018 Portland International Conference on Management of Engineering and Technology (PICMET), IEEE, 2018, S. 1-3.

*James, B.*, The theory of the corporate life cycle, Long range planning, Nr. 2, 6. Jg., 1973, S. 68-74.

*Jansen, S. A.*, Mergers & Acquisitions - Unternehmensakquisitionen und -kooperationen, 6., überarb. und erw. Aufl., Springer Gabler, Wiesbaden, 2016.

*Javidan, M.*, Core competence: What does it mean in practice?, Long range planning, Nr. 1, 31. Jg., 1998, S. 60-71.

*Jene, S.*, Die faire Verteilung von Effizienzgewinnen in Kooperationen - Eine kritische Analyse der Eignung des τ-Werts und des χ-Werts, Springer Gabler, Wiesbaden, 2015. – Zugl.: Duisburg, Essen, Univ., Diss., 2014.

*Jensen, M.; Meckling, W.*, Theory of the firm: Managerial behavior, agency costs and ownership structure, Journal of Financial Economics, Nr. 4, 3. Jg., 1976, S. 305-360.

*Jockisch, M.; Rosendahl, J.*, Klassifikation von Modellen, In: Bandow, G.; Holzmüller, H. H. (Hrsg.): "Das ist gar kein Modell!" - Unterschiedliche Modelle und Modellierungen in Betriebswirtschaftslehre und Ingenieurwissenschaften, Gabler, Wiesbaden, 2009, S. 23-52.

*Joia, L.; Malheiros, R.*, Strategic alliances and the intellectual capital of firms, Journal of Intellectual Capital, Nr. 4, 10. Jg., 2009, S. 539-558.

*Jolly, D.*, The issue of weightings in technology portfolio management, Technovation, Nr. 5, 23. Jg., 2003, S. 383-391.

*Jolly, D.*, Development of a two-dimensional scale for evaluating technologies in high-tech companies: An empirical examination, Journal of Engineering and Technology Management, Nr. 2, 29. Jg., 2012, S. 307-329.

*Jung, S.*, Cooperating with Start-ups as a Strategy: Towards Corporate Entrepreneurship and Innovation, In: Presse, A.; Terzidis, O. (Hrsg.): Technology Entrepreneurship, Springer International Publishing, Cham, 2018, S. 283-298.

*Kaats, E.; Opheij, W.*, Collaboration: A Fundamental Capability in Society and Organizations, In: Kaats, E.; Opheij, W. (Hrsg.): Creating Conditions for Promising Collaboration, Springer, Berlin, Heidelberg, 2014, S. 7-35.

*Kallfaß, H. H.*, Großunternehmen und Effizienz, Wirtschaftspolitische Studien; H.79, Vandenhoeck & Ruprecht, Göttingen, 1990.

*Kaminski, S.*, Die regionale Clustermarke - Konzept strategischer Markenführung, 1. Aufl., Gabler, Wiesbaden, 2009. Zugl.: Chemnitz, Techn. Univ., Diss., 2008.

*Kanbach, D.; Stubner, S.*, Corporate accelerators as recent form of startup engagement - The what, the why, and the how, The journal of applied business research, Nr. 6, 32. Jg., 2016, S. 1761-1776.

*Kandolf, T.*, Geschäftsmodellentwicklung für Start-up Unternehmen, In: Granig, P.; Hartlieb, E.; Lingenhel, D. (Hrsg.): Geschäftsmodellinnovationen - Vom Trend zum Geschäftsmodell, Springer Gabler, Wiesbaden, 2016, S. 79-91.

*Kariv, D.*, Start-Up and Small Business Life, In: Carayannis, E. G. (Hrsg.): Encyclopedia of Creativity, Invention, Innovation and Entrepreneurship, Springer, New York, NY, 2013, S. 1734-1742.

*Katila, R.; Rosenberger, J.; Eisenhardt, K.*, Swimming with Sharks: Technology Ventures, Defense Mechanisms and Corporate Relationships, Administrative Science Quarterly, Nr. 2, 53. Jg., 2008, S. 295-332.

*Kazanjian, R.*, Relation of Dominant Problems to Stages Growth in Technology-based New Ventures, Academy of Management Journal, Nr. 2, 31. Jg., 1988, S. 257-279.

*Kazanjian, R.; Drazin, R.*, A stage-contingent model of design and growth for technology based new ventures, Journal of Business Venturing, Nr. 3, 5. Jg., 1990, S. 137-150.

*Keller, M.*, Management und Gestaltung von Strategischen Allianzen unter besonderer Berücksichtigung der Funktionen und der Architektur von Anreiz- und Management-Development-Systemen, Univ. Diss., Hamburg, 2004.

*Khamseh, H.; Jolly, D.*, Knowledge transfer in alliances: determinant factors, Journal of Knowledge Management, Nr. 1, 12. Jg., 2008, S. 37-50.

*Killich, S.*, Formen der Unternehmenskooperation, In: Becker, T.; Dammer, I.; Howaldt, J.; Loose, A. (Hrsg.): Netzwerkmanagement, 3., überarb. u. erw. Aufl., Springer, Berlin, Heidelberg, 2011, S. 13-22.

*Kim, J.; Mahoney, J.*, Property rights theory, transaction costs theory, and agency theory: an organizational economics approach to strategic management, Managerial and Decision Economics, Nr. 4, 26. Jg., 2005, S. 223-242.

*Kirchner, E.*, Werkzeuge und Methoden der Produktentwicklung - Von der Idee zum erfolgreichen Produkt, Springer Vieweg, Berlin, Heidelberg, 2020.

*Klandt, H.*, Unternehmenslebensphasen und ihre erfolgreiche Gestaltung, In: Steinle, C.; Schumann, K. (Hrsg.): Gründung von Technologieunternehmen - Merkmale - Erfolg - empirische Ergebnisse, Gabler Verlag, Wiesbaden, 2003, S. 99-114.

*Klandt, H.*, Gründungsmanagement - Business Plan als zentrales Instrument für die Gründungsplanung, 2nd ed., De Gruyter, München, 2006.

*Klappert, S.; Schuh, G.; Aghassi, S.*, Einleitung und Abgrenzung, In: Schuh, G.; Klappert, S. (Hrsg.): Technologiemanagement, Handbuch Produktion und Management 2; Bd. 2, Springer, Berlin, Heidelberg, 2011, S. 5-10.

*Klocke, B.*, Unternehmens- und Netzwerkentwicklung in High-Tech-Sektoren - Entwicklungsgeschwindigkeit deutscher Nanotechnologie-Start-ups, Betriebswirtschaftslehre fiir Technologie und Innovation; Bd. 45, Deutscher Universitätsverlag, Wiesbaden, 2004. – Zugl.: Berlin, Techn. Univ., Diss., 2004.

*Kluge, S.*, Empirisch begründete Typenbildung - Zur Konstruktion von Typen und Typologien in der qualitativen Sozialforschung, Leske & Budrich, Opladen, 1999. – Zugl.: Bremen, Univ., Diss., 1998.

*Kluge, S.*, Empirisch begründete Typenbildung in der qualitativen Sozialforschung, Forum Qualitative Sozialforschung / Forum: Qualitative Social Research, Nr. 1, 1. Jg., 2000.

*Knaese, B.*, Kernkompetenzen im strategischen Management von Banken - Der "Resource-besed-view" in Kreditinstituten, Deutscher Universitätsverlag, Wiesbaden, 1996. – Zugl.: Köln, Univ., Diplomarbeit, 1995.

*Knoblich, H.*, Betriebswirtschaftliche Warentypologie, Beiträge zur betriebswirtschaftlichen Forschung; Bd. 32, VS Verlag für Sozialwissenschaften, Wiesbaden, 1969. – Zugl.: Erlangen, Nürnberg, Univ., Habil.-Schrift, 1969.

*Koberg, C.; Sarason, Y.; Rosse, J.*, A taxonomic approach to studying high-technology firms: Deciphering the tower of babel, The Journal of High Technology Management Research, Nr. 1, 7. Jg., 1996, S. 15-34.

*Kohler, T.*, Corporate accelerators: Building bridges between corporations and startups, Business Horizons, Nr. 3, 59. Jg., 2016, S. 347-357.

*Koller, H.; Langmann, C.; Untiedt, H.*, Das Management von Innovationsnetzwerken in verschiedenen Phasen - Erkenntnisse und offene Forschungsfelder, In: Wojda, F. (Hrsg.): Innovative Kooperationsnetzwerke, Hochschulgruppe Arbeits- und Betriebsorganisation: HAB-Forschungsbericht; Bd. 16, 1. Aufl., Dt. Univ.-Verl., Wiesbaden, 2006.

*Kollmann, T.; Kleine-Stegemann, L.; Then-Bergh, C.; Harr, M.; Hirschfeld, A.; Gilde, J.; Walk, V.*, Deutscher Startup Monitor 2021 - Nie war mehr möglich, Oktober 2021. https://startup-verband.de/fileadmin/startupverband/mediaarchiv/research/dsm/dsm_2021.pdf [Stand: 06.05.2023].

*Kommission der Europäischen Gemeinschaften*, Empfehlung der Komission betreffend die Definition der Kleinstunternehmen sowie der kleinen und mittleren Unternehmen, Amtsblatt der Europäischen Union, 6. Mai 2003. https://eur-lex.europa.eu/legal-content/DE/TXT/?uri=OJ:L:2003:124:TOC

*Kosiol, E.*, Die Unternehmung als wirtschaftliches Aktionszentrum - Einführung in die Betriebswirtschaftslehre, Rowohlt, Reinbek bei Hamburg, 1972.

*Kosow, H.; Gaßner, R.*, Methoden der Zukunfts- und Szenarioanalyse - Überblick, Bewertung und Auswahlkriterien, WerkstattBericht Nr. 103, IZT, Berlin, 2008.

*Kosslyn, S. M.*, Graph design for the eye and mind, Oxford Univ. Press, Oxford, 2006.

*Kraege, R.*, Controlling strategischer Unternehmungskooperationen - Aufgaben, Instrumente und Gestaltungsempfehlungen, Schriften zum Management; Bd. 9, Hampp, München, 1997. Zugl.: Hannover, Univ., Diss., 1996.

*Kreutzer, R.*, Methodik zur Bestimmung der Nutzenpotenziale von Felddaten cyber-physischer Systeme, Ergebnisse aus der Produktionstechnik; Bd. 3/2019, 1. Auflage, Apprimus Verlag, Aachen, 2019. – Zugl.: Aachen, Techn. Hochsch., Diss., 2018.

*Kreutzer, R. T.*, Praxisorientiertes Marketing - Grundlagen – Instrumente – Fallbeispiele, 4., vollst. überarb. u. erw. Aufl., Springer Gabler, Wiesbaden, 2013.

*Kubicek, H.*, Heuristische Bezugsrahmen und heuristisch angelegte Forschungsdesigns als Elemente einer Konstruktionsstrategie empirischer Forschung, In: Köhler, R. (Hrsg.): Empirische und handlungstheoretische Forschungskonzeptionen in der Betriebswirtschaftslehre - Bericht über d. Tagung in Aachen, März 1976, 1. Aufl., Poeschel, Stuttgart, 1977.

*Kuckartz, U.*, Typenbildung, In: Mey, G.; Mruck, K. (Hrsg.): Handbuch Qualitative Forschung in der Psychologie - Bd 2: Designs und Verfahren, 2., erw. u. überarb. Aufl., Springer, Wiesbaden, 2020, S. 795-812.

*Kuckertz, A.*, Management: Corporate Entrepreneurship, Springer Gabler, Wiesbaden, 2017.

*Kühnapfel, J. B.*, Prognosen für Start-up-Unternehmen, 2., verb. Aufl., Springer Gabler, Wiesbaden, 2019.

*Kulicke, M.; Krupp, H.*, The formation, relevance and public promotion of new technology-based firms, Technovation, Nr. 1, 6. Jg., 1987, S. 47-56.

*Kupsch, P.*, Unternehmungsziele, Uni-Taschenbücher; Bd. 861, Fischer, Stuttgart, 1979.

*Kurpjuweit, S.; Wagner, S.*, Startup Supplier Programs: A New Model for Managing Corporate-Startup Partnerships, California Management Review, Nr. 3, 62. Jg., 2020, S. 64-85.

*Kutschker, M.*, Strategische Kooperationen als Mittel der Internationalisierung, In: Schuster, L. (Hrsg.): Die Unternehmung im internationalen Wettbewerb, Schmidt, Berlin, 1994, S. 121-158.

*Ladwig, D.*, F&E-Kooperationen im Mittelstand - Grundlagen für ein erfolgreiches Prozessmanagement, Deutscher Universitätsverlag, Wiesbaden, 1996. – Zugl.: Hamburg, Univ. der Bundeswehr, Diss., 1995.

*Lau, F.*, Modell zur typenbasierten Gestaltung von firmeninternen Inkubatoren, Ergebnisse aus der Produktionstechnik; Bd. 49/2019, Apprimus Verlag, Aachen, 2019. – Zugl.: Aachen, Techn. Hochsch., Diss., 2019.

*Laux, H.; Gillenkirch, R. M.; Schenk-Mathes, H. Y.*, Entscheidungstheorie, 10., aktualisierte und erweiterte Auflage, Springer Gabler, Berlin, Heidelberg, 2018.

*Lavie, D.; Rosenkopf, L.*, Balancing Exploration and Exploitation in Alliance Formation, Academy of Management Journal, Nr. 4, 49. Jg., 2006, S. 797-818.

*Leach, J. C.; Melicher, R. W.*, Entrepreneurial finance, 7e, Cengage Learning, Inc., Boston, MA, 2020.

*Lee, S.; Olson, D.; Trimi, S.*, Co-innovation: convergenomics, collaboration, and co-creation for organizational values, Management Decision, Nr. 5, 50. Jg., 2012, S. 817-831.

*Leonard, D.; Sensiper, S.*, The Role of Tacit Knowledge in Group Innovation, California Management Review, Nr. 3, 40. Jg., 1998, S. 112-132.

*Liesebach, J. N.*, Innovationsmanagement in Unternehmenskooperationen Erfolgsfaktoren für ressourcenintensive Start-Ups in Kooperationen mit Großunternehmen, Universitätsbibliothek Wuppertal, 2017. – Zugl.: Wuppertal, Univ., Diss., 2017.

*Lim, S.; Platts, K.; Minshall, T.*, An exploratory study of the manufacturing strategy in start-up companies New technology-based firms in the new millennium; Vol. 9, Emerald, Bingley [u. a.], 2012.

*Lindemann, U.*, Methodische Entwicklung technischer Produkte - Methoden flexibel und situationsgerecht anwenden, 3., korr. Aufl., Springer, Berlin, Heidelberg, 2009.

*Lippold, D.*, Theoretische Ansätze der Personalwirtschaft - Ein Überblick, Springer Gabler, Wiesbaden, 2015.

*Löher, J.*, Motive der Zusammenarbeit zwischen etabliertem Mittelstand und Startups, In: Weber, J.; Elz, A. (Hrsg.): Corporate-Startup-Partnerschaften, Springer, Berlin, Heidelberg, 2022, S. 9-19.

*Löher, J.; Paschke, M.; Schröder, C.*, Kooperationen zwischen etabliertem Mittelstand und Start-ups, IfM-Materialien; Nr. 258, Institut für Mittelstandsforschung Bonn, Bonn, August 2017. http://hdl.handle.net/10419/167644 [Stand: 17.04.2023].

*Lubritz, S.*, Internationale strategische Allianzen mittelständischer Unternehmen - Eine theoretische und empirische Analyse, Europäische Hochschulschriften / European University Studies, Lang, Frankfurt am Main, 1998. – Zugl.: Saarbrücken, Univ., Diss., 1996.

*Macharzina, K.; Wolf, J.*, Unternehmensführung - Das internationale Managementwissen: Konzepte - Methoden - Praxis, 10., vollständig überarbeitete und erweiterte Auflage, Springer Gabler, Wiesbaden, Heidelberg, 2018.

*Magnus, K.-H.*, Erfolgreiche Supply-Chain-Kooperation zwischen Einzelhandel und Konsumgüterherstellern - Eine empirische Untersuchung der Händlerperspektive, 1. Aufl., Dt. Univ.-Verl., Wiesbaden, 2007. – Zugl.: Münster, Univ., Diss., 2006.

*Maidique, M.*, Entrepreneurs, champions, and technological innovation, Sloan management review, 1980.

*Mangoldt, J.* von, Methode zur Ausrichtung der technologiekompetenzbasierten Diversifikation, Ergebnisse aus der Produktionstechnik; Bd. 36/2018, Apprimus Verlag, Aachen, 2018. – Zugl.: Aachen, Techn. Hochsch., Diss., 2018.

*Mankins, J.*, Technology readiness assessments: A retrospective, Acta Astronautica, Nr. 9-10, 65. Jg., 2009, S. 1216-1223.

*March, J.*, Exploration and Exploitation in Organizational Learning, Organization Science, Nr. 1, 2. Jg., 1991, S. 71-87.

*Meffert, H.; Burmann, C.; Kirchgeorg, M.; Eisenbeiß, M.*, Marketing - Grundlagen marktorientierter Unternehmensführung: Konzepte – Instrumente – Praxisbeispiele, 13., überarb. u. erw. Aufl., Springer Gabler, Wiesbaden, 2019.

*Meißner, D.*, Wissens- und Technologietransfer in nationalen Innovationssystemen, Dresden, Techn. Univ., Diss., 2001.

*Mellewigt, T.*, Management von Strategischen Kooperationen - Eine ressourcenorientierte Untersuchung in der Telekommunikationsbranche, Deutscher Universitätsverlag, Wiesbaden, 2003. – Zugl.: Mainz, Univ., Habil.-Schr., 2002 u. d. T.: Management und Erfolg von strategischen Kooperationen in der Telekommunikationsbranche.

*Mercandetti, F.; Larbig, C.; Tuozzo, V.; Steiner, T.*, Innovation by Collaboration between Startups and SMEs in Switzerland, Technology Innovation Management Review, Nr. 12, 7. Jg., 2017, S. 23-31.

*Mertins, K.; Siebert, G.; Kempf, S.*, Benchmarking, Springer, Berlin, Heidelberg, 1995.

*Meyer, A.; Tsui, A.; Hinings, C.*, Configurational Approaches to Organizational Analysis, Academy of Management Journal, Nr. 6, 36. Jg., 1993, S. 1175-1195.

*Miebach, B.*, Organisationstheorie - Problemstellung – Modelle – Entwicklung, 2., überarb. und erw. Aufl., Springer VS, Wiesbaden, 2012.

*Millarg, K.*, Virtuelle Fabrik - Gestaltungsansätze für eine neue Organisationsform in der produzierenden Industrie, Transfer-Verl., Regensburg, 1998. Zugl.: St. Gallen, Univ., Diss., 1998.

*Miller, D.*, Toward a New Contingency Approach: The Search for Organizational Gestalts, Journal of Management Studies, Nr. 1, 18. Jg., 1981, S. 1-26.

*Minshall, T.; Mortara, L.; Elia, S.; Probert, D.*, Development of practitioner guidelines for partnerships between start-ups and large firms, Journal of Manufacturing Technology Management, Nr. 3, 19. Jg., 2008, S. 391-406.

*Minshall, T.; Mortara, L.; Valli, R.; Probert, D.*, Making "Asymmetric" Partnerships Work, Research-Technology Management, Nr. 3, 53. Jg., 2010, S. 53-63.

*Mintzberg, H.*, The structuring of organizations - A synthesis of the research, Prentice-Hall, Englewood Cliffs, N.J., 1979.

*Moldaschl, M.*, Innovationsfähigkeit, Zukunftsfähigkeit, Dynamic Capabilities - Moderne Fähigkeitsmystik und eine Alternative, In: Schreyögg, G. (Hrsg.): Management von Kompetenz, 1. Aufl., Gabler; VS-Verl., Wiesbaden, 2006, S. 1-36.

*Molner, S.; Prabhu, J.; Yadav, M.*, Lost in a Universe of Markets: Toward a Theory of Market Scoping for Early-Stage Technologies, Journal of Marketing, Nr. 2, 83. Jg., 2019, S. 37-61.

*Morschett, D.*, Formen von Kooperationen, Allianzen und Netzwerken, In: Zentes, J.; Swoboda, B.; Morschett, D. (Hrsg.): Kooperationen, Allianzen und Netzwerke - Grundlagen - Ansätze - Perspektiven, Gabler Verlag, Wiesbaden, 2003, S. 387-413.

*Nathusius, K.*, Grundlagen der Gründungsfinanzierung - Instrumente - Prozesse - Beispiele, Gabler Verlag, Wiesbaden, 2001.

*Nelles, M.; Oebel, G.*, Kooperationen in der Unternehmensfinanzierung, In: Zentes, J.; Swoboda, B.; Morschett, D. (Hrsg.): Kooperationen, Allianzen und Netzwerke - Grundlagen - Ansätze - Perspektiven, Gabler Verlag, Wiesbaden, 2003, S. 773-795.

*Neuhausen, J.*, Methodik zur Gestaltung modularer Produktionssysteme für Unternehmen der Serienproduktion, Aachen, Techn. Hochsch., Diss., 2002.

*Nietzsche, F.*, Menschliches, Allzumenschliches, I und II, 2., durchges. Aufl., Neuausg, Dt. Taschenbuch-Verl., München, 1988.

*Nitzsch, R.* von, Entscheidung bei Zielkonflikten - Ein PC-gestütztes Verfahren, Neue betriebswirtschaftliche Forschung; Bd. 95, Gabler Verlag, Wiesbaden, 1992. – Zugl.: Aachen, Techn. Hochsch., Diss., 1991.

*Nitzsch, R.* von, Entscheidungslehre - Wie Menschen entscheiden und wie sie entscheiden sollten, 11., überarbeitete Auflage, Springer Gabler, Wiesbaden, Heidelberg, 2021.

*Obermaier, R.; Saliger, E.*, Betriebswirtschaftliche Entscheidungstheorie - Einführung in die Logik individueller und kollektiver Entscheidungen, 7., erweiterte Auflage, De Gruyter Oldenbourg, Berlin, Boston, 2020.

*O'Connor, G.; Rice, M.*, New Market Creation for Breakthrough Innovations: Enabling and Constraining Mechanisms, Journal of Product Innovation Management, Nr. 2, 30. Jg., 2013, S. 209-227.

*Oelsnitz, D.* von der, Kooperation: Entwicklung und Verknüpfung von Kernkompetenzen, In: Zentes, J.; Swoboda, B.; Morschett, D. (Hrsg.): Kooperationen, Allianzen und Netzwerke - Grundlagen - Ansätze - Perspektiven, Gabler Verlag, Wiesbaden, 2003, S. 183-210.

*Okanović, M.; Jevtić, M.; Stefanović, T.*, Organizational Changes in Development Process of Technology Startups, In: Mitrovic, N.; Mladenovic, G.; Mitrovic, A. (Hrsg.): Experimental and Computational Investigations in Engineering, Springer International Publishing, Cham, 2021, S. 203-219.

*Olson, P.*, Entrepreneurship and Management, Journal of Small Business Management, Nr. 3, 25. Jg., 1987, S. 7-13.

*Ossenkopf, B.*, Einflussfaktoren des Wachstums junger Technologieunternehmen in ihren frühen Lebensphasen - Dargestellt am Beispiel ostdeutscher Unternehmen, Freiberg, Univ., Diss., 2005.

*Osterwalder, A.; Pigneur, Y.*, Business model generation - A handbook for visionaries, game changers, and challengers, Wiley, Hoboken, NJ, 2010.

*Overall, J.; Wise, S.*, An S-Curve Model of the Start-Up Life Cycle Through the Lens of Customer Development, The Journal of Private Equity, Nr. 2, 18. Jg., 2015, S. 23-34.

*Park, H.; Steensma, H.*, When does corporate venture capital add value for new ventures?, Strategic Management Journal, Nr. 1, 33. Jg., 2012, S. 1-22.

*Passaro, R.; Rippa, P.; Quinto, I.; Thomas, A.*, The start-up lifecycle: an interpretative framework proposal, Annual Scientific Meeting of the Italian Association of Management Engineering (AiIG), 2016, S. 1-26.

*Patzak, G.*, Systemtechnik – Planung komplexer innovativer Systeme, Springer, Berlin, Heidelberg, 1982.

*Patzwald, M.*, Entwicklung von Technologiestrategien in einem volatilen Unternehmensumfeld, Ergebnisse aus der Produktionstechnik; Bd. 6/2022, 2022. – Zugl.: Aachen, Techn. Hochsch., Diss., 2022.

*Pauwels, C.; Clarysse, B.; Wright, M.; van Hove, J.*, Understanding a new generation incubation model: The accelerator, Technovation, 50-51, 2016, S. 13-24.

*Pavitt, K.*, Key Characteristics of the Large Innovating Firm, British Journal of Management, Nr. 2, 1991, S. 41-50.

*Pérez, L.; Florin, J.; Whitelock, J.*, Dancing with elephants: The challenges of managing asymmetric technology alliances, The Journal of High Technology Management Research, Nr. 2, 23. Jg., 2012, S. 142-154.

*Perlitz, M.; Seger, F.*, Internationalisierung durch Kooperation, In: Zentes, J.; Swoboda, B.; Morschett, D. (Hrsg.): Kooperationen, Allianzen und Netzwerke - Grundlagen - Ansätze - Perspektiven, Gabler Verlag, Wiesbaden, 2003, S. 515-542.

*Peter, L.*, Gestaltungsbereiche für Grossunternehmen zur Kollaboration mit Startups - Das Startup-Collaboration-Model, Die Unternehmung, Nr. 3, 73. Jg., 2019, S. 193-212.

*Pfaffmann, E.*, Kompetenzbasiertes Management in der Produktentwicklung - Make-or-Buy-Entscheidungen und Integration von Zulieferern, Deutscher Universitätsverlag, Wiesbaden, 2001. – Zugl.: Hohenheim, Univ., Diss., 1999.

*Pfeiffer, W.; Metze, G.; Schneider, W.; Amler, R.*, Technologie-Portfolio zum Management strategischer Zukunftsgeschäftsfelder, 6., durchges. Aufl., Vandenhoeck & Ruprecht, Göttingen, 1991.

*Pfirrmann, O.*, Venture Capital and New Technology Based Firms - An US-German Comparison, Physica-Verlag, Heidelberg, 1997.

*Picken, J.*, From startup to scalable enterprise: Laying the foundation, Business Horizons, Nr. 5, 60. Jg., 2017, S. 587-595.

*Picot, A.*, Ein neuer Ansatz zur Gestaltung der Leistungstiefe, Schmalenbachs Zeitschrift für betriebswirtschaftliche Forschung, Nr. 4, 43. Jg., 1991, S. 336-357.

*Picot, A.; Dietl, H.; Franck, E.; Fiedler, M.; Royer, S.*, Organisation - Theorie und Praxis aus ökonomischer Sicht, 8., aktualisierte und überarbeitete Auflage, Schäffer-Poeschel Verlag, Stuttgart, 2020.

*Picot, A.; Reichwald, R.; Wigand, R. T.*, Die grenzenlose Unternehmung - nformation, Organisation und Management; Lehrbuch zur Unternehmensführung im Informationszeitalter, 4. vollst. überarb. und erw. Aufl., Gabler Verlag, Wiesbaden, 2001.

*Picot, A.; Reichwald, R.; Wigand, R. T.; Möslein, K. M.; Neuburger, R.; Neyer, A.-K.*, Die grenzenlose Unternehmung - Information, Organisation & Führung, 6., vollst. neu bearb. Aufl., Springer Gabler, Wiesbaden, 2020.

*Pinkwart, A.*, Förderung von Innovationen in KMU durch Kooperation, In: Meyer, J.-A. (Hrsg.): Innovationsmanagement in kleinen und mittleren Unternehmen, Vahlen, München, 2001, S. 191-212.

*Pleschak, F.*, Management in Technologieunternehmen - Wie Führungskrafte erfolgsorientiert entscheiden, Gabler Verlag, Wiesbaden, 2001.

*Pleschak, F.; Berteit, H.; Ossenkopf, B.; Stummer, F.*, Gründung und Wachstum FuE-intensiver Unternehmen, Technik, Wirtschaft und Politik; Bd. 47, Physica-Verlag HD, Heidelberg, 2002.

*Pleschak, F.; Werner, H.*, Technologieorientierte Unternehmensgründungen in den neuen Bundesländern - wissenschaftliche Analyse und Begleitung des BMBF-Modellversuchs, Technik, Wirtschaft und Politik; Bd. 33, Physica-Verlag HD, Heidelberg, 1998.

*Pöchtrager, S.; Wagner, W.*, Von der Idee zum Businessplan - Geschäftsideen in der Agrar- und Ernährungswirtschaft erfolgreich umsetzen mit Beispielen aus Österreich, Springer Gabler, Wiesbaden, Heidelberg, 2018.

*Popper, K.*, Die Logik der Sozialwissenschaften, KZfSS Kölner Zeitschrift für Soziologie und Sozialpsychologie, Nr. S1, 69. Jg., 2017, S. 215-228.

*Porter, M. E.*, Competitive advantage - Creating and sustaining superior performance ; with a new introduction, Free Press, New York, 1998.

*Portisch, W.*, Theorie der Finanzierung, In: Portisch, W. (Hrsg.): Finanzierung im Unternehmenslebenszyklus, 2. Auflage, De Gruyter Oldenbourg, Berlin, Boston, 2016, S. 5-78.

*Pott, O.; Pott, A.*, Entrepreneurship - Unternehmensgründung, unternehmerisches Handeln und rechtliche Aspekte, Springer Gabler, Berlin, Heidelberg, 2012.

*Prahalad, C.; Hamel, G.*, The Core Competence of the Corporation, Harvard Business Review, Nr. 05, 1990, S. 1-15.

*Prashantham, S.; Birkinshaw, J.*, Dancing with Gorillas: How Small Companies Can Partner Effectively with MNCs, California Management Review, Nr. 1, 51. Jg., 2008, S. 6-23.

*Prats, J.; Amigo, P.; Ametller, X.; Batlle, A.*, Corporate Venturing: Achieving Profitable Growth Through Startups, Januar 2017. https://media.iese.edu/research/pdfs/ST-0429-E.pdf [Stand: 17.04.2023].

*Pümpin, C.*, Strategische Erfolgspositionen - Methodik der dynamischen strategischen Unternehmensführung, Haupt, Bern, Stuttgart, 1992.

*Pümpin, C.; Prange, J.*, Management der Unternehmensentwicklung - Phasengerechte Führung und der Umgang mit Krisen, Campus Verl., Frankfurt/Main, 1991.

*Raabe, J.*, Erfolgsfaktoren für Innovation in Unternehmen - Eine explorative und empirische Analyse, 1. Aufl., Springer Gabler, Wiesbaden, 2012. – Zugl.: München, Univ., Diss., 2011.

*Reinemann, H.*, Mittelstandsmanagement - Einführung in Theorie und Praxis, 2., vollst. überarb. u. erw. Aufl., Springer Gabler, Wiesbaden, 2019.

*Richter, R.; Furubotn, E. G.*, Neue Institutionenökonomik - Eine Einführung und kritische Würdigung, 4., überarbeitete und erweiterte Auflage, Mohr Siebeck, Tübingen, 2010.

*Riedl, R.*, Analytischer Hierarchieprozess vs. Nutzwertanalyse - Eine vergleichende Gegenüberstellung zweier multiattributiver Auswahlverfahren am Beispiel Application Service Providing, In: Fink, K.; Ploder, C. (Hrsg.): Wirtschaftsinformatik als Schlüssel zum Unternehmenserfolg, Deutscher Universitäts-Verlag, Wiesbaden, 2006, S. 99-127.

*Ries, E.*, Lean Startup - Schnell, risikolos und erfolgreich Unternehmen gründen, 1. Aufl., Redline-Verl., München, 2012.

*Rigtering, J.; Behrens, M.*, The Effect of Corporate — Start-Up Collaborations on Corporate Entrepreneurship, Review of Managerial Science, Nr. 8, 15. Jg., 2021, S. 2427-2454.

*Ringle, C. M.*, Kooperation in Virtuellen Unternehmungen - Auswirkungen auf die strategischen Erfolgsfaktoren der Partnerunternehmen, Betriebswirtschaftliche Forschung zur Unternehmensführung; Bd. 46, Deutscher Universitätsverlag, Wiesbaden, 2004. – Zugl.: Hamburg, Univ., Diss., 2004.

*Ropohl, G.*, Allgemeine Technologie: eine Systemtheorie der Technik, KIT Scientific Publishing, s.l., 2009.

*Rosemann, M.; Schütte, R.*, Multiperspektivische Referenzmodellierung, In: Becker, J.; Rosemann, M.; Schütte, R. (Hrsg.): Referenzmodellierung, Physica-Verlag HD, Heidelberg, 1999, S. 22-44.

*Ross, S.*, The economic theory of agency: The principal's problem, The American economic review, Nr. 2, 62. Jg., 1973, S. 134-139.

*Rotering, J.*, Zwischenbetriebliche Kooperation als alternative Organisationsform - Ein transaktionskostentheoretischer Erklärungsansatz, Schäffer-Poeschel, Stuttgart, 1993. – Koblenz, Wiss. Hochschu. für Unternehmensführung, Diss., 1992.

*Roth, S.*, Interaktionen im Dienstleistungsmanagement - eine informationsökonomische Analyse, In: Bruhn, M.; Stauss, B. (Hrsg.): Dienstleistungsmanagement Jahrbuch 2001, Interaktionen im Dienstleistungsbereich, Gabler, Wiesbaden, 2001, S. 35-66.

*Rothaermel, F.*, Incumbent's advantage through exploiting complementary assets via interfirm cooperation, Strategic Management Journal, Nr. 6-7, 22. Jg., 2001, S. 687-699.

*Rothaermel, F.*, Technological discontinuities and interfirm cooperation: what determines a startup's attractiveness as alliance partner?, IEEE Transactions on Engineering Management, Nr. 4, 49. Jg., 2002, S. 388-397.

*Runia, P.; Wahl, F.*, Qualitative Prognosemodelle und Trendforschung, In: Gansser, O.; Krol, B. (Hrsg.): Markt- und Absatzprognosen - Modelle - Methoden - Anwendung, Springer Gabler, Wiesbaden, 2015, S. 73-88.

*Rupprecht-Däullary, M.*, Zwischenbetriebliche Kooperation - Moglichkeiten und Grenzen durch neue Informations- und Kommunikationstechnologien, Deutscher Universitätsverlag, Wiesbaden, 1994. – Zugl.: München, Techn. Univ., Diss., 1994.

*Saad, K. N.; Roussel, P. A.; Tiby, C.; Little, A. D.*, Management der F&E-Strategie, Gabler Verlag, Wiesbaden, 1993.

*Saatweber, J.*, Produkte entwickeln mit QFD – Quality Function Deployment, In: Lindemann, U. (Hrsg.): Handbuch Produktentwicklung, Hanser, München, 2016, S. 629-671.

*Salzer, E.*, Investor Relations-Management und IPO-Erfolg, Deutscher Universitätsverlag, Wiesbaden, 2004. – Zugl.: Witten/Herdecke, Univ., Diss., 2004.

*Schallmo, D. R. A.*, Geschäftsmodelle erfolgreich entwickeln und implementieren, 2., überarb. u. erw. Aufl., Springer Gabler, Berlin, Heidelberg, 2018.

*Schanz, G.*, Wissenschaftsprogramme der Betriebswirtschaftslehre, In: Bea, F. X. (Hrsg.): Allgemeine Betriebswirtschaftslehre, Bd. 1: Grundfragen, 10., überarb. und erw. Aufl., UVK-Verl.-Ges., Konstanz, 2009, S. 81-159.

*Schäper, C.*, Entstehung und Erfolg zwischenbetrieblicher Kooperation - Möglichkeiten öffentlicher Förderung, Deutscher Universitätsverlag, Wiesbaden, 1997. – Zugl.: Bayreuth, Univ., Diss., 1996.

*Schawel, C.; Billing, F.*, Top 100 Management Tools - Das wichtigste Buch eines Managers: Von ABC-Analyse bis Zielvereinbarung, Springer Gabler, Wiesbaden, 2018.

*Scheer, A.-W.*, ARIS — House of Business Engineering - Konzept zur Beschreibung und Ausführung von Referenzmodellen, In: Becker, J.; Rosemann, M.; Schütte, R. (Hrsg.): Referenzmodellierung, Physica-Verlag HD, Heidelberg, 1999, S. 2-21.

*Schenk, M.; Wirth, S.; Müller, E.*, Fabrikplanung und Fabrikbetrieb - Methoden für die wandlungsfähige, vernetzte und ressourceneffiziente Fabrik, 2., vollst. überarb. u. erw. Aufl., Springer Vieweg, Berlin, Heidelberg, 2014.

*Scherer, A.; Beyer, R.*, Der Konfigurationsansatz im strategischen Management - Rekonstruktion und Kritik, Die Betriebswirtschaft, Nr. 3, 58. Jg., 1998, S. 332-347.

*Schiersmann, C.; Thiel, H.-U.*, Organisationsentwicklung - Prinzipien und Strategien von -Veränderungsprozessen, 5., überarb. u. aktualis. Aufl., Springer VS, Wiesbaden, 2018.

*Schlick, C.; Killich, S.*, Identifikation von Kooperationspotenzialen in bestehenden Netzwerken, In: Wojda, F. (Hrsg.): Innovative Kooperationsnetzwerke, Hochschulgruppe Arbeits- und Betriebsorganisation: HAB- Forschungsbericht; Bd. 16, 1. Aufl., Dt. Univ.-Verl., Wiesbaden, 2006, S. 151-183.

*Schmidt, A.*, Relational View, Zeitschrift für Planung & Unternehmenssteuerung, Nr. 1, 20. Jg., 2009, S. 129-137.

*Schmidt-Sudhoff, U.*, Unternehmerziele und unternehmerisches Zielsystem, Betriebswirtschaftliche Beiträge; Bd. 10, Gabler Verlag, Wiesbaden, 1967.

*Scholz, P.*, Methodik zur potenzial- und risikobasierten Technologiebewertung, Ergebnisse aus der Produktionstechnik; Bd. 8/2022, Apprimus Verlag, Aachen, 2021. – Zugl.: Aachen, Techn. Hochsch., Diss., 2021.

*Schrader, S.*, Kooperation, In: Hauschildt, J. (Hrsg.): Ergebnisse empirischer betriebswirtschaftlicher Forschung - Zu einer Realtheorie der Unternehmung ; Festschrift für Eberhard Witte, Schäffer-Poeschel, Stuttgart, 1993, S. 221-254.

*Schreyögg, G.*, Grundlagen der Organisation, 2., aktual. Aufl., Springer Gabler, Wiesbaden, 2016.

*Schreyögg, G.*, Wachstumsschwellen in Gründerunternehmen: Die Pionierkrise, In: Faltin, G. (Hrsg.): Handbuch Entrepreneurship, Springer Gabler, Wiesbaden, 2018, S. 109-118.

*Schreyögg, G.; Eberl, M.*, Organisationale Kompetenzen - Grundlagen, Modelle, Fallbeispiele, 1. Auflage, Verlag W. Kohlhammer, Stuttgart, 2015.

*Schreyögg, G.; Koch, J.*, Management - Grundlagen der Unternehmensführung, 8., vollständig überarbeitete Auflage, Springer Gabler, Wiesbaden, 2020.

*Schröder, R.*, Strategische Orientierungen für junge Technologieunternehmen, 1. Aufl., Gabler, Wiesbaden, 2008. – Zugl.: Aachen, Techn. Hochsch., Diss., 2008.

*Schröder, S.*, Integration von Lieferanten in agile Entwicklungsprozesse technischer Systeme, Ergebnisse aus der Produktionstechnik; Bd. 6/2020, 2020. – Zugl.: Aachen, Techn. Hochsch., Diss., 2020.

*Schuh, G.*, Das Unmögliche wagen: Kann die BWL das unterstützen? Fallbeispiel des Deep Tech Start-Ups e.GO Mobile, Die Unternehmung, Nr. 2, 75. Jg., 2021, S. 309-318.

*Schuh, G.; Anderl, R.; Dumitrescu, R.; Krüger, A.; Hompel, M. ten*, Industrie 4.0 maturity index - Managing the digital transformation of companies, ,, Update 2020, acatech - National Academy of Science and Engineering, München, Berlin, Brüssel, 2020.

*Schuh, G.; Brosze, T.; Brandenburg, U.; Cuber, S.; Schenk, M.; Quick, J.; Schmidt, C.; Helmig, J.; Schürmeyer, M.; Hering, N.*, Grundlagen der Produktionsplanung und -steuerung, In: Schuh, G.; Stich, V. (Hrsg.): Produktionsplanung und -steuerung, Bd. 1 - Grundlagen der PPS, 4., überarb. Aufl., Springer Vieweg, Berlin, Heidelberg, 2012, S. 11-293.

*Schuh, G.; Desoi, J.-C.; Tücks, G.*, Holistic Approach for Production Ramp-Up in Automotive Industry, In: Bramley, A.; Brissaud, D.; Coutellier, D.; McMahon, C. (Hrsg.): Advances in Integrated Design and Manufacturing in Mechanical Engineering, Springer-Verlag, Berlin/Heidelberg, 2005, S. 255-268.

*Schuh, G.; Friedli, T.; Kurr, M. A.*, Kooperationsmanagement - Systematische Vorbereitung, gezielter Auf- und Ausbau, entscheidende Erfolgsfaktoren, Hanser, München, Wien, 2005.

*Schuh, G.; Kampker, A.; Rittstieg, M.*, Vernetzte Wertschöpfung und Kooperationsmanagement, In: Schuh, G.; Kampker, A. (Hrsg.): Strategie und Management produzierender Unternehmen, Springer Berlin Heidelberg, Berlin, Heidelberg, 2011, S. 463-535.

*Schuh, G.; Klappert, S.; Orilski, S.*, Technologieplanung, In: Schuh, G.; Klappert, S. (Hrsg.): Technologiemanagement, Handbuch Produktion und Management 2; Bd. 2, Springer, Berlin, Heidelberg, 2011, S. 171-222.

*Schuh, G.; Klappert, S.; Schubert, J.; Nollau, S.*, Grundlagen zum Technologiemanagement, In: Schuh, G.; Klappert, S. (Hrsg.): Technologiemanagement, Handbuch Produktion und Management 2; Bd. 2, Springer, Berlin, Heidelberg, 2011, S. 33-54.

*Schuh, G.; Prote, J.-P.; Dany, S.; Walendzik, P.*, Organizational design for producing start-ups, Technology and Engineering Management Conference (TEMSCON), IEEE, 2018, S. 1-5.

*Schuh, G.; Schmidt, C.*, Grundlagen des Produktionsmanagements, In: Schuh, G.; Schmidt, C. (Hrsg.): Produktionsmanagement, Handbuch Produktion und Management, Bd. 5, 2., vollst. neu bearb. u. erw. Aufl., Springer Vieweg, Berlin, Heidelberg, 2014, S. 1-62.

*Schuh, G.; Studerus, B.*, Derivation of Requirements for the Formation of Collective Target Systems for Technology-Based Cooperation Between Manufacturing Corporates and Startups, In: Leipzig, K. von; Sacks, N.; McClelland, M. (Hrsg.): Smart, Sustainable Manufacturing in an Ever Changing World - Proceedings of International Conference on Competitive Manufacturing (COMA '22), SPRINGER INTERNATIONAL PU, [S.l.], 2022, S. 463-482.

*Schuh, G.; Studerus, B.*, Methodology for the Startup Life Cycle-Dependent Design of Cooperation between Corporates and Startups, Portland International Conference on Management of Engineering and Technology (PICMET), IEEE, 2022, S. 1-13.

*Schuh, G.; Studerus, B.; Hämmerle, C.*, Development of a Life Cycle Model for Deep Tech Startups, Journal of Production Systems and Logistics, Nr. 2, 2022, S. 1-17.

*Schuh, G.; Studerus, B.; Rohmann, A.*, Description Approach for the Transfer of Competencies and Resources in Collaborations Between Corporates and Deep Tech Startups, Journal of Production Systems and Logistics, Nr. 2, 2022, S. 1-17.

*Schuh, G.; Studerus, B.; Schmidt, N.*, Characteristics for Collaboration Types between Corporates and Startups, Information Technology and Management Science, 25. Jg., 2022, S. 37-48.

*Schuh, G.; Warschat, J.*, Potenziale einer Forschungsdisziplin Wirtschaftsingenieurwesen, Utz, München, 2013. https://www.acatech.de/publikation/potenziale-einer-forschungsdisziplin-wirtschaftsingenieurwesen/download-pdf?lang=de [Stand: 17.04.2023].

*Schulte-Zurhausen, M.*, Organisation, 6., überarb. und aktualisierte Aufl., Vahlen, München, 2014.

*Schultz, C.*, Die Finanzierung technologieorientierter Unternehmen in Deutschland - Empirische Analysen der Kapitalverwendung und -herkunft in den Unternehmensphasen, 1. Aufl., Gabler, Wiesbaden, 2011. – Zugl.: Potsdam, Univ., Diss., 2011.

*Schultz, C.; Reger, G.; Dautzenberg, K.; Rössing, I.*, Finanzierungssituation von technologieorientierten Gründerinnen und Gründern aus wissenschaftlicher Perspektive -Risikobewertung und Finanzierung von technologieorientierten Gründerinnen und Gründern - Symposium des Brandenburgischen Instituts für Existenzgründung und Mittelstandsförderung (BIEM e. V.) "Gründung und Innovation" vom 5. Juni 2008, Universität Potsdam, 1. Aufl., Eul, Lohmar, Köln, 2009, S. 9-41.

*Schürmann, W.*, Familienunternehmen und Börse - Emittieren - warum und wie?, Gabler Verlag, Wiesbaden, 1980.

*Schütte, R.*, Grundsätze ordnungsmäßiger Referenzmodellierung - Konstruktion konfigurations- und anpassungsorientierter Modelle, Neue betriebswirtschaftliche Forschung; Bd. 233., Gabler Verlag, Wiesbaden, 1998. – Zugl.: Münster (Westfalen), Univ., Diss., 1997.

*Schwamborn, S.*, Strategische Allianzen im internationalen Marketing - Planung und portfolioanalytische Beurteilung, Dt. Univ.-Verl.; Gabler, Wiesbaden, 1994. – Zugl.: Köln, Univ., Diss., 1993.

*Schwarz, D.*, Zielsysteme und Erfolgsfaktoren von Kooperationen im Destinationsmanagement - Ein Beitrag zum effektiven Kooperationsmanagement von Tourismusorganisationen durch theorie- und empiriegeleitete Exploration, Trier, Univ., Diss., 2015.

*Schweiger, C.*, Junge Technologieunternehmen - Systemische Personal- und Organisationsentwicklung, Springer Gabler, Wiesbaden, 2012. – Zugl.: Graz, Univ., Diss., 2010.

*Schweitzer, M.*, Gegenstand und Methoden der Betriebswirtschaftslehre, In: Bea, F. X. (Hrsg.): Allgemeine Betriebswirtschaftslehre, Bd. 1: Grundfragen, 10., überarb. und erw. Aufl., UVK-Verl.-Ges., Konstanz, 2009, S. 23-80.

*Schwenker, B.; Spremann, K.*, Wachstum Managen, In: Schwenker, B.; Spremann, K. (Hrsg.): Unternehmerisches Denken zwischen Strategie und Finanzen - Die vier Jahreszeiten der Unternehmung, Springer, Berlin, Heidelberg, 2008, S. 215-249.

*Sell, A.*, Internationale Unternehmenskooperationen, 2., aktualisierte und erw. Aufl., Oldenbourg, München, Wien, 2002.

*Shan, W.; Walker, G.; Kogut, B.*, Interfirm cooperation and startup innovation in the biotechnology industry, Strategic Management Journal, Nr. 5, 15. Jg., 1994, S. 387-394.

*Siegel, J.; Krishnan, S.*, Cultivating Invisible Impact with Deep Technology and Creative Destruction, Journal of Innovation Management, Nr. 3, 8. Jg., 2020, S. 6-19.

*Simon, F.; Harms, R.; Schiele, H.*, Managing corporate-startup relationships - What matters for entrepreneurs, International Journal of Entrepreneurial Venturing, Nr. 2, 11. Jg., 2019, S. 164.

*Smith, E.*, The role of tacit and explicit knowledge in the workplace, Journal of Knowledge Management, Nr. 4, 5. Jg., 2001, S. 311-321.

*Smith, K.*, Typologies, Taxonomies, and the Benefits of Policy Classification, Policy Studies Journal, Nr. 3, 30. Jg., 2002, S. 379-395.

*Snow, C.; Miles, R.; Miles, G.*, A configurational approach to the integration of strategy and organization research, Strategic Organization, Nr. 4, 3. Jg., 2005, S. 431-439.

*Specht, D.; Lutz, M.*, Outsourcing von F&E - Entwicklungsperspektiven für KMU, In: Specht, D. (Hrsg.): Produkt- und Prozessinnovationen in Wertschöpfungsketten - Tagungsband der Herbsttagung 2007 der Wissenschaftlichen Kommission Produktionswirtschaft im VHB, 1. Aufl., Gabler, Wiesbaden, 2008, S. 33-54.

*Spremann, K.*, Asymmetrische Information, Journal of business economics, Nr. 5, 60. Jg., 1990, S. 561-586.

*Stachowiak, H.*, Allgemeine Modelltheorie, Springer, Vienna, 1973.

*Staudt, E.; Toberg, M.; Linne, H.; Bock, J.; Thielemann, F.*, Kooperationshandbuch - Ein Leitfaden für die Unternehmenspraxis, Schäffer-Poeschel; VDI-Verl., Stuttgart, Düsseldorf, 1992.

*Stayton, J.; Mangematin, V.*, Startup time, innovation and organizational emergence - A study of USA-based international technology ventures, Journal of International Entrepreneurship, Nr. 3, 14. Jg., 2016, S. 373-409.

*Steiber, A.; Alänge, S.; Corvello, V.*, Learning with startups: an empirically grounded typology, The Learning Organization, Nr. 2, 28. Jg., 2021, S. 153-166.

*Steinle, C.; Kraege, R.*, Kooperationscontrolling: Eine zukunftsorientierte und phasenbezogene Konzeption der Aufgaben und Instrumente des Controlling strategischer Kooperationen, In: Steinle, C.; Eggers, B.; Lawa, D. (Hrsg.): Zukunftsgerichtetes Controlling - Unterstützungs- und Steuerungssystem für das Management, 3., verb. und erw. Aufl., Gabler Verlag, Wiesbaden, 1998, S. 407-428.

*Steinle, C.; Schumann, K.*, Kooperation, Innovation und Erfolg technologieorientierter Gründungen - Konzept und Ergebnisse einer repräsentativen Studie, In: Steinle, C.; Schumann, K. (Hrsg.): Gründung von Technologieunternehmen - Merkmale - Erfolg - empirische Ergebnisse, Gabler Verlag, Wiesbaden, 2003, S. 15-66.

*Stevens, S.*, On the Theory of Scales of Measurement, Science (New York, N.Y.), Nr. 2684, 103. Jg., 1946, S. 677-680.

*Stewart, T.*, A critical survey on the status of multiple criteria decision making theory and practice, Omega, Nr. 5-6, 20. Jg., 1992, S. 569-586.

*Stich, C.*, Produktionsplanung in der Automobilindustrie - Optimierung des Ressourceneinsatzes im Serienanlauf, Kölner Wiss.-Verl., Köln, 2007.

*Stinchcombe, A.*, Social structure and organizationsEconomics Meets Sociology in Strategic Management, Emerald (MCB UP ), Bingley, 2000, S. 229-259.

*Storey, D.; Tether, B.*, New technology-based firms in the European union: an introduction, Research Policy, Nr. 9, 26. Jg., 1998, S. 933-946.

*Straube, M.*, Zwischenbetriebliche Kooperation, Gabler Verlag, Wiesbaden, 1972.

*Sundstrom, G.*, Information search and decision making: The effects of information displays, Acta Psychologica, Nr. 2, 65. Jg., 1987, S. 165-179.

*Surbier, L.; Alpan, G.; Blanco, E.*, A comparative study on production ramp-up: state-of-the-art and new challenges, Production Planning & Control, Nr. 15, 25. Jg., 2014, S. 1264-1286.

*Sydow, J.*, Strategische Netzwerke - Evolution und Organisation, Neue betriebswirtschaftliche Forschung; Bd. 100, Gabler Verlag, Wiesbaden, 1992. – Zugl.: Berlin, Freie Univ., Habil.-Schr., 1991/92.

*Sydow, J.*, Strategische Netzwerke und Transaktionskosten, In: Staehle, W. H.; Conrad, P. (Hrsg.): Managementforschung 2, Bd. 2, De Gruyter, Berlin [u. a.], 1992, S. 239-312.

*Tech, R. P. G.*, Financing High-Tech Startups - Using Productive Signaling to Efficiently Overcome the Liability of Complexity, Springer, Cham, 2018.

*Teece, D.*, Profiting from technological innovation: Implications for integration, collaboration, licensing and public policy, Research Policy, Nr. 6, 15. Jg., 1986, S. 285-305.

*Teece, D.*, Competition, cooperation, and innovation, Journal of Economic Behavior & Organization, Nr. 1, 18. Jg., 1992, S. 1-25.

*Teece, D.*, Business Models, Business Strategy and Innovation, Long range planning, Nr. 2-3, 43. Jg., 2010, S. 172-194.

*Teusler, N.*, Strategische Stabilitätsfaktoren in Unternehmenskooperationen - Eine kausalanalytische Betrachtung, 1. Aufl., Gabler, Wiesbaden, 2008. – Zugl.: Cottbus, Brandenburgische Techn. Univ., Diss., 2008.

*The Joint Service/Industry MRL Working Group*, (Hrsg.), Manufacturing Readiness Level (MRL) Deskbook, 2018. https://www.dodmrl.com/MRL%20Deskbook%20V2020.pdf [Stand: 17.04.2023].

*Theling, T.; Loos, P.*, Determinanten und Formen von Unternehmenskooperationen, Working papers of the Research Group Information Systems & Management; Paper 18, ISYM, Mainz, 2004.

*Thomas, O.*, Das Modellverständnis in der Wirtschaftsinformatik - Historie, Literaturanalyse und Begriffsexplikation, Veröffentlichungen des Instituts für Wirtschaftsinformatik im Deutschen Forschungszentrum für Künstliche Intelligenz; H.184, IWi, Saarbrücken, 2005.

*Thommen, J.-P.; Achleitner, A.-K.; Gilbert, D.; Hachmeister, D.; Jarchow, S.; Kaiser, G.*, Gestaltung der Produktionsprozesse, In: Thommen, J.-P.; Achleitner, A.-K.; Gilbert, D. U.; Hachmeister, D.; Jarchow, S.; Kaiser, G. (Hrsg.): Allgemeine Betriebswirtschaftslehre - Umfassende Einführung aus managementorientierter Sicht, 9., vollst. überarb. Aufl., Springer Gabler, Wiesbaden, 2020, S. 197-204.

*Thommen, J.-P.; Achleitner, A.-K.; Gilbert, D.; Hachmeister, D.; Jarchow, S.; Kaiser, G.*, Strategisches Management, In: Thommen, J.-P.; Achleitner, A.-K.; Gilbert, D. U.; Hachmeister, D.; Jarchow, S.; Kaiser, G. (Hrsg.): Allgemeine Betriebswirtschaftslehre - Umfassende Einführung aus managementorientierter Sicht, 9., vollst. überarb. Aufl., Springer Gabler, Wiesbaden, 2020, S. 579-610.

*Thommen, J.-P.; Achleitner, A.-K.; Gilbert, D.; Hachmeister, D.; Jarchow, S.; Kaiser, G.*, Typologie des Unternehmens, In: Thommen, J.-P.; Achleitner, A.-K.; Gilbert, D. U.; Hachmeister, D.; Jarchow, S.; Kaiser, G. (Hrsg.): Allgemeine Betriebswirtschaftslehre - Umfassende Einführung aus managementorientierter Sicht, 9., vollst. überarb. Aufl., Springer Gabler, Wiesbaden, 2020, S. 23-44.

*Thommen, J.-P.; Achleitner, A.-K.; Gilbert, D.; Hachmeister, D.; Jarchow, S.; Kaiser, G.*, Unternehmensziele, In: Thommen, J.-P.; Achleitner, A.-K.; Gilbert, D. U.; Hachmeister, D.; Jarchow, S.; Kaiser, G. (Hrsg.): Allgemeine Betriebswirtschaftslehre - Umfassende Einführung aus managementorientierter Sicht, 9., vollst. überarb. Aufl., Springer Gabler, Wiesbaden, 2020, S. 45-52.

*Thommen, J.-P.; Achleitner, A.-K.; Gilbert, D.; Hachmeister, D.; Jarchow, S.; Kaiser, G.*, Wirtschaft und Unternehmen, In: Thommen, J.-P.; Achleitner, A.-K.; Gilbert, D. U.; Hachmeister, D.; Jarchow, S.; Kaiser, G. (Hrsg.): Allgemeine Betriebswirtschaftslehre - Umfassende Einführung aus managementorientierter Sicht, 9., vollst. überarb. Aufl., Springer Gabler, Wiesbaden, 2020, S. 3-21.

*Tjaden, G.*, Erfolgsfaktoren Virtueller Unternehmen - Eine theoretische und empirische Untersuchung, Deutscher Universitätsverlag, Wiesbaden, 2003. – Zugl.: Rostock, Univ., Diss., 2002.

*Töllner, A.; Jungmann, T.; Bücker, M.; Brutscheck, T.*, Modelle und Modellierung, In: Bandow, G.; Holzmüller, H. H. (Hrsg.): "Das ist gar kein Modell!" - Unterschiedliche Modelle und Modellierungen in Betriebswirtschaftslehre und Ingenieurwissenschaften, Gabler, Wiesbaden, 2009, S. 3-22.

*Tomczak, T.*, Forschungsmethoden in der Marketingwissenschaft. Ein Plädoyer für den qualitativen Forschungsansatz, Marketing ZFP, Nr. 2, 14. Jg., 1992, S. 77-87.

*Triantaphyllou, E.*, Multi-criteria Decision Making Methods: A Comparative Study, Springer US, Boston, MA, 2000.

*Trimi, S.; Berbegal-Mirabent, J.*, Business model innovation in entrepreneurship, International Entrepreneurship and Management Journal, Nr. 4, 8. Jg., 2012, S. 449-465.

*Tröndle, D.*, Kooperationsmanagement - Steuerung interaktioneller Prozesse bei Unternehmungskooperationen, Planung, Information und Unternehmungsführung; Bd. 15, Verl. Josef Eul, Bergisch Gladbach, 1987. – Zugl.: Freiburg (Breisgau), Univ., Diss., 1986.

*Tushman, M.; Anderson, P.*, Technological Discontinuities and Organizational Environments, Administrative Science Quarterly, Nr. 3, 31. Jg., 1986, S. 439.

*Ulrich, H.*, Der systemorientierte Ansatz in der Betriebswirtschaftslehre, In: Ulrich, H. (Hrsg.): Gesammelte Schriften, Haupt, Bern, 2001, S. 21-40.

*Ulrich, H.*, Die Betriebswirtschaftslehre als anwendungsorientierte Sozialwissenschaft, In: Ulrich, H. (Hrsg.): Gesammelte Schriften, Haupt, Bern, 2001, S. 17-52.

*Ulrich, H.*, Die Unternehmung als produktives soziales System, In: Ulrich, H. (Hrsg.): Gesammelte Schriften, Haupt, Bern, 2001, S. 11-20.

*Ulrich, H.; Dyllick, T.; Probst, G. J. B.*, Management - Hrsg. von Thomas Dyllick u. Gilbert J. B. Probst, Haupt, Bern & Stuttgart, 1984.

*Ulrich, P.; Hill, W.*, Wissenschaftstheoretische Grundlagen der Betriebswirtschaftslehre, WiSt – Wirtschaftswissenschaftliches Studium, Nr. 7, 5. Jg., 1976, S. 304-309.

*Untiedt, D.*, Technologie Rating - Modell zur Bewertung der technologischen Leistungsfähigkeit produzierender Unternehmen, Ergebnisse aus der Produktionstechnik; Bd. 3/2009, Apprimus Verlag, Aachen, 2009. – Zugl.: Aachen, Techn. Hochsch., Diss., 2008.

*Usman, M.; Vanhaverbeke, W.*, How start-ups successfully organize and manage open innovation with large companies, European Journal of Innovation Management, Nr. 1, 20. Jg., 2017, S. 171-186.

*van Ven, A.* de*; Drazin, R.*, The concept of fit in contingency theory, In: Staw, B. M.; Cummings, L. L. (Hrsg.): Research in Organizational Behavior, Vol. 7, Greenwich, 1985, S. 333-365.

*Veliyath, R.; Srinivasan, T.*, Gestalt Approaches to Assessing Strategic Coalignment: A Conceptual Integration, British Journal of Management, Nr. 3, 6. Jg., 1995, S. 205-219.

*Venkatraman, N.*, The Concept of Fit in Strategy Research: Toward Verbal and Statistical Correspondence, The Academy of Management Review, Nr. 3, 14. Jg., 1989, S. 423.

*Vetter, M.*, Praktiken des Prototyping im Innovationsprozess von Start-up-Unternehmen, 1. Aufl., Gabler, Wiesbaden, 2011. – Zugl.: Weimar, Bauhausuniv., Diss., 2011.

*Viscuso, M. G.; Steiger, T.*, Innovation durch Kooperation - Erfolgsfaktoren strategischer Partnerschaften zwischen etablierten Unternehmen und Startups, tredition GmbH, Hamburg, 2021.

*Voigt, K.-I.; Kiel, D.; Müller, J.; Arnold, C.*, Industrie 4.0 aus Perspektive der nachhaltigen industriellen Wertschöpfung, In: Bär, C.; Grädler, T.; Mayr, R. (Hrsg.): Digitalisierung im Spannungsfeld von Politik, Wirtschaft, Wissenschaft und Recht, Springer, Berlin, Heidelberg, 2018, S. 331-343.

*Voigt, K.-I.; Steven, M. (*2018), Produktionstypen. URL: https://wirtschaftslexikon.gabler.de/definition/produktionstypen-45375/version-268669 [Stand: 25.02.2023].

*Wahren, H.-K.*, Erfolgsfaktor Innovation - Ideen systematisch generieren, bewerten und umsetzen, Springer, Berlin, Heidelberg, 2004.

*Wahrig-Burfeind, R.*, Brockhaus, Wahrig, Fremdwörterlexikon, 8. Aufl., Neuausg, Wissenmedia, Gütersloh, 2011.

*Wannenwetsch, H.*, Integrierte Materialwirtschaft, Logistik und Beschaffung, Springer Berlin Heidelberg, Berlin, Heidelberg, 2014.

*Ward, M.; Halliday, S.; Foden, J.*, A readiness level approach to manufacturing technology development in the aerospace sector: an industrial approach, Proceedings of the Institution of Mechanical Engineers, Part B: Journal of Engineering Manufacture, Nr. 3, 226. Jg., 2012, S. 547-552.

*Weber, M.*, Die "Objektivität" sozialwissenschaftlicher und sozialpolitischer Erkenntnis, Archiv für Sozialwissenschaft und Sozialpolitik, Nr. 1, 19. Jg., 1904, S. 22-87.

*Weber, W.; Kabst, R.; Baum, M.*, Einführung in die Betriebswirtschaftslehre, 10., aktualisierte und überarbeitete Auflage, Springer Gabler, Wiesbaden, Heidelberg, 2018.

*Weder, R.*, Joint-Venture - Theoretische und empirische Analyse unter besonderer Berücksichtigung der chemischen Industrie der Schweiz, Rüegger, Grüsch, 1989. Basel, Univ., Diss., 1989.

*Weiblen, T.; Chesbrough, H.*, Engaging with Startups to Enhance Corporate Innovation, California Management Review, Nr. 2, 57. Jg., 2015, S. 66-90.

*Weitnauer, W.*, Handbuch Venture Capital - Von der Innovation zum Börsengang, 5., überarbeitete Auflage 2016, C.H. Beck, München, 2016.

*Weitnauer, W.*, Handbuch Venture Capital - Von der Innovation zum Börsengang, 6., überarbeitete Auflage, C.H. Beck, München, 2019.

*Welge, M.; Lattwein, J.*, Die Balanced Scorecard - Strategisches Management für Start-up-Unternehmen, In: Ludewig, C.; Buschmann, D.; Herbrand, N. O. (Hrsg.): Silicon Valley Made in Germany, Vieweg+Teubner Verlag, Wiesbaden, 2000, S. 107-134.

*Welge, M. K.; Al-Laham, A.; Eulerich, M.*, Strategisches Management - Grundlagen – Prozess – Implementierung, 7., überarb. u. aktualis. Aufl., Springer Gabler, Wiesbaden, 2017.

*Welge, M. K.; Al-Laham, A.; Kajüter, P.*, Praxis des Strategischen Managements - Konzepte - Erfahrungen - Perspektiven, Gabler Verlag, Wiesbaden, 2000.

*Welter, M.*, Die Forschungsmethode der Typisierung, WiSt - Wirtschaftswissenschaftliches Studium, Nr. 2, 35. Jg., 2006, S. 113-116.

*Werner, H.; Kobabe, R.*, Unternehmensfinanzierung, Haufe Lexware, Freiburg im Breisgau, München, 2005.

*Wernerfelt, B.*, A resource-based view of the firm, Strategic Management Journal, Nr. 2, 5. Jg., 1984, S. 171-180.

*Wernerfelt, B.*, The resource-based view of the firm: Ten years after, Strategic Management Journal, Nr. 3, 16. Jg., 1995, S. 171-174.

*Weuster, A.*, Unternehmensorganisation - Organisationsprojekte - Aufbaustrukturen, 4., überarb. Aufl., Hampp, München, 2010.

*Wheeler, D.; Ulsh, M.*, Manufacturing Readiness Assessment for Fuel Cell Stacks and Systems for the Back-up Power and Material Handling Equipment Emerging Markets (Revised), Technical Report NREL/TP-560-45406, Februar 2010. https://www.nrel.gov/docs/fy10osti/45406.pdf [Stand: 18.04.2023].

*Williamson, O.*, Comparative Economic Organization: The Analysis of Discrete Structural Alternatives, Administrative Science Quarterly, Nr. 2, 36. Jg., 1991, S. 269.

*Williamson, O. E.*, Markets and Hierarchies: Analysis and Antitrust Implications - A study in the economics of internal organization, Free Press; Collier Macmillan, New York, NY, London, 1975.

*Winzer, P.*, Generic Systems Engineering - Ein methodischer Ansatz zur Komplexitätsbewältigung, Springer Vieweg, Berlin, Heidelberg, 2016.

*Witt, H.*, Dynamic Capabilities im Strategischen Electronic Business-Management - Bestimmungsgrößen, Ausprägungen und Erfolgsfaktoren, 1. Aufl., Gabler, Wiesbaden, 2008. – Zugl.: Dortmund, Techn. Univ., Diss., 2008.

*Wohlgemuth, O.; Hess, T.*, Erfolgsbestimmung in Kooperationen - Entwicklungsstand und Perspektiven, Arbeitspapier; Nr. 1999-10, Georg-August-Universität Inst. f. Wirtschaftsinformatik WI2, Göttingen, 1999.

*Wolf, J.*, Der Gestaltansatz in der Management- und Organisationslehre, Dt. Univ.-Verl.; Gabler, Wiesbaden, 2000.

*Wolf, J.*, Organisation, Management, Unternehmensführung - Theorien, Praxisbeispiele und Kritik, 6., überarb. u. erw. Aufl., Springer Gabler, Wiesbaden, 2020.

*Wolter, H.-J.; Wolff, K.; Freund, W.*, Das virtuelle Unternehmen - Eine Organisationsform für den Mittelstand, Schriften zur Mittelstandsforschung; Nr. 80, Deutscher Universitätsverlag, Wiesbaden, 1998.

*Woratschek, H.; Roth, S.*, Kooperation: Erklärungsperspektive der Neuen Institutionenökonomik, In: Zentes, J.; Swoboda, B.; Morschett, D. (Hrsg.): Kooperationen, Allianzen und Netzwerke - Grundlagen - Ansätze - Perspektiven, Gabler Verlag, Wiesbaden, 2003, S. 141-166.

*Woywode, M.*, Theoretische Ansätze zur Erklärung der Überlebenswahrscheinlichkeit von Unternehmen, In: Hommel, U.; Knecht, T.; Wohlenberg, H. (Hrsg.): Handbuch Unternehmensrestrukturierung - Grundlagen – Konzepte – Maßnahmen, Springer, Wiesbaden, 2015, S. 1-36.

*Wrobel, M.; Preiß, K.; Schildhauer, T.*, Kooperationen zwischen Startups und Mittelstand - Learn, Match, Partner: eine Studie des Alexander von Humboldt Institut für Internet und Gesellschaft in Kooperation mit Spielfeld Digital HUB, Kiel, Hamburg, 2017. http://hdl.handle.net/10419/172330 [Stand: 18.04.2023].

*Wupperfeld, U.*, PBBJTU - Projektbegleitung zum Modellversuch "Beteiligungskapital für junge Technologieunternehmen" (BJTU), [Stand: Sept. 1993], ISI, Karlsruhe, 1993.

*Wurche, S.*, Strategische Kooperation - Theoretische Grundlagen und praktische Erfahrungen am Beispiel mittelständischer Pharmaunternehmen, Deutscher Universitätsverlag, Wiesbaden, 1994. – Zugl.: Erlangen, Nürnberg, Univ., Diss., 1993.

*Yang, C.; Wacker, J.; Sheu, C.*, What makes outsourcing effective? A transaction-cost economics analysis, International Journal of Production Research, Nr. 16, 50. Jg., 2012, S. 4462-4476.

*Zangemeister, C.*, Nutzwertanalyse in der Systemtechnik - Eine Methodik zur multidimensionalen Bewertung und Auswahl von Projektalternativen, 5., erw. Aufl., Books on Demand, Norderstedt, 2014. Teilw. zugl.: Berlin, Univ., Diss., 1970.

*Zelewski, S.*, Grundlagen, In: Corsten, H.; Reiß, M. (Hrsg.): Betriebswirtschaftslehre, 4., vollst. überarb. u. wesentlich erw. Aufl., Oldenbourg, München, Wien, 2008.

*Zemke, I.*, Die Unternehmensverfassung von Beteiligungskapital-Gesellschaften - Analyse des institutionellen Designs deutscher Venture Capital-Gesellschaften, Deutscher Universitätsverlag, Wiesbaden, 1995. – Zugl.: Berlin, Freie Univ., Diss., 1995.

*Zentes, J.; Schramm-Klein, H.*, Exogene und endogene Einflussfaktoren der Kooperation, In: Zentes, J.; Swoboda, B.; Morschett, D. (Hrsg.): Kooperationen, Allianzen und Netzwerke - Grundlagen - Ansätze - Perspektiven, Gabler Verlag, Wiesbaden, 2003, S. 257-276.

*Zentes, J.; Swoboda, B.; Morschett, D.*, Kooperationen, Allianzen und Netzwerke — Grundlagen, „Metaanalyse" und Kurzabriss, In: Zentes, J.; Swoboda, B.; Morschett, D. (Hrsg.): Kooperationen, Allianzen und Netzwerke - Grundlagen - Ansätze - Perspektiven, Gabler Verlag, Wiesbaden, 2003, S. 3-32.

*Zerfaß, A.; Volk, S. C.*, Toolbox Kommunikationsmanagement - Denkwerkzeuge und Methoden für die Steuerung der Unternehmenskommunikation, Springer Gabler, Wiesbaden, 2019.

*Zimmermann, H.-J.; Gutsche, L.*, Multi-Criteria Analyse - Einführung in die Theorie der Entscheidungen bei Mehrfachzielsetzungen, Springer, Berlin, Heidelberg, 1991.

*Zohm, F.*, Management von Diskontinuitäten - Das Beispiel der Mechatronik in der Automobilzulieferindustrie, Deutscher Universitätsverlag, Wiesbaden, 2004. – Zugl.: Aachen, Techn. Hochsch., Diss., 2003.

*Zollenkop, M.*, Geschäftsmodellinnovation - Initiierung eines systematischen Innovationsmanagements für Geschäftsmodelle auf Basis lebenszyklusorientierter Frühaufklärung, 1. Aufl., Gabler Verlag / GWV Fachverlage GmbH Wiesbaden, Wiesbaden, 2006. – Zugl.: Bamberg, Univ., Diss., 2006.

# Anhang

## A.1 Kooperationsmotive von Corporates

**Tabelle A-1: Identifizierung der Kooperationsmotive von Corporates**[801]

| Kooperationsmotiv | Ursprüngliche Bezeichnung | Quelle |
|---|---|---|
| Kostenvorteile | Kostensenkungspotenziale | Rotering (1993) |
| | Kostenvorteile | Mellewigt (2003) |
| | Economies of Scale | Barringer & Harrison (2000) |
| | Kostenvorteile | Bronder & Pritzl (1992) |
| | Kostenvorteile | Fontanari (1996) |
| | Realisierung von Kostenvorteilen | Friese (1998) |
| Marktzugang | Zugang zu neuen Märkten | Friese (1998) |
| | Erschließung neuer Märkte | Becker et al. (2018) |
| | Access to a market | Rothaermel (2001) |
| | Expand to new markets | Kohler (2016) |
| | Erschließung neuer Märkte | Fontanari (1996) |
| | Marktzutritt | Mellewigt (2003) |
| | Market access | Weiblen & Chesbrough (2015) |
| Qualitätsvorteile | Qualitätsvorteile | Schwamborn (1994) |
| | Realisierung von Qualitätsvorteilen | Friese (1998) |
| | Verbesserung der Qualität | Rupprecht-Däullary (1994) |

801 Vgl. Rotering (1993), Kooperation, S. 33; Mellewigt (2003), Kooperationen, S. 17ff.; Barringer, Harrison (2000), Creating Value, S. 385; Bronder, Pritzl (1992), Strategische Allianzen, S. 27; Fontanari (1996), Kooperationsgestaltungsprozesse, S. 139; Friese (1998), Kooperation, S. 120; Becker et al. (2018), Kooperationen, S. 24; Rothaermel (2001), Incumbent's Advantage, S. 688f.; Kohler (2016), Corporate Accelerators, S. 5; Weiblen, Chesbrough (2015), Corporate Innovation, S. 72; Schwamborn (1994), Strategische Allianzen, S. 95; Rupprecht-Däullary (1994), Kooperation, S. 27; Bolz (2008), Technologieunternehmungen, S. 53; Schuh et al. (2005), Kooperationsmanagement, S. 61; Keller (2004), Strategische Allianzen, S. 4; Hora et al. (2018), David and Goliath, S. 413; Kanbach, Stubner (2016), Corporate Accelerators, S. 1765; Gutmann, Lang (2022), Startup Collaboration, S. 2; Kurpjuweit, Wagner (2020), Startup Supplier Programs, S. 2; Hagenhoff (2004), Kooperationen, S. 22

| Kooperationsmotiv (forts.) | Ursprüngliche Bezeichnung (forts.) | Quelle (forts.) |
|---|---|---|
| Risikostreuung | Risikoreduktion | Bolz (2008) |
| | Reduzieren von Risiko | Schuh et al. (2005) |
| | Risikominderung | Mellewigt (2003) |
| | Risikostreuung | Keller (2004) |
| | Risikostreuung | Fontanari (1996) |
| Technologiezugang | Technologietransfer | Becker et al. (2018) |
| | Access to emerging technologies | Rothaermel (2001) |
| | Technologiezugang | Fontanari (1996) |
| | Access new technologies | Hora (2018) |
| | Understanding of technologies | Kanbach (2016) |
| | Accessing innovative technologies | Gutmann (2022) |
| | Technology access | Weiblen & Chesbrough (2015) |
| | Access to technology | Kurpjuweit & Wagner (2020) |
| Zeitvorteile | Time-to-market | Hagenhoff (2004) |
| | Zeitvorteile | Mellewigt (2003) |
| | Speed to market | Barringer & Harrison (2000) |
| | Zeitvorteile | Fontanari (2996) |
| | Realisierung von Zeitvorteilen | Friese (1998) |

## Kostenvorteile

Corporates nehmen Kooperation auf, um dadurch von *Kostenvorteilen* zu profitieren[802]. Da hohe Fixkostenanteile in Produkten in einer geringen Wettbewerbsfähigkeit resultieren können, versuchen sie über eine Verbesserung der Kostenstruktur ihre Wettbewerbsposition zu verbessern und eine Barriere gegen Wettbewerber aufzubauen. In Kooperationen entstehen diese Kostenvorteile durch Skaleneffekte, Verbundeffekte oder eine Fixkostenteilung. Skaleneffekte werden auch als Economies of Scale bezeichnet und führen zu einer Steigerung der Ausbringungsmenge, wodurch die Fixkosten pro Einheit gesenkt werden[803]. Grundsätzlich sind die Economies of Scale über

[802] Vgl. Schlick, Killich (2006), Kooperationspotenziale, S. 159

[803] Vgl. Keller (2004), Strategische Allianzen, S. 3; Fontanari (1996), Kooperationsgestaltungsprozesse, S. 140; Bolz (2008), Technologieunternehmungen, S. 51

die gesamte Wertschöpfungskette realisierbar. So können nicht nur Produktions-, sondern auch Einkaufsvolumina über die Kooperationspartner verteilt werden.[804] Verbundeffekte (sog. Economies of Scope) führen zu Vorteilen durch den Einsatz und die Diversifikation von bestehenden Produktionsfaktoren für mehrere Produkte und verschiedene Märkte. Die Realisierung dieser Verbundvorteile in Kooperationen wird durch eine gemeinsame Produktentwicklung oder eine gemeinsame Produktion erreicht.[805] Weiterhin sehen sich Corporates durch immer kürzere Produktlebenszyklen gezwungen Investitionen in Produktentwicklungen sowie Produktion in höherer Frequenz zu tätigen. Corporates streben in Kooperationen eine Aufteilung dieser Fixkosten an[806]. Das Kooperationsmotiv der Erzielung von Kostenvorteilen fokussiert damit maßgeblich die Bündelung oder wechselseitige Nutzung von Fähigkeiten und Ressourcen des Kooperationspartners[807].

**Marktzugang**

Corporates verfolgen das Ziel des *Marktzugangs*, um Markteintrittsbarrieren zu überwinden, in schwierigen Märkten Umsätze zu erzielen oder neue Märkte mit hohen Wachstumsraten zu schaffen[808]. Sofern der Marktzugang die Schaffung eines neuen Marktes betrifft, wird von den Kooperationspartnern auch ein gemeinsames Produkt entwickelt. Die Arbeitsaufgaben bei der Produktentwicklung müssen sich dabei nicht gleichen, sondern ergänzen sich idealerweise.[809] Der Zugang zu Marktsegmenten kann durch Umgehung von Markteintrittsbarrieren oder unter Nutzung des Vertriebs des Partners erfolgen[810]. Corporates verfolgen das Ziel des Marktzugangs insbesondere in Kooperationen mit kleineren Unternehmen und nehmen diese nur dann auf, wenn sie ungenutzte Vertriebs- oder Marketingpotenziale sehen oder sich davon eine Produktportfolioergänzung versprechen.[811] Corporates streben Marktzugang durch Kooperationen an, um so die bestehende Basis an Fähigkeiten und Ressourcen nicht ausweiten zu müssen und dennoch Mehrwerte zu generieren[812]. Die Hauptherausforderungen in

804 Vgl. Keller (2004), Strategische Allianzen, S. 3

805 Vgl. Tröndle (1987), Kooperationsmanagement, S. 45; Rotering (1993), Kooperation, S. 33; Keller (2004), Strategische Allianzen, S. 3; Bolz (2008), Technologieunternehmungen, S. 52; Hungenberg (2014), Management, S. 213

806 Vgl. Fontanari (1996), Kooperationsgestaltungsprozesse, S. 140

807 Vgl. Friese (1998), Kooperation, S. 131; Bolz (2008), Technologieunternehmungen, S. 52; Buse (2000), Wettbewerbsvorteile, S. 35

808 Vgl. Bronder, Pritzl (1992), Strategische Allianzen, S. 27; Schlick, Killich (2006), Kooperationspotenziale, S. 161; Rigtering, Behrens (2021), Corporate - Start-Up Collaboration, S. 2438

809 Vgl. Schlick, Killich (2006), Kooperationspotenziale, S. 161

810 Vgl. Mellewigt (2003), Kooperationen, S. 17

811 Vgl. Fontanari (1996), Kooperationsgestaltungsprozesse, S. 140ff.

812 Vgl. Bolz (2008), Technologieunternehmungen, S. 53; Jung (2018), Cooperating with Start-ups, S. 294

Kooperationen mit dem Ziel des Marktzugangs besteht darin, dass das Corporate für sein Engagement im Markt auch wahrgenommen wird[813]. Zur Überwindung dieser Herausforderung ist die Gestaltung der Kooperation von entsprechender Bedeutung.

### Qualitätsvorteile

Corporates nehmen Kooperationen aus dem Motiv der *Qualitätsvorteile* heraus auf, da diese zu qualitativen Verbesserungen der Leistungen und Produkte und indirekt zur Realisierung von Wettbewerbsvorteilen führen[814]. Die Qualitätsvorteile entstehen prinzipiell überall entlang der Wertschöpfungskette und münden in einem Wettbewerbsvorteil, wenn aus Kundensicht ein neuer Nutzen entsteht. Insbesondere ein besseres Kundenverständnis stellt einen Treiber zur Qualitätsverbesserung dar. Zugleich kann aber auch die Qualität durch ein breiteres Produktportfolio gesteigert werden.[815] Streben Corporates die Qualitätsvorteile durch Leistungsverbesserung an, so versuchen sie das technologische Know-how eines Partners in der Kooperation zu erschließen oder eine Steigerung der Produktions- oder Beschaffungsqualität zu erreichen[816]. Schließlich kann auch das Image des Partners zu Qualitätsvorteilen beitragen, da sich Ausstrahlungseffekte, Maßnahmen der Public Relations oder gemeinsame Werbung in Kooperationen auf die Qualität auswirken[817]. Insgesamt folgt, dass die Wettbewerbsvorteile, die durch Qualitätsvorteile entstehen, maßgeblich von der Einzigartigkeit der zugänglich gemachten Fähigkeiten und Ressourcen abhängen[818].

### Risikostreuung

Das Risiko, das mit der Stärkung der Wettbewerbsposition durch die Entwicklung von neuen Technologien, Produkten oder Märkten einhergeht, wollen Corporates nur bei vollständiger Information selbst tragen. Zur Schaffung dieser Informationsbasis sowie zu Teilung des Risikos gehen Corporates Kooperationen mitunter aus dem Motiv der *Risikostreuung* ein. Grundsätzlich lässt sich das Motiv der Risikostreuung von Corporates in Kooperationen als Reduktion der Unsicherheiten, Risikoteilung oder gar einem Verlustausgleich verstehen[819]. Folglich ist die Streuung des Risikos durch Kooperationen auf verschiedene Arten möglich. Weit verbreitet ist die Investitionsrisikostreuung,

813 Vgl. Friese (1998), Kooperation, S. 139

814 Als Qualität versteht man hierbei die Differenz zwischen den Anforderungen der Kunden und den tatsächlichen Leistungen. Vgl. Friese (1998), Kooperation, S. 124

815 Vgl. Rupprecht-Däullary (1994), Kooperation, S. 64; Friese (1998), Kooperation, S. 125

816 Vgl. Schwamborn (1994), Strategische Allianzen, S. 96; Rupprecht-Däullary (1994), Kooperation, S. 66; Friese (1998), Kooperation, S. 126

817 Vgl. Friese (1998), Kooperation, S. 126

818 Vgl. Schwamborn (1994), Strategische Allianzen, S. 98

819 Vgl. Ebertz (2006), Kooperation, S. 14ff.

welche die Teilung der Investitionen, die mit Entwicklung und Vermarktung von Produkten und Technologien verbunden sind, vorsieht[820]. Die Reduktion des Risikos durch Kooperation ist direkt abhängig vom Potenzial, welches durch die Kombination sowie das Leveraging von Technologie und Know-how der Partner zur Identifizierung neuer Anwendungen in der Kooperation entsteht[821]. Die Risikostreuung in Kooperationen wird darüber hinaus auch durch Spezialisierungseffekte ermöglicht. So führen spezifische Kenntnisse über Märkte zu einer besseren Marktbewertung und damit zur Minimierung des Risikos von Fehlentwicklungen. Durch eine internationale Kooperation können Corporates überdies die Abhängigkeit von einigen, wenigen Absatzmärkten überwinden und über die Risikostreuung Wettbewerbsvorteile erzielen.[822] Grundvoraussetzung der Risikostreuung in Kooperationen ist die gemeinsame Nutzung von Fähigkeiten und Ressourcen, die idealerweise auch identisch sind[823].

### Technologiezugang

Um der Gefahr der Technologiesubstitution zu begegnen, gehen Corporates Kooperationen mit dem Ziel des *Technologiezugangs* ein[824]. Durch einen Transfer von Know-how und Wissen zu Technologien oder technologischen Entwicklungen erhoffen sie sich die Erzielung von Wettbewerbsvorteilen[825]. Corporates, die den Technologiezugang zur Erzielung von Wettbewerbsvorteilen in einer Kooperation verfolgen, bieten den Partnern im Gegenzug Fähigkeiten und Ressourcen, die diese für einen Markteintritt benötigen[826]. Der Technologiezugang erstreckt sich nicht nur auf die Erweiterung bestehender Technologien, sondern umfasst auch den Zugang zu völlig neuem technologischem Wissen[827]. Der Transfer von explizitem technologischem Wissen in Form von Veröffentlichungen oder Patenten kann durch vertragliche Rahmenbedingungen erfolgen. Implizites Wissen ist ungleich schwerer zu transferieren, da dieses an einzelne Wissensträger, geteiltes Wissen einer Gruppe von Personen oder in Form von Abläufen manifestiert ist. Da insbesondere im (hoch-)technologischen Kontext das Wissen oft implizit vorhanden ist, müssen sich Corporates den Technologiezugang

[820] Vgl. Keller (2004), Strategische Allianzen, S. 4; Mellewigt (2003), Kooperationen, S. 19; Schwamborn (1994), Strategische Allianzen, S. 105

[821] Vgl. Schuh et al. (2005), Kooperationsmanagement, S. 61

[822] Vgl. Keller (2004), Strategische Allianzen, S. 4; Tröndle (1987), Kooperationsmanagement, S. 46

[823] Vgl. Schlick, Killich (2006), Kooperationspotenziale, S. 162

[824] Vgl. Mellewigt (2003), Kooperationen, S. 16; Gutmann, Lang (2022), Startup Collaboration, S. 20

[825] Vgl. Becker et al. (2018), Kooperationen, S. 24; Bronder, Pritzl (1992), Strategische Allianzen, S. 27; Tröndle (1987), Kooperationsmanagement, S. 47

[826] Vgl. Mellewigt (2003), Kooperationen, S. 17; Rotering (1993), Kooperation, S. 45

[827] Vgl. Mellewigt (2003), Kooperationen, S. 16; Schwamborn (1994), Strategische Allianzen, S. 81f.

über schwierige und zeitintensive organisationale Lernprozesse aneignen.[828] Da vor allem Corporates auf der Suche nach innovativen, hochtechnologischen Lösungen sind, kommt dem Ziel des Technologiezugangs im Kontext der Kooperation mit Start-ups eine große Bedeutung zu[829].

**Zeitvorteile**

Im Kontext des technologischen Wandels, Umweltveränderungen sowie ein verändertes Kundenverhalten verfolgen Corporates in Kooperationen das Motiv der Erzielung von *Zeitvorteilen*[830]. Durch Zeitvorteile wollen Corporates ihre Reaktionsgeschwindigkeiten auf Umweltveränderungen erhöhen und ihren Marktbegleitern sowie Konkurrenten zuvorkommen[831]. Zeitvorteile in Kooperationen können durch schnellere Planung, Entwicklung, Produktion und Markteinführung von Produkten entstehen[832]. Corporates wollen Economies of Speed nutzen und damit wettbewerbshemmende, absatzmarktrelevante Zeitverzögerungen vermindern[833]. Die Realisierung von Zeitvorteilen in Kooperationen wird meist durch einen Know-how-Transfer oder die Optimierung von Schnittstellen in der Supply Chain ermöglicht[834]. Zeitvorteile in Reduktion der Entwicklungszeit entstehen maßgeblich durch größere F&E-Mittel, einen Wissensvorsprung des Partners oder besseren Marktkenntnisse und führen direkt zur Erhöhung der Speed-to-market bzw. Reduktion der Time-to-market[835]. Zugleich können Corporates auch durch bestehende Vertriebskanäle oder die frühzeitige Etablierung von Standards durch den gemeinsam vergrößerten Absatz Zeitvorteile realisieren[836]. Die Economies of Speed im Kontext der Zeitvorteile beschränken sich vor allem auf die Prozess- und Schnittstellenoptimierung entlang der Wertschöpfung[837]. Da dies

---

[828] Vgl. Friese (1998), Kooperation, S. 141

[829] Vgl. Becker et al. (2018), Kooperationen, S. 24; Weiblen, Chesbrough (2015), Corporate Innovation, S. 72; Kurpjuweit, Wagner (2020), Startup Supplier Programs, S. 65

[830] Vgl. Fontanari (1996), Kooperationsgestaltungsprozesse, S. 143; Schwamborn (1994), Strategische Allianzen, S. 102

[831] Vgl. Bronder, Pritzl (1992), Strategische Allianzen, S. 27; Schwamborn (1994), Strategische Allianzen, S. 102

[832] Vgl. Fontanari (1996), Kooperationsgestaltungsprozesse, S. 143

[833] Allgemein umfassen die Economies of Speed die Dauer jeder Art von Prozessen, die in einem Unternehmen stattfinden und unter dem Druck des Umfeldes sowie durch Verteilung auf zwei Unternehmen, schneller angepasst, parallelisiert oder reduziert werden können als es der Wettbewerb kann. Vgl. Fontanari (1996), Kooperationsgestaltungsprozesse, S. 145; Schlick, Killich (2006), Kooperationspotenziale, S. 161

[834] Vgl. Schlick, Killich (2006), Kooperationspotenziale, S. 161

[835] Vgl. Schwamborn (1994), Strategische Allianzen, S. 103f.; Becker et al. (2018), Kooperationen, S. 24; Rupprecht-Däullary (1994), Kooperation, S. 100

[836] Vgl. Schwamborn (1994), Strategische Allianzen, S. 104

[837] Vgl. Jene (2015), Effizienzgewinne in Kooperationen, S. 3

Kenntnisse über sämtliche Entwicklungen und Abhängigkeiten im Wettbewerbsumfeld erfordert, sind Zeitvorteile in einzelnen, isolierten Kooperationen kaum ganzheitlich zu erzielen.

## A.2 Beschreibungscharakteristika des Kontextmodells

**Tabelle A-2: Beschreibungscharakteristika des Corporates**[838]

| **Merkmal** | **Merkmalsausprägung** | **Quelle** | **Relevant** | **Begründung der Gestaltungsrelevanz** |
|---|---|---|---|---|
| Art der Kundenbeziehung | B2B, B2C, Beide | Hadeler et al. (2000)<br>Duden (2015) | X | Determiniert die Möglichkeit zur Unterstützung |
| Auslastung des Unternehmens | gering, mittel, hoch | Mertins et al. (1995) | | |
| Betriebsmittel | schlecht, mittel, gut | Fontanari (1996) | | |
| Branchenfokus | ja, nein | Grimaldi & Grandi (2005)<br>Pauwels et al. (2016)<br>Ladwig (1996) | | |
| Charakt. Firmenkultur | Clan, Hierarchie, Markt, Adhokratie | Lau (2019) | | |
| Eigentümerstruktur | Aktiengesellschaft, Familienunternehmen | Schürmann (1980) | | |
| Fertigungsart | Einzelfertigung, Kleinserienfertigung, Serienfertigung | Neuhausen (2002)<br>Thommen et al. (2020) | | |

838 Vgl. Hadeler, Arentzen (2000), Wirtschafts-Lexikon, S. 607; Duden (2015), Fremdwörterbuch, S. 182; Mertins et al. (1995), Benchmarking, S. 129; Fontanari (1996), Kooperationsgestaltungsprozesse, S. 195; Grimaldi, Grandi (2005), New Venture Creation, S. 117; Pauwels et al. (2016), The accelerator, S. 18; Lau (2019), Inkubatoren, S. 117; Schürmann (1980), Familienunternehmen, S. 17ff.; Neuhausen (2002), Produktionssysteme, S. 18; Thommen et al. (2020), S. 198; Liesebach (2017), Innovationsmanagement, S. 43; Ladwig (1996), F&E-Kooperationen, S. 34; Wahren (2004), Innovation, S. 95; Ermisch (2007), Strategische Kooperationen, S. 69; Perlitz, Seger (2003), Internationalisierung, S. 518; Raabe (2012), Innovation, S. 46ff.; Schrader (1993), Kooperation, S. 234; Fuchs, Apfelthaler (2009), Internationale Geschäftstätigkeit, S. 74; Schuh et al. (2011), Technologieplanung, S. 201; Voigt, Steven (2018), Produktionstypen, S. 1; Albers, Gassmann (2005), Technologie- und Innovationsmanagement, S. 16ff.; Grunewald (2015), Beschaffungslogistik, S. 10; Wannenwetsch (2014), Materialwirtschaft, S. 172; Arnold (1998), Strategische Allianzen, S. 62

| Merkmal (forts.) | Merkmalsausprägung (forts.) | Quelle (forts.) | Relevant (forts.) | Begründung der Gestaltungsrelevanz (forts.) |
|---|---|---|---|---|
| Finanzpotenzial | niedrig, mittel, hoch | Fontanari (1996)<br>Liesebach (2017) | X | Beeinflussen die Gestaltungsmöglichkeiten der Kooperation |
| F&E-Ausgaben | konkrete Höhe | Ladwig (1996) | | |
| Führungsunterstützung | gering, mittel, hoch | Wahren (2004) | | |
| Innovationsorientierung | schwach, stark | Fontanari (1996) | | |
| Kooperationserfahrung | gering, mittel, hoch | Ermisch (2007)<br>Fontanari (1996)<br>Perlitz & Seger (2003) | X | Beeinflusst die Intensität der Kooperation |
| Kostenorientierung | schwach, stark | Fontanari (1996) | | |
| Markt- und Kundenorientierung | gering, mittel, hoch | Raabe (2012)<br>Fontanari (1996) | | |
| Marktmacht | gering, mittel, hoch | Schrader (1993)<br>Fuchs (2009) | | |
| Marktpotenzial | schlecht, mittel, gut | Fontanari (1996)<br>Schuh et al. (2011) | | |
| Montageorganisation | Baustellenmontage, Gruppenmontage, Fließmontage | Neuhausen (2001) | | |
| Produktionstyp – Materialfluss | kontinuierlich, diskontinuierlich | Voigt (2018) | | |
| Produktionstyp – Grad d. Mechanisierung | manuell, maschinell, teilautomatisiert, vollautomatisiert | Voigt (2018) | | |
| Profitorientierung | gering, hoch | Albers & Gassmann (2005) | | |
| Ressourcenverfügbarkeit | gering, mittel, hoch | Albers & Gassmann (2005); Lau (2019) | | |
| Risikobereitschaft | gering, mittel, hoch | Raabe (2012); Ermisch (2007) | | |
| Schutz eigener Ressourcen | gering, mittel, hoch | Ermisch (2007) | | |

| Merkmal (forts.) | Merkmalsausprägung (forts.) | Quelle (forts.) | Relevant (forts.) | Begründung der Gestaltungsrelevanz (forts.) |
|---|---|---|---|---|
| Produktstruktur | mehrteilige Erzeugnisse mit komplexer Struktur, mehrteilige Erzeugnisse mit einfacher Struktur, geringteilige Erzeugnisse | Neuhausen (2001) | | |
| Produktvarianz | Erzeugnisse nach Kundenspezifikation, typisierte Erzeugnisse mit kundenspezifischen Varianten, Standarderzeugnisse mit Varianten, Standarderzeugnisse ohne Varianten | Neuhausen (2001) | | |
| Technologie Know-how | schlecht, mittel, gut | Fontanari (1996) | | |
| Technologieorientierung | schwach, stark | Fontanari (1996) | | |
| Wertschöpfungsposition | Rohmaterial, Komponente, Modul, System | Arnold (1998); Grunewald (2015); Wannewetsch (2014) | X | Beeinflusst das Verhältnis in der Kooperation |
| Zugang zu Ressourcen | schlecht, mittel, gut | Ermisch (2007) | | |

### Tabelle A-3: Beschreibungscharakteristika des Start-ups[839]

| Merkmal | Merkmalsausprägung | Quelle | Relevanz | Begründung der Gestaltungsrelevanz |
|---|---|---|---|---|
| Art der Kundenbeziehung | B2B, B2C, beide | Hadeler (2000) Duden (2015) | X | determiniert die Möglichkeit zur Unterstützung |
| IP-Schutz | vorhanden, nicht vorhanden | Graham et al. (2009); Thommen et al. (2020) | X | bestimmt die Gestaltungsmöglichkeiten des Start-ups |
| Finanzierungsstruktur | Innenfinanzierung, Außenfinanzierung – eigen, Außenfinanzierung – Fremd | Hahn (2018) | X | bestimmt die Attraktivität des Start-ups und das Engagement des Corporates |
| Führungsunterstützung | gering, mittel, hoch | Wahren (2004) | | |
| Grad der erforderlichen Geheimhaltung | gering, hoch | Lau (2019) | | |
| Produktionsgüterart | Sachgüter, Dienstleistungen, digitale Güter | Hadeler (2000) | | |
| Wertschöpfungsposition | Rohmaterial, Komponente, Modul, System | Arnold (1998) Grunewald (2015) Wannewetsch (2014) | X | beeinflusst das Verhältnis in der Kooperation |
| Anwendungsbedeutung | Haupttechnologie, Nebentechnologie, Hilfstechnologie | Scholz (2021) | | |
| Demonstrierbarkeit | gering, mittel, hoch | Meißner (2001) | | |

[839] Vgl. Hadeler, Arentzen (2000), Wirtschafts-Lexikon, S. 607ff.; Duden (2015), Fremdwörterbuch, S. 182; Thommen et al. (2020), Strategisches Management, S. 588; Graham et al. (2009), Patent Survey, S. 1275; Hahn (2018), Start-up Finanzierung, S. 34; Wahren (2004), Innovation, S. 95; Lau (2019), Inkubatoren, S. 117; Grunewald (2015), Beschaffungslogistik, S. 10; Wannenwetsch (2014), Materialwirtschaft, S. 172; Arnold (1998), Strategische Allianzen, S. 62; Scholz (2021), Technologiebewertung, S. 81; Meißner (2001), Wissens- und Technologietransfer, S. 100; Gerpott (2005), Technologie- und Innovationsmanagement, S. 26f.; Schuh et al. (2011), Technologiemanagement, S. 35; Ladwig (1996), F&E-Kooperationen, S. 42ff.; Jolly (2012), High-tech Companies, S. 313; Australian Renewable Energy Agency (2014), Commercial Readiness Index, S. 2; Basu, Ghosh (2017), Technology and Manufacturing Readiness, S. 235ff.; Jolly (2003), Technology Portfolio Management, S. 388f.; Fontanari (1996), Kooperationsgestaltungsprozesse, S. 129; Mankins (2009), Technology Readiness, S. 1218

| **Merkmal (forts.)** | **Merkmalsausprägung (forts.)** | **Quelle (forts.)** | **Relevant (forts.)** | **Begründung der Gestaltungsrelevanz (forts.)** |
|---|---|---|---|---|
| Einsatzgebiet | Produkttechnologie, Prozesstechnologie, Materialtechnologie | Schuh et al. (2011); Gerpott (2005) | X | prägt das Verhältnis der Partner in der Kooperation |
| F&E-Ressourcen | wenige, durchschnittlich, viele | Scholz (2021) | | |
| Innovationsart | Produktinnovation, Verfahrensinnovation, Soziale Innovation, Strukturelle Innovation | Ladwig (1996) | | |
| Innovationsintensität | völlig neue Technologie, Für die Branche neue Technologie, Für das Unternehmen neue Technologie | Ladwig (1996) | | |
| Interdependenzen | Einzeltechnologie, Systemtechnologie | Scholz (2021)<br>Schuh et al. (2011)<br>Jolly (2012)<br>Gerpott (2005) | X | |
| Komplexität | gering, durchschnittlich, hoch | Scholz (2021) | | |
| Lebenszyklusphase | Schrittmachertechnologie, Schlüsseltechnologie, Basistechnologie, verdrängte Technologie | Schuh et al.(2011) | | |
| Marktdurchdringung | keine, gering, durchschnittlich, hoch, vollständig | Scholz (2021)<br>Jolly (2012)<br>Arena (2014) | X | beeinflusst die Unterstützung durch das Corporate |
| Manufacturing Readiness | 1-4, 5-6, 7-10 | Basu & Gosh (2016) | | |
| Neuheitsgrad | inkrementell, eher inkrementell, eher radikal, radikal | Scholz (2021) | | |
| Öffentliche Unterstützung | keine, gering, durchschnittlich, hoch | Jolly (2003) | | |
| Schützbarkeit | gering, durchschnittlich, hoch | Gerpott (2005) | | |
| Sichtbarkeit | nicht sichtbar, sichtbar | Scholz (2021) | | |

| Merkmal (forts.) | Merkmalsausprägung (forts.) | Quelle (forts.) | Relevant (forts.) | Begründung der Gestaltungsrelevanz (forts.) |
|---|---|---|---|---|
| Synergiepotenziale | planbar (finanziell, funktional), unplanbar (informell, innovativ) | Fontanari (1996) | | |
| Technology Readiness Level | 1-2, 3-5, 6-8, 9-10 | Basu & Gosh (2016)<br>Scholz (2021)<br>Mankins (2009) | X | beeinflusst das Engagement des Corporates |
| Umweltverträglichkeit | gering, durchschnittlich, hoch | Scholz (2021) | | |

## A.3 Charakterisierung von Kooperationszielen

### A.3.1 Beschreibung der Lebenszyklusphasen des Referenzmodells

Nachfolgend werden die modellierten Lebenszyklusphasen eines Start-ups im Kontext des Kooperationszielmodells detailliert beschrieben (vgl. Abschnitt 4.2.1.1).

#### A.3.1.1 Frühphase

In der *Frühphase* eines Start-ups, beginnend schon vor der offiziellen Gründung, stehen die analytische sowie experimentelle Konzept- und Technologieentwicklung im Fokus[840]. Das Start-up konzentriert sich auf die Identifizierung und initiale Validierung des Potenzials einer Technologie[841]. Dabei wird hauptsächlich Fach- und Expertenwissen benötigt und genutzt[842]. Dieses Wissen wird häufig durch das Gründungsteam selbst eingebracht[843]. Ferner wird eine Untersuchung der Marktfähigkeit sowie der technologischen und grundsätzlichen ökonomischen Machbarkeit angestrebt[844]. Parallel dazu strebt das Start-up in der Frühphase die offizielle Unternehmensgründung an. Die Frühphase des Start-ups schließt mit einer evaluierten Idee inkl. Technologie zu einer Weiterverfolgung.

[840] Vgl. Guggemoos (2012), Technologieunternehmen, S. 27; Klandt (2006), Gründungsmanagement, S. 53; Baier, Pleschak (1996), Marketing und Finanzierung, S. 17; Hering et al. (2018), Unternehmensgründung, S. 12

[841] Vgl. Brinkrolf (2002), VC-Gesellschaften, S. 60; Guggemoos (2012), Technologieunternehmen, S. 27

[842] Vgl. Tech (2018), High-Tech Startups, S. 13

[843] Vgl. Baier, Pleschak (1996), Marketing und Finanzierung, S. 17

[844] Vgl. Pleschak et al. (2002), FuE-intensive Unternehmen, S. 92; Baier, Pleschak (1996), Marketing und Finanzierung, S. 17

### A.3.1.2 F&E-Phase

An die Frühphase schließt sich die *F&E-Phase* (Forschungs- & Entwicklungsphase) an. In dieser Phase strebt das Start-up die Entwicklung und den Nachweis der technischen Machbarkeit des Produktes an[845]. Hierfür werden die analytischen und experimentellen Ergebnisse der Technologieentwicklung in Prototypen und schließlich ein erstes Produkt überführt. Das Produkt sowie die Technologie werden systematisch entwickelt und damit die Markteinführung sowie Nullserie vorbereitet. Dies umfasst auch den Aufbau einer Wertschöpfungsstruktur. Dabei werden interne sowie externe Stakeholder und Experten eingebunden.[846] Parallel dazu erfolgt in der F&E-Phase unter Einbindung von Pilotkunden und -märkten die Entwicklung eines tragfähigen Geschäftsmodells[847]. Dies dient dem Nachweis der ökonomischen Machbarkeit. Die Länge der F&E-Phase kann sich stark unterscheiden und hängt vor allem von der zu Grunde liegenden Technologie sowie den benötigen Ressourcen zur Entwicklung ab[848]. Dabei werden in der F&E-Phase in der Regel noch keine Umsätze erzielt, da die technologiebasierten Produkte erst in einer kapitalintensiven Entwicklungszeit zur Marktreife gebracht werden müssen[849].

### A.3.1.3 Wachstumsphase

In der *Wachstumsphase* strebt das Start-up eine Markteinführung und -durchdringung mit der Technologie, dem darauf aufbauenden Produkt und dem Geschäftsmodell an. Das Wachstum des Unternehmens wird von steigenden Absatzzahlen und einer positiven Reaktion des Marktes getrieben.[850] Infolgedessen treibt das Start-up die Weiterentwicklung der Technologie sowie den Aufbau der eigenen Produktion voran. Zur Steigerung der notwendigen Wachstumsraten verfolgt das Start-up innerhalb der Wachstumsphase eine Optimierung des Produktes sowie des Geschäftsmodells auf Basis des Marktfeedbacks[851]. Der Fokus liegt auf einem oder einigen wenigen Absatz-

[845] Vgl. Brinkrolf (2002), VC-Gesellschaften, S. 60; Pleschak et al. (2002), FuE-intensive Unternehmen, S. 92f.

[846] Vgl. Brinkrolf (2002), VC-Gesellschaften, S. 61; Guggemoos (2012), Technologieunternehmen, S. 28; Callahan, Lasry (2004), Customer Input in the Development, S. 115

[847] Vgl. Tech (2018), High-Tech Startups, S. 13; Guggemoos (2012), Technologieunternehmen, S. 28; Leach, Melicher (2020), Entrepreneurial finance, S. 24

[848] Vgl. Pfirrmann (1997), New Technology Based Firms, S. 12

[849] Vgl. Schweiger (2012), Junge Technologieunternehmen, S. 16; Steinle, Schumann (2003), Technologieorientierte Gründungen, S. 19

[850] Vgl. Guggemoos (2012), Technologieunternehmen, S. 29; Tech (2018), High-Tech Startups, S. 14; Klandt (2006), Gründungsmanagement, S. 54; Hahn (2018), Start-up Finanzierung, S. 30

[851] Vgl. Guggemoos (2012), Technologieunternehmen, S. 30

märkten, die durch aggressive Expansion erschlossen werden. Dies erfordert den Aufbau einer skalierbaren Organisation und Wertschöpfungsstruktur mit entsprechenden Produktionskapazitäten[852].

### A.3.1.4 Spätphase

Die *Spätphase* stellt für Start-ups im Betrachtungsbereich dieser Arbeit die Phase vor dem Übergang zu Corporate dar. Gemeinhin gilt das Start-up damit als etabliert[853]. In dieser Phase geht es vor allem darum, das initiierte Umsatzwachstum in extensiver Form durch Etablierung weiterer Produkte oder Eintritt in internationale Absatzmärkte fortzusetzen und das Start-up wirtschaftlich sowie organisational zu stabilisieren[854]. Die exponentielle Skalierung in der Spätphase erfolgt durch die Integration des Technologienukleus in weitere Produkte und Schaffung eines diversifizierten Produktportfolios[855]. Das Start-up kann dabei durch sog. Economies-of-Scale-Vorteile gegenüber neu auftretenden Wettbewerbern realisieren[856]. Parallel oder alternativ dazu verfolgt das Start-up eine extensive Internationalisierung und die Erzielung signifikanter Marktanteile in den erschlossenen Absatzmärkten. Die in dieser Phase angestrebte Etablierung auf mehreren Absatzmärkten oder die Schaffung eines eigenen Marktsegments erfordert die Erweiterung der Produktionskapazitäten[857]. Das Start-up zeichnet sich vor allem dadurch aus, dass in der Spätphase die Einnahmen erstmals die Ausgaben übersteigen und dadurch die Bewertung des Start-ups signifikant ansteigt. Dabei erfolgt der Ausbau der Organisation stets unter den Ambitionen einer möglichen Marktführerschaft.[858]

## A.3.2 Beschreibung der funktionalen Dimensionen eines Start-ups

In diesem Teilkapitel des Anhangs werden die funktionalen Dimensionen eines Start-ups im Kontext des Kooperationszielmodells beschrieben (vgl. Abschnitt 4.2.2.1)

---

[852] Vgl. Tech (2018), High-Tech Startups, S. 14; Klandt (2006), Gründungsmanagement, S. 54; Baier, Pleschak (1996), Marketing und Finanzierung, S. 12; Brinkrolf (2002), VC-Gesellschaften, S. 65

[853] Vgl. Guggemoos (2012), Technologieunternehmen, S. 34; Baier, Pleschak (1996), Marketing und Finanzierung, S. 13; Tech (2018), High-Tech Startups, S. 14

[854] Vgl. Guggemoos (2012), Technologieunternehmen, S. 31; Klandt (2006), Gründungsmanagement, S. 54; Hering et al. (2018), Unternehmensgründung, S. 13; Tech (2018), High-Tech Startups, S. 14

[855] Vgl. Guggemoos (2012), Technologieunternehmen, S. 33; Klandt (2003), Unternehmenslebensphasen, S. 104; Brinkrolf (2002), VC-Gesellschaften, S. 65

[856] Vgl. Guggemoos (2012), Technologieunternehmen, S. 32; Leach, Melicher (2020), Entrepreneurial finance, S. 24

[857] Vgl. Guggemoos (2012), Technologieunternehmen, S. 32

[858] Vgl. Leach, Melicher (2020), Entrepreneurial finance, S. 24

### A.3.2.1 Technologie

Die Entwicklungsdimension *Technologie* umfasst alle Aktivitäten und Ziele eines Start-ups, welche auf die Erforschung und Entwicklung der zu Grunde liegenden Technologie ausgerichtet sind. Der Definition von Technologie-Start-ups folgend fußt das Geschäftsmodell und damit vor allem das Wachstum und die Etablierung des Start-ups auf einer Technologie[859]. Gerade in den frühen Phasen liegt ein großer Schwerpunkt der Aktivitäten eines Start-ups auf der Technologieentwicklung[860]. Diese Technologieentwicklung umfasst dabei sowohl Neuentwicklungen als auch Grundlagenforschung und stellt eine grundlegende Geschäftsfunktion dar[861]. Damit nimmt die Technologieentwicklung in Start-ups dauerhaft eine wichtige Rolle ein[862]. Start-ups benötigen für die initiale Entwicklung von Technologien oft einige Zeit, bevor Produkte mit diesen Technologien ein ausreichendes Reifestadium erlangen[863]. Zur Orientierung und Ausrichtung der Technologieentwicklung hat sich in der Literatur sowie der Praxis das von der NASA entwickelte Konzept der Technology-Readiness-Level (TRL) etabliert[864]. Technology-Readiness-Level stellen ein systematisches, qualitatives Bewertungssystem für Technologien dar und ermöglichen dabei die Vergleichbarkeit von unterschiedlichen Technologien mittels einer einheitlichen Skala[865]. Da Start-ups Technologien erstmals entwickeln, eignet sich die Integration der Technologiereife in das Kooperationszielmodell. Neben den Aktivitäten zur Entwicklung von Technologien umfasst die Dimension Technologie auch das Technologiemanagement, also die Planung zur Entwicklung, Nutzung oder Änderung von Technologien, um langfristig Marktpositionen zu sichern[866]. Die erfolgreiche Entwicklung und das Management der Technologie stellen einerseits die Grundlage zur Produktentwicklung dar und begünstigen andererseits das Wachstum des Start-ups[867]. Die Dimension Technologie fokussiert eine erfolgreiche Technologieentwicklung und strukturiert die Identifizierung möglicher Kooperationsziele, die dies unterstützen.

---

859 Vgl. Klocke (2004), Unternehmens- und Netzwerkentwicklung, S. 16

860 Vgl. Kazanjian, Drazin (1990), New Ventures, S. 140

861 Vgl. Klocke (2004), Unternehmens- und Netzwerkentwicklung, S. 8

862 Vgl. Kazanjian (1988), New Ventures, S. 275

863 Vgl. Klocke (2004), Unternehmens- und Netzwerkentwicklung, S. 8

864 Die NASA hat mit dem TRL 1988 eine Skala zur systematischen Bewertung von Technologien vorgestellt und nutzt diese seitdem in aktualisierter Form. Vgl. hierzu Basu, Ghosh (2017), Technology and Manufacturing Readiness

865 Vgl. Basu, Ghosh (2017), Technology and Manufacturing Readiness, S. 235

866 Vgl. Klappert et al. (2011), Einleitung und Abgrenzung, S. 6; Binder, Kantowsky (1996), Technologiepotentiale, S. 86; Brinckmann (2007), New Technology-based Firms, S. 57

867 Vgl. Kazanjian, Drazin (1990), New Ventures, 140,148

### A.3.2.2 Produkt

Unter anderem RIES, BLANK sowie BLANK & DORF machen das Produkt zum zentralen Bezugspunkt der erfolgreichen Etablierung eines Start-ups[868]. Der Eingrenzung dieser Arbeit folgend verfolgen Start-ups die erfolgreiche Entwicklung und Markteinführung eines Produktes auf Basis einer differenzierenden Technologie (vgl. Abschnitt 2.3.3.2). Deshalb fokussiert die Dimension *Produkt* die Entwicklung, Validierung, Zulassung und Skalierung des Produktumfanges sowie des Produktportfolios. Produkte stellen das zentrale Leistungsversprechen dar und sind somit von maßgeblicher Bedeutung für das Wachstums sowie den Erfolg eines Start-ups[869]. Insbesondere die Erzielung einer möglichst kurzen Time-to-Market kann für Start-ups ein kritischer Wettbewerbsfaktor sein[870]. Das Produkt ist dabei die integrative Schnittmenge zwischen der Technologie und dem Markt. Die Überführung von Technologien in Produkte erfolgt in Start-ups erstmals und ist damit in der Regel immer eine Neuentwicklung. Die Entwicklungsdimension Produkt hat sich in der Literatur etabliert und stellt vor allem den Übergang von der Idee zum Prototyp und schließlich zum marktfähigen Produkt dar[871]. Die Strukturierung der Aktivitäten zur erfolgreichen Entwicklung, Validierung und Zulassung eines Produktes kann anhand des Produktentwicklungsprozesses erfolgen[872]. Im Rahmen der Produktentwicklung streben Start-ups entweder ein Produkt mit einem Alleinstellungsmerkmal am Markt oder die zeitlich schnellere Entwicklung gegenüber Wettbewerbern an[873]. Entsprechend konzentriert sich das Start-up in der Dimension Produkt zunächst auf ein Produkt und steigert im Rahmen seines Wachstums sowohl den Umfang der Produktfunktionalitäten als auch den Umfang des Produktportfolios[874]. Die Entwicklungsdimension Produkt strukturiert für das Start-up Zielsetzungen in der Produkt- und Produktportfolioentwicklung und ermöglicht so die Identifizierung von Kooperationszielen.

---

868 Vgl. Ries (2012), Lean Startup, S. 27f.; Blank (2013), Lean Start-up, S. 65; Blank, Dorf (2012), Startup Owner's Manual, S. 51ff.

869 Vgl. Klandt (2006), Gründungsmanagement, S. 99

870 Vgl. Stayton, Mangematin (2016), Startup emergence, S. 377

871 Vgl. Schwenker, Spremann (2008), Wachstum Managen, S. 215; Flamholtz, Randle (2015), Growing Pains, S. 29f.

872 Vgl. Gericke et al. (2021), Produktentwicklungsprozess, S. 57ff.; Kirchner (2020), Produktentwicklung, S. 11; Bender, Gericke (2021), Requirements Engineering, S. 194

873 Vgl. Pleschak (2001), Technologieunternehmen, S. 15

874 Vgl. Klocke (2004), Unternehmens- und Netzwerkentwicklung, S. 17; Brinckmann (2007), New Technology-based Firms, S. 72; Kazanjian (1988), New Ventures, S. 262

### A.3.2.3 Markt

Die erfolgreiche Einführung von Produkten erfordert von Start-ups vor allem die Schaffung eines (Absatz-)Marktes. Da sich insb. Start-ups einer großen Marktunsicherheit ausgesetzt sehen (vgl. Abschnitt 4.1.1.3), fokussieren sie in ihren Lebensphasen die Identifizierung, Erschließung und Eroberung eines Marktes. In der Entwicklungsdimension *Markt* lassen sich alle Aktivitäten und Ziele zur Überwindung der Marktunsicherheit eines Start-ups zusammenfassen. Die Reduktion dieser Unsicherheit stellt für Start-ups eine große Herausforderung dar[875]. In der Literatur wird dieser Herausforderung in der Regel mittels der funktionalen Aktivität Marketing begegnet[876]. Jedoch wird deutlich, dass originäre Marketingaktivitäten die Neuentwicklung eines Marktes nur unzureichend beschreiben. So ist es eine Kernaufgabe von Start-ups, einen Markt zu definieren, potenzielle Kunden und ihre Bedürfnisse zu ermitteln sowie schließlich einen Markt oder eine Marktnische zu schaffen, um ein Geschäft zu etablieren[877]. BLANK & DORF beschreiben diesen Schwerpunkt von Start-ups als Kundenentwicklung und setzen die erfolgreiche Bestimmung eines Problem-Lösungs-Fits voraus. Die Kundenentwicklung selbst wird als Prozess in vier Schritten skizziert und verfolgt die Erarbeitung eines Kunden, eines Marktes, eines Geschäftsmodells und schließlich der Organisation für das Start-up[878]. Im Kern lassen sich für Start-ups die folgenden drei Teilschwerpunkte in der Dimension Markt benennen:

- Markt- & Kundenidentifizierung
- Geschäftsmodellentwicklung
- Skalierung und Internationalisierung des Geschäftsmodells

Grundlage der erfolgreichen Entwicklung eines Start-ups stellt die *Identifizierung eines Marktes* dar. Von besonderem Interesse sind hier insb. Kundensegmente oder gezielte Nischen, in denen Start-ups Wettbewerbsvorteile aufbauen können, da noch kein etabliertes Corporate vertreten ist. Der Aufbau dieser Wettbewerbsvorteile erfolgt über die Bestimmung eines Kundenbedürfnisses, das bisher latent vorhanden war oder von keinem anderen Marktbegleiter bedient wird.[879] Dementsprechend streben

[875] Vgl. Tech (2018), High-Tech Startups, S. 12

[876] Vgl. hierzu u. a. James (1973), Corporate Life Cycle; Galbraith (1982), Stages of Growth; Kazanjian, Drazin (1990), New Ventures; Klocke (2004), Unternehmens- und Netzwerkentwicklung; Brinckmann (2007), New Technology-based Firms

[877] Vgl. Flamholtz, Randle (2015), Growing Pains, S. 28

[878] Vgl. Blank, Dorf (2012), Startup Owner's Manual, S. 188; Trimi, Berbegal-Mirabent (2012), Business Model Innovation, S. 458

[879] Vgl. Flamholtz, Randle (2015), Growing Pains, S. 27f.; Kandolf (2016), Geschäftsmodellentwicklung, S. 84; Blank, Dorf (2012), Startup Owner's Manual, S. 235f.

Start-ups die frühzeitige Identifizierung von Kunden und Bedürfnissen an, um diese mit einem geeigneten Geschäftsmodell zu adressieren[880]. Start-ups fokussieren ihre Aktivitäten in der Dimension Markt auf die Entwicklung des Geschäftsmodells und bestimmen dabei, wie sie Wert erschaffen und erfassen[881]. Folglich können Start-ups durch Aktivitäten zur Entwicklung und Validierung von Geschäftsmodellen frühzeitig Marktunsicherheiten reduzieren und erlangen eine grundsätzliche Informationsbasis. Eine erfolgreiche Entwicklung des Geschäftsmodells ist für Start-ups dabei elementar, um unter der Prämisse knapper Ressourcen schnellere und bessere Geschäftsentscheidungen zu treffen[882]. Geschäftsmodelle stellen eine Ergänzung des strategischen Managements dar und sind dabei zwischen strategischer und taktischer Planung verankert[883]. Die planvollen Aktivitäten zur Entwicklung eines Geschäftsmodells reflektieren dementsprechend auch zu Teilen die Strategie des Start-ups[884]. Dabei verändert sich das Geschäftsmodell des Start-ups über den Verlauf der Lebenszyklusphasen[885]. Sofern das Start-up einen Markt erschlossen und ein Geschäftsmodell etabliert hat, fokussiert es in der Dimension Markt eine *Skalierung*. Dabei wird einerseits das Geschäftsmodell in erschlossenen nationalen Märkten auf neue Kunden ausgeweitet und andererseits eine Internationalisierung des Geschäfts angestrebt[886].

Insbesondere für Start-ups, die einen neuen Markt erschließen hat diese Entwicklungsdimension eine große Bedeutung, da die Schaffung eines neuen Marktes mitunter am kapitalintensivsten ist und eine sehr lange ROI-Zeitspanne aufweist[887].

### A.3.2.4 Produktion

Für Start-ups stellt die Herstellung eigener Produkte einerseits die größte Herausforderung und andererseits die attraktivste Möglichkeit der erfolgreichen Etablierung als Corporate dar. Der Definition dieser Arbeit folgend weisen Start-ups, die mit Corporates kooperieren, ein physisches Produkt, welches produziert werden muss, auf (vgl. Unterkapitel 2.1.3 sowie Abschnitt 2.3.3.2). Daher werden alle Aktivitäten und Ziele,

---

[880] Vgl. Trimi, Berbegal-Mirabent (2012), Business Model Innovation, S. 454; Lee et al. (2012), Co-innovation, S. 829

[881] Vgl. Denoo et al. (2022), Customer Ties, S. 2; Teece (2010), Business Models, S. 173; Casadesus-Masanell, Ricart (2010), Business Models, S. 201; Osterwalder, Pigneur (2010), Business Model Generation, S. 14

[882] Vgl. Trimi, Berbegal-Mirabent (2012), Business Model Innovation, S. 462

[883] Vgl. Göcke (2016), Geschäftsmodellentwicklung, S. 40

[884] Vgl. Göcke (2016), Geschäftsmodellentwicklung, S. 38; Casadesus-Masanell, Ricart (2010), Business Models, S. 205

[885] Vgl. Okanović et al. (2021), Development Process of Technology Startups, S. 213

[886] Vgl. Guggemoos (2012), Technologieunternehmen, S. 31

[887] Vgl. Blank, Dorf (2012), Startup Owner's Manual, S. 262f.

die ein Start-up zum Aufbau sowie zur Sicherung der Produktionsfähigkeit verfolgt mit der funktionalen Entwicklungsdimension *Produktion* beschrieben. Die Produktionsentwicklung wird von LIM als Muster von strukturellen und infrastrukturellen Entscheidungen verstanden, die die Fähigkeit des Produktionssystems bestimmen und festlegen, wie das System die gesteckten qualitativen und quantitativen Produktionsziele erreicht. Dabei stehen die Produktionsziele im Einklang mit den Unternehmenszielen und richten so auch die Produktionsentwicklung aus.[888] Ein Produktionssystem ist ein Organisationskonzept, das die Infrastruktur, Prozesse sowie das Umfeld der Produktion definiert und alle zur Produktion notwendigen Konzepte, Methoden und Werkzeuge integriert[889]. Das Hauptaugenmerk der funktionalen Dimension Produktion liegt dementsprechend auf dem übergeordneten Aufbau des Produktionssystems sowie der Entwicklung von geeigneten Produktionsprozessen, was auch den Aufbau von Produktionsanlagen oder zumindest die Sicherung von externen Produktionskapazitäten umfasst[890]. In der Literatur sowie in der Praxis hat sich das Konzept der Manufacturing-Readiness-Level (MRL) zur Identifizierung und Bewertung von Zielen der Produktion etabliert[891]. Die MRL-Bewertung ermöglicht ein einheitliches Verständnis und damit Transparenz gegenüber Risiken in der Planung und Steuerung der Produktion. Ferner unterstützen die MRL die Bewertung der Reife einer Produktion und ermöglichen so die Auswahl von geeigneten Zielsetzungen für die Entwicklung und den Aufbau des Produktionssystems[892]. Vor allem für Start-ups eignet sich die Bewertungsgrundlage der MRL zur Identifizierung von Zielen, da sie die Produktion erstmals aufbauen und entsprechend alle damit verbundenen Ziele erfüllen müssen. Dies kommt besonders zum Tragen, da die Ramp-up-Phase der Produktion einen bedeutenden Einfluss auf eine erfolgreiche Markteinführung der Produkte hat[893]. Somit dient die funktionale Dimension Produktion der Strukturierung und Identifizierung möglicher Kooperationsziele für Start-ups. Zusammenfassend zeigt sich, dass Start-ups die funktionale Dimensionen Technologie, Produkt und Produktion separat, aber in Teilen parallelisiert verfolgen.

---

[888] Vgl. Lim et al. (2012), Manufacturing Strategy, S. 153

[889] Vgl. Schuh, Schmidt (2014), Produktionsmanagement, S. 4; Schuh et al. (2012), Produktionsplanung und -steuerung, S. 21

[890] Vgl. Brinckmann (2007), New Technology-based Firms, S. 57; Klocke (2004), Unternehmens- und Netzwerkentwicklung, S. 112

[891] Die MRL wurden erstmalig vom US Department of Defense eingeführt und basieren auf den analog entworfenen TRL. Vgl. Basu, Ghosh (2017), Technology and Manufacturing Readiness; Ward et al. (2012), Readiness Level Approach; Wheeler, Ulsh (2010), Manufacturing Readiness Assessment, S. 2

[892] Vgl. Wheeler, Ulsh (2010), Manufacturing Readiness Assessment, S. 9

[893] Vgl. Glock et al. (2012), Production Planning, S. 5707

### A.3.2.5 Organisation

Die *Organisation* als funktionale Dimension zur Strukturierung des Kooperationszielmodells für Start-ups beschreibt die klassischen Tätigkeiten der Organisationsentwicklung. Diese wird als die geplante Optimierung bestehender Organisationsstrukturen mit dem Ziel, die Effizienz und Leistungsfähigkeit des Unternehmens sowie die Arbeitsbedingungen der Mitarbeiter zu verbessern, verstanden[894]. Die Organisationsstruktur bildet dabei das hierarchische Gerüst des Unternehmens und gliedert sich in Aufbau- sowie Ablauforganisation. Die Aufbauorganisation beschreibt die Struktur des Unternehmens in Bezug auf die Aufgabenteilung. Die Ablauforganisation definiert allgemein die Gestaltung der Prozesse und ermöglicht so die Ordnung der Arbeitsinhalte[895]. In diesem Verständnis beschreiben GALBRAITH[896] oder auch SCHWEIGER[897] mit der Organisationsentwicklung vor allem Tätigkeiten zur Etablierung der Aufbau- sowie Ablaufstruktur des Start-ups. Zu Beginn des Lebenszyklus eines Start-ups erfolgt die Entwicklung einer Aufbauorganisation aufgabenbezogen und ist eher locker, flexibel und informell manifestiert[898]. Die Etablierung einer Aufbauorganisation regelt schließlich die Struktur sowie die Verantwortlichkeit der einzelnen Mitarbeiter und Bereiche. Die Aufbauorganisation des Start-ups muss bedürfnisspezifisch über die Zeit angepasst werden. Damit das Start-up als Organisation produktiv zusammenarbeiten kann bedarf es ferner der Etablierung von Ablaufprozessen. Die Etablierung dieser Prozesse ist notwendig, um Mitarbeiter, Kunden, Zulieferer sowie potenziellen Investoren die entsprechenden Strukturen eines zuverlässigen Partners, eines Corporates, zu bieten.[899] In der funktionalen Dimension Organisation lassen sich Ziele, die die Etablierung der Aufbau- und Ablauforganisation ermöglichen strukturieren.

In Abgrenzung zu den bisher eingeführten funktionalen Dimensionen werden in der Organisation alle Ziele verortet, die nicht direkt mit der Entwicklung, Fertigung und Vermarktung von Technologien oder Produkten zusammenhängen. Start-ups entwi-

[894] Vgl. Bowman, Asch (1987), Strategic Management, S. 219; Despres (1994), Organizational Change, S. 30

[895] Vgl. Miebach (2012), Organisationstheorie, S. 122f.; Weuster (2010), Unternehmensorganisation, S. 5f.

[896] Vgl. Galbraith (1982), Stages of Growth, S. 71f.

[897] SCHWEIGER fasst unter der Organisationsentwicklung junger Technologieunternehmen alle Entwicklungen und Veränderungen der Organisationsstrukturen und damit auch die Aufbau- sowie Ablaufstrukturen auf. Vgl. Schweiger (2012), Junge Technologieunternehmen, S. 34

[898] Vgl. Galbraith (1982), Stages of Growth, S. 74

[899] Vgl. Flamholtz, Randle (2015), Growing Pains, S. 31f.

ckeln, ausgehend von einem Gründungsteam, im Verlauf des Lebenszyklus eine Organisation[900]. Diese Entwicklung verläuft parallel zur Entwicklung der Technologie sowie des Produktes und der Märkte[901]. Je weiter das Start-up im Lebenszyklus vorangeschritten ist, desto mehr Aufgaben und Funktionen müssen in der Organisation erfüllt werden. Dementsprechend werden in Abhängigkeit der Lebenszyklusphase verschiedene Anforderungen an die Aufbau- und Ablaufstruktur der Organisation gestellt.[902].

900 Vgl. Hub et al. (1990), Unternehmensführung, S. 103
901 Vgl. Stayton, Mangematin (2016), Startup emergence, 393,403
902 Vgl. Galbraith (1982), Stages of Growth, S. 71

## A.3.3 Identifizierung und Verortung der Kooperationsziele des Start-ups

### A.3.3.1 Seed-Phase

**Tabelle A-4: Identifizierung von Kooperationszielen in der Seed-Phase**[903]

| Funktionale Dimension | Kooperationsziel | Originalbezeichnung | Quelle |
|---|---|---|---|
| Technologie | Angewandte (Grundlagen-) Forschung zu Funktionalitäten | Technische Machbarkeit | Brinkrolf (2002) |
| | | Basic Technology Research | Basu & Gosh (2017) |
| | | Forschung | Klocke (2004) |
| | | Invention of a technology | Kazanjian & Drazin (1990) |
| | | TRL 1-2 | Frerking & Beauchamp (2016) |
| | | Forschung und Entwicklung | Schweiger (2012) |
| | | Grundlagenentwicklung | Zemke (1995) |
| | | Industrielle Forschung | Artner & Kreutzer (2019) |
| | | Betreiben von Forschungs- und Entwicklungsarbeit | Klandt (2006) |
| | | Produktentwicklung | Diehm (2014) |
| | | Technology Development | Basu & Gosh (2016) |
| | | Invention and Development of a product or technology | Kazanjian (1988) |

903 Vgl. Brinkrolf (2002), VC-Gesellschaften, S. 59ff.; Basu, Ghosh (2017), Technology and Manufacturing Readiness, S. 236; Klocke (2004), Unternehmens- und Netzwerkentwicklung, S. 119; Kazanjian, Drazin (1990), New Ventures, S. 140; Frerking, Beauchamp (2016), Technology Readiness, S. 3; Schweiger (2012), Junge Technologieunternehmen, S. 155; Zemke (1995), Beteiligungskapital, S. 29; Artner, Kreutzer (2019), Investieren, S. 3; Klandt (2006), Gründungsmanagement, S. 53; Diehm (2014), Start-up-Unternehmen, S. 86; Kazanjian (1988), New Ventures, S. 262; Lim et al. (2012), Manufacturing Strategy, S. 159; Ossenkopf (2005), Wachstum Technologieunternehmen, S. 34; Blank, Dorf (2012), Startup Owner's Manual, S. 34; Hahn, Naumann (2018), Finanzierungs-/Gründungsphasen, S. 114; Schultz (2011), Finanzierung, S. 53ff.; Bogott et al. (2017), Phasen von Startups, S. 112; Passaro et al. (2016), Start-up Lifecycle, S. 8; Overall, Wise (2015), Start-Up Life Cycle, S. 31; Picken (2017), Scalable Enterprise, S. 589; Nathusius (2001), Gründungsfinanzierung, S. 57f.; Hub et al. (1990), Unternehmensführung, S. 103; Guggemoos (2012), Technologieunternehmen, S. 38; Steinle, Schumann (2003), Technologieorientierte Gründungen, S. 19

| Funktionale Dimension (forts.) | Kooperationsziel (forts.) | Originalbezeichnung (forts.) | Quelle (forts.) |
|---|---|---|---|
| Technologie | Angewandte (Grundlagen-) Forschung zu Funktionalitäten | Develop a technology | Lim et al. (2012) |
| | | Erste F&E-Arbeiten | Ossenkopf (2005) |
| Markt | Marktforschung | Absatzmarkt- und Konkurrenzanalyse | Brinkrolf (2002) |
| | | Marktanalyse | Artner & Kreutzer (2019) |
| | | Market research | Blank & Dorf (2012) |
| | | Markt- und Wettbewerbsanalyse | Hahn &Naumann (2018) |
| | | Marktanalyse | Schultz (2011) |
| | Business Plan | Erstellen eines Businessplans | Brinkrolf (2002) |
| | | Business plan | Blank & Dorf (2012) |
| | | Businessplan | Klandt (2006) |
| | | Business-Plan | Bogott et al. (2017) |
| | Markttauglichkeit | Market opportunity validation | Passaro et al. (2016) |
| | | Problem-solution fit | Overall & Wise (2015) |
| | | Validate the business concept | Picken (2017) |
| | | Evaluation der vorhandenen Technologieposition und Umsetzungsmöglichkeiten | Schultz (2011) |
| Organisation | Formierung Kernteam | Kern des Managementteams | Nathusius (2001) |
| | | Mitglieder des Kernteams | Brinkrolf (2002) |
| | | Teamfindung und Teamformierung | Artner & Kreutzer (2019) |
| | | Kleine „verschworene“ Gemeinschaft | Hub et al. (1990) |
| | | Organisationsaufbau | Diehm (2014) |
| | | Team building | Passaro et al. (2016) |
| | Grobkonzept Organisation | Erstellen eines Unternehmenskonzeptes | Brinkrolf (2002) |
| | | Konzeptionelle Vorbereitung | Guggemoos (2012) |
| | | Erarbeitung der Unternehmungskonzeption | Steinle & Schuhmann (2003) |
| | | Concept | Overall & Wise (2015) |
| | | Ideenfindung | Bogott et al. (2017) |

| Funktionale Dimension (forts.) | Kooperationsziel (forts.) | Originalbezeichnung (forts.) | Quelle (forts.) |
|---|---|---|---|
| Organisation | Grobkonzept Organisation | Erstellen eines ersten Unternehmenskonzeptes | Nathusius (2001) |
| | | Unternehmenskonzept | Schultz (2011) |

**Tabelle A-5: Identifizierung von Kooperationszielen in der Start-up-Phase**[904]

| Funktionale Dimension | Kooperationsziel | Originalbezeichnung | Quelle |
|---|---|---|---|
| Technologie | Analytischer od. experimenteller Machbarkeitsnachweis | TRL 3 | Frerking & Beauchamp (2016) |
| | | Research to prove feasibility | Basu & Gosh (2017) |
| | | Machbarkeitsuntersuchungen | Ossenkopf (2005) |
| Markt | Identifizierung Zielmarkt | Identify the markets which will be served | Flamholtz (1995) |
| | | Festhalten der Zielmärkte | Ossenkopf (2005) |
| | | Validate target market | Picken (2017) |
| Organisation | Unternehmensgründung | Gründung des Unternehmens | Achleitner & Braun (2018) |
| | | Unternehmensgründung | Artner & Kreutzer (2019) |
| | | Formalrechtliche Unternehmensgründung | Diehm (2014) |
| | | Juristischer Gründungsakt | Hahn & Naumann (2018) |
| | | Tatsächliche Gründung | Klandt (2006) |
| | | Formale Anmeldung | Bogott et al. (2017) |
| | | Anmeldung des Unternehmens | Pott & Pott (2012) |
| | | Rechtliche Gründung | Schultz (2011) |

904 Vgl. Frerking, Beauchamp (2016), Technology Readiness, S. 3; Basu, Ghosh (2017), Technology and Manufacturing Readiness, S. 236; Ossenkopf (2005), Wachstum Technologieunternehmen, S. 34f.; Flamholtz (1995), Organizational Transitions, S. 45; Picken (2017), Scalable Enterprise, S. 589; Achleitner, Braun (2018), Entrepreneurial Finance, S. 323; Artner, Kreutzer (2019), Investieren, S. 3; Diehm (2014), Start-up-Unternehmen, S. 85; Hahn, Naumann (2018), Finanzierungs-/Gründungsphasen, S. 87; Klandt (2006), Gründungsmanagement, S. 53; Bogott et al. (2017), Phasen von Startups, S. 115; Pott, Pott (2012), Entrepreneurship, S. 276; Schultz (2011), Finanzierung, S. 54ff.

| Funktionale Dimension (forts.) | Kooperationsziel (forts.) | Originalbezeichnung (forts.) | Quelle (forts.) |
|---|---|---|---|
| Organisation | Aufbau F&E-Strukturen | Aufbau einer kompletten, effizienten Organisation im Bereich Produktentwicklung | Schultz (2011) |

## Tabelle A-6: Identifizierung von Kooperationszielen in der 1. Runde[905]

| Funktionale Dimension | Kooperationsziel | Originalbezeichnung | Quelle |
|---|---|---|---|
| Technologie | Basisvalidierung in Labor & relevanter Umwelt | TRL 4 | Frerking & Beauchamp (2016) |
| | | Implementing a trial process | Leach & Melicher (2020) |
| Produkt | Entwicklung funktionaler Prototyp | Produktentwicklung | Achleitner & Braun (2018) |
| | | Developing products | Flamholtz (1995) |
| | | Developing the product/technology | Kazanjian & Drazin (1990) |
| | | Produktentwicklung | Schultz (2011) |
| | | Product development | Passaro et al. (2016) |
| Markt | Identifizierung Stakeholder & Kunden | Pilotkunden, Einkaufsquellen und Kooperationspartner identifiziert | Nathusius (2001) |
| | Identifizierung Value-Proposition | Value proposition | Pott & Pott (2012) |
| | | Value proposition | Tech (2018) |

[905] Vgl. Frerking, Beauchamp (2016), Technology Readiness, S. 3; Leach, Melicher (2020), Entrepreneurial finance, S. 24; Achleitner, Braun (2018), Entrepreneurial Finance, S. 323; Flamholtz (1995), Organizational Transitions, S. 45; Kazanjian, Drazin (1990), New Ventures, S. 140; Schultz (2011), Finanzierung, S. 54; Passaro et al. (2016), Start-up Lifecycle, S. 8; Nathusius (2001), Gründungsfinanzierung, S. 58; Pott, Pott (2012), Entrepreneurship, S. 65; Tech (2018), High-Tech Startups, S. 111

## Tabelle A-7: Identifizierung von Kooperationszielen in der 2. Runde[906]

| Funktionale Dimension | Kooperationsziel | Originalbezeichnung | Quelle |
|---|---|---|---|
| Technologie | Validierung Gesamtsystem | Technology Demonstration | Basu & Gosh (2016) |
| | | Validierung | Kirchner (2020) |
| | | TRL 5-6 | Frerking & Beauchamp (2016) |
| | Nachweis Praxistauglichkeit | Outside users test the product | Blank & Dorf (2012) |
| | | Test products to standards | Lim et al. (2012) |
| | | TRL 7 | Frerking & Beauchamp (2016) |
| Produkt | Minimum Viable Product (MVP) | Minimal funkt. Produkt | Hahn & Naumann (2018) |
| | | Working prototype | Kazanjian (1988) |
| | | Minimum viable product | Overall & Wise (2015) |
| | | Umsetzung des technologischen Konzeptes | Klocke (2004) |
| | | Producing a prototype | Leach & Melicher (2020) |
| | | TRL 8 | Frerking & Beauchamp (2016) |
| | | Prototyp | Schultz (2011) |
| | | Prototypenbau | Stich (2007) |
| | Serienreifes Produkt | Serienreife | Schultz (2011) |

[906] Vgl. Basu, Ghosh (2017), Technology and Manufacturing Readiness, S. 236; Kirchner (2020), Produktentwicklung, S. 398ff.; Frerking, Beauchamp (2016), Technology Readiness, S. 3; Blank, Dorf (2012), Startup Owner's Manual, S. 34ff.; Lim et al. (2012), Manufacturing Strategy, S. 159ff.; Hahn, Naumann (2018), Finanzierungs-/Gründungsphasen, S. 87ff.; Kazanjian (1988), New Ventures, S. 263; Overall, Wise (2015), Start-Up Life Cycle, S. 31; Klocke (2004), Unternehmens- und Netzwerkentwicklung, S. 119; Leach, Melicher (2020), Entrepreneurial finance, S. 24; Schultz (2011), Finanzierung, S. 53f.; Stich (2007), Produktionsplanung, S. 7; Hanks (1990), Organization Life Cycle, S. 5; Guggemoos (2012), Technologieunternehmen, S. 38ff.; Brinkrolf (2002), VC-Gesellschaften, S. 61; Nathusius (2001), Gründungsfinanzierung, S. 58; Bogott et al. (2017), Phasen von Startups, S. 115f.; Schweiger (2012), Junge Technologieunternehmen, S. 29ff.; Artner, Kreutzer (2019), Investieren, S. 3; Schallmo (2018), Geschäftsmodelle, S. 88; Hahn (2018), Start-up Finanzierung, S. 79; Achleitner, Braun (2018), Entrepreneurial Finance, S. 323; Kazanjian, Drazin (1990), New Ventures, S. 140; Runia, Wahl (2015), Prognosemodelle, S. 82f.; Pott, Pott (2012), Entrepreneurship, S. 208ff.; The Joint Service/Industry MRL Working Group (2018), MRL Deskbook, S. 12; Diehm (2014), Start-up-Unternehmen, S. 187; Flamholtz, Randle (2015), Growing Pains, S. 52; Klandt (2006), Gründungsmanagement, S. 54

| **Funktionale Dimension (forts.)** | **Kooperationsziel (forts.)** | **Originalbezeichnung (forts.)** | **Quelle (forts.)** |
|---|---|---|---|
| Produkt | Serienreifes Produkt | Product is fully developed | Hanks (1990) |
| | | Serienreife | Guggemoos (2012) |
| Markt | Validierung mit Testkunden | Referenzkunden | Brinkrolf (2002) |
| | | Targeting the first customers | Blank & Dorf (2012) |
| | | Beta customers | Blank & Dorf (2012) |
| | | Umsetzung des Kundenfeedbacks | Bogott et al. (2017) |
| | | Pilotkunden | Nathusius (2001) |
| | | Referenzkunden | Schweiger (2012) |
| | Identifizierung Geschäftsmodell | Basiskonzept für Geschäftsmodell | Artner & Kreutzer (2019) |
| | | Geschäftsmodell-Prototyp-Entwicklung | Schallmo (2018) |
| | | Entwicklung des Geschäftsmodells | Hahn (2018) |
| | Marketing & Vertrieb | Konkretisierung von Marketing- und Vertriebskonzepten | Achleitner & Braun (2018) |
| | | Installierung von Marketingprogrammen | Nathusius (2001) |
| | | Gearing up for first marketing | Kazanjian & Drazin (1990) |
| | | Ableitung von Marketingstrategien | Runia & Wahl (2015) |
| | | Operative Marketingplanung | Hahn (2018) |
| | | Marketing und Vertrieb vorbereiten | Bogott et al. (2017) |
| | | Beschäftigung mit der Vermarktung des Produkts | Pott & Pott (2012) |
| | | Marketingkonzept | Schultz (2011) |
| Produktion | Prüfung der Produzierbarkeit | Nullserie | Stich (2007) |
| | | Learning how to produce it beyond the model shop | Kazanjian & Drazin (1990) |
| | | Activities on developing and producing a commercial product | Lim et al. (2012) |
| | | MRL 5-6 | MRL Deskbook (2018) |

| Funktionale Dimension (forts.) | Kooperationsziel (forts.) | Originalbezeichnung (forts.) | Quelle (forts.) |
|---|---|---|---|
| Organisation | Aufbau- & Ablauforganisation | Aufbau einer arbeitsteiligen Unternehmensorganisation | Guggemoos (2012) |
| | | Aufstellen einer gezielten Aufbau- und Ablauforganisation | Pott (2012) |
| | Rekrutierung Personal | Gewinnung von Mitarbeitern | Diehm (2014) |
| | | Increase in people | Flamholtz & Randle (2015) |
| | | Mitarbeiteranstieg | Guggemoos (2012) |
| | | Quantitative Erhöhung der Beschäftigtenzahl | Schweiger (2012) |
| | | Mitarbeiter akquirieren | Klandt (2006) |
| | | Verstärkung der personellen Kapazitäten | Nathusius (2001) |

**Tabelle A-8: Identifizierung von Kooperationszielen in der 3. Runde[907]**

| Funktionale Dimension | Kooperationsziel | Originalbezeichnung | Quelle |
|---|---|---|---|
| Technologie | Validierung & Zulassung für Praxis | Obtain regulatory approvals | Lim et al. (2012) |
| | | TRL 9 | Frerking & Beauchamp (2016) |

[907] Lim et al. (2012), Manufacturing Strategy, S. 159; Frerking, Beauchamp (2016), Technology Readiness, S. 3; Gericke et al. (2021), Produktentwicklungsprozess, S. 68; Artner, Kreutzer (2019), Investieren, S. 3; Guggemoos (2012), Technologieunternehmen, S. 38; Hahn, Naumann (2018), Finanzierungs-/Gründungsphasen, S. 135; Klandt (2006), Gründungsmanagement, S. 54; Leach, Melicher (2020), Entrepreneurial finance, S. 24; Nathusius (2001), Gründungsfinanzierung, S. 58f.; Bogott et al. (2017), Phasen von Startups, S. 117; Schultz (2011), Finanzierung, S. 54; Brinkrolf (2002), VC-Gesellschaften, S. 60ff.; Ossenkopf (2005), Wachstum Technologieunternehmen, S. 34f.; Pott, Pott (2012), Entrepreneurship, S. 276; Schweiger (2012), Junge Technologieunternehmen, S. 155; Tech (2018), High-Tech Startups, S. 13; Blank, Dorf (2012), Startup Owner's Manual, S. 37; Runia, Wahl (2015), Prognosemodelle, S. 82f.; Schuh et al. (2005), Production Ramp-Up, S. 263; Stich (2007), Produktionsplanung, S. 8; Basu, Ghosh (2017), Technology and Manufacturing Readiness, S. 236; The Joint Service/Industry MRL Working Group (2018), MRL Deskbook, S. 13f.; Steinle, Schumann (2003), Technologieorientierte Gründungen, S. 19; Kazanjian, Drazin (1990), New Ventures, S. 140; Zemke (1995), Beteiligungskapital, S. 29; Diehm (2014), Start-up-Unternehmen, S. 27; Schreyögg (2018), Wachstumsschwellen in Gründerunternehmen, S. 112

| Funktionale Dimension (forts.) | Kooperationsziel (forts.) | Originalbezeichnung (forts.) | Quelle (forts.) |
|---|---|---|---|
| Technologie | Validierung & Zulassung für Praxis | Validierung und Verifizierung von (Teil-)Lösungen | Gericke et al. (2021) |
| Produkt | Markteinführung Initiales Produkt | Markteintritt | Artner & Kreutzer (2019) |
| | | Markteintritt von Unternehmen und Produkt | Guggemoos (2012) |
| | | Markteinführung eines konkurrenzfähigen Produkts | Hahn (2018) |
| | | Markteinführung | Klandt (2006) |
| | | Selling first products | Leach & Melicher (2020) |
| | | Breite Markteinführung | Nathusius (2001) |
| | | Markteinführung | Bogott et al. (2017) |
| | | Markteinführung | Schultz (2011) |
| | Absicherung IP & Regulatorik | Fragen des Patentrechtes | Brinkrolf (2002) |
| | | Secure IP | Lim et al. (2012) |
| | | Analyse der Patentsituation | Ossenkopf (2005) |
| | | Schutz von geistigem Eigentum | Pott & Pott (2012) |
| | | Anmeldung Patente | Schweiger (2012) |
| Markt | Initiale Umsätze durch erste Kunden | Kontinuierliche Umsätze aus Produktverkauf | Guggemoos (2012) |
| | | First customers | Tech (2018) |
| | Implementierung Marketing & Vertrieb | Marketing launches programs | Blank & Dorf (2012) |
| | | Einsatz von Marketinginstrumenten | Runia & Wahl (2015) |
| | | Gezielte Marketingaktionen | Klandt (2006) |
| Produktion | Planung der Produktion | Vorbereitung der Fertigung | Brinkrolf (2002) |
| | | Beschaffung von Betriebsmitteln | Klandt (2006) |
| | | Ramp-Up planning phase | Schuh et al. (2005) |
| | | Fertigungs- und Montageprozesse testen und abstimmen | Stich (2007) |
| | | Vorbereitung des Fertigungsaufbaus | Ossenkopf (2005) |
| | Aufbau der Produktion | Launch & Operations | Basu & Gosh (2017) |
| | | Schaffung Produktionskapazitäten | Nathusius (2001) |

| Funktionale Dimension (forts.) | Kooperationsziel (forts.) | Originalbezeichnung (forts.) | Quelle (forts.) |
|---|---|---|---|
| Produktion | Aufbau der Produktion | MRL 8 | MRL Deskbook (2018) |
| | | Fertigungsaufbau | Steinle & Schuhmann (2003) |
| | Produktions-abwicklung | Produktionsaufnahme | Schultz (2011) |
| | | Beginning manufacturing | Kazanjian & Drazin (1990) |
| | | Serienstart | Stich (2007) |
| | | MRL 9 | MRL Deskbook (2018) |
| | | Produktionsaufnahme | Zemke (1995) |
| Organisation | Professionalisierung der Strukturen | Etablierung formaler Organisationsstrukturen und Ablaufprozesse | Schweiger (2012) |
| | | Professionalisierung | Schreyögg (2018) |
| | | Professionalisierung | Diehm (2014) |
| | Erweiterung Logistik | Aufstockung der Logistik-kapazitäten | Nathusius (2001) |
| | | Scaling pertains to logistics | Tech (2018) |

**Tabelle A-9: Identifizierung von Kooperationszielen in der Bridge-Phase[908]**

| Funktionale Dimension | Kooperationsziel | Originalbezeichnung | Quelle |
|---|---|---|---|
| Produkt | Produktoptimierung | Produktanpassung an Zielmarkt | Guggemoos (2012) |
| | | Technische Modifikation | Klocke (2004) |

908 Vgl. Guggemoos (2012), Technologieunternehmen, S. 38; Klocke (2004), Unternehmens- und Netzwerkentwicklung, S. 119; Ossenkopf (2005), Wachstum Technologieunternehmen, S. 35ff.; Brinkrolf (2002), VC-Gesellschaften, S. 65; Hanks (1990), Organization Life Cycle, S. 5f.; Hahn, Naumann (2018), Finanzierungs-/Gründungsphasen, S. 211f.; Klandt (2006), Gründungsmanagement, S. 54; Nathusius (2001), Gründungsfinanzierung, S. 59ff.; Schultz (2011), Finanzierung, S. 54ff.; Tech (2018), High-Tech Startups, S. 14; Bogott et al. (2017), Phasen von Startups, S. 117; Vetter (2011), Prototyping von Start-ups, S. 38; O'Connor, Rice (2013), New Market Creation, S. 209ff.; Surbier et al. (2014), Production Ramp-up, S. 1266; The Joint Service/Industry MRL Working Group (2018), MRL Deskbook, S. 14; Freiling, Harima (2019), Entrepreneurship, S. 480; Leach, Melicher (2020), Entrepreneurial finance, S. 24; Passaro et al. (2016), Start-up Lifecycle, S. 8; Picken (2017), Scalable Enterprise, S. 588f.; Kazanjian (1988), New Ventures, S. 264; Pott, Pott (2012), Entrepreneurship, S. 277; Artner, Kreutzer (2019), Investieren, S. 3; Flamholtz, Randle (2015), Growing Pains, S. 52

| Funktionale Dimension (forts.) | Kooperationsziel (forts.) | Originalbezeichnung (forts.) | Quelle (forts.) |
|---|---|---|---|
| Produkt | Produktoptimierung | Anpassung des Leistungsangebots | Ossenkopf (2005) |
| | MVP-Portfolio-erweiterung | Anschlussinnovationen | Brinkrolf (2002) |
| | | Product innovations are incremental | Hanks (1990) |
| Markt | Expansion Marketing & Vertrieb | Auf- und Ausbau des Vertriebs | Hahn & Naumann (2018) |
| | | Hauptaktivitäten Vertrieb und Marketing | Klandt (2006) |
| | | Ausbau des Vertriebssystems | Nathusius (2001) |
| | | Erweiterung der Vertriebswege | Schultz (2011) |
| | | Heavy marketing | Tech (2018) |
| | Kommerzialisierung Kernmarkt | Marktdurchdringung | Nathusius (2001) |
| | | Marktdurchdringung | Bogott et al. (2017) |
| | | Kommerzialisierung | Vetter (2011) |
| | | Commercialization | O'Connor & Rice (2013) |
| | | Kommerzialisierung | Schultz (2011) |
| Produktion | Inbetriebnahme Produktion | Fertigungsinbetriebnahme | Guggemoos (2012) |
| | | Ramp-Up | Surbier et al. (2005) |
| | | MRL 10 | MRL Deskbook (2018) |
| | | Kommerzielle Produktion | Nathusius (2001) |
| | Steigerung Ausbringungsmenge | Skalierung der Geschäftsbasis | Freiling & Harima (2019) |
| | | Economies of scale in production and distribution | Leach & Melicher (2020) |
| | | Scalability improvements | Passaro et al. (2016) |
| | | Scaling | Picken (2017) |
| | | Produce, sell, and distribute its product in high volume | Kazanjian (1988) |
| | | Erhöhte Verkaufszahlen | Pott & Pott (2012) |
| Organisation | Vorbereitung Börsengang | Vorbereitung Börsengang | Artner & Kreutzer (2019) |
| | | Vorbereitung eines Börsengangs | Hahn & Naumann (2018) |
| | Optimierung von Prozessen und Systemen | Day-to-day operational systems are overwhelmed | Flamholtz & Randle (2015) |
| | | Formal systems and structure begin to emerge | Hanks (1990) |

| **Funktionale Dimension (forts.)** | **Kooperationsziel (forts.)** | **Originalbezeichnung (forts.)** | **Quelle (forts.)** |
|---|---|---|---|
| Organisation | Optimierung von Prozessen und Systemen | Formalisieren von Arbeitsabläufen, Planungs-, Entscheidungs-, und Kontrollprozessen | Ossenkopf (2005) |
| | | Organization with structure, process and discipline | Picken (2017) |

**Tabelle A-10: Identifizierung von Kooperationszielen in der Eroberungsphase[909]**

| **Funktionale Dimension** | **Kooperationsziel** | **Originalbezeichnung** | **Quelle** |
|---|---|---|---|
| Produkt | Einführung neuer Produkte auf gleicher technologischer Basis | Development of a second-generation product | Kazanjian (1988) |
| | | Introduce new products by adding features | Lim et al. (2012) |
| | | Produktlinien werden erweitert | Klocke (2004) |
| | | Second generation product | Kazanjian & Drazin (1990) |
| | | Entwicklung der nächsten Produktgeneration | Pleschak (2001) |
| Markt | (Markt-)Expansion | Expansionsstrategie | Ossenkopf (2005) |
| | | Expansion | Pott & Pott (2012) |
| | Erschließung neuer Märkte | Neue Zielmärkte gewinnen | Ossenkopf (2005) |
| | | Erschließung neuer Märkte | Klocke (2004) |
| | | Gewinnung neuer Marktsegmente | Schweiger (2012) |

909 Vgl. Kazanjian (1988), New Ventures, S. 265; Lim et al. (2012), Manufacturing Strategy, S. 159; Klocke (2004), Unternehmens- und Netzwerkentwicklung, S. 119; Kazanjian, Drazin (1990), New Ventures, S. 141; Pleschak (2001), Technologieunternehmen, S. 13; Ossenkopf (2005), Wachstum Technologieunternehmen, S. 37; Pott, Pott (2012), Entrepreneurship, S. 276; Schultz (2011), Finanzierung, S. 54; Schweiger (2012), Junge Technologieunternehmen, S. 155; Klandt (2006), Gründungsmanagement, S. 54; Artner, Kreutzer (2019), Investieren, S. 3; Passaro et al. (2016), Start-up Lifecycle, S. 8; James (1973), Corporate Life Cycle, S. 51; Hanks (1990), Organization Life Cycle, S. 5; Tech (2018), High-Tech Startups, S. 14; Schiersmann, Thiel (2018), Organisationsentwicklung, S. 36

| Funktionale Dimension (forts.) | Kooperationsziel (forts.) | Originalbezeichnung (forts.) | Quelle (forts.) |
|---|---|---|---|
| Markt | Internationalisierung | Eintritt in ausländische Märkte | Klandt (2006) |
| | | Internationale Expansion | Artner & Kreutzer (2019) |
| | | Erschließen internationaler Märkte | Pleschak (2001) |
| | | Internationalization | Passaro et al.(2016) |
| | | Internationalisierung | Schultz (2011) |
| Produktion | Ausbau der Produktion | Anpassen der Produktionskapazitäten | Klandt (2006) |
| | | Scale up production | Lim et al. (2012) |
| | | Expand production | James (1974) |
| | | Production capacy expansio | Hanks (1990) |
| | | Ausweitung der Produktion | Ossenkopf (2005) |
| | | Erweiterung der Produktionskapazitäten | Schultz (2011) |
| | | Ausbau der Fertigung | Schweiger (2012) |
| | | Scaling production | Tech (2018) |
| Organisation | Börsengang | Börsengang | Artner & Kreutzer (2019) |
| | | Börsengang | Nathusius (2001) |
| | | Offer to the general public | James (1974) |
| | | Börsengang | Bogott et al. (2017) |
| | | Börseneinführung | Zemke (1995) |
| | Organisationswachstum | Organizational scale-up | Flamholtz & Randle (2016) |
| | | Wachstum der Organisation | Schweiger (2012) |
| | | Organisationsentwicklung | Pleschak (2001) |
| | | Ausbau des Betriebs | Schweiger (2012) |
| | | Company building | Tech (2018) |
| | Realisierung Verbundeffekte | Kooperationen | Pott & Pott (2012) |
| | | Kooperationen | Schiersmann & Thiel (2018) |

## Tabelle A-11: Identifizierung von Kooperationszielen in der Bezwingen-Phase[910]

| Funktionale Dimension | Kooperationsziel | Originalbezeichnung | Quelle |
|---|---|---|---|
| Produkt | Portfolio-erweiterung & -komplettierung | Aufbau eines Produktportfolios | Guggemoos (2012) |
| | | Ausweitung der Angebotspalette | Klandt (2006) |
| | | New products | James (1974) |
| | | Neue Produktinnovationen | Klocke (2004) |
| | | Introduce new products | Lim et al. (2012) |
| | | Diversifikation | Bogott (2017) |
| | | Diversifikation | Schultz (2011) |
| | | Diversification | Tech (2018) |
| Markt | Marktführerschaft | Establishing market leadership | Picken (2017) |
| | | Dominate a niche | Galbraith (1982) |
| | Positiver Cash-Flow | Positiver Cashflow | Schultz (2011) |
| | | Consistent profitability | Picken (2017) |
| | | Focus turns from growth to profitability | Hanks (1990) |
| | | Kontinuierliche Unternehmensgewinne | Hering & Vincenti (2018) |

[910] Vgl. Guggemoos (2012), Technologieunternehmen, S. 33; Klandt (2006), Gründungsmanagement, S. 54; James (1973), Corporate Life Cycle, S. 52; Klocke (2004), Unternehmens- und Netzwerkentwicklung, S. 2004; Lim et al. (2012), Manufacturing Strategy, S. 159; Bogott et al. (2017), Phasen von Startups, S. 118; Schultz (2011), Finanzierung, S. 54; Tech (2018), High-Tech Startups, S. 2018; Picken (2017), Scalable Enterprise, S. 589; Galbraith (1982), Stages of Growth, S. 74; Hanks (1990), Organization Life Cycle, S. 6; Hering et al. (2018), Unternehmensgründung, S. 15

### A.3.4 Zusammenfassung Kooperationszielmodell

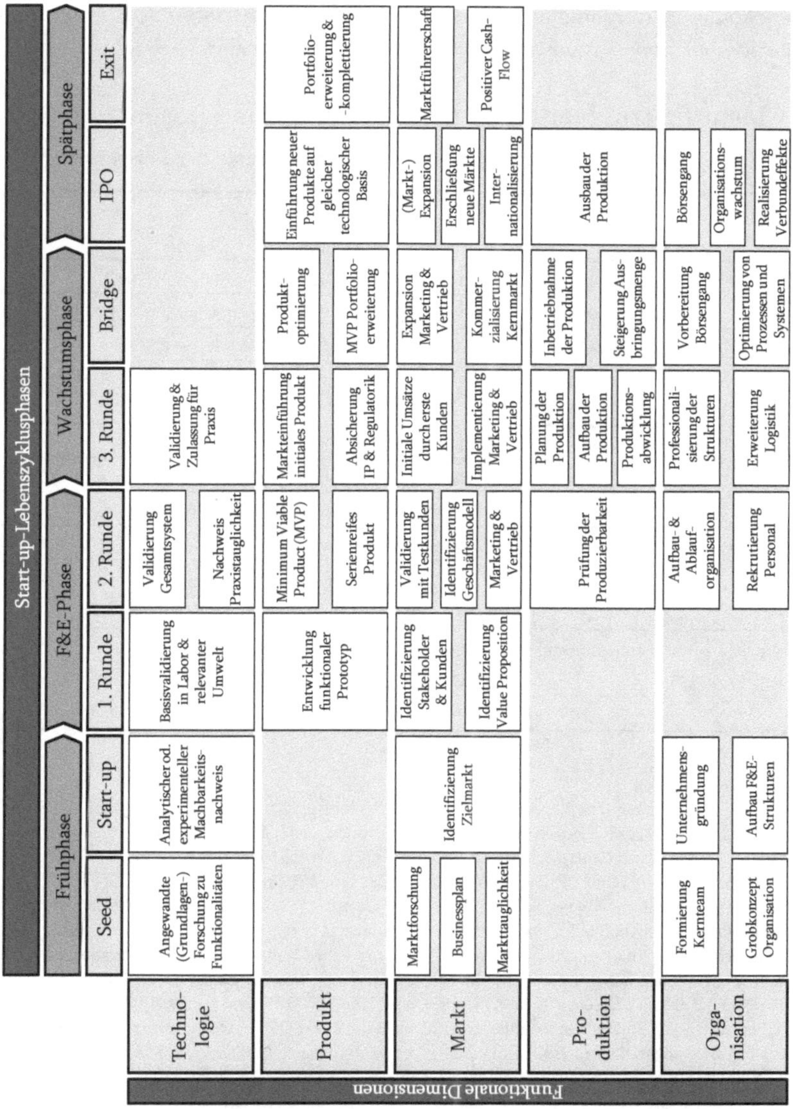


**Abbildung A-1: Start-up-Kooperationszielmodell**

## A.4 Bestimmung spezifischer Kooperationstypen

In diesem Abschnitt werden die Ergebnisse der Literaturanalyse im Zuge der Bestimmung spezifischer Kooperationstypen vorgestellt (vgl. Unterkapitel 4.4.2).

### A.4.1 Identifizierte Merkmale zur Gestaltung von Kooperationen

**Tabelle A-12: Identifizierte potenzielle Gestaltungsmerkmale der Kooperation**[911]

| Gestaltungs-merkmal | Ausprägungen | Originalbezeichnung | Quelle |
|---|---|---|---|
| Art der Kooperation | strategische Kooperation, operative Kooperation | Art der Kooperation | Ermisch (2007) |
| | | Planung | Schenk et al. (2014) |
| Aufgaben-verteilung | keine, selektive Übernahme von Aufgaben, gemeinsame Erledigung von Aufgaben | Aufgabenverteilung | Friese (1998) |
| | | Arbeitsteilung | Viscuso & Steiger (2021) |
| Bindungsinten-sität | gering, moderat, hoch | Bindungsintensität, | Baum (2011) |
| | | Umfang und Intensität | Drews (2001) |
| | | Bindungsintensität | Killich (2011) |
| Form des ausge-tauschten Wis-sens | explizites Wissen, implizites Wissen | Categories of knowledge | Khamseh & Jolly (2008) |
| | | Type of knowledge | Leonard & Sensiper (1998) |
| | | Type of knowledge | Smith (2001) |
| Funktionsberei-che | primär, unterstützend, über-greifend | Zweckbeziehung der koope-rativen Aufgabe | Baum (2011) |

[911] Vgl. Ermisch (2007), Strategische Kooperationen, S. 31; Schenk et al. (2014), Fabrikplanung, S. 211; Friese (1998), Kooperation, S. 100ff.; Viscuso, Steiger (2021), Innovation, S. 48; Baum (2011), Morphologie der Kooperation, S. 64ff.; Drews (2001), Kooperationscontrolling, S. 49; Killich (2011), Unternehmenskooperation, S. 18; Khamseh, Jolly (2008), Knowledge transfer, S. 40; Leonard, Sensiper (1998), S. 113; Smith (2001), Tacit and explicit knowledge, S. 314f.; Dussauge, Garrette (1995), International Strategic Alliances, S. 512f.; Eggers, Engelbrecht (2005), Kooperation, S. 6; Fontanari (1996), Kooperationsgestaltungsprozesse, S. 40; Liesebach (2017), Innovationsmanagement, S. 30; Rupprecht-Däullary (1994), Kooperation, S. 19; Hagenhoff (2004), Kooperationen, S. 13; Schuh et al. (2011), Kooperationsmanagement, S. 500; Schwarz (2015), Kooperationen, S. 67; Zentes et al. (2003), Kooperationen, S. 21; Picot et al. (2020), Unternehmung, S. 115; Chesbrough (2003), Open innovation, S. 43; Gassmann, Enkel (2004), Open Innovation, S. 6ff.; Becker et al. (2018), Kooperationen, S. 18f.; Joia, Malheiros (2009), Strategic alliances, S. 544; Kaats, Opheij (2014), Collaboration, S. 18; Kraege (1997), Unternehmungskooperationen, S. 70; Theling, Loos (2004), Unternehmenskooperationen, S. 9ff.; Kanbach, Stubner (2016), Corporate Accelerators, S. 1766; March (1991), Exploration and Exploitation, S. 71; Mellewigt (2003), Kooperationen, S. 85; Weiblen, Chesbrough (2015), Corporate Innovation, S. 82

| Gestaltungs-merkmal (forts.) | Ausprägungen (forts.) | Originalbezeichnung (forts.) | Quelle (forts.) |
|---|---|---|---|
| Funktions-bereiche | primär, unterstützend, über-greifend | Betr.Funktionsbereiche | Drews (2001) |
| | | Scope | Dussauge & Garrette (1995) |
| | | Felder | Eggers & Engelbrecht (2005) |
| | | Abdeckung der Wertkette | Ermisch (2007) |
| | | Wertschöpfungsaktivität | Friese (1998) |
| | | Wertschöpfungsbezug | Fontanari (1996) |
| | | kooperierende Abteilungen | Killich (2011) |
| | | Funktionsbereich | Liesebach (2018) |
| | | Unternehmensbereiche | Rupprecht-Däullary (1994) |
| | | Funktion | Schenk et al. (2014) |
| | | Kooperationsbereich | Hagenhoff (2004) |
| | | Bereich | Schuh et al. (2011) |
| | | Kooperationsbereich | Schwarz (2015) |
| | | Kooperationsbereiche | Zentes et al. (2003) |
| Grad der tech-nologischen Unterstützung | niedrig, moderat, hoch | Grad der technologischen Unterstützung | Picot et al. (2020) |
| Innovations-richtung | outside-in, inside-out | Innovation flow | Chesbrough (2003) |
| | | Direction of innovation pro-cess | Gassmann (2004) |
| Kapital-beteiligung | ja, nein | Kapitalbeteiligung | Drews (2011) |
| | | Beteiligungsverhältnis | Fontanari (1996)) |
| Kooperations-auftritt | öffentlich, verdeckt | Auftreten der Kooperation | Baum (2011) |
| | | Sichtbarkeit | Schwarz (2015) |
| Markt-bearbeitung | lokal, regional, national, in-ternational | Ausdehnung | Baum (2011) |
| | | räumliche Betrachtungs-ebene | Becker (2018) |
| | | Ausdehnung | Drews (2001) |
| | | Marktbearbeitung | Fontanari (1996) |
| | | Geltungsbereich | Friese (1998) |
| | | Ausdehnung | Killich (2011) |
| | | Ausbreitung | Liesebach (2018) |

| Gestaltungs-merkmal (forts.) | Ausprägungen (forts.) | Originalbezeichnung (forts.) | Quelle (forts.) |
|---|---|---|---|
| Markt-bearbeitung | lokal, regional, national, international | Reichweite | Picot et al. (2020) |
| | | Raum | Rupprecht-Däullary (2004) |
| | | räumliche Dimension | Schuh et al. (2011) |
| | | Raumaspekt | Zentes et al. (2003) |
| Marktverhältnis | horizontal, vertikal, lateral | Marktverhältnis | Baum (2011) |
| | | Richtung der Kooperation | Becker (2018) |
| | | Richtung | Drews (2001) |
| | | Richtung der Kooperation | Ermisch (2007) |
| | | Kooperationsausrichtung | Fontanari (1996) |
| | | Richtung der Kooperation | Friese (1998) |
| | | Direction | Joia & Malheiros (2009) |
| | | Direction | Kaats & Opheij (2014) |
| | | Richtung | Killich (2011) |
| | | Richtung der Zusammenarbeit | Kraege (1997) |
| | | Richtung | Liesebach (2018) |
| | | Richtung der Zusammenarbeit | Picot et al. (2020) |
| | | Stellung in der Wertschöpfungskette | Rupprecht-Däullary (2004) |
| | | Richtung | Schenk et al. (2014) |
| | | Richtung der Kooperation | Schuh et al. (2011) |
| | | Richtung der Kooperation | Hagenhoff (2004) |
| | | Richtung der Kooperation | Schwarz (2015) |
| | | Kooperationsrichtung | Theling & Loos (2004) |
| | | Kooperationsrichtung | Zentes et al. (2003) |
| Strategische Logik | exploitativ, explorativ | Strategic logic | Kanbach (2016) |
| | | Organizational learning | March (1991) |
| Transaktions-form | Lizenzvertrag, Managementvertrag, Contractual Joint Venture, Equity-Joint-Venture, Equity-Beteiligung | Rechtsform | Ermisch (2007) |
| | | Rechtsstruktur der Zusammenarbeit | Kraege (1997) |
| | | Transaktionsform | Theling & Loos (2004) |
| | | Institutioneller Aspekt | Zentes et al. (2003) |

| Gestaltungs-merkmal (forts.) | Ausprägungen (forts.) | Originalbezeichnung (forts.) | Quelle (forts.) |
|---|---|---|---|
| Unterstützung des Corporate | dediziert, umfassend | Einbringung von Ressourcen | Baum (2011) |
| | | Ressourceneinbringung | Fontanari (1996) |
| | | Input der Partner | Friese (1998) |
| | | Art der Ressourcen | Mellewigt (2003) |
| Verwertung des Kooperations-outputs | beschränkt, getrennt, gemeinsam | Leistungsoutput an die Mitglieder | Baum (2011) |
| | | Art der Lizensierung | Fontanari (1996) |
| | | Verteilung des Outputs | Friese (1998) |
| | | Value capture | Weiblen (2015) |
| Zielstellung | produktionstechnische Ziele, kostenwirtschaftliche Ziele, Erfolgsziele, Risiko- und Lastenteilung, Investitionsziele, Finanzierungsziel, Marktstellungsziele, gesellschaftliche Ziele | Zielkategorien, | Baum (2011) |
| | | Zielbezug | Drews (2001) |

## A.4.2 Darstellung der Praxisbeispiele für die Kooperationstypen

### A.4.2.1 Kooperationstyp I: Ressourcenteilung

**Praxisbeispiel 1: Kooperation zwischen Automotive Industry AG und Vehicle Telematics GmbH**

Die Automotive Industry AG ist ein weltweit führender Tier-1-Automobilzulieferer mit weitreichenden Fähigkeiten und Ressourcen, wie bspw. weltweitem Vertriebsnetzwerk, Know-how in der technischen Entwicklung sowie eigenen Produktionskapazitäten und -stätten. Der Kooperationspartner, die Vehicle Telematics GmbH, ist ein Start-up im B2B-Bereich, welches sich der Frühphase befindet und eine innovative Technologie zur Analyse von Fahrzeugdaten mittels eines neuartigen Geschäftsmodells auf den Markt bringen will. Kern der technologischen Anwendung ist dabei die Aufdeckung von Schäden und unsachgerechter Nutzung des Kraftfahrzeugs im Flottenmanagement mittels hochsensibler Beschleunigungssensoren. Die Vehicle Telematics GmbH strebt an, das Erfolgspotenzial Technologieunsicherheit zu erschließen, während die Automotive Industry einen Zugang zur Telematik-Technologie des Start-ups als Ergänzung und Lieferant seines Portfolios anstrebt.

Gegenstand der Kooperation zwischen der Automotive Industry AG und der Vehicle Telematics GmbH ist folglich die technologische Entwicklung der Telematik-Lösung mit dem Ziel, diese in einem Piloten zu validieren und so neben einem potenziellen Markt auch die nächste Lebenszyklusphase der Vehicle Telematics GmbH zu erreichen. Im Rahmen der Kooperation arbeiten die beiden Unternehmen insbesondere in der Technologieentwicklung zusammen, wobei die Automotive Industry AG technologisch nur moderat und vor allem bei der Hardwareentwicklung unterstützt. Darüber hinaus erhält die Vehicle Telematics GmbH über den Kooperationspartner neben finanziellen Mitteln zur Entwicklung auch die Möglichkeit, auf potenzielle Kunden zuzugehen. Durch die Nutzung der Ressourcen zur Personalrekrutierung der Automotive Industry AG konnte die Vehicle Telematics GmbH talentierte Softwareentwickler für sich gewinnen und so auch in Bereichen ohne direkte Unterstützung durch die Automotive Industry Ag von der Kooperation profitieren. Die Kooperation selbst ist als Contractual JV geregelt, indem die Vehicle Telematics GmbH die alleinige Nutzung der Ergebnisse zugesichert bekommt. Da die Vehicle Telematics GmbH jedoch ein Spin-off-Start-up der Automotive Industry AG ist, verfügt diese über eine stille Beteiligung ohne Stimmrechte in der Gesellschafterversammlung. Die Kooperationspartner werben selbst jedoch nicht öffentlich mit der Kooperation.

Insgesamt trägt die Ressourcenteilung zwischen der Automotive Industry AG und der Vehicle Telematics GmbH maßgeblich zur Entwicklung und Erprobung der Technologie bei. Dabei führt die Unterstützung zu kurzen Entwicklungszyklen und beschleunigt so die Technologieentwicklung.

### A.4.2.2 Kooperationstyp II: Gemeinsame Technologieentwicklung

**Praxisbeispiel 2: Kooperation zw. Implantate GmbH und Hightech Materials GmbH**

Die Hightech Materials GmbH ist ein Technologie-Start-up, welches die Entwicklung und Produktion von Hightechmaterialien durch elektrochemische Oberflächenmodifikation verfolgt. Im Zuge der Forschungsarbeiten hat die Hightech Materials GmbH eine Materialtechnologie entwickelt, die die Funktionalität von Implantaten durch die Keramisierung von Leichtmetall erhöht. Nach eingehender Validierung der Technologie strebt das Start-up nun das Erfolgspotenzial der Reduktion der Produktunsicherheit durch Überführung in ein marktreifes Produkt an. Als Kooperationspartner fungiert die Implantate GmbH, ein etablierter Hersteller von orthopädischen und chirurgischen Implantaten und Instrumenten, der im Rahmen seiner Innovationsaktivitäten einen Zugang zu neuen Technologien sucht.

Die Kooperation hat zum Gegenstand, für ein Implantat mit modifizierter Oberfläche zur Einbringung von entzündungshemmenden Partikeln und zur Anregung der Einheilung eine Marktzulassung zu erhalten. Die Entwicklung und Validierung dieses medizinischen Produktes erfordern, neben einem hohen finanziellen Investment, vor allem notwendige Fähigkeiten und Ressourcen für ein regulatorisch korrektes Vorgehen. Dazu gründen die Hightech Materials GmbH und die Implantate GmbH ein verdecktes Equity-JV, an welchem sich beide Partner mit Kapital beteiligen. Die Kooperation ist auf ein vertikales Marktverhältnis ausgerichtet, bei dem die Hightech Materials GmbH als Materialtechnologiezulieferer und die Implantate GmbH als Produktanbieter agieren. Zur Wahrung des verdeckten Kooperationsauftritts stellt das JV selbst eine Tochterfirma der Hightech Materials GmbH dar. In das Equity JV bringt die Implantate GmbH in Form von finanziellen Ressourcen, physischen Ressourcen, Humankapital und Technologien umfassende Unterstützung ein. Im Gegenzug steuert die Hightech Materials GmbH ebenfalls finanzielle Ressourcen, Humankapital, immaterielle Vermögenswerte sowie Technologien ein. Die Kooperation fokussiert unterstützende Funktionsbereich der Technologieentwicklung für den deutschen Markt. Damit ist sie sowohl explorativ ausgerichtet als auch national beschränkt. Wenngleich die Intention einer gemeinsamen Verwertung zu Grunde liegt können die Ergebnisse der Technologieentwicklung des JVs durch beide Kooperationspartner getrennt verwertet werden. Die Implantate GmbH erhält dazu Anteile am Equity-JV, nicht jedoch an der Hightech Materials GmbH. Damit lässt sie sich als gemeinsame Technologieentwicklung typisieren.

Das dargestellte Fallbeispiel zeigt, dass die Kooperation einen klaren, technologiebezogenen Entwicklungsauftrag hat und beide Partner über die Beteiligung an einem gemeinsamen Unternehmen für diesen Zweck die Unterstützung durch das Corporate fokussiert ausrichten. Ferner kann die Zusammenarbeit im Erfolgsfall ausgeweitet werden, ohne dass die Hightech Materials GmbH in ihrer Flexibilität zur Kooperation mit weiteren Corporates limitiert wird.

### A.4.2.3 Kooperationstyp III: Inkubationsbegleitung

**Praxisbeispiel 3: Kooperation zwischen Zug AG und IoT Sensoren GmbH**

Die Zug AG ist ein global agierender Eisenbahnkonzern mit verschiedenen Unternehmensbereichen, die sich über den Personenverkehr, Transport und Logistik sowie Infrastruktur erstrecken. Die IoT Sensoren GmbH ist ein Start-up in der F&E-Phase, welches durch die Kombination von Smarten Sensoren mit Datenfusion und KI-basierter Analytik die Verfügbarkeit von Eisenbahnschienen erhöht und deren Instandhaltung besser planbar macht. Die Entwicklung des Produktes der IoT Sensoren GmbH ist, bedingt durch die bisher limitierte Implementierung, sowohl software- als auch hardwareseitig noch nicht marktreif. Zur Identifikation potenzieller Kunden sowie einer Marktbefähigung des Produktes möchte die IoT Sensoren GmbH im Rahmen der Kooperation das Erfolgspotenzial Produktunsicherheit erschließen. Die Zug AG dagegen strebt nach Technologiezugang, um die Digitalisierung des eigenen Geschäftsmodells des Schienenverkehrs selbst zu gestalten.

Gegenstand der Kooperation zwischen der Zug AG und der IoT Sensoren GmbH ist die Digitalisierung von Weichen im Eisenbahnverkehr. Dabei werden Weichen auf stark befahrenen Strecken durch die Technologie der IoT Sensoren GmbH überwacht, um somit die vorausschauende Instandhaltung zu ermöglichen und die Ausfallzeit der Weichen zu minimieren. Die Kooperation zwischen der Zug AG und der IoT Sensoren GmbH lässt sich als Typ der Inkubationsbegleitung identifizieren. Im Rahmen der Kooperation stellt die Zug AG dem Kooperationspartner neben finanziellen Ressourcen insbesondere Technologien zur Anlagenverwaltung sowie physische Ressourcen in Form des Zugangs zu Schieneninfrastruktur der Zug AG zur Verfügung. Diese umfassende Unterstützung ermöglicht den in einem lateralen Marktverhältnis stehenden Kooperationspartnern die gemeinsame Umsetzung einer Zustandsüberwachung für die nationale Infrastruktur der Zug AG. Die mit einem Rahmenvertrag (Contractual JV) geregelte Kooperation wurde öffentlich kommuniziert und ermöglicht so beiden Partnern mit der Reputation des jeweils anderen im Umfeld aufzutreten. Ebenso kann das Start-up mit weiteren Partnern neben der Zug AG zusammenarbeiten, da sie nicht an eine exklusive Vereinbarung gebunden ist. Da die Zug AG selbst kein relevantes Know-how in den primären Funktionsbereichen des Start-ups hat, fokussiert die Kooperation die unterstützenden Funktionsbereiche. Der hohe Neuheitsgrad der technologischen, auf KI-basierenden Lösung der IoT Sensoren GmbH bestätigt den stark explorativen Charakter der Kooperation, der für beide Kooperationspartner mit der Möglichkeit des Scheiterns verbunden ist. Die Ergebnisse der Kooperation ermöglichen der IoT Sensoren GmbH die Entwicklung zur Marktreife und werden ausschließlich vom Start-up verwertet. Das Corporate profitiert im Gegenzug von einer Lösung, die die Geschäftsprozesse effizienter und damit wettbewerbsfähiger macht.

Insgesamt trägt die Kooperation zwischen der Zug AG und der IoT Sensoren GmbH maßgeblich zur Überwindung der F&E-Phase des Start-ups bei. Durch die Kooperation erhält das Start-up branchenspezifisches Wissen, finanzielle Ressourcen sowie die Möglichkeit zur Produktpilotierung. Die erfolgreiche Kooperation führt zu einer Ausweitung der Zusammenarbeit und eine skalierten Lösungsimplementierung bei der Zug AG.

### A.4.2.4 Kooperationstyp IV: Kundenbeteiligung

**Praxisbeispiel 4: Kooperation zwischen HeißKalt Group und Digital Energy GmbH**

Die HeißKalt Group ist ein international ausgerichtetes Familienunternehmen mit weltweit verteilten Produktions- und Vertriebsgesellschaften. Die Produktpalette erstreckt sich dabei über Heizkessel, Solarheizungen, Wärmepumpen sowie Klima- und Regelungstechnik. HeißKalt ist als etabliertes Corporate im B2B-Markt tätig, entwickelt seine Produkte aber stets für den Endnutzer. Über die Kooperation sucht HeißKalt einen direkteren Marktzugang zu den Endnutzern. Die Digital Energy GmbH ist ein Start-up in der F&E-Phase mit einem cyber-physischen Produkt zum Management dezentraler Energiequellen im B2B- und B2C-Markt. Das Produkt als Kombination einer IoT-fähigen Smart-Energy-Box mit zugehörigem Cloud Service zur Verwaltung und Verarbeitung von Energiedaten hat technisch bereits die Funktionalität nachgewiesen: jedoch wurde noch keine Kundenbasis und auch kein Absatzmarkt erfolgreich erschlossen. Folglich strebt das Start-up die Erschließung des Erfolgspotenzials Produktunsicherheit an.

Ausgehend von den verfolgten Erfolgspotenzialen lässt sich der Kooperationstyp Kundenbeteiligung erkennen. Die HeißKalt Group hat sich bereits in einer frühen Phase im Rahmen der Seed-Runde an der Digital Energy GmbH beteiligt und verfügt über eine Minderheitsbeteiligung. Ziele der Kooperation sind die Marktvalidierung und Produktoptimierung durch die Eingliederung des Produktes in das Produktportfolio der HeißKalt Group. HeißKalt tritt in der Kooperation als Kunde der Digital Energy GmbH auf und bietet das Produkt als White-Label-Lösung im Rahmen des eigenen Portfolios an. Dabei spielt die HeißKalt Group direkt Anforderungen des Marktes sowie technische Anforderungen ihres Portfolios an das Start-up zurück und ermöglicht die Marktzulassung. Im Gegenzug erhält das Start-up vom vertikal positionierten Corporate einerseits finanzielle Unterstützung sowie andererseits Zugang zu Absatzmärkten (immat. Vermögenswerte) und Humankapital zur Marktbefähigung des Produktes. Die HeißKalt Group kann durch die Lösung des Start-ups den Marktzugang erweitern und kommuniziert die Kooperation öffentlich. Ausgehend eines national bearbeiteten Marktes sichert sich die HeißKalt Group über die Beteiligung an seinem Zulieferer Digital Energy GmbH die Möglichkeit zur getrennten Verwertung des Kooperationsoutputs.

In Summe ermöglichen die Kooperation und damit einhergehende Integration des Start-up-Produktes in das Portfolio der HeißKalt Group die Marktreife der Digital Energy. Während die Digital Energy GmbH Fähigkeiten und Ressourcen zur Markteinbringung des Produktes erhält, baut sich das Corporate einen wertvollen Partner mit einem innovativen Produkt für einen erweiterten Marktzugang auf.

### A.4.2.5 Kooperationstyp V: Marktskalierung

**Praxisbeispiel 5: Kooperation zw. Pharmaceuticals Inc. und Biomedical Technologies SE**

Die Biomedical Technologies SE ist ein Start-up aus der Biotechnologie-Branche, welches Technologieplattformen zur Entwicklung und Kommerzialisierung von Impfstoffen und Medikamenten zur Behandlung verschiedener Krankheiten, insbesondere Krebs, akquiriertes Immun-Defizienz-Syndrom (AIDS) oder auch Tuberkulose, aufbaut. Neben bereits etablierten Produkten erforscht die die Biomedical Technologies SE auf Basis der Technologieplattformen auch die Kommerzialisierung von Impfstoffen gegen Infektionskrankheiten. Die Pharmaceuticals Inc. ist ein weltweit führender Pharmakonzern mit weltweitem Vertriebsnetzwerk, Know-how in der technischen Entwicklung von Arzneimitteln, eigenen Produktionskapazitäten und -stätten zu dessen Herstellung sowie dem Netzwerk zur Zulassung und klinischen Erprobung von Arzneimitteln.

Gegenstand der Kooperation ist die Unterstützung der Biomedical SE bei der Zulassung und Kommerzialisierung eines Impfstoffes gegen eine Infektionskrankheit auf internationalen Märkten. Die Kooperation umfasst damit auch die Produktion und den weltweiten Vertrieb des Produkts. Erfolgspotenzial der Biomedical Technologies SE ist, die Wachstumsunsicherheit zu reduzieren und vor dem Hintergrund einer dynamischen Wettbewerbssituation den globalen Bedarf des bereits entwickelten Produktes in einer kurzen Zeit zu bedienen. Die Pharmaceuticals Inc. stellt Produktions- und Vertriebskapazitäten bereit und strebt durch die Kooperation Zugang zu den Absatzmärkten an, die durch die Technologieplattformen eröffnet werden, um somit die Marktposition zu stärken. Beide Partner kooperieren folglich im Rahmen der Marktskalierung.

Konkret erhält die Biomedical Technologies SE durch die Kooperation umfassende Unterstützung durch Zugriff auf physische Ressourcen und organisationales Kapital zur Produktion sowie zum Vertrieb, Humankapital zur Erzielung der Zulassung sowie immaterielle Vermögenswerte in Form von öffentlicher Reputation zur Knüpfung der global notwendigen Kontakte. Die Kooperation wurde öffentlich kommuniziert und ist vor allem auf die umfassende Unterstützung in primären Funktionsbereichen zur Skalierung der Wertschöpfung ausgelegt. Da die Pharmaceuticals Inc. bisher keine Impfstoffprodukte vertreibt, steht sie in einem lateralen Marktverhältnis zur Biomedical Technologies SE. Zum Zweck der Marktskalierung wurde ein Contractual JV zwischen den Kooperationspartnern aufgesetzt, welches die getrennte Verwertung der Kooperationsergebnisse sowie die Entwicklung von Impfstoffen regelt. Dabei wurde auch die internationale Marktbearbeitung der Kooperationspartner aufgeteilt – in den Heimatmärkten der Pharmaceuticals Inc. tritt diese als Hersteller auf, neu erschlossene Märkte werden von der Biomedical SE bedient.

Grundsätzlich zeigt die Kooperation, wie exponentielles Wachstum eines Start-ups durch die Zusammenarbeit mit einem Corporate umgesetzt werden kann, wie durch die Unterstützung des Partners internationale Märkte parallel erschlossen und die dafür notwendigen Lieferketten, die Produktion und die Zulassung etabliert werden können.

# A.5 Ermittlung des Kooperationsunterstützungsfokus

Wirkungsanalyse II

| Erfolgspotenziale | Physische Ressourcen | Finanzielle Ressourcen | Tech-nologien | Orga. Ressourcen | Immat. Vermögens-werte | Human-kapital |
|---|---|---|---|---|---|---|
| Technologiezugang | X | X | | | X | X |
| Marktzugang | | X | | X | X | X |
| Technologieunsicherheit | | X | | X | X | |
| Produktunsicherheit | X | X | X | | X | X |
| Wachstumsunsicherheit | X | X | | X | X | X |

Wirkungsanalyse I (Typologie)

| Kooperationstyp | Technologie-zugang | Marktzugang | Technologie-unsicherheit | Produkt-unsicherheit | Wachstums-unsicherheit |
|---|---|---|---|---|---|
| Ressourcenteilung | X | | X | | |
| Gem. Technologieentwicklung | X | | | X | |
| Inkubationsbegleitung | | X | X | | |
| Kundenbeteiligung | | X | | X | |
| Marktskalierung | | X | | | X |

Wirkungsmatrix (Leserichtung)

| Kooperationstyp / Unterstützungsalternativen | Physische Ressourcen | Finanzielle Ressourcen | Tech-nologien | Orga. Ressourcen | Immat. Vermögens-werte | Human-kapital |
|---|---|---|---|---|---|---|
| Ressourcenteilung | ○ | ○ | | ○ | ○ | ○ |
| Gem. Technologieentwicklung | ○ | ○ | ○ | ○ | ○ | ○ |
| Inkubationsbegleitung | | ○ | | ○ | ○ | ○ |
| Kundenbeteiligung | ○ | ○ | ○ | ○ | ○ | ○ |
| Marktskalierung | ○ | ○ | | ○ | ○ | ○ |

**Legende**

X *Wirkungszusammenhang* ○ *Unterstützungsmöglichkeit des Kooperationstyps*

**Abbildung A-2: Wirkungsanalysen zur Ermittlung der Unterstützungsmöglichkeiten der Kooperationstypen**

## A.6 Validierung der Methodik

**Legende**
*(2) Wichtiger*
*(1) Gleichbedeutend*
*(0) weniger wichtig*

| Kooperationsziele | $C_1$ | $C_2$ | $C_3$ | $C_4$ | $C_5$ | $C_6$ | Summe | Gewichtung $w_i$ |
|---|---|---|---|---|---|---|---|---|
| $C_1$ | | 2 | 1 | 2 | 2 | 2 | 9 | 0,3 |
| $C_2$ | 0 | | 1 | 1 | 2 | 2 | 6 | 0,2 |
| $C_3$ | 1 | 1 | | 1 | 2 | 2 | 7 | 0,233 |
| $C_4$ | 0 | 1 | 1 | | 1 | 2 | 5 | 0,167 |
| $C_5$ | 0 | 0 | 0 | 1 | | 2 | 3 | 0,1 |
| $C_6$ | 0 | 0 | 0 | 0 | 0 | | 0 | 0 |
| | | | | | | Σ | 30 | |

*Ci – Fundamentalziel der Kooperation*

**Abbildung A-3: Kooperationszielgewichte der Digital Production Logistics GmbH**

| Oberziel | 2. Runde | | | | | | |
|---|---|---|---|---|---|---|---|
| Fundamentalziel | $C_1$ | $C_2$ | $C_3$ | $C_4$ | $C_5$ | $C_6$ | $UP_S(UA_j)$ Σ |
| **Gewichte** ($w_i$) | 0,3 | 0,2 | 0,23 | 0,17 | 0,1 | 0 | |
| **Unterstützungsalternativen** | | | | | | | |
| Testumgebung (UA 1.1) | 3 | 3 | 3 | 1 | 0 | 0 | **2,367** |
| Marktreputation (UA 2.1) | 0 | 1 | 1 | 1 | 3 | 1 | **0,9** |
| Inernes Unternehmensnetzwerk (UA 2.2) | 0 | 0 | 1 | 1 | 3 | 1 | **0,7** |
| Techno. System zur Einbettung des Produkts (UA 3.1) | 3 | 1 | 3 | 1 | 1 | 0 | **2,067** |
| Kenntnisse u. Erfahrungen für Produktfeedback (UA 4.1) | 3 | 3 | 3 | 3 | 1 | 0 | **2,8** |
| Kontakte zu Kunden od. Partnern (UA 4.2) | 0 | 1 | 3 | 3 | 1 | 3 | **1,5** |

Präferenzfunktion

$$UP_S(UA_j) = \sum_{i=1}^{n} w_i * x_{ij}$$

Legende

*0 – kein Bedarf*
*1 – grundlegender Bedarf*
*3 – existenzieller Bedarf*
*UA – Unterstützungsalternative*
*UP - Unterstützungspräferenz*

**Abbildung A-4: Unterstützungspräferenzen der Digital Production Logistics GmbH**

| | Oberziel | 2. Runde | | | | | | |
|---|---|---|---|---|---|---|---|---|
| | Fundamentalziel | $C_1$ | $C_2$ | $C_3$ | $C_4$ | $C_5$ | $C_6$ | $UP_C(UA_j)$ |
| | Gewichte ($w_i$) | 0,167 | 0,167 | 0,167 | 0,167 | 0,167 | 0,167 | Σ |
| Unterstützungsalternativen | Testumgebung (UA 1.1) | 3 | 3 | 3 | 1 | 0 | 1 | **1,84** |
| | Marktreputation (UA 2.1) | 1 | 3 | 3 | 1 | 3 | 1 | **2** |
| | Internes Unternehmensnetzwerk (UA 2.2) | 3 | 0 | 1 | 0 | 1 | 1 | **1** |
| | Techno. System zur Einbettung des Produkts (UA 3.1) | 3 | 1 | 3 | 3 | 0 | 0 | **1,67** |
| | Kenntnisse u. Erfahrungen für Produktfeedback (UA 4.1) | 3 | 1 | 3 | 3 | 1 | 1 | **2** |
| | Kontakte zu Kunden od. Partnern (UA 4.2) | 3 | 3 | 3 | 1 | 3 | 3 | **2,67** |

Präferenzfunktion

$$UP_C(UA_j) = \frac{1}{n}\sum_{i=1}^{n} x_{ij}$$

Legende

*0 – keine Unterstützung*
*1 – partielle Unterstützung*
*3 – volle Unterstützung*
*UA – Unterstützungsalternative*
*UP - Unterstützungspräferenz*

**Abbildung A-5: Unterstützungspräferenzen der Elektrowerkzeuge AG**

| | Kontextfaktoren | Ausprägungen | Gewichtung |
|---|---|---|---|
| Gewichtet durch Digital Production Logistics GmbH | Art der Kundenbeziehung | beide | $g_{KF1}$= 0,4167 |
| | Finanzielle Ressourcen | mittel | $g_{KF2}$= 0,1667 |
| | Kooperationserfahrung | mittel | $g_{KF3}$= 0,4167 |
| | Wertschöpfungsposition | Endprodukt | $g_{KF4}$= 0 |
| Gewichtet durch Elektrowerkzeuge AG | Art der Kundenbeziehung | B2B | $g_{KF5}$= 0,047 |
| | Bestehender IP-Schutz | nicht vorhanden | $g_{KF6}$= 0,143 |
| | Finanzierungsstruktur | Innen | $g_{KF7}$= 0,047 |
| | Wertschöpfungsposition | Endprodukt | $g_{KF8}$= 0,095 |
| | Einsatzgebiet | Prozess | $g_{KF9}$= 0,238 |
| | Marktdurchdringung | keine | $g_{KF10}$= 0,191 |
| | Technologiereifegrad | TRL 9 | $g_{KF11}$= 0,238 |

**Abbildung A-6: Kontextfaktorgewichtung durch die Digital Production Logistics GmbH und die Elektrowerkzeuge AG**

| X | *Ausgeschlossene Gestaltungsausprägung* |
|---|---|
| 0.xx | *Empfohlene Gestaltungsausprägung* |

$g_{Ai}$ - *Gewichtung des Kontextfaktors*
1 – *Gute Eignung*
-1 – *Schlechte Eignung*
x – *Auszuschließen*

| | | | Kooperations-auftritt | | Funktions-bereiche | | | Grad der tech. Unterstützung | | | Kapital-beteiligung | | Markt-bearbeitung | | | | Marktverhältnis | | | Transaktionsform | | | | | Strategische Logik | | Unterstützung des Corporates | | Verwertung des Kooperations-outputs | | |
|---|---|---|---|---|---|---|---|---|---|---|---|---|---|---|---|---|---|---|---|---|---|---|---|---|---|---|---|---|---|---|---|
| | | $g_{Ai}$ | öffentlich | verdeckt | primär | unterstützend | übergreifend | niedrig | moderat | hoch | ja | nein | lokal | regional | national | International | horizontal | vertikal | lateral | Lizenzvereinbarung | Contractual JV | Managementvertrag | Equity-JV | Equity-Beteiligung | exploitativ | explorativ | dezidiert | umfassend | beschränkt | getrennt | gemeinsam |
| Art d. Kundenbeziehung | beide | 0,417 | | | | | | | | | | | | | | | | | | | | | | | | | | | -1 | | |
| Finanzpotenzial | mittel | 0,167 | | | | | | | | | | | | | | | | | | | | | -1 | 1 | | | | | | | |
| Kooperationserfahrung | mittel | 0,417 | | | | | 1 | | | | | | | | 1 | | | | | | | | | | | | 1 | 1 | | 1 | |
| Wertschöpfungsposition | Endprodukt | 0 | | | 1 | | | | | | | | | | | | | 1 | | | | | | | 1 | | | | | | 1 |
| Durch Digital Production Logistics gewichtete Summe $S_{sk}$ | | | 0 | 0 | 0 | 0 | 0,417 | 0 | 0 | 0 | 0 | 0 | 0 | 0 | 0,417 | 0 | 0 | 0 | 0 | 0 | 0 | 0 | -0,17 | 0,167 | 0 | 0 | 0,417 | 0,417 | -0,42 | 0,417 | 0 |
| Art d. Kundenbeziehung | B2B | 0,047 | 1 | | | | | | 1 | 1 | 1 | | | 1 | 1 | | 1 | 1 | -1 | 1 | | | 1 | 1 | | | | | 1 | | |
| Bestehender IP-Schutz | nicht vorhanden | 0,143 | -1 | 1 | | | | | | -1 | | | | | | -1 | -1 | | | 1 | -1 | | -1 | | 1 | | | 1 | 1 | -1 | |
| Finanzierungsstruktur | Innen | 0,047 | | 1 | | | | | | | 1 | | | | | | | | | 1 | | | 1 | 1 | | | | 1 | | | |
| Wertschöpfungsposition | Endprodukt | 0,095 | 1 | | 1 | 1 | 1 | | | | 1 | | -1 | | 1 | 1 | | | 1 | 1 | 1 | 1 | -1 | | | | | 1 | | 1 | 1 |
| Einsatzgebiet | Prozess | 0,238 | 1 | -1 | | 1 | | x | | | 1 | | | 1 | 1 | | x | | 1 | 1 | 1 | | | 1 | | 1 | 1 | | 1 | -1 | 1 |
| Marktdurchdringung | keine | 0,191 | -1 | 1 | -1 | 1 | -1 | | 1 | 1 | -1 | 1 | | 1 | x | x | 1 | 1 | -1 | | 1 | | 1 | | x | 1 | | 1 | 1 | -1 | |
| Technologiereifegrad | TRL 9 | 0,238 | 1 | | 1 | | 1 | 1 | | x | 1 | | -1 | | 1 | 1 | -1 | 1 | 1 | 1 | | 1 | | 1 | 1 | -1 | | | | 1 | |
| Durch Elektrowerkzeuge AG gewichtete Summe $S_{ck}$ | | | 0,284 | 0,143 | 0,142 | 0,524 | 0,142 | x | 0,238 | x | 0,474 | 0,191 | -0,33 | 0,476 | x | x | x | 0,476 | 0,333 | 0,808 | 0,381 | 0,333 | 0,047 | 0,57 | x | 0,191 | 0,238 | 0,476 | 0,619 | -0,24 | 0,333 |
| Ermittelte Gesamtausprägung $S_{ges}$ | | | 0,284 | 0,143 | 0,142 | 0,524 | 0,559 | x | 0,238 | x | 0,474 | 0,191 | -0,33 | 0,476 | x | x | x | 0,476 | 0,333 | 0,808 | 0,381 | 0,333 | -0,12 | 0,737 | x | 0,191 | 0,655 | 0,893 | 0,202 | 0,178 | 0,333 |

Abbildung A-7: Ermittlung der Gestaltungsausprägung

# Lebenslauf

## Persönliche Angaben

| | |
|---|---|
| Name | Bastian Studerus |
| Geburtsdatum/-ort | 03. September 1991 in Stuttgart |

## Ausbildung

| | |
|---|---|
| 2002 – 2011 | Allg. Hochschulreife, Geschwister-Scholl-Schule, Konstanz |
| 2011 – 2015 | Bachelor of Science Wirtschaftsingenieurwesen, RWTH Aachen University, Aachen |
| 2015 – 2018 | Master of Science Wirtschaftsingenieurwesen, RWTH Aachen University, Aachen |
| 2017 | Linköpings Universitet, Linköping, Schweden |

## Berufliche Erfahrung

| | |
|---|---|
| 2013 – 2014 | Studentische Hilfskraft, Institut für Kraftfahrzeuge (ika), RWTH Aachen University, Aachen |
| 2014 – 2015 | Praktikum, Mercedes-Benz Group, Sindelfingen |
| 2015 – 2016 | Studentische Hilfskraft, Fraunhofer-Institut für Produktionstechnologie IPT, Aachen |
| 2016 | Praktikum, German University of Oman, Muscat, Oman |
| 2016 | Praktikum, Mubea Tailor Rolled Blanks, Florence, KY, USA |
| 2017 – 2018 | Werkstudent, Unlimited X, REHAU AG + Co., München |
| 2018 – 2022 | Wissenschaftlicher Mitarbeiter, Fraunhofer-Institut für Produktionstechnologie IPT, Aachen |
| 2022 – 2023 | Gruppenleiter Technologiefrüherkennung, Fraunhofer-Institut für Produktionstechnologie IPT, Aachen |

Düsseldorf, im Oktober 2023

In der Reihe **Ergebnisse aus der Produktionstechnik** zuletzt erschienen:

Studerus, Bastian:
**Gestaltung von Kooperationen zwischen Technologiekonzernen und Start-ups**
ISBN: 978-3-98555-186-6
Erscheinungsdatum: 04.12.2023

Wlecke, Shari:
**Industrialisierung hochiterativ entwickelter Produkte**
ISBN: 978-3-98555-171-2
Erscheinungsdatum: 13.11.2023

Riedel, Jörn:
**Scannendes Verfahren zur flexiblen Messung asphärischer Optiken**
ISBN: 978-3-98555-177-4
Erscheinungsdatum: 31.10.2023

Müller, Clemens:
**Elektrische Widerstandserwärmung von Blechwerkstoffen zur Steigerung der Umformbarkeit**
ISBN: 978-3-98555-175-0
Erscheinungsdatum: 16.10.2023

Buckhorst, Armin Friedrich:
**Planung und Steuerung von Abläufen in linienlosen mobilen Montagesystemen**
ISBN: 978-3-98555-174-3
Erscheinungsdatum: 26.09.2023

Scheuer, Thomas:
**Fähigkeitsbündel zur Steigerung der Arbeitsproduktivität für intelligente produzierende Unternehmen**
ISBN: 978-3-98555-173-6
Erscheinungsdatum: 25.09.2023

Schwarberg, Annika:
**Identifizierung von Innovationspotenzialen durch die Analyse von Produktnutzungsinformationen**
ISBN: 978-3-98555-169-9
Erscheinungsdatum: 17.08.2023

Heutmann, Timo:
**Proactive Production Control for a Synchronized Tool Production**
ISBN: 978-3-98555-164-4
Erscheinungsdatum: 03.08.2023

Schroers, Marius:
**Gehörbezogene Auslegung zweistufiger Getriebe unter Berücksichtigung dynamischer Anregungseffekte**
ISBN: 978-3-98555-165-1
Erscheinungsdatum: 01.08.2023

Müller, Ulrich:
**Material Removal and Grinding Wheel Wear Mechanisms during Grinding of Polycrystalline Cubic Boron Nitride**
ISBN: 978-3-98555-163-7
Erscheinungsdatum: 01.08.2023

Vogel, Paul-Alexander:
**Entwicklung eines Prozessmodells für die nicht-isotherme vakuumunterstützte Dünnglasumformung**
ISBN: 978-3-98555-140-8
Erscheinungsdatum: 21.06.2023

Chavan, Prateek:
**Substructuring Methods for Efficient Prediction of Spindle-Holder-Tool Assembly Dynamics**
ISBN: 978-3-98555-160-6
Erscheinungsdatum: 05.06.2023

Edition Wissenschaft
Apprimus

Ochel, Tim:
**Prognostik zur Resilienzsteigerung im Werkzeugbau**
ISBN: 978-3-98555-161-3
Erscheinungsdatum: 22.05.2023

Greipel, Jonathan:
**Grouping of Inspection Characteristics to Reduce Costs of Adaptive Inspection Planning in Variant Production**
ISBN: 978-3-98555-157-6
Erscheinungsdatum: 03.05.2023

Troß, Nico:
**Mehrskalenmodellierung der thermomechanischen Werkzeugbelastung beim Trockenwälzfräsen**
ISBN: 978-3-98555-158-3
Erscheinungsdatum: 19.04.2023

Nicksch, Christoph:
**Konfiguration verteilter Large-Scale Metrology Systeme in rekonfigurierbaren Montageumgebungen**
ISBN: 978-3-98555-152-1
Erscheinungsdatum: 20.03.2023

Motschke, Tobias:
**Analyse und Modellierung der Dämpfungseigenschaften von Spindellagern**
ISBN: 978-3-98555-148-4
Erscheinungsdatum: 06.03.2023

Schneidermann, Dennis:
**Orchestration von Vertrauen in interorganisationalen Wissensnetzwerken der Fabrikplanung**
ISBN: 978-3-98555-153-8
Erscheinungsdatum: 15.05.2023

Welsing, Martin:
**Bewertung der ökologischen Nachhaltigkeit von Produktionsnetzwerkkonfigurationen**
ISBN: 978-3-98555-155-2
Erscheinungsdatum: 19.04.2023

Beckers, Alexander:
**Auslegung wirtschaftlich-technologisch optimierter Fertigungsprozessfolgen mittels prozessübergreifender Modellierung**
ISBN: 978-3-98555-154-5
Erscheinungsdatum: 18.04.2023

Gipperich, Marius:
**Untersuchung eines Zweistrahlprozesses als Ansatz zur Prozessstabilitätserhöhung des drahtbasierten Laserauftragschweißens**
ISBN: 978-3-98555-151-4
Erscheinungsdatum: 15.03.2023

Ahmad, Mubarik:
**Anregungsgerechte Auslegung und Tolerierung schnelllaufender Getriebe unter Berücksichtigung kurz- und langwelliger Verzahnungsabweichungen**
ISBN: 978-3-98555-130-9
Erscheinungsdatum: 06.03.2023

Edition Wissenschaft
Apprimus

MIX
Papier | Fördert gute Waldnutzung
FSC® C083411

Zeitfracht Medien GmbH
Ferdinand-Jühlke-Straße 7
99095 Erfurt, Deutschland
produktsicherheit@kolibri360.de